新形态·材料科学与工程系列教材

U0662382

工程材料及机械制造基础

主编　　王会霞　　张双杰
参编　　魏胜辉　　李军霞　　焦力实
　　　　陈　森　　王　勇

清华大学出版社
北京

内 容 简 介

本教材依据教育部《普通高等学校工程材料及机械制造基础系列课程教学基本要求》和高等工科学校机械类、材料类专业培养方案、课程教学体系的要求,结合编者所在学校的教育教学改革、课程改革的经验编写而成。本教材共 9 章,包括材料学基础、钢的热处理、铸造成形、金属塑性成形、焊接成形、增材制造、切削基础知识、零件表面的加工方法、机械加工工艺过程等。贯穿课程内容的主线是金属零件制造的全过程,针对各章重要知识点和学习难点,书中还提供了部分电子学习资源(视频)。本教材注重理论与实践结合、原理与工艺结合、传承与发展结合,同时兼顾培养学生的辩证思维能力、追求卓越的工匠精神,以及致力于强国建设的使命感和责任担当。

本教材可作为普通高等工科院校机械类、材料类专业"工程材料及机械制造基础"系列课程的教材,也可作为工程训练的参考书,供机械工程技术人员学习参考。

图书在版编目(CIP)数据

工程材料及机械制造基础 / 王会霞,张双杰主编. -- 北京 : 清华大学出版社,2025.9.
(新形态·材料科学与工程系列教材). -- ISBN 978-7-302-70152-1

Ⅰ. TG

中国国家版本馆 CIP 数据核字第 2025PF1152 号

责任编辑:鲁永芳
封面设计:陈国熙
责任校对:王淑云
责任印制:刘海龙

出版发行:清华大学出版社
      网   址:https://www.tup.com.cn,https://www.wqxuetang.com
      地   址:北京清华大学学研大厦 A 座   邮   编:100084
      社 总 机:010-83470000   邮   购:010-62786544
      投稿与读者服务:010-62776969,c-service@tup.tsinghua.edu.cn
      质量反馈:010-62772015,zhiliang@tup.tsinghua.edu.cn
印 装 者:三河市铭诚印务有限公司
经   销:全国新华书店
开   本:185mm×260mm   印   张:18   字   数:435 千字
版   次:2025 年 9 月第 1 版   印   次:2025 年 9 月第 1 次印刷
定   价:59.00 元

产品编号:109426-01

前　言

本教材是根据《普通高等学校工程材料及机械制造基础系列课程教学基本要求》，基于编者团队多年的教学改革经验，在借鉴国内外同行的教材和教学经验的基础上编写而成的。本教材可作为普通高等工科院校机械类、材料类"工程材料及机械制造基础"系列课程的教材。

教材是课程内容的主要载体，贯穿教材内容的主线是金属零件制造的全过程，通过本课程的学习，学生能构建起工程材料—毛坯成形—切削加工的有关零件制造的知识体系，培养学生工程思维及分析问题、解决问题的能力。

本教材主要有以下特点。

（1）内容精练，结构合理。教材力求符合高等工科学校对课程的实际需求，有机整合了工程材料导论（第1～2章）、材料成形工艺（第3～6章）、切削加工工艺（第7～9章）三部分相关知识。内容准确精练，结构科学合理，服务于教学和生产，适合不同学习背景的学生选用。

（2）对标新工科，传承与发展结合。在内容上，重视基础性知识，精选保留了目前仍广泛应用于现代机械制造业的传统常规工艺，同时重视跟踪科学技术的发展，既体现了常规制造技术与材料科学、现代制造技术、现代信息技术的密切交叉和融合，也体现了制造技术的历史传承和未来发展趋势，注重学生知识获取及工程思维能力的培养。教材涉及的名词术语、符号、标准等均采用了现行的国家标准或行业标准，便于学生更好地贯彻新标准。

（3）注重价值引领与知识传授相结合。教材既注重课程自身知识体系的完整性、与前后续课程的关联性，同时兼顾培养学生的辩证思维能力、工匠精神、投身强国建设的责任担当。

（4）配有丰富图表，模块化设计每章内容。教材配有丰富的图片和表格，将教材内容系统、直观地呈现，创造轻松的学习环境。每一章的内容包括本章知识要点、案例导入、知识链接、延伸视界等小模块，既能提高学生的学习兴趣，又能拓展学生的知识面。

本教材由河北科技大学金属工艺学课程团队撰写，具体分工如下：王会霞（绪论、第5章、第9章），陈森（第1章），陈森、王勇（第2章），魏胜辉（第3章），张双杰（第4章），焦力实（第6章），李军霞（第7章、第8章）。全书由王会霞统稿，由张双杰主审。

在编写教材的过程中，编者参阅了国内外有关的教材、专著及论文，在此一并向参考文献的作者表示衷心感谢。教材得到河北科技大学教材出版基金的资助，在此表示感谢。

教材编写力求适应高等教育改革与发展的需要，但由于编者学识所限，书中难免有不妥之处，恳请广大读者批评指正。

编　者

2025 年 2 月于河北科技大学

目录

绪　论

0.1　本课程的研究内容

　　"工程材料及机械制造基础"（后文简称"课程"）是研究金属材料成形和零件加工方法的综合性技术基础课程，是高等工科教育的重要内容，是机械类、材料类专业本科生必修的一门专业基础课，主要研究常用金属材料的性能及其对加工工艺方法的影响，各种加工工艺方法自身的规律性及其相互联系与比较，各种加工工艺过程和零件的结构工艺性等。

　　课程主线与主要内容如图 0-1 所示，以零件的制造过程为主线展开。通过课程的学习，学生可以构建起工程材料—毛坯成形—切削加工的零件制造知识体系，培养学生分析问题、解决问题的能力，培养学生的工程素养和创新思维。帮助学生建立一个关于现代制造工程的较为全面、系统的基础知识架构。

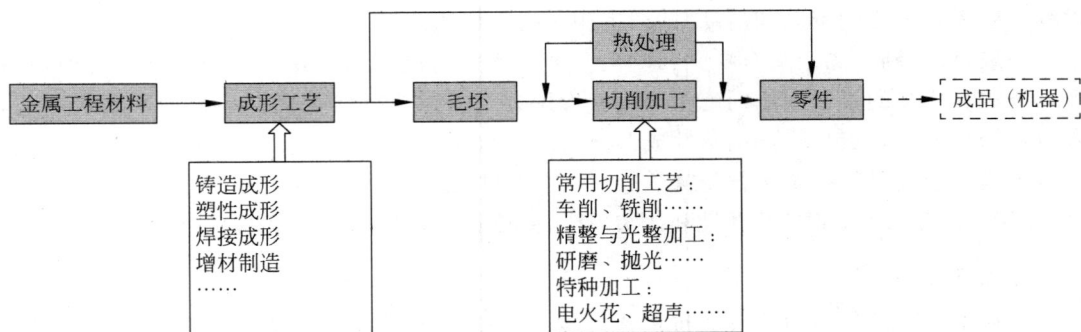

图 0-1　课程的主要研究内容

　　多数零件由于形状复杂或者加工精度和表面质量要求较高，难以采用单一的方法直接生产，通常先用铸造、塑性成形、焊接或增材制造的方法制成毛坯，再经过切削加工制成所需的零件。为了易于切削加工和改善零件的某些性能，中间常需穿插不同的热处理工艺。最后将制成的各种零件经过检验、装配成为成品（机器）。

　　由于机器中各零件的结构、特性各不相同，因此所采用的制造工艺各有特点。例如，轴承和工具制造中磨削加工占据很大的工作量，锅炉、轮船的钢结构由钢板焊接而成，机床工业中铸件所占比重很大，而仪表工业中的冲压件很多，故制造时加工方法显著不同。必须指出，各种加工方法是在不断发展的，各种制造方法都在朝着高质量、高生产率和低成本的方向迅速发展。各种少切削、无切削加工，以及增材制造的新工艺发展，已改变了越来越多零件的传统制造工艺，从而节省了大量的材料并大幅提高了生产率。此外，各种加工工艺过程的智能化、机械化、自动化的迅猛发展,已改变了整个机械制造业的面貌。

下面以齿轮的制造为例,说明零件制造过程中所涉及的制造技术。齿轮是典型的盘套类零件,在工作时齿面承受较高的接触应力和摩擦力,齿根承受较大的弯曲应力,有时还承受冲击载荷。因此,对齿轮的力学性能要求较高,要求齿面有高的硬度和耐磨性,齿轮心部有足够高的强度和韧性。齿轮的工作条件不同,所选材料和制造方法也存在差异。下面列举几种金属齿轮的制造方法。

(1)对于低速、轻载齿轮,常用低碳钢或中碳钢锻造成形,再经切削加工成形,其中要穿插调质处理工序。

(2)对于高速、重载齿轮,常用 20CrMnTi、20CrMo 等合金渗碳钢锻造成形,再经切削加工成形,其中要穿插渗碳处理工序。

(3)对于要求不高的齿轮,可以用灰铸铁、球墨铸铁等材料铸造成形。

可见,不同应用场景的齿轮,制造工艺是不同的。对具有一定尺寸和形状精度要求的机械零件而言,一般都需要选择合适的材料,选择合理的成形工艺制造毛坯,再经切削加工和热处理获得成品。

0.2 机械制造的发展史

1. 机械制造的概念

制造一般是指通过人工或机器使原材料或半成品成为可供使用的物品(即成品)。制造过程一般需要相应的资源和活动,并产生相应的附加值。

一般,机械制造的定义有狭义和广义两种。狭义的机械制造是指各种金属的机械切削加工方法。广义的机械制造则泛指以机械作用方式为主或直接关联的各种加工制造方法,既包括切削加工,也包括铸造、塑性成形、焊接、增材制造等成形工艺。作为加工对象的工程材料也是从金属材料扩展到非金属材料等。本教材的内容设计是基于广义机械制造的系统性知识学习,考虑到知识的相关性和认知规律,将必要的工程材料基础知识一并编入教材中。

2. 材料的分类

材料是社会进步的物质基础和先导,是人类进步的里程碑。从人类发现并使用金属材料开始,历经青铜器时代、铁器时代,一直发展到近现代,金属材料一直是机械制造最主要的材料。20 世纪 60 年代以后,在工业革命的推动以及科技进步与新材料需求的背景下,非金属材料和复合材料进入快速发展期。由金属材料、非金属材料和复合材料构成了现代制造所用材料的三大基本分类,统一归为工程材料,如图 0-2 所示。本教材重点介绍金属材料的成形工艺和切削加工等内容。

3. 机械制造技术的发展史

机械制造技术的发展与人类文明的发展同步,从人类发现并使用金属材料至今,金属材料在机械制造中一直扮演着非常重要的角色。

公元前 5000 年前后,古埃及人开始冶炼铜,并用铜制造工具和武器。公元前 1800 年前后,中国进入青铜器时代,商代铸造的后母戊鼎形状雄伟、气势宏大、纹饰华丽,质量为832.8kg,是世界上迄今出土的最重的青铜器。

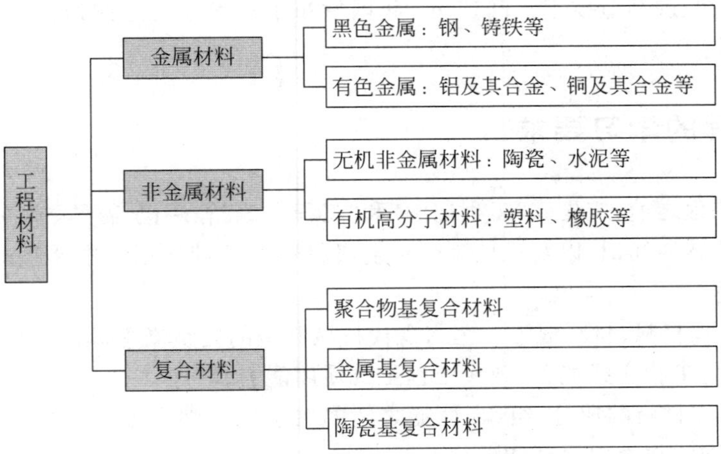

图 0-2　工程材料的分类

公元前 1400 年前后,人类掌握了炼铁技术。在商代和西周时期制造出了辘轳、鼓风器等工具。公元前 513 年,中国铸出了世界上最早见于文字记载的铸铁件——晋国铸刑鼎。从东汉到宋元时期,中国的机械制造技术在世界上长期居于领先地位。

1405 年,明代航海家郑和 7 次远航,访问了 30 多个国家。郑和船队航行时间之长、规模之大、范围之广,达到了当时世界航海事业的顶峰,也反映出了中国当时的机械制造水平之高。1637 年,明代末年的学者宋应星所著的《天工开物》一书,记载了中国农业、工业及手工业的生产工艺和经验,其中包括金属的开采、冶炼、铸造和锤锻工艺,船舶、车辆、武器、工具的结构和制作方法等。《天工开物》被译成多种文字流传于世,是一部在世界科技史上占有重要地位的科技著作。郑和船队的远洋壮举与《天工开物》的科技集成,堪称中国古代科学技术辉煌成就的两大重要标志。

历史上,真正的工业化制造,是从 18 世纪后期第一次工业革命开始的。蒸汽机开创了以机器代替手工劳动的时代。而蒸汽机的制造,要求更高的尺寸公差等级来加工的金属零件,促成了金属切削技术的第一次大发展,出现了可制造金属零件的镗床和铣床。金属材料的加工进入机械化时代,机械制造水平大幅提高。

19 世纪中叶,随着发电机和电动机的发明,人类进入了电气时代。随着内燃机的发明,出现了汽车和飞机,从而对机器的运转速度、零部件的加工精度、生产效率提出了更高的要求,磨床、插齿机、滚齿机、自动机床、组合机床、精密机床相继发明和使用,各种专用的切削机床趋于完备。由电气技术与制造技术的融合引发的制造技术大变革,推动世界进入第二次工业革命。

20 世纪中期,第三次工业革命的兴起,促使机械制造自动化与智能化水平显著提升,推动机械制造数字化与信息化技术深度融合,数控加工机床和柔性加工制造方式等开始出现,新材料与新工艺蓬勃发展。第三次工业革命全方位重塑机械制造技术,使其在效率、精度、灵活性等多方面实现质的飞跃,开启了机械制造新纪元。

从 20 世纪 90 年代至今,机械制造数字化与信息化深度交融,随着人工智能理论和相关技术的融入与应用,使机械制造技术具有了智能化制造的内涵。智能制造、增材制造、复合材料与复合制造等一大批新概念、新技术进入制造领域,目前将具有信息化、智能化特征的制造技术泛称为先进制造技术。2015年,我国发布了以发展先进制造技术为核心的《中国制造2025》计划。

0.3 本课程的学习要求

在学习本课程之前,应先修"工程制图"和"工程训练"等课程,需具备一定的机械产品和机械加工方面的感性知识,以及机械制图和金属材料的基础知识。本课程的学习和能力达成要求如下所述。

(1)建立工程材料、材料成形工艺与现代机械制造的完整概念,培养学生良好的工程意识,并具有良好的工程实践能力、现代工程工具使用能力。

(2)了解工程材料的成分、组织、性能之间的关系以及牌号表示方法,掌握强化金属材料的基本途径、钢的热处理原理和工艺。

(3)掌握成形工艺的基本原理和工艺特点,具有选择成形工艺及工艺分析的初步能力。

(4)掌握各种切削加工工艺的基本原理和工艺特点,具有选择切削加工工艺的能力,能制定简单的制造工艺规程。

(5)掌握零件的结构工艺性,具有分析零件结构工艺性的能力,能够进行产品的结构设计和工艺设计,培养综合分析与设计的能力。

(6)了解制造相关的新材料、新工艺、新技术及发展趋势。

(7)具备一定的辩证思维能力,培养精益求精的大国工匠精神,激发科技报国的家国情怀和使命担当。

本课程可以采用混合式教学模式,其中线上教学可借助河北省精品在线开放课程《金属工艺学》开展,线下课堂教学适当融入工程案例开展案例式教学,将理论教学融入工程背景中,以此培养学生理论联系实际、分析问题和解决问题的工程实践能力。2023年,课程获评国家级线上线下混合式一流课程。

本课程与"工程训练"课程有着紧密的内在联系,其知识内容关联度和学习时序关联度都很大。主动将两种课程的内容有机关联起来,理论联系实际,特别是紧密联系"工程训练"经历,来学习本课程的理论知识,将有助于读者高效完成学习任务,并较快形成分析和解决机械制造一般性技术问题的能力。

第1章

材料学基础

案例导入

建设海洋交通强国,离不开钢铁材料的有力支撑。钢铁材料的高速发展带动了中国高端装备及制造业体系的建设,对中国的国防安全、科学考察、资源开采等领域产生了重大影响。

航空母舰(简称航母)是一种以空中作战为主要任务的大型军舰,是现代海上军事力量的核心之一。甲板是航母舰体结构的关键部位,为保证抗冲击和火焰灼烧,厚度需达到$50\sim80$mm。为减少焊缝对强度的影响,宽度应尽可能宽,同时保证每平方米甲板钢的不平度小于5mm。国产航母山东舰的特种钢材由5.5m超宽轧机制造,其在$-84℃$低温冲击韧性大于250J,屈服强度达到了690MPa,其耐受抗压性能达到了全球顶尖水平。

"蓝鲸1号"是中国建造的全球首座超深水半潜式海上钻井平台,钻探深度、工作水深都堪称世界之最。为满足该深水钻井平台对钢板厚度的特殊要求,鞍钢股份公司通过热机械控制工艺,研发生产出一系列厚度为$8\sim80$mm的热机械控制(TMCP)态超高强海工钢产品。其具有易焊接、超高强度、低屈强比、超低温冲击韧性等优异特性。"蓝鲸1号"使用了大约4000t抗拉强度达到$772\sim940$MPa的NVF690超强超厚钢。

海洋交通用钢铁材料冶金制备技术包括模铸、连铸、特种冶炼和增材制造等。随着技术的不断创新与应用,将进一步促进海洋交通的高安全、高质量、低能耗发展,为国家的安全、经济发展、科技进步提供强有力的支撑和保障。

资料来源:干勇,刘中秋,肖丽俊.海洋交通用钢铁材料及其冶金制备技术的发展现状与趋势[J].现代交通与冶金材料,2023,3(5):1-7.

1.1 金属材料的性能

金属材料由于具有良好的性能而被广泛应用于各种结构件、机械设备、工具和日常生活用品中，是现代制造业的基础材料。金属材料的性能主要包括使用性能和工艺性能。使用性能是指金属材料在使用过程中表现出来的性能，主要有力学性能、物理性能和化学性能。工艺性能是指金属材料在加工过程中表现出来的性能，包括铸造性能、锻造性能、焊接性能、热处理性能和切削加工性能等。

1.1.1 金属材料的力学性能

金属材料的力学性能是指金属材料在受外力作用时所反映出来的性能，是衡量金属材料性能的重要指标，是选择和使用金属材料的重要依据。金属材料的力学性能主要包括强度、塑性、硬度、冲击韧性、疲劳强度等。

1. 强度

强度是金属材料在外力作用下抵抗塑性变形和断裂的能力。按照作用力性质的不同，强度可分为抗拉强度、抗压强度、抗弯强度、抗剪强度等。

抗拉强度是由静拉伸试验测定的。依据国家标准《金属材料 拉伸试验 第 1 部分：室温试验方法》(GB/T 228.1—2021)，首先将金属材料制成标准试样，拉伸试样有圆形和矩形两类，图 1-1(a)所示为圆形拉伸试样。将其装夹在拉伸试验机上，施加轴向静拉力，缓慢拉伸使试样产生变形，直至把试样拉断，如图 1-1(b)所示。图中，L_0 为原始标距，L_u 为拉伸后标距，S_0 为试样原始截面面积，S_u 为拉断后试样最小截面面积。

拉力 F 与变形量 ΔL 之间的关系曲线，称为拉伸曲线。低碳钢的拉伸曲线如图 1-2 所示。从图中可以看出，低碳钢试样的拉伸过程可以分为弹性变形阶段、屈服阶段、塑性变形阶段和缩颈断裂阶段。

图 1-1　圆形拉伸试样

（a）拉伸前；（b）拉伸后

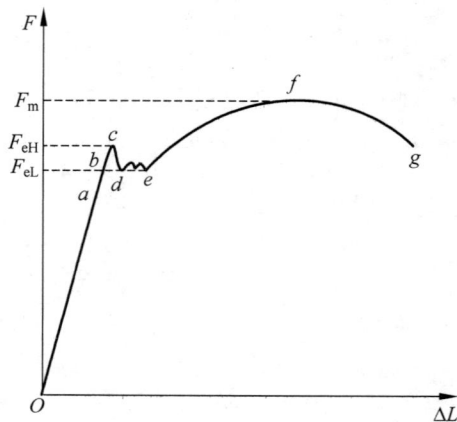

图 1-2　低碳钢的拉伸曲线

（1）**弹性变形阶段**（Ob 阶段）：在 Oa 阶段，试样发生弹性变形，拉力与伸长量成正比例关系，服从胡克定律；卸除载荷，试样能完全恢复到原来的形状和尺寸。在 ab 段，试样发生滞弹性变形，外力与伸长量为不成正比例的直线关系。

（2）**屈服阶段**（be 阶段）：在 bc 阶段，试样发生连续均匀的微小塑性变形。若将拉力去掉，试样的伸长变形不会完全消失。在 cde 阶段，试样发生较大的塑性变形，开始时由于屈服变形的不连续，拉力突然下降；随后试样伸长急剧增加，拉力仅在小范围内波动。如果忽略波动，则此时拉力不变而变形量却在继续增加，这种现象称为屈服。

（3）**塑性变形阶段**（ef 阶段）：在此阶段，必须进一步增加外力才能使试样继续被拉长。同时，随变形量的增加，材料不断被强化，这种现象称为应变强化（加工硬化）。宏观上，试样产生了均匀的塑性变形。

（4）**缩颈断裂阶段**（fg 阶段）：在 f 点，试样开始发生局部收缩，称为缩颈。此时变形所需的拉力逐渐降低，但由于缩颈部位的面积迅速减小，缩颈处单位截面上受到的载荷不断增加，缩颈部位的材料被拉长，直至 g 点试样被拉断。

1）屈服强度

屈服强度用来表征材料抵抗塑性变形的能力。对于有明显屈服现象的金属材料，可以测定其上屈服强度 R_{eH} 和下屈服强度 R_{eL}。上屈服力（c 点对应的力）用 F_{eH} 表示，下屈服力（e 点对应的力）用 F_{eL} 表示。用上、下屈服力除以试样的原始截面面积 S_0，得到上、下屈服强度。有些金属材料如高碳钢、铸铁、铜、铝等，没有明显的屈服现象，通常以规定塑性延伸强度作为其屈服强度，如规定塑性延伸率为 0.20% 时的强度用 $R_{p0.2}$ 表示。

2）抗拉强度

规定材料在屈服后、断裂前单位面积上所能承受的最大载荷为抗拉强度，用 R_m 表示，即 $R_m = F_m / S_0$。其中，F_m 为试样在拉伸过程中所能承受的最大外力（f 点所对应的力）。

2. 塑性

塑性是指金属材料产生塑性变形而不断裂的能力，通常以断面收缩率 Z 和断后伸长率 A 来表示。

1）断面收缩率 Z

测量拉断试样缩颈处的直径，计算出最小截面面积 S_u。试样的原始横截面面积 S_0 和最小截面面积 S_u 之差与原始横截面面积的百分率称为断面收缩率，用符号 Z 表示。

$$Z = \frac{S_0 - S_u}{S_0} \times 100\% \tag{1-1}$$

2）断后伸长率 A

将拉断后的试样紧密地对接在一起，使其轴线处于同一直线上，测得断后标距 L_u。断后标距 L_u 减去原始标距 L_0 后，再除以 L_0 后得到的百分率即断后伸长率，用符号 A 表示。

$$A = \frac{L_u - L_0}{L_0} \times 100\% \tag{1-2}$$

3. 硬度

硬度是指材料表面抵抗局部塑性变形的能力，是衡量材料软硬程度的指标。工程上常用的硬度指标有布氏硬度、洛氏硬度和维氏硬度等。

1）布氏硬度

依据国家标准《金属材料 布氏硬度试验 第1部分：试验方法》（GB/T 231.1—2018），布氏硬度测量方法如图1-3所示。用一定直径 D 的硬质合金球作压头，在一定的静载荷下压入试样表面，保持压力 F 至规定的时间后卸载，测量试样表面压痕直径 d，求得压痕表面积 S，进而得到试样压痕表面所承受的平均应力，即布氏硬度，用 HBW 表示。

$$HBW = 0.102\frac{2F}{\pi D\sqrt{D^2-d^2}} \tag{1-3}$$

布氏硬度测量稳定、准确，可用于测量铸铁、有色金属以及退火、正火和调质处理后的钢材。但因测量时压痕较大，故不适合测量成品零件和薄件。

2）洛氏硬度

依据国家标准《金属材料 洛氏硬度试验 第1部分：试验方法》（GB/T 230.1—2018），洛氏硬度是将顶角为120°的金刚石圆锥（图1-4）或直径为1.588mm 的碳化钨合金球作压头，首先在预加载荷的作用下压入材料表面，测量初始压痕深度 h_0，再施加主试验力 F，测得压痕深度为 h_2，保持一定时间，卸除 F 后材料弹性回复，压痕深度变为 h_1，用残余压痕深度 $h = h_1 - h_0$ 来确定其硬度。压痕越深，材料越软，硬度越低；反之，硬度越高。被测材料的硬度可直接在硬度计刻度盘读出。

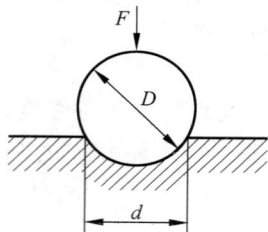

图1-3　布氏硬度试验示意图　　　　图1-4　洛氏硬度试验示意图

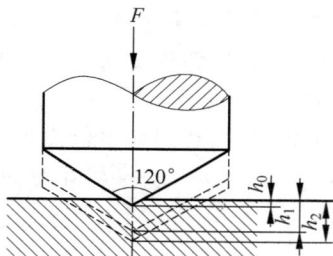

为了能用同一硬度计测定从极软到极硬的材料，可以采用不同的压头和载荷，组合成不同的洛氏硬度标尺。其中最常用的是 HRA、HRBW、HRC 三种标尺，见表1-1。

表1-1　洛氏硬度标尺

标尺	硬度符号	压头类型	初试验力 F_0/N	主试验力 F_1/N	标尺常数 S/mm	全量程常数 N	适用范围
A	HRA	金刚石圆锥	98.07	588.4	0.002	100	20～95HRA
B	HRBW	直径1.5875mm 硬质合金球	98.07	980.7	0.002	130	10～100HRBW
C	HRC	金刚石圆锥	98.07	1471	0.002	100	20～70HRC

洛氏硬度试验操作简单、方便快捷、压痕小，对工件表面损伤小，适宜大量生产中的成品件检验。由于压痕小，洛氏硬度易受金属表面不平或材料内部组织不均匀的影响，因此需要在被测表面的不同部位多次测量，然后取平均值。

4. 冲击韧性

金属材料抵抗冲击载荷而不被破坏的能力称为冲击韧性,反映了材料在冲击载荷作用下发生弹性变形、塑性变形和断裂的过程中吸收能量的多少。常用指标是冲击吸收能量。

冲击韧性常采用夏比(Charpy)摆锤冲击试验测定。依据国家标准《金属材料 夏比摆锤冲击试验方法》(GB/T 229—2020),夏比摆锤冲击试验采用 V 形或 U 形缺口或无缺口试样,测试原理如图 1-5 所示。试验时,将重力为 F 的摆锤提升到 H_1 的高度,此时摆锤的势能为 FH_1;然后使摆锤下落,其势能变成动能,冲断试样消耗了一部分能量,剩余的能量使摆锤继续向前升到 H_2 的高度,此时摆锤的势能为 FH_2。试样的冲击吸收能量 K 用摆锤冲击前后的势能差表示,即 $K = F(H_1 - H_2)$。

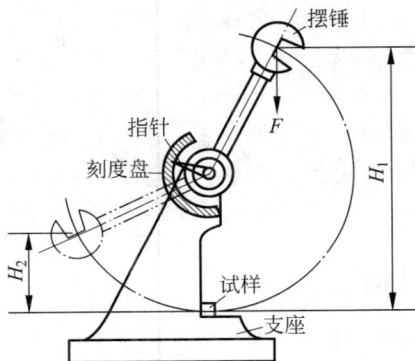

图 1-5　夏比摆锤冲击试验原理

冲击试验

K 越大,材料的韧性越好,受到冲击时不易断裂。K 的大小与很多因素有关,不仅受试样形状、表面粗糙度、内部组织等因素的影响,还与试验时的环境温度有关,因而重复性较差。因此,用 K 来衡量和设计这些机械零件是不太合适的,一般只用 K 作为选择材料的参考。

5. 疲劳强度

许多机械零件,如曲轴、齿轮、连杆、弹簧等,都是在大小或方向反复改变的交变载荷下工作的。零件在远低于材料的屈服强度下工作一定时间后,往往会产生裂纹或突然发生完全断裂,这种现象称为疲劳断裂。疲劳断裂前,零件无明显塑性变形,断裂往往突然发生,会造成严重事故,因此具有很大的危险性。材料在交变载荷作用下经受无数次循环而不致断裂的最大应力称为材料的疲劳强度或疲劳极限。

疲劳强度是通过疲劳试验机测得的。试样在交变应力 σ 作用下的断裂循环次数 N,其关系曲线如图 1-6 所示。由图可知,应力 σ 越低,断裂前的循环次数越多。当应力降低到某一值后,疲劳曲线与横坐标轴平行,表示当应力低于此值时,材料可经受无数次应力循环而不断裂,此时的应力即疲劳

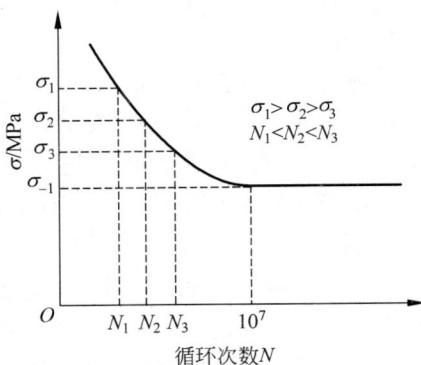

图 1-6　疲劳曲线

强度。

当循环应力对称时,疲劳强度可用 σ_{-1} 表示。实际上,金属材料不可能做无数次交变载荷试验。通常规定钢铁材料的 N 取 10^7,有色金属的 N 取 10^8。影响疲劳强度的因素很多,除设计时在结构上注意减轻零件应力集中外,改善零件表面粗糙度和进行表面热处理(表面淬火、化学热处理等)也可提高材料的疲劳极限。

📝 知识链接

> "泰坦尼克号"之殇——"泰坦尼克号"邮轮堪称当时世界上最大、最豪华、设计最先进的邮轮,被称为"永不沉没"的海上都城。1912 年 4 月在其处女航中,在北大西洋冰冷的洋面上与冰山相撞,产生了约 92m 的裂纹,并在短短 3 小时后沉入海底。后来科学家对邮轮的残骸进行分析,认定事故与材料的力学性能紧密相关。船体钢板以铆钉连接,其含硫量高,极大降低了韧性,在冰冷的海水中产生了冷脆现象。而铆钉含有较多矿渣成分,韧性很差。碰撞发生时,铆钉无法承受巨大剪切力而断裂,致使船体接连破损,海水大量涌入,这场灾难给人类带来了沉重打击,也让世人深刻认识到材料性能在船舶安全中的关键作用,成为航海史上永远的伤痛与警示。

1.1.2　金属材料的工艺性能

金属材料的工艺性能是物理、化学、力学性能的综合。按工艺方法的不同,可分为铸造性能、锻造性能、焊接性能和切削加工性能等。如果某种材料在某种工艺方法中的工艺性能好,就意味着能用简单的工艺加工出高质量、低成本的零件或毛坯。因此,设计机械零件和选择工艺方法时,都要考虑金属材料的工艺性能。各种工艺性能将在以后相关章节中分别介绍。

1.2　铁碳合金

1.2.1　纯金属与合金的晶体结构

1. 晶体结构的基本概念

1)晶格

晶体中原子按照一定的规则呈现周期性排列的方式称为晶体结构,如图 1-7(a)所示。为了便于研究晶体结构,通常把每个原子抽象成一个静止的刚球,并缩小为一个几何质点,再用假想的线将这些几何质点连接起来,形成一个具有规律性的空间格子,称为晶格,如图 1-7(b)所示。晶格中的每个点称为结点。

2)晶胞

从晶格中取一个能够完全反映晶格特征的最小几何单元进行分析,这个最小的几何单元称为晶胞,如图 1-7(c)所示。晶胞的大小和形状可用晶胞的棱边长 a、b、c 和棱边夹角 α、β、γ 来描述,称为晶格常数。图 1-7(c)中,$a=b=c$,$\alpha=\beta=\gamma=90°$。显然,晶胞的大小取决于晶胞的三条棱的长度(a、b、c),而晶胞的形状取决于这些棱之间的夹角(α、β、γ)。

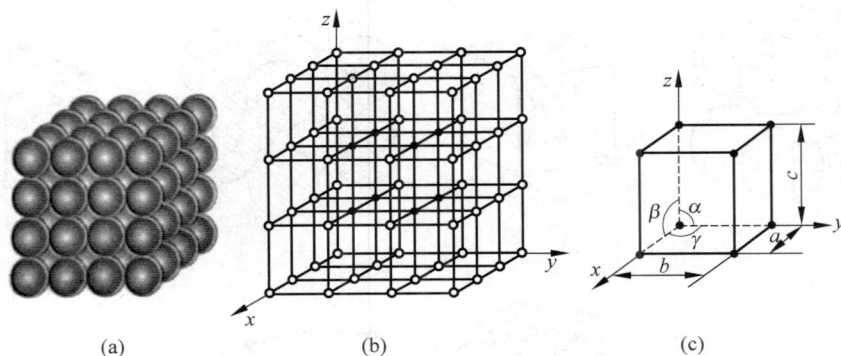

图 1-7　晶体中原子排列示意图
（a）晶体结构模型；（b）晶格；（c）晶胞

晶胞原子数是指一个晶胞内所包含的原子数目。处于晶胞顶角或晶面上的原子不会为一个晶胞所独有，只有晶胞内的原子才会为一个晶胞所独有。

3）致密度

晶体中原子排列的紧密程度称为致密度，是反映晶体结构特征的一个重要因素，指晶胞中所包含的原子占有的体积与该晶胞体积之比。

2．纯金属的晶体结构

工业上使用的金属元素中，除少数具有复杂的晶体结构，绝大多数金属都具有高对称性的简单晶体结构。实际上约90％的金属晶体属于以下三种晶格类型中的一种：体心立方晶格、面心立方晶格和密排六方晶格。

1）体心立方晶格

如图 1-8（a）所示，体心立方晶格的晶胞是一个立方体，立方体的 8 个顶角和中心各排列一个原子。由于在立方体中心包含一个原子，故称为体心立方晶格。其晶格常数 $a=b=c$，$\alpha=\beta=\gamma=90°$，致密度为 0.68。属于这种晶格类型的金属有 Cr、W、V、Mo、α-Fe 等。

2）面心立方晶格

如图 1-8（b）所示，面心立方晶格的晶胞也是一个立方体，立方体的 8 个顶角和 6 个面的中心各排列一个原子。由于在立方体每个面的中心各有一个原子，故称为面心立方晶格。其晶格常数 $a=b=c$，$\alpha=\beta=\gamma=90°$，致密度为 0.74。属于这种晶格类型的金属有 Al、Cu、Ni、Pb、γ-Fe 等。

3）密排六方晶格

如图 1-8（c）所示，密排六方晶格的晶胞是一个正六方柱体，柱体的 12 个顶角和上下两个正六边形面的中心各排列一个原子，上、下两面之间还分布着 3 个原子。其晶格常数用正六边形面的边长 a 和晶胞高度 c 表示，二者的比值 c/a 近似为 1.633，致密度为 0.74。属于这种晶格类型的金属有 Be、Mg、Zn、α-Ti 等。

晶体结构概述

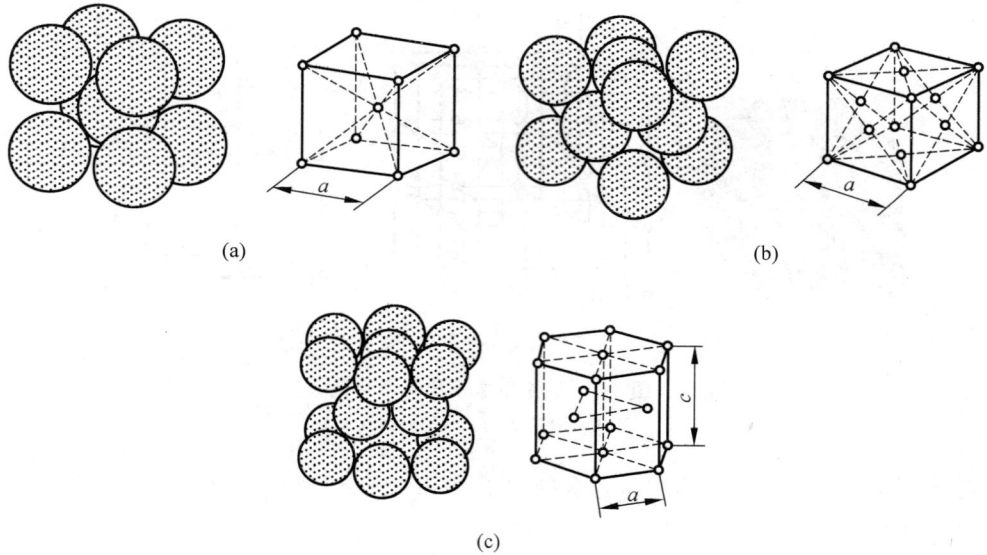

图 1-8　晶胞示意图
（a）体心立方晶胞；（b）面心立方晶胞；（c）密排六方晶胞

体心立方
晶体结构

面心立方
晶体结构

密排六方
晶体结构

3. 合金的晶体结构

1）合金的基本概念

合金是由两种或两种以上的金属与金属元素或金属与非金属元素组成的具有金属特性的物质。

（1）相

合金中具有相同的化学成分、晶体结构及性能，并与其他部分以界面相互分开的均匀组成部分称为相。在固态时称为固相，液态时称为液相，固液共存系统中有固相和液相两种。固态的合金可以是由一种相组成的单相合金，也可以是由若干种相组成的多相合金。

（2）组织

一种或多种相以不同的形态、大小、数量和分布形式组合在一起，称为组织，通常需要在金相显微镜下进行观察。由一种相组成的组织称为单相组织，由几种不同的相组成的组织称为多相组织。相是组织的基本组成部分，合金的性能取决于组织，而组织又取决于组成相的性质、形态和分布等。

2）合金的相结构

根据合金中的晶体结构特征，固态合金的基本相结构可分为固溶体和金属化合物两大类。

（1）固溶体

固溶体是指溶质组元溶入溶剂晶格中而形成的单一均匀的固体。固溶体的晶格类型仍保持溶剂的晶格类型。根据溶质原子在溶剂晶格中所占的位置不同，可将固溶体分为置换固溶体和间隙固溶体。

A. 置换固溶体：溶质原子取代溶剂晶格中的某些结点原子所形成的固溶体称为置换固溶体，如图 1-9(a)所示。一般来说，当溶剂和溶质的原子半径比较接近时易形成置换固溶体。如果溶质与溶剂原子可以任意比例互溶，则称为无限固溶体；如果溶剂原子只能溶解有限浓度的溶质原子，则称为有限固溶体。

B. 间隙固溶体：溶质原子填入溶剂晶格间隙中形成的固溶体称为间隙固溶体，如图 1-9(b)所示。研究表明，只有在溶质原子半径与溶剂原子半径的比值小于 0.59 时才容易形成间隙固溶体。

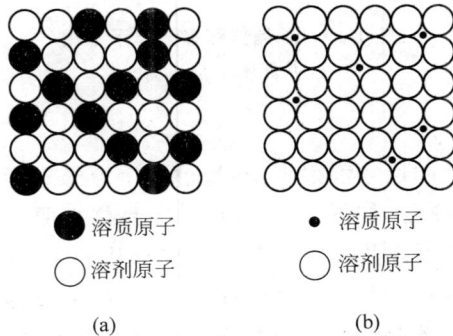

● 溶质原子　　　　　　　● 溶质原子
○ 溶剂原子　　　　　　　○ 溶剂原子

(a)　　　　　　　　　　(b)

图 1-9　固溶体类型
(a) 置换固溶体；(b) 间隙固溶体

固溶体中溶质原子的溶入必然导致溶剂晶格的畸变，使金属或合金的强度和硬度提高，塑性和韧性下降，这种现象称为固溶强化，是金属材料的强化手段之一。

(2) 金属化合物

金属化合物是指合金组元相互作用形成的晶格结构和特性完全不同于任一组元的新相，一般可用分子式表示。金属化合物一般具有复杂的晶体结构，熔点较高，硬度高而脆性大。合金中含有金属化合物时，合金的强度、硬度会提高，而塑性、韧性会降低，因此常作为各类金属材料的强化相。例如渗碳体是铁与碳相互作用形成的一种重要的结构复杂的间隙化合物，用化学式 Fe_3C 表示。

4. 实际金属的晶体结构

如果金属材料内部的晶格位向完全一致，则称为单晶体，如图 1-10(a)所示。单晶体在自然界几乎不存在，只有采用特殊的方法才能获得单晶体。实际的金属材料大多是由许多位向不同的小单晶体组成，称为多晶体，如图 1-10(b)所示。这种外形不规则、呈颗粒状的小单晶体称为晶粒，晶粒与晶粒之间的界面称为晶界。晶界处的原子排列不规则，每个晶粒内部的晶格位向也并非完美地排列，而是存在微小差别。单晶体金属由于原子在不同方向上的排列不同，因此具有各向异性的特点；而多晶体由于每个晶粒内部的晶格位向互不一致，各向异性相互抵消后，宏观上表现为各向同性的特点。

理论上，单晶体或者多晶体内的单个晶粒，其原子应该是按规律顺序排列的，但实际上，晶粒内部的原子排列并不像理想晶体那样规则和完整，某些区域的原子会偏离其规则排列的位置，把这种区域称为晶体缺陷。

根据晶体缺陷的几何形态特征，可将其分为点缺陷、线缺陷和面缺陷三类。

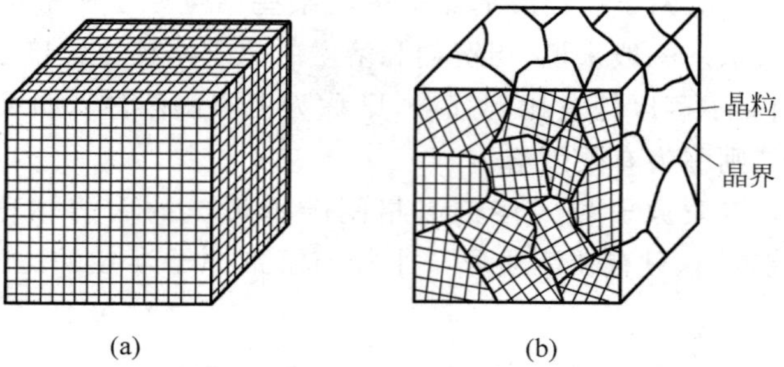

图 1-10 单晶体和多晶体示意图
（a）单晶体；（b）多晶体

1）点缺陷

点缺陷是指三维方向上的尺寸都很小，不超过几个原子直径的缺陷。常见的点缺陷有晶格空位、间隙原子和置换原子，如图 1-11 所示。在晶体中原子脱离平衡位置后会在原位置形成空位。空位的存在会引起其附近出现一个涉及几个原子间距范围的弹性畸变区，称为晶格畸变，如图 1-11（a）所示。离开平衡位置的原子，如果迁移到晶格间隙处便形成了间隙原子，如图 1-11（b）所示。若晶体中的异类原子具有足够高的能量，则也可能会迁移到结点上形成置换原子，如图 1-11（c）所示。晶格空位和间隙原子的运动是金属中原子扩散的主要方式之一，对热处理过程起着重要的作用。

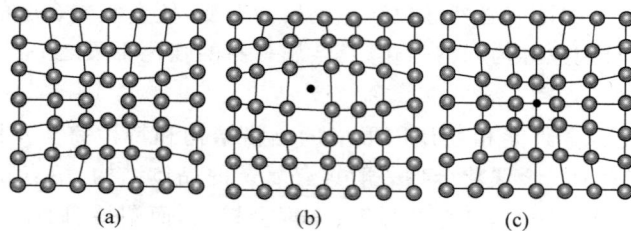

图 1-11 点缺陷示意图
（a）晶格空位；（b）间隙原子；（c）置换原子

2）线缺陷

线缺陷是指沿着晶体点阵的某一方向尺寸较大而其他两个方向尺寸很小的晶体缺陷，其具体形式是位错。位错是指晶体中一列或若干列原子发生了局部滑移而形成的缺陷，主要有刃型位错和螺型位错两种形式。其中，刃型位错是一种最简单的位错，如图 1-12 所示。由于右上部局部滑移，使晶格的上半部挤出了半层多余的原子面，就像在晶格中额外插入了半层原子面，该多余半原子面的边缘便为位错线。晶格沿位错线的周围发生了严重的畸变，离位错线越远，晶格畸变越小。

3）面缺陷

面缺陷是指在晶体点阵的某两个方向上尺寸较大，而在第三个方向上尺寸很小的晶体缺陷，主要是指晶界。实际金属材料一般为多晶体，相邻两晶粒之间的位向差多数在 30°～40°，因此，晶界上的原子排列处于两种位向的过渡处，如图 1-13 所示。

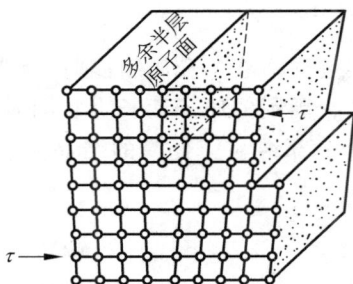

图 1-12　刃型位错示意图

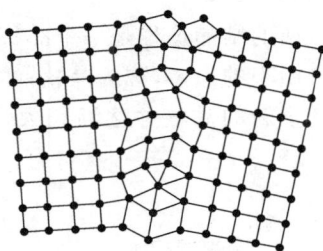

图 1-13　晶界示意图

由于面缺陷处的原子排列不规则,使晶格处于畸变状态,因此面缺陷在常温下对金属的塑性变形起阻碍作用,有利于提高金属的强度和硬度。通常,晶粒越细小,晶界就越多,金属的强度和硬度也就越高。

1.2.2　纯金属的结晶

1. 结晶的条件

纯金属的结晶宏观上看是金属从液态变为固态的过程,微观上看是原子从不规则排列转变为规则排列的过程。结晶需要在一定温度下进行,结晶过程可以用冷却曲线表示,如图 1-14 所示。可以看出,当液态金属从高温冷却到理论结晶温度 T_0 时,结晶并未开始,而是继续冷却到 T_0 以下的某一温度 T_n 时才开始结晶出固相。这种实际结晶温度低于理论结晶温度的现象称为过冷,理论结晶温度 T_0 与实际结晶温度 T_n 之差称为过冷度,用 ΔT 表示,即 $\Delta T = T_0 - T_n$。过冷度的大小与冷却速度、金属的性质和纯度等因素有关,冷却速度越大,金属越纯,则过冷度越大。

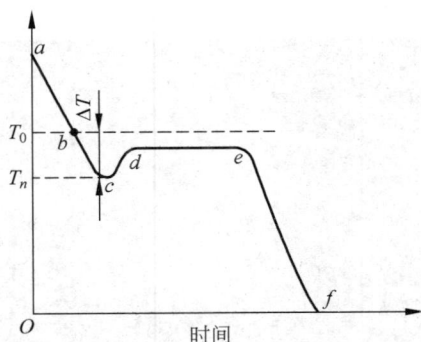

图 1-14　纯金属结晶的冷却曲线

试验证明,金属都是在过冷情况下结晶的,过冷是金属结晶的必要条件。金属结晶时会释放出结晶潜热,可以补偿向外散失的热量,使液态金属的温度保持不变,因此冷却曲线上会出现一个平台。直到金属结晶完毕,不再有潜热放出时,温度才继续降低。

2. 结晶的过程

液态金属的结晶过程是一个晶核形成和长大的过程。液态金属结晶时，首先在液体中形成一些极微小的晶体，称为晶核，然后它们不断吸收周围的原子而长大。同时，液体中又会不断地产生新的晶核并逐渐长大，直至液态金属全部结晶。金属的结晶过程如图 1-15 所示。

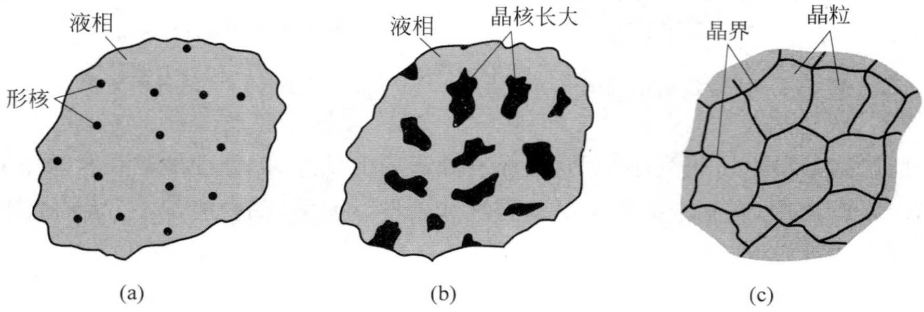

图 1-15　金属结晶过程示意图
（a）形核；（b）晶核长大；（c）结晶结束

晶核的形成方式有两种：一种为自发形核，也叫作均匀形核，是液态金属非常纯净时，金属自身的原子集团发展成一定尺寸晶核的过程；另一种为非自发形核，是以合金液中的杂质为基底形成核心，这种形核方式需要的过冷度较小，起优先和主导作用。

晶核的长大方式有两种：一种为平面式长大，发生在冷却速度极小的情况下，此时晶体主要以其表面向前平行推移的方式长大；另一种为树枝状长大，发生在冷却速度较大时，特别是存在其他固态微粒时，晶体与液体界面的温度会高于近处液体的温度，形成负温度梯度，这时金属晶体往往以树枝状的方式长大。实际金属结晶时，一般均以树枝状长大的方式结晶，形成的枝晶如图 1-16 所示。

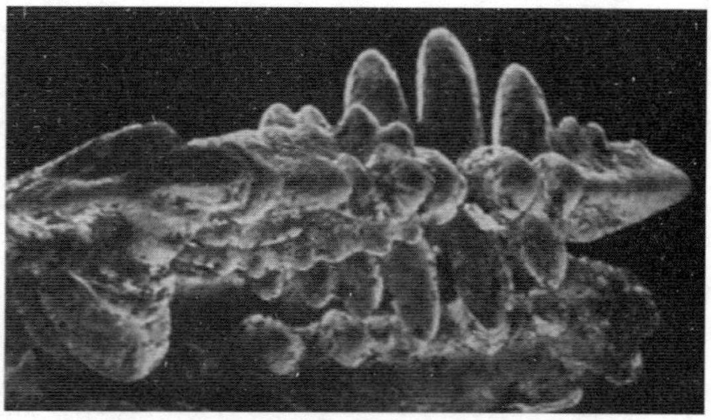

图 1-16　实际金属结晶后的枝晶形貌

合金的结晶与纯金属不同，其结晶一般是在温度区间内进行的，冷却曲线一般没有结晶平台。

3. 晶粒大小的控制

晶粒大小对于金属的力学性能影响很大。因为晶粒越细，晶界就越多，晶界处的原子排列方向极不一致,犬牙交错、互相咬合,从而增加了塑性变形的抗力,提高了金属的强度。同时,金属的塑性和韧性也可得到提高。晶粒的大小与形核率和长大率密切相关。影响形核率和长大率的主要因素是结晶时的过冷度、液体金属中作为非自发形核的固态微粒以及结晶环境等。

在实际生产中,通过控制液态金属的结晶过程而细化金属晶粒,主要采取如下措施。

1) 增大金属的过冷度

一般工业生产条件下,金属冷却速度越快,过冷度越大,晶核的形核率(N)和长大率(G)也越大,但两者的增大速度不一样,其中形核率增大较快,如图 1-17 所示。因此,金属结晶时过冷度越大,形成的晶核越多,得到的晶粒越细。采用超高速急冷技术,可获得超细晶金属、亚稳态结构的金属或非晶态结构的金属。

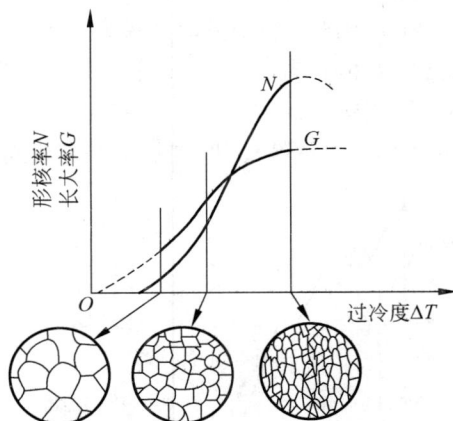

图 1-17　形核率和长大率与过冷度的关系

2) 变质处理

在金属结晶前,向液体金属中加入变质剂以细化晶粒的方法称为变质处理。变质剂的作用是增加非自发形核(人工晶核)的数量或阻碍晶体的长大。例如,在铝合金液体中加入钛、锆,在钢水中加入钛、钒、铝等,都是为了细化晶粒。

3) 振动与搅拌

在金属结晶过程中,采用机械振动、超声波振动、机械和电磁搅拌等方法,可以破碎正在生长的树枝状晶体,形成更多的晶核,从而获得细小的晶粒。

4. 铸锭组织

在实际生产中,液态金属是在铸锭模或铸型中凝固的,前者得到铸锭,后者得到铸件。铸锭是各种金属材料成材的毛坯,铸锭组织不但影响其压力加工性能,而且还影响其压力加工后的金属制品的组织和性能。钢锭的铸态组织由表面细晶粒层、柱状晶粒层和心部等轴晶粒区三层不同外形的晶粒组成。表面细晶粒层组织致密,力学性能很好,但因其很薄,所以对整个铸锭性能影响不大。柱状晶粒层组织较致密,但有明显的各向异性。塑性变形时柱状晶粒层易出现晶间开裂,钢锭一般不希望得到柱状晶组织。等轴晶粒区的力学性能无方向性,但易生成偏析、夹杂、气孔等缺陷。

1.2.3 铁碳合金相图

铁碳合金是碳钢和铸铁等钢铁材料的统称,具有优良的力学性能和工艺性能,是现代工业生产中使用最广泛的金属材料。改变其化学成分和工艺条件(温度、冷却速度等),可以获得不同的组织和性能。为了合理地选用钢铁材料,必须掌握铁碳合金的成分、组织和性能之间的关系。相图是表示合金系在平衡条件下随着温度和成分的变化,各相关系的图解,又称平衡图或状态图。铁碳合金的结晶过程较为复杂,通常运用铁碳合金相图来分析铁碳合金的结晶过程。

1. 纯铁的同素异构转变

同一种金属在固态下随着温度的变化,由一种晶格类型转变为另一种晶格类型的现象称为同素异构转变。图 1-18 所示为纯铁在结晶时的冷却曲线。液态纯铁在 1538℃时开始结晶,形成具有体心立方晶格的 δ-Fe;当温度冷却到 1394℃时发生同素异构转变,形成具有面心立方晶格的 γ-Fe;再冷却至 912℃时又发生一次同素异构转变,面心立方晶格的 γ-Fe 转变为体心立方晶格的 α-Fe;再继续冷却,纯铁的晶格类型不再发生变化。

纯金属的
同素异构
转变

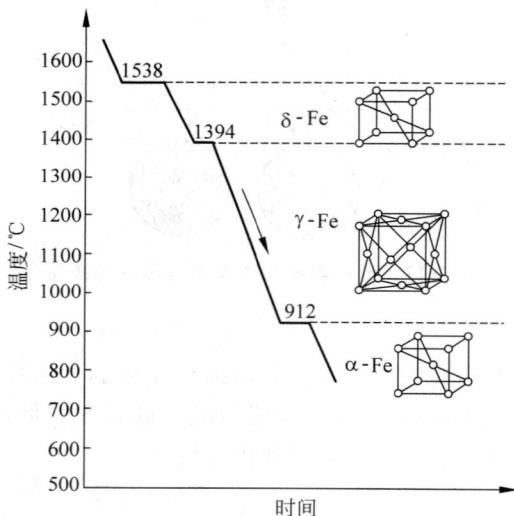

图 1-18 纯铁的同素异构转变

金属的同素异构转变与液态金属的结晶过程相似,故称为二次结晶或重结晶。在发生同素异构转变时,金属也需要过冷并在恒温下进行,新晶体的形成也是形核与长大的过程。但由于同素异构转变是在固态下进行的,其原子扩散比较困难,故转变时需要较大的过冷度。同素异构转变时的晶格变化会引起金属的体积变化,因此同素异构转变时会产生较大的内应力,严重时会导致金属变形或开裂。

2. 铁碳合金的组元与基本组织

铁碳合金在液态时铁和碳可以无限互溶。在固态时根据碳的质量分数不同,碳可以溶解在铁中形成固溶体,也可以与铁形成化合物,或者形成固溶体与化合物组成的机械混合物。

1）铁碳合金的组元

铁碳合金中的主要组元有纯铁和渗碳体。

（1）纯铁：纯铁的熔点为 1538℃，具有同素异构转变特征。纯铁在室温下的力学性能大致为：抗拉强度 $R_m = 180 \sim 230$MPa，断后伸长率 $A_{11.3} = 30\% \sim 50\%$，断面收缩率 $Z = 70\% \sim 80\%$，布氏硬度为 $50 \sim 80$HBW。

（2）渗碳体：渗碳体是由铁和碳形成的金属间化合物，具有复杂的晶体结构，可用 Fe_3C 表示。渗碳体的含碳量为 6.69%，硬度很高（800HBW），脆性极大，塑性和韧性几乎为零，是一个硬而脆的组织。渗碳体的显微组织形态很多，在钢和铸铁中与其他相共存时呈片状、网状、粒状等形态。它是铁碳合金中主要的强化相，其形状、数量、大小及分布对合金的性能有很大影响。

2）铁碳合金的基本组织

（1）铁素体：铁素体是碳溶于 α-Fe 中形成的间隙固溶体，用符号 F 或 α 表示。铁素体仍保持 α-Fe 的体心立方晶格。铁素体中碳的固溶度极小，室温时仅为 0.0008%；600℃ 时为 0.0057%；727℃ 时溶碳量最大，为 0.0218%。铁素体含碳量很小，其力学性能与工业纯铁相似，即塑性、韧性较好，$A_{11.3} = 45\% \sim 50\%$，$K = 128 \sim 160$J，强度、硬度不高。在显微镜下观察时，铁素体晶粒为均匀明亮的多边形。

（2）奥氏体：奥氏体是碳溶于 γ-Fe 中形成的间隙固溶体，用符号 A 或 γ 表示。奥氏体仍保持 γ-Fe 的面心立方晶格。奥氏体中碳的固溶度较大，在 727℃ 时为 0.77%；在 1148℃ 时最大，为 2.11%。奥氏体的强度、硬度不高，塑性很好（$A_{11.3} = 40\% \sim 50\%$），是大多数钢进行塑性成形的理想组织。但常用钢中奥氏体稳定存在的最低温度为 727℃，所以大多数钢的塑性成形要在高温下进行。在显微镜下观察时，奥氏体晶粒呈多边形，晶界较铁素体平直。

（3）珠光体：珠光体是铁素体和渗碳体组成的机械混合物，用符号 P 表示。珠光体中碳的质量分数为 0.77%，力学性能介于铁素体和渗碳体之间。由于珠光体中铁素体的含量较渗碳体多，所以其力学性能更偏向于铁素体，强度较高（$R_m = 770$MPa），硬度适中（180HBW），有一定的塑性（$A_{11.3} = 20\% \sim 35\%$），即具有良好的综合力学性能。珠光体一般呈层片状相间分布，片层越细密，强度越高。

（4）莱氏体：高温莱氏体是含碳量大于 2.11% 的铁碳合金从液态缓慢冷却至 1148℃ 时，从液相中同时结晶出奥氏体和渗碳体的两相混合物，用符号 Ld 表示。温度继续降低到 727℃ 以下时，高温莱氏体中的奥氏体转变为珠光体，由珠光体和渗碳体组成的混合物称为低温莱氏体，用符号 Ld′ 表示。莱氏体的碳质量分数为 4.3%。由于莱氏体中含有大量渗碳体，故其性能与渗碳体相似，即硬而脆，塑性、韧性很差。

3. 铁碳合金相图分析

铁碳合金相图是指在平衡条件下，铁碳合金的成分、温度和组织之间关系的图形，如图 1-19 所示。它是用试验的方法建立的。因为含碳量超过 6.69% 的铁碳合金，在工业上没有实用价值，因此图中横坐标仅标出了含碳量小于 6.69% 的合金部分。当含碳量为 6.69% 时，铁和碳全部形成 Fe_3C，可以看作合金的一个组元。为了便于研究，将 Fe-Fe_3C 相图左上角的包晶转变部分省略，即得简化后的 Fe-Fe_3C 相图。

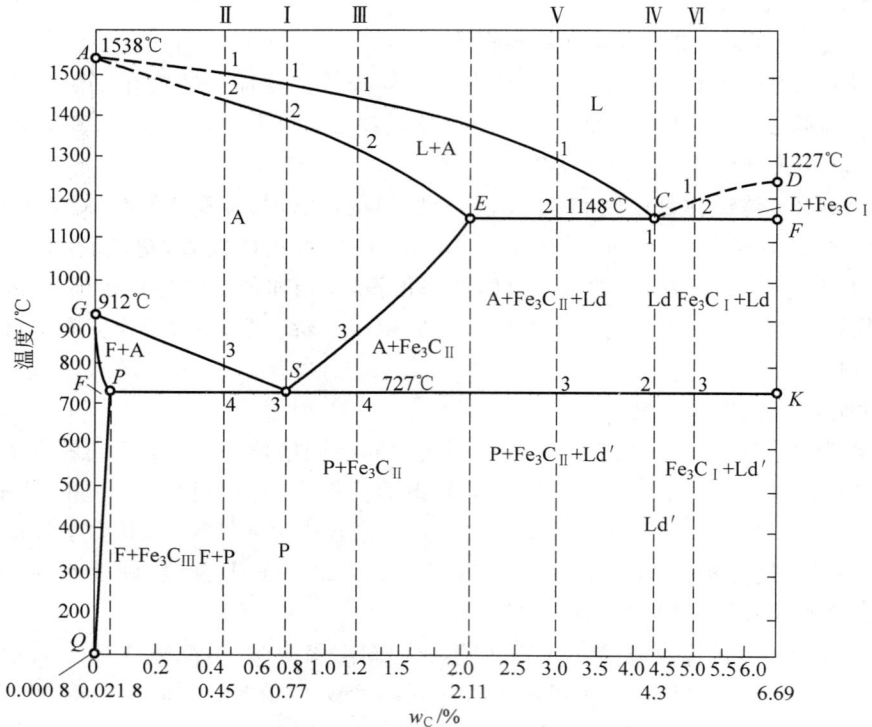

图 1-19　简化后的 Fe-Fe₃C 相图

　　铁碳合金相图中各特性点的温度、成分和含义见表 1-2,各代表符号国际通用,不可随意改变。

表 1-2　相图中特征点的温度、碳的质量分数及意义

特　征　点	温度/℃	w_C/%	意　　义
A	1538	0	纯铁的熔点或结晶温度
C	1148	4.3	共晶点,$L_C \Leftrightarrow A_E + Fe_3C$
D	1227	6.69	渗碳体的熔点
E	1148	2.11	碳在 γ-Fe 中的最大溶解度
F	1148	6.69	共晶渗碳体的成分
G	912	0	纯铁的同素异构转变点,α-Fe$\Leftrightarrow\gamma$-Fe
K	727	6.69	共析渗碳体的成分
S	727	0.77	共析点,$A_S \Leftrightarrow F_p + Fe_3C$
P	727	0.0218	碳在 α-Fe 中的最大溶解度
Q	室温	0.0008	室温下碳在 α-Fe 中的溶解度

4. 铁碳合金的结晶过程

　　根据碳的质量分数和室温显微组织的不同,铁碳合金可以分为工业纯铁、钢和白口铸铁三大类,具体见表 1-3。

表 1-3　铁碳合金分类

铁碳合金分类		w_C/%	室温平衡组织
工业纯铁		$0<w_C\leqslant0.0218$	$F+Fe_3C_{III}$
钢	亚共析钢	$0.0218<w_C<0.77$	$F+P$
	共析钢	$w_C=0.77$	P
	过共析钢	$0.77<w_C\leqslant2.11$	$P+Fe_3C_{II}$
白口铸铁	亚共晶白口铸铁	$2.11<w_C<4.3$	$P+Fe_3C_{II}+Ld'$
	共晶白口铸铁	$w_C=4.3$	Ld'
	过共晶白口铸铁	$4.3<w_C<6.69$	Fe_3C_I+Ld'

从图 1-19 中可以看出,工业纯铁的室温组织为铁素体和少量三次渗碳体(Fe_3C_{III})。由于 Fe_3C_{III} 量少,对性能影响小,通常忽略 Fe_3C_{III} 的作用。因此,工业纯铁的强度、硬度较低,在实际中应用较少。下面仅对钢和白口铸铁平衡凝固时的转变过程和室温组织进行分析。

1) 共析钢的结晶过程

在图 1-19 中,合金 I 为 $w_C=0.77\%$ 的共析钢,其结晶过程如图 1-20 所示。共析钢在 1 点以上为液相,温度缓慢降至 1 点时开始从液相中结晶出 A,温度降至 2 点时液相全部结晶为 A。2～3 点 A 没有成分变化,继续缓慢冷却至 3 点时,A 发生共析反应生成由铁素体和渗碳体两相组成的 P。继续冷却至室温,P 中的铁素体中将有极少量三次渗碳体析出,可忽略不计。因此,共析钢的室温组织全部为 P,呈层片状,其室温下的显微组织如图 1-21 所示。

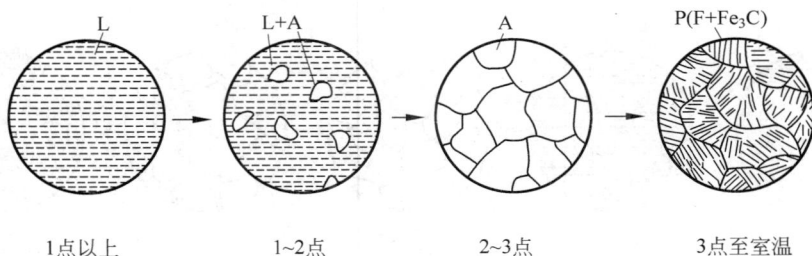

| 1点以上 | 1～2点 | 2～3点 | 3点至室温 |

图 1-20　共析钢结晶过程示意图

2) 亚共析钢的结晶过程

图 1-19 中的合金 II 为 $w_C=0.45\%$ 的亚共析钢,其结晶过程如图 1-22 所示。当温度降到 1 点时,开始从液相中析出 A,降到 2 点时液相全部结晶为 A。温度降至 3 点时,开始从 A 中析出 F,称为先共析铁素体。温度继续降低,F 的量不断增加,F 的成分沿 GP 线变化,A 的成分沿 GS 线变化。冷却至 4 点时,剩余 A 中碳的质量分数达到共析成分($w_C=0.77\%$),发生共析反应,A 转变为 P。温度继续下降,铁素体中将会析出极少量的三次渗碳体,可忽略不计。因此,其室温组织为先共析 F+P。

图 1-21　共析钢的显微组织

铁碳合金的平衡结晶过程

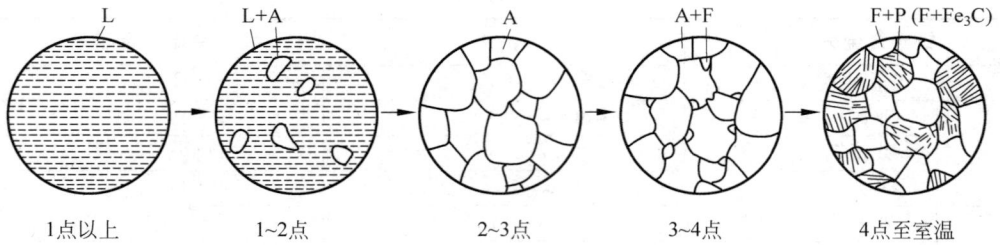

图 1-22 亚共析钢结晶过程示意图

图 1-23 45 钢的显微组织

45 钢室温下的显微组织如图 1-23 所示，F 呈白色块状，P 呈层片状，放大倍数不高时呈黑色块状。所有亚共析钢的室温组织都是 F＋P，只是随着碳含量的增加，P 越来越多，F 越来越少。

3）过共析钢的结晶过程

图 1-19 中的合金Ⅲ为 $w_C=1.2\%$ 的过共析钢，其结晶过程如图 1-24 所示。当温度降到 1 点时，开始从液相中析出 A，降到 2 点时液相全部结晶为 A。温度降至 3 点时，开始从 A 中析出二次渗碳体（Fe_3C_{II}）。温度继续降低，Fe_3C_{II} 的量不断增多，并呈网状沿奥氏体晶界分布。剩余 A 的成分沿 ES 线变化，冷却至 4 点时，其中碳的质量分数达到共析成分，发生共析反应，转变为 P。继续冷却，合金组织不变。因此，其室温组织为 P＋网状 Fe_3C_{II}。

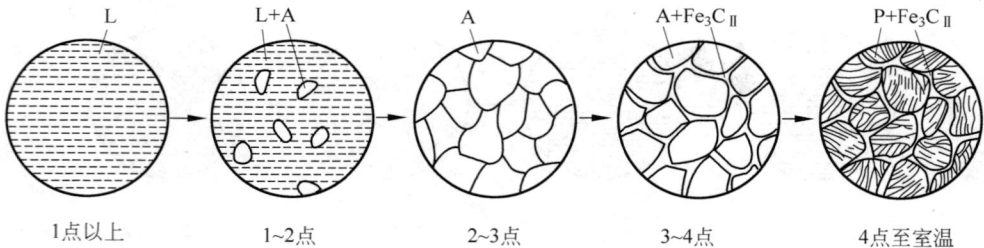

图 1-24 过共析钢结晶过程示意图

过共析钢室温下的显微组织如图 1-25 所示，图中片层状的黑色块体是珠光体，沿晶界分布的白色相为网状 Fe_3C_{II}。所有过共析钢的室温组织都是 P＋Fe_3C_{II}，只是随着碳含量的增加，Fe_3C_{II} 越来越多，P 越来越少。

4）共晶白口铸铁的结晶过程

图 1-19 中的合金Ⅳ为 $w_C=4.3\%$ 的共晶白口铸铁，其结晶过程如图 1-26 所示。温度在 1 点以上时为液相，温度降到 1 点时开始发生共晶反应，生成由 A 和 Fe_3C 组成的高温莱氏体 Ld，直至全部结晶完成。继续冷却，从 A

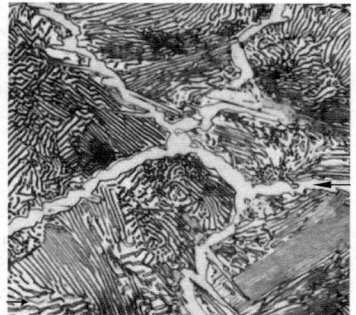

图 1-25 过共析钢的显微组织

中不断析出 Fe_3C_{II}，和共晶渗碳体连在一起，金相显微镜难以分辨，剩余 A 中碳的质量分数沿 ES 线变化。温度降至 2 点时，A 中碳的质量分数达到共析成分，发生共析反应，生成 P。继续冷却合金组织不变。因此，其室温组织由渗碳体和 P 组成，即低温莱氏体 Ld'。

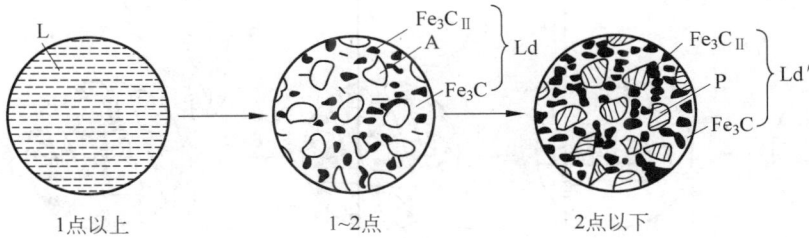

图 1-26　共晶白口铸铁结晶过程示意图

共晶白口铸铁室温下的显微组织如图 1-27 所示，黑色细小点状和黑色枝晶为 P，白色基体为渗碳体（共晶渗碳体和二次渗碳体混在一起，无法分辨）。

5) 亚共晶白口铸铁的结晶过程

图 1-19 中的合金 V 为 $w_C=3.0\%$ 的亚共晶白口铸铁，其结晶过程如图 1-28 所示。当温度降至 1 点时，开始结晶出 A。随着温度的继续降低，A 不断增多，其成分沿 AE 线变化；液相不断减少，其成分沿 AC 线变化。冷却至 2 点时，剩余液相成分达到共晶成分，发生共晶反应，生成 Ld。在 2~3 点冷却时，A 的成分沿 ES 线变化，并不断析出 Fe_3C_{II}。冷却至 3 点温度时，A 达到共析成分，发生共析反应，生成 P。因此，其室温组织为 $P+Fe_3C_{II}+Ld'$。

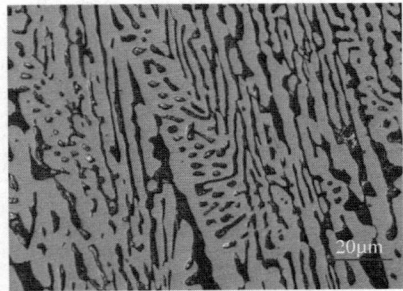

图 1-27　共晶白口铸铁的显微组织

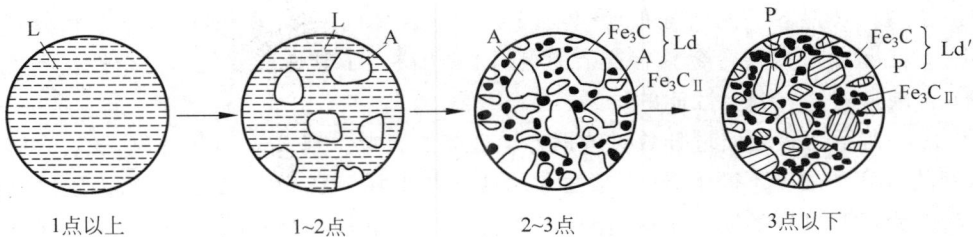

图 1-28　亚共晶白口铸铁结晶过程示意图

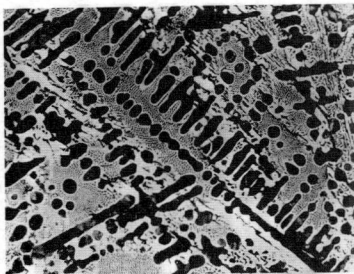

图 1-29　亚共晶白口铸铁的显微组织

亚共晶白口铸铁室温下的显微组织如图 1-29 所示，黑白相间的基体为 Ld'，黑色点状和树枝状为先析出的 A 转变成的 P，二次渗碳体和共晶渗碳体混在一起，无法分辨。所有亚共晶白口铸铁的室温组织均为 $P+Fe_3C_{II}+Ld'$。

6) 过共晶白口铸铁的结晶过程

图 1-19 中的合金 VI 为 $w_C=5.0\%$ 的过共晶白口铸铁，其结晶过程如图 1-30 所示。当温度降至 1 点时，开

始结晶出 Fe_3C_I。随着温度的继续降低，Fe_3C_I 不断增多，液相不断减少，其成分沿 DC 线变化。冷却至 2 点时，液相成分达到共晶成分，发生共晶反应，生成 Ld。温度继续降低，Fe_3C_I 的成分和结构不再变化，而高温莱氏体 Ld 则会在 3 点温度后转变为 Ld'。因此，其室温组织为 $Ld'+Fe_3C_I$。

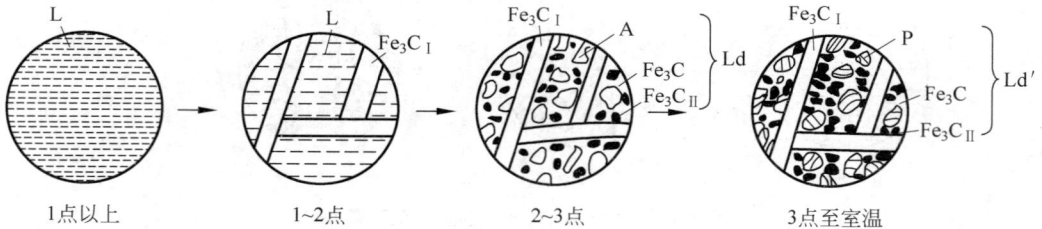

图 1-30 过共晶白口铸铁结晶过程示意图

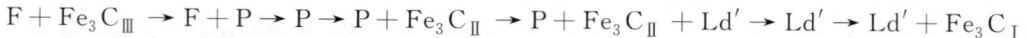

图 1-31 过共晶白口铸铁的显微组织

过共晶白口铸铁室温下的显微组织如图 1-31 所示，图中白色条状为 Fe_3C_I，黑白相间的基体为 Ld'。所有过共晶白口铸铁的室温组织均为 $Ld'+Fe_3C_I$。

5. 含碳量对铁碳合金组织和性能的影响

1) 含碳量对铁碳合金组织的影响

由铁碳合金相图可知，随着碳含量的增加，铁碳合金显微组织发生如下变化：

$$F+Fe_3C_{III} \rightarrow F+P \rightarrow P \rightarrow P+Fe_3C_{II} \rightarrow P+Fe_3C_{II}+Ld' \rightarrow Ld' \rightarrow Ld'+Fe_3C_I$$

随着含碳量的增加，不仅渗碳体的数量相应增加，而且渗碳体的形态和分布也在发生变化：Fe_3C_{III}（点状或沿铁素体晶界分布的小片状）→共析 Fe_3C（呈层片状分布在珠光体中）→Fe_3C_{II}（沿奥氏体晶界呈网状分布）→共晶 Fe_3C（莱氏体的基体）→Fe_3C_I（呈条状分布在莱氏体上）。正是由于铁碳合金具有复杂的组织形态，决定了其性能变化的复杂性。

2) 含碳量对铁碳合金性能的影响

图 1-32 所示为碳的质量分数对碳钢力学性能的影响。当 $w_C<1.0\%$ 时，随着含碳量的增加，钢的强度和硬度不断上升，而塑性和韧性不断下降。当 $w_C \geqslant 1.0\%$ 时，由于网状渗碳体的存在，钢的强度开始明显下降，塑性和韧性进一步下降，而硬度仍在增高。为保证工业用钢具有足够的强度、一定的塑性和韧性，钢的含碳量一般不超过 1.3%。白口铸铁由于组织中有大量的渗碳体，硬度高，塑性和韧性极差，既难以切削，又不能用锻压方法加工，故工业上很少直接应用。

1.2.4 常用的金属材料

金属材料一般分为黑色金属材料和有色金属材料，通常把以铁和碳元素为主要化学成分的金属及其合金称为黑色金属材料（包括钢和铸铁），把其余金属（如 Mg、Al 等）及其合金统称为有色金属材料。金属材料中 95% 为钢材，由于其价格低廉、性能良好、易于加工，在工业生产中得到了广泛的应用，因此下面重点介绍钢材的分类和应用。

钢的种类繁多，国家标准《钢分类 第 1 部分 按化学成分分类》（GB/T 13304.1—2008）

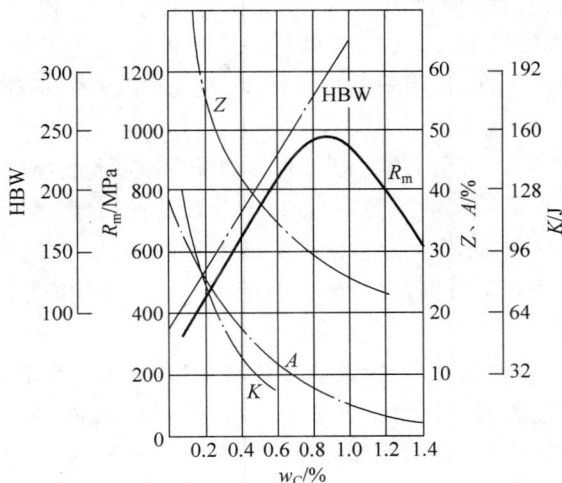

图 1-32 含碳量对钢力学性能的影响

中，按照化学成分将钢分为非合金钢、低合金钢、合金钢三大类，每类钢还将按照主要质量等级、主要性能和使用特性分成若干小类。

1. 非合金钢

1）碳素结构钢

碳素结构钢的化学成分为 $w_C = 0.09\% \sim 0.33\%$、$w_{Mn} \leqslant 0.37\% \sim 0.75\%$、$w_{Si} \leqslant 0.30\%$、$w_S \leqslant 0.035\% \sim 0.050\%$、$w_P \leqslant 0.035\% \sim 0.045\%$。碳素结构钢的牌号用代表屈服强度的"屈"字汉语拼音首字母 Q 和后面三位数字表示，牌号中的数字表示最低屈服强度（MPa）。在钢号尾部可用 A、B、C、D 表示钢的质量等级。在牌号的最后可用符号表示其冶炼时的脱氧程度，沸腾钢标以符号 F，镇静钢标以符号 Z 或不标符号，特殊镇静钢标以符号 TZ 或不标符号。碳素结构钢一般不需要热处理。

Q195、Q215、Q235 三种牌号中碳的质量分数低，有一定强度，常轧制成薄板、钢筋、焊接钢管等，用于桥梁、建筑等钢结构，也可制造普通的螺钉、螺母、螺栓等；Q275 钢强度较高，塑性、韧性较好，可进行焊接，通常轧制成型钢、条钢作为结构件，以及制造连杆、键、销、齿轮、轴等。

2）优质碳素结构钢

优质碳素结构钢的化学成分为 $w_C = 0.05\% \sim 0.75\%$、$w_{Mn} \leqslant 0.25\% \sim 1.20\%$、$w_{Si} \leqslant 0.03\% \sim 0.37\%$、$w_S \leqslant 0.035\%$、$w_P \leqslant 0.035\%$，这类钢材一般要经过热处理以提高力学性能，其主要用于制造机器零件。它的牌号由两位数字组成，表示钢中平均碳的质量分数（以万分之几计）。若钢中含锰量较高，则需将锰元素标出，如 45Mn。对于高级优质碳素结构钢，在牌号尾部加字母 A，特级优质钢在尾部加字母 E。按钢中含碳量不同，优质碳素结构钢可分为低碳钢（$w_C \leqslant 0.25\%$）、中碳钢（$w_C = 0.30\% \sim 0.60\%$）、高碳钢（$w_C > 0.60\%$）。

08、10、15、20 等牌号属于低碳钢，其塑性优良，易于拉拔、冲压、挤压、锻造和焊接。其中 20 钢用途最广，常用于制造螺钉、螺母、垫圈、小轴、焊接件，有时也用于渗碳件。40、45 等牌号属于中碳钢，其强度、硬度有所提高，而淬火后的硬度提高尤为明显。其中以 45 钢最为典型,它的强度、硬度、塑性、韧性均较适中,即综合性能优良,常用来制造主轴、丝杠、齿轮、连杆、蜗轮、键和重要螺钉等。60、65等牌号属于高碳钢,经过淬火、中温回火后,不仅强度、硬度显著提高,且弹性优良,常用于制造小弹簧、发条、钢丝绳、轧辊、凸轮等。

3)碳素工具钢

这类钢 $w_C=0.05\%\sim0.75\%$,牌号以符号 T("碳"字汉语拼音首字母)开始,其后面的一位或两位数字表示钢中平均碳的质量分数(以千分之几计)。碳素工具钢中碳的质量分数高达 $0.7\%\sim1.3\%$,经淬火、低温回火后有高的硬度和耐磨性,常用于制造锻工、钳工工具和小型模具。对于优质碳素工具钢,牌号尾部表示方法同上述优质碳素结构钢。

4)工程用铸造碳钢

在机械制造业中,许多形状复杂、用锻造方法难以生产、力学性能要求比铸铁高的零件,可用碳钢铸造生产。铸造碳钢广泛用于制造重型机械、矿山机械、冶金机械、机车车辆的某些零件、构件。例如 ZG200-400 表示屈服强度和抗拉强度分别为 200MPa 和 400MPa。

2. 低合金钢

低合金钢是一类可焊接的低碳、低合金工程结构用钢(合金总量小于 5%)。这类钢通常在热轧后经退火或正火处理后使用,其牌号表示方法与碳素结构钢的基本相同。与碳质量分数相同的碳素钢相比,低合金钢具有较高的强度、塑性、韧性和耐蚀性,且大多具有良好的焊接性,广泛用于制造桥梁、汽车、铁道、船舶、锅炉、高压容器、矿用设备等。

低合金钢可分为低合金高强度结构钢、低合金耐候钢、低合金钢筋钢、矿用低合金钢等,其中低合金高强度结构钢应用最为广泛。例如,Q355 钢可用于桥梁、船舶、压力容器、车辆等;Q390 钢可用于桥梁、船舶、起重机、压力容器等。

3. 合金钢

当钢中合金元素总量超过 5% 时,即合金钢。合金钢不仅合金元素含量高,且严格控制硫、磷等有害杂质的含量,属于优质钢或高级优质钢。合金钢根据使用目的不同分为合金结构钢、合金工具钢、高速工具钢、特殊性能钢等,这里只介绍合金结构钢。

合金结构钢牌号采用"数字+元素符号+数字"表示,前两位数字表示碳的平均质量分数(以万分之几计),字母表示加入的合金元素,字母后面的数字表示该合金元素的平均百分含量,如果平均含量小于 1.5%,则不标注数字。例如,20CrNi3 牌号表示碳含量为 0.20%、铬含量小于 1.5%、镍含量为 2.5%~3.5%。

合金结构钢常用于制造机器零件,采用的合金元素为 Mn、Cr、Si、Ni、W、V、Ti、B 等,这些元素可增加钢的淬透性,并使晶粒细化,这样可使大截面零件经调质处理后,在整个截面上获得强、韧结合的力学性能。按其用途及热处理特点可分为合金渗碳钢、合金调质钢、合金弹簧钢等。

1)合金渗碳钢

合金渗碳钢的 $w_C=0.05\%\sim0.25\%$,用于承受强烈冲击载荷和摩擦磨损的机械零件。20CrMnTi 是应用最广的合金渗碳钢,用于制造汽车、拖拉机的变速齿轮、轴等零件。

2)合金调质钢

合金调质钢的 $w_C=0.25\%\sim0.5\%$,用于制造承受重载荷作用同时又受冲击作用的一些重要零件,经过调质处理后,具有高强度、高韧性相结合的良好综合力学性能,如 40Cr。

3）合金弹簧钢

合金弹簧钢的 $w_C=0.45\%\sim0.7\%$，用于制造各种弹簧和弹性元件的合金钢。经淬火中温回火后具有很高的屈服强度和弹性极限，并具有一定的塑性和韧性，可用于制造汽车、拖拉机上的板簧和螺旋弹簧等，如 60Si2CrA。

延伸视界

习题

1-1 选择题

1. 过冷是金属结晶的必要条件。（ ）
   A. 正确　　　　B. 错误
2. 表示材料抵抗局部塑性变形能力的指标是（ ）。
   A. 冲击韧性　　B. 疲劳强度　　C. 抗拉强度　　D. 硬度
3. 晶格中的最小单元称为（ ）。
   A. 晶胞　　　　B. 晶体　　　　C. 晶粒　　　　D. 晶向
4. 晶体中的位错属于（ ）。
   A. 点缺陷　　　B. 线缺陷　　　C. 面缺陷　　　D. 体缺陷
5. 固溶体的晶格类型与（ ）的晶格类型相同。
   A. 溶液　　　　B. 溶剂　　　　C. 溶质　　　　D. 溶剂或溶质
6. 铁碳合金中的奥氏体是（ ）。
   A. 碳溶于 α-Fe 中形成的间隙固溶体　　B. 碳溶于 γ-Fe 中形成的间隙固溶体

C. 碳溶于 α-Fe 中形成的置换固溶体　　　D. 碳溶于 γ-Fe 中形成的置换固溶体

7. 在铁碳合金的基本组织中,塑性较好的是(　　　)。

   A. F 和 Ld　　　　　B. A 和 P　　　　　C. F 和 A　　　　　D. F 和 Ld

8. 优质碳素结构钢"45",其中钢的平均含碳量为(　　　)。

   A. 45%　　　　　　B. 0.045%　　　　　C. 0.45%　　　　　D. 4.5%

9. 机床床身应选用(　　　)材料。

   A. Q235 钢　　　　B. T8A　　　　　　C. HT250　　　　　D. Q355

10. 一次渗碳体是从(　　　)中结晶出来的。

   A. 奥氏体　　　　　B. 铁素体　　　　　C. 珠光体　　　　　D. 液相

11. 二次渗碳体是从(　　　)中析出的。

   A. 奥氏体　　　　　B. 铁素体　　　　　C. 珠光体　　　　　D. 液相

12. 下面是两相混合物的是(　　　)。

   A. 铁素体　　　　　B. 奥氏体　　　　　C. 珠光体　　　　　D. 渗碳体

1-2　什么是固溶强化?

1-3　请说明钢和白口铸铁的具体分类、碳的质量分数范围和室温组织。

1-4　写出 PSK 线和 ECF 线的温度、反应式和反应产物。

1-5　有一原始截面面积 $S=20\text{mm}^2$、标距长度 $L_0=100\text{mm}$ 的标准拉伸圆棒,试样能承受的最大拉力为 $F_m=1000\text{N}$,将断裂后的样品拼接起来,测量其标距段长度变为 $L_u=120\text{mm}$,计算圆棒试样的抗拉强度 R_m 和断后伸长率 A。

第2章

钢的热处理

本章知识要点

知 识 要 点	学 习 目 标	相 关 知 识
热处理的基本原理	掌握钢在加热和冷却过程中组织转变的基本规律,并能熟练运用钢的等温转变曲线和连续冷却转变曲线解决问题	钢在加热时的奥氏体化过程,钢在冷却时的组织转变(包括过冷奥氏体等温转变和连续冷却转变)
整体热处理工艺	熟悉退火、正火、淬火、回火热处理的工艺特点及适用范围,掌握典型零件的热处理工艺	退火、正火、淬火、回火工艺的特点及应用
表面热处理和化学热处理	了解表面热处理和化学热处理工艺的特点	表面热处理工艺,化学热处理工艺的特点及应用

案例导入

我国古代材料应用与热处理技术发展历程漫长且意义深远。我国的制钢术始于春秋时期,从战国到西汉钢铁兵器逐渐兴起,淬火技术也随之迅速发展起来。在《史记》与《圣主得贤臣颂》中均有对淬火的记载。1974 年,河北省易县燕下都出土的一批战国晚期的钢铁兵器,研究发现部分兵器经淬火处理,且含有马氏体的成分,这是我国发现的最早的淬火兵器。随着淬火技术的发展,人们发现淬火介质与淬火质量有关。如三国时期的蒲元和南北朝时期的綦母怀文都曾做出了较大的贡献。据《蒲元别传》记载:蒲元公在今陕西省眉县一带的峡谷中为诸葛亮制作了 3000 把大刀。他说:"汉中的水纯弱,不任淬,蜀水爽烈。"派人去成都取水淬火,制造的兵器锋利无比,削装铁珠的竹筒:"应手虚落,若刍生雉,故称绝当世,因曰神刀。"綦母怀文的贡献是把清水改为油或尿,使水淬变为油淬。现代科学表明,尿是含盐类的水,比普通的水淬火能力强;而油冷却速度较慢,能避免因淬火应力而产生的变形与开裂,后者比前者在淬火技术上更进了一步。

金属材料经热处理更加尽显其能,古代淬火技术至今仍是现代强化钢材的有效手段,古代淬火时金属的变形开裂问题仍是现代需解决的难题。它为现代热处理技术的发展提供了无尽的研究方向与动力,促进新技术不断产生,彰显了古代文明与现代科技间千丝万缕的联系与传承。

资料来源:周金泉.论中国古代金属材料的应用及热处理技术[J].成才之路,2007(12):48-49.

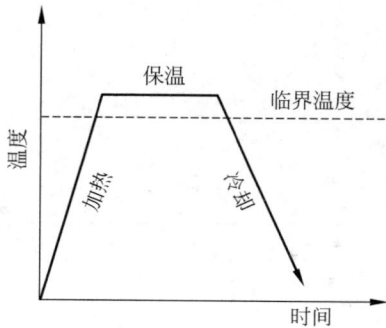

图 2-1　钢的热处理工艺曲线示意图

钢的热处理是指将钢在固态下加热到一定温度，保温一定时间，然后以适当的速度冷却，从而得到所需性能的工艺方法。热处理工艺过程可用热处理工艺曲线来表达，如图 2-1 所示。改变加热温度、保温时间和冷却速度，都会在一定程度上改变钢件的组织结构和性能，从而影响钢件的使用。热处理工艺在机械制造业中应用极为广泛，据统计，在机床制造中有 60%～70% 的零部件要经过热处理，在汽车、拖拉机制造中有 70%～90% 的零部件要经过热处理，热处理在机械制造业中占有十分重要的地位。

热处理是金属加工中的重要工艺方法。按照热处理在整个生产工艺过程中位置和作用的不同，将其分为两类：一类是为了消除冶金、铸造、塑性成形、焊接等生产过程中材料所产生的缺陷，改善其工艺性能，为以后的切削加工或热处理做组织和性能准备，这类热处理称为预备热处理；另一类是为了提高金属材料的力学性能，充分发挥材料的潜力，节约材料，延长零件的使用寿命，这类热处理称为最终热处理。

热处理按其工艺方法的不同，又可分为整体热处理、表面热处理和化学热处理。整体热处理包括退火、正火、淬火、回火等，表面热处理主要指表面淬火，化学热处理包括渗碳、渗氮和碳氮共渗等。

2.1　热处理的基本原理

钢之所以能进行热处理，是因为钢在固态下发生了相变。例如，共析钢在加热至 727℃ 以上时，层片状的珠光体组织将全部转变为奥氏体组织。对于那些在固态下不发生相变的纯金属或者某些合金则不能通过热处理工艺改变其相组成，也就无法实现改善性能。

在 Fe-Fe$_3$C 平衡相图中，共析钢、亚共析钢和过共析钢完全转变为奥氏体的相变线 A$_1$(PSK)、A$_3$(GS) 和 A$_{cm}$(ES) 是在平衡条件下测定的。而实际热处理中，加热和冷却时的相变是在非平衡条件下进行的。非平衡相变温度与平衡相变温度之间有一定的差异，即加热时实际相变温度偏高，冷却时实际相变温度偏低。为与平衡条件下的相变线进行区别，通常将加热时的相变线称为 Ac$_1$、Ac$_3$ 和 Ac$_{cm}$ 线，将冷却时的相变线称为 Ar$_1$、Ar$_3$ 和 Ar$_{cm}$ 线，如图 2-2 所示。

2.1.1　钢在加热时的组织转变

大多数热处理工艺都要将钢加热到相变温度（临界温度）以上，并保温一段时间，以获得全部或部分奥氏体组织，这一过程称为奥氏体化。加热和保温时形成的奥氏体晶粒大小及成分均匀性对冷却转变过程以及组织、性能都有极大影响。

1. 奥氏体的形成

奥氏体的形成也是一个形核和长大的过程。下面以共析钢为例来讨论奥氏体的形成过程。共析钢加热至 Ac$_1$ 以上温度时，片状的珠光体组织（F＋Fe$_3$C）要全部转变为单相的奥

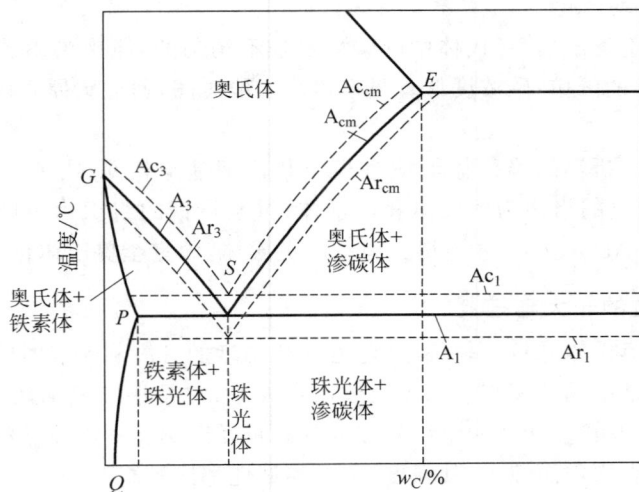

图 2-2　加热和冷却对钢的相变温度的影响

氏体,这一过程主要包括奥氏体形核、奥氏体晶核的长大、残余渗碳体溶解和奥氏体成分均匀化四个阶段,图 2-3 为共析钢奥氏体的形成过程示意图。

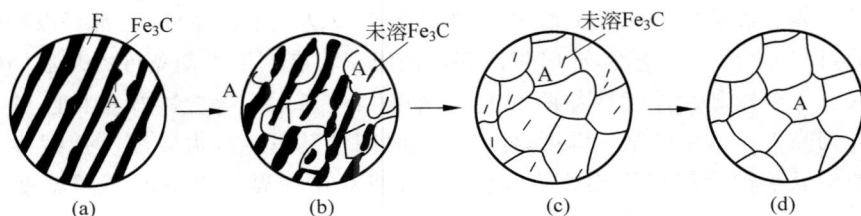

图 2-3　共析钢奥氏体的形成过程示意图

(a) 奥氏体形核;(b) 奥氏体晶核的长大;(c) 残余渗碳体溶解;(d) 奥氏体成分均匀化

1) 奥氏体形核

在 Ac_1 以上温度时,珠光体处于不稳定状态,奥氏体晶核优先在铁素体和渗碳体的界面上形成,这是因为相界面处碳浓度分布不均匀,原子排列不规则,容易满足形核时的浓度起伏和结构起伏,为奥氏体形核创造了有利条件。

2) 奥氏体晶核的长大

奥氏体晶核形成后,它的一侧与渗碳体相接,另一侧与铁素体相接。通过铁、碳原子的扩散,相邻的铁素体晶格将不断改组成奥氏体晶格,相邻的渗碳体将不断向奥氏体中溶解。因此,奥氏体晶核将向铁素体和渗碳体两个方向不断长大。同时,新的奥氏体晶核也将不断形成并长大,直至铁素体全部转变为奥氏体为止。

3) 残余渗碳体溶解

由于渗碳体的晶体结构和含碳量与奥氏体相差较大,当铁素体全部消失后,仍有部分渗碳体尚未溶解,称为残余渗碳体。随着保温时间的延长,残余渗碳体将逐渐溶解,直至完全消失。

4）奥氏体成分均匀化

残余渗碳体全部溶解后，奥氏体中的碳浓度是不均匀的，原来是渗碳体的区域，碳浓度高，而原来是铁素体的区域，碳浓度低。只有保温一段时间，通过碳原子的扩散，才能使奥氏体的成分趋于均匀。

亚共析钢和过共析钢的奥氏体形成过程与共析钢基本相同，需要注意的是，当加热到 Ac_1 以上时，亚共析钢的组织为奥氏体和铁素体，过共析钢的组织为奥氏体和二次渗碳体。只有加热到 Ac_3 和 Ac_{cm} 以上，才能得到单一的奥氏体，即完全奥氏体化。

2. 奥氏体晶粒的长大与控制

刚开始形成的奥氏体晶粒比较细小，随着加热温度的升高和保温时间的延长，奥氏体晶粒会不断长大。通常用晶粒度来表示奥氏体晶粒大小，它是评定钢加热质量的重要指标之一，对钢的冷却转变及转变产物的组织和性能都有重要影响。奥氏体晶粒均匀而细小，冷却后转变产物的组织也均匀而细小，其强度、塑性和韧性都比较高。

2.1.2　钢在冷却时的组织转变

钢的最终性能除与奥氏体晶粒的大小有关，还与其冷却后的组织有关，即奥氏体冷却转变后的组织。当以极其缓慢的速度冷却时，奥氏体以接近平衡状态的条件发生转变，又将重新转变为铁素体和渗碳体。实际生产时，钢的冷却难以达到平衡条件，通常是以较快的速度冷却到室温，比如水冷或者空冷，此时钢冷却后的组织将有别于平衡条件冷却后的组织。钢的冷却方式有等温冷却和连续冷却两种方式，如图 2-4 所示。等温冷却是将已奥氏体化的钢迅速冷却到临界点以下的某一温度，保温一定时间使其发生恒温转变。连续冷却是将已奥氏体化的钢以某种冷却速度连续冷却到室温，使其在临界点以下的不同温度进行组织转变。

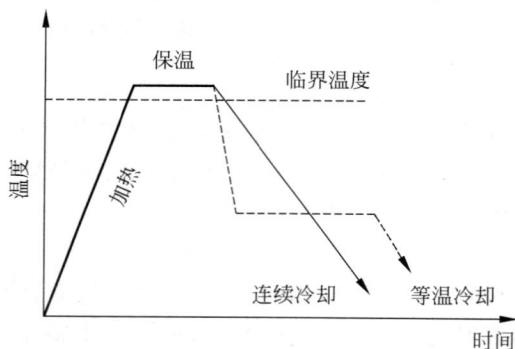

图 2-4　过冷奥氏体的冷却方式

奥氏体在临界转变温度 A_1 以上是稳定存在的，当冷却到转变温度以下时，在热力学上处于不稳定状态，把这种将要发生转变但尚未转变的奥氏体称为过冷奥氏体。等温冷却时，奥氏体的过冷度是恒定的，而连续冷却时，其过冷度是不断变化的。

1. 过冷奥氏体的等温转变

等温转变中过冷度和保温时间不同，则过冷奥氏体的转变过程及转变产物也不相同。

现以共析钢为例简要说明过冷奥氏体的等温转变过程。

1）过冷奥氏体等温转变曲线

过冷奥氏体等温转变曲线表示过冷奥氏体在不同过冷度下等温转变的过程中,转变时间、转变温度和转变产物之间关系的曲线图,是用试验方法建立的。因其形状与字母 C 相似,所以又称为 C 曲线,也称为 TTT（time,temperature,transformation）曲线。

图 2-5 所示为共析钢的过冷奥氏体等温转变曲线,左边曲线为等温转变开始线,右边曲线为等温转变终了线。C 曲线上部的水平线 A_1 是奥氏体与珠光体的平衡点温度,下面两条水平线 M_s 和 M_f 分别表示马氏体转变开始温度和马氏体转变终了温度。A_1 线以上为奥氏体稳定区。A_1 线以下、M_s 线以上、等温转变开始线以左为过冷奥氏体区,在此区域内,奥氏体不发生转变。两条曲线之间为过冷奥氏体转变区,在此区域内,过冷奥氏体向珠光体或贝氏体转变。等温转变终了线以右为转变产物区,表示等温转变结束后形成珠光体或贝氏体组织。M_s 线以下、M_f 线以上为马氏体转变区,由马氏体和残余奥氏体两相组成,M_f 线以下全部为马氏体。

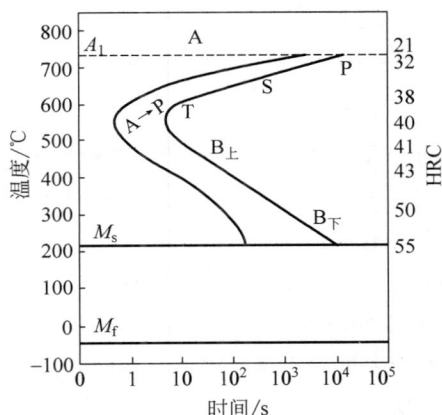

图 2-5　共析钢的过冷奥氏体等温转变曲线

由 C 曲线可以看出,过冷奥氏体开始转变前有一段停留时间,这是过冷奥氏体转变的准备阶段,称为孕育期。C 曲线上最突出的部位称为 C 曲线的"鼻尖",鼻尖以上或以下温度,孕育期增长,过冷奥氏体稳定性增加;鼻尖处,过冷奥氏体的孕育期最短,最不稳定,最易分解,转变速度也最快。由共析钢的 C 曲线可知共析钢约在 550℃孕育期最短。

2）过冷奥氏体等温转变产物

共析钢过冷奥氏体的等温转变产物有三种类型,即珠光体型组织、贝氏体型组织和马氏体型组织,其形成过程、组织特征及性能特点如下所述。

（1）珠光体型转变

在 A_1～550℃时,过冷奥氏体转变为珠光体组织,由于珠光体转变发生在高温区,铁原子和碳原子均发生扩散,因此珠光体转变属于扩散型转变。转变后的珠光体是铁素体和渗碳体层片相间的机械混合物,根据层片间距不同,又可进一步细分为珠光体（P）、索氏体（S）和托氏体（T）,如图 2-6 所示。它们的大致形成温度及性能见表 2-1。

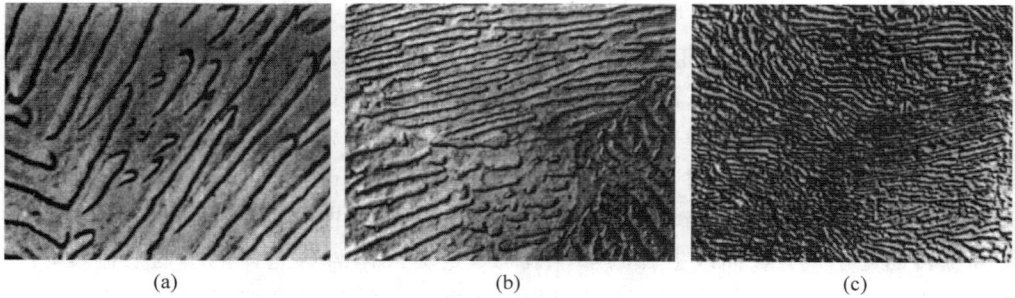

图 2-6　共析钢珠光体型转变组织

（a）珠光体；（b）索氏体；（c）托氏体

表 2-1　珠光体型转变产物的形成温度及性能

组 织 名 称	形成温度/℃	层片间距/μm	硬　　　度	能分辨层片的最大倍数
珠光体（P）	$A_1 \sim 650$	＞0.4	170～200HBW	500 倍金相显微镜
索氏体（S）	600～650	0.2～0.4	25～35HRC	800～1000 倍金相显微镜
托氏体（T）	550～600	＜0.2	35～40HRC	高倍电子显微镜

（2）贝氏体型转变

在 $550℃ \sim M_s$ 时，过冷奥氏体将转变为贝氏体，即由过饱和的铁素体和碳化物组成的两相混合物，用符号 B 表示。由于贝氏体转变温度较低，铁原子不发生扩散而只进行晶格改组，碳原子也只进行短距离扩散，因此属于半扩散型转变。按转变温度和组织形态的不同，贝氏体可分为上贝氏体（$B_上$）和下贝氏体（$B_下$）两种。

上贝氏体的形成温度范围为 550～350℃。它是由许多平行排列的粗大铁素体条和条之间不连续的短杆状渗碳体组成。上贝氏体形成温度较高，形成的铁素体粗大，强度低；而渗碳体分布在铁素体条之间，塑性、韧性差，易引起脆断，生产上很少采用。上贝氏体的金相组织呈羽毛状，如图 2-7（a）所示，黑色的条状相为铁素体，由于渗碳体较小，金相显微镜难以观察到。

下贝氏体的形成温度范围为 $350℃ \sim M_s$，下贝氏体中铁素体细小且均匀分布，在铁素体内又析出细小弥散的碳化物，并且铁素体内碳的过饱和度大，位错密度高，因此，下贝氏体具有较高的强度和硬度，良好的塑性和韧性，综合力学性能好，生产中常采用下贝氏体强化金属的力学性能。下贝氏体的金相组织呈黑色针状或棒状，如 2-7（b）所示。

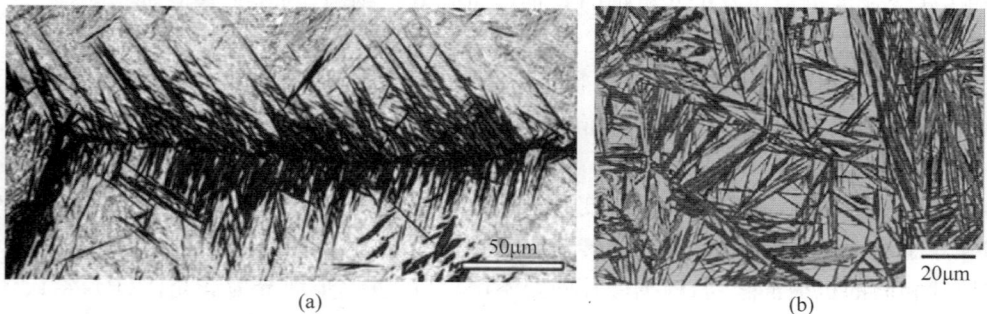

图 2-7　贝氏体显微组织

（a）上贝氏体组织；（b）下贝氏体组织

（3）马氏体型转变

当奥氏体以极大的冷却速度过冷到 M_s 点以下时，将转变为马氏体组织。由于转变温度较低，铁原子和碳原子都已不能扩散，只发生铁的晶格重构，由面心立方晶格变成体心立方晶格，形成了碳在 α-Fe 中的过饱和固溶体，称为马氏体，用符号 M 表示。平衡冷却条件下，碳在 α-Fe 中的溶解度在 20℃时不超过 0.002%，快速冷却时，马氏体的含碳量可与原奥氏体中的含碳量相同，最大时可达 2.11%。因此，在马氏体中碳的浓度呈现过饱和状态，使 α-Fe 的体心立方晶格产生严重畸变。马氏体的含碳量越高，晶格畸变越严重，硬度也越高，内应力也越大。马氏体转变不属于等温转变，是在极快的连续冷却条件下获得的。

马氏体的形态多种多样，但主要有两种基本形态，即板条马氏体和片状马氏体。

当含碳量在 0.25% 以下时，形成板条马氏体（低碳马氏体）。板条马氏体的显微组织由成群的细板条组成，如图 2-8 所示。一个奥氏体晶粒内可以形成几个位向不同的板条群，如图 2-8（a）中所示的 A、B、C 板条群；每个板条群由很多细长的板条束组成，如图 2-8（b）所示。板条马氏体具有较高的硬度、强度，以及较好的塑性和韧性，综合力学性能较好。

图 2-8 板条马氏体示意图及显微组织
（a）板条马氏体组织示意图；（b）板条马氏体显微组织

当含碳量大于 1.0% 时，形成片状马氏体（高碳马氏体）。片状马氏体的立体形态呈凸透镜状，观察其金相显微组织时，断面呈针状或竹叶状，如图 2-9 所示。整个组织由长短不一的马氏体片组成，其中马氏体的最大尺寸取决于原奥氏体晶粒大小。片状马氏体具有比板条马氏体更高的硬度，但脆性较大。

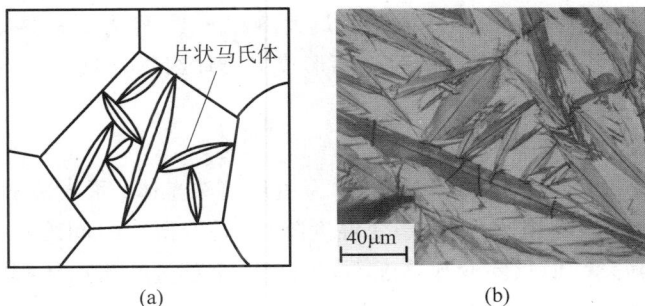

图 2-9 片状马氏体示意图及显微组织
（a）片状马氏体组织示意图；（b）片状马氏体显微组织

马氏体形态与碳质量分数的关系

当含碳量大于0.2%而小于1.0%时,形成板条马氏体和片状马氏体的混合组织。

2. 过冷奥氏体的连续冷却转变

生产中,奥氏体的转变大多是在连续冷却过程中进行的,要先后通过各个转变温度区,在一个钢件内可能先后发生几种转变,得到几种转变产物的复合不均匀组织。因此,分析过冷奥氏体连续冷却转变曲线具有重要的实用意义。

1) 过冷奥氏体连续冷却转变曲线

过冷奥氏体连续冷却转变(continuous cooling transformation,CCT)曲线,表示在不同冷却速度下过冷奥氏体的转变量与转变时间之间的关系。图2-10所示为共析钢的连续冷却转变曲线。由图可知,连续冷却曲线较C曲线(图中虚线)向右下方移动了一些,而且只有C曲线的上半部分,没有下半部分,即共析钢连续冷却转变时不形成贝氏体组织。

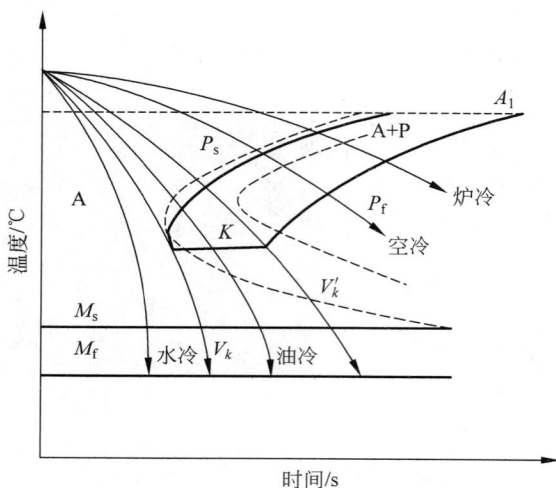

图 2-10　共析钢连续冷却转变曲线

图2-10中的P_s线为过冷奥氏体转变为珠光体的开始线,P_f线为转变终了线,两线间为转变过渡区。K线为转变的中止线,当冷却曲线碰到此线时,过冷奥氏体便中止向珠光体型组织转变,剩余的奥氏体将被过冷到M_s点以下转变为马氏体。V_k是与P_s线相切的冷却速度。它是钢在淬火时全部得到马氏体组织的最小冷却速度,称为淬火冷却速度或上临界冷却速度。V_k'是获得全部珠光体组织的最大冷却速度,称为下临界冷却速度。

与共析钢相似,过共析钢连续冷却时也不形成贝氏体组织,但亚共析钢可以形成贝氏体组织。

2) 过冷奥氏体连续冷却转变组织

当冷却速度较小时(如炉冷),其转变产物为粗片状珠光体;增大冷却速度(如空冷),其转变产物为索氏体,与炉冷相比,此时转变温度降低,转变所需时间缩短;冷却速度继续增大,转变温度将继续降低,但只要冷却速度不超过V_k',全部过冷奥氏体都将转变为珠光体型组织。

当冷却速度大于V_k'时(如油冷),由于冷却曲线不与P_f线相交,所以转变过程中有部分过冷奥氏体转变为珠光体型组织,其余部分则被过冷到M_s点以下转变为马氏体组织,最后得到的组织为"细珠光体＋马氏体＋少量残余奥氏体"，硬度为 $45\sim55\mathrm{HRC}$。当冷却速度大于 V_k 时（如水冷），过冷奥氏体直接过冷到 M_s 点以下转变为马氏体及少量残余奥氏体。

马氏体转变的速度极快且马氏体数量随着温度的不断降低而增多，但总有部分奥氏体没能转变而残留下来，称为残余奥氏体，用符号 A' 表示。残余奥氏体不仅会降低淬火钢的硬度和耐磨性，而且会在工件长期使用过程中继续转变为马氏体，使工件的尺寸发生变化。因此，在生产中常对一些高精度工件进行冷处理，即将淬火钢冷却至室温后继续冷却至 $0\,℃$ 以下的某一温度，以最大限度地减少残余奥氏体。

📝 知识链接

港珠澳跨海大桥是世界总体跨度最长、钢结构桥体最长、海底沉管隧道最长的跨海大桥，对钢的高强度、可焊性、疲劳性、耐蚀性等相关性能要求极为严苛。新一代控轧控冷工艺是以超快速冷却为核心，通过整合细晶强化、析出强化和相变强化三种机制，有效满足了桥梁钢高强度和高韧性的需求。通过"优化的成分设计＋控制轧制＋轧后超快冷却"组合工艺，满足了桥梁的抗震和抗应变设计。依托超快冷装备，采用在线热处理替代离线正火热处理，提高了焊接性能和韧性，解决了传统正火桥梁钢板焊后分层、韧性和表面质量差等系列问题，促进了高性能桥梁钢标准的升级换代。基于新一代控轧控冷工艺的高性能绿色桥梁钢，荣获了国家科技进步奖二等奖。

2.2　整体热处理工艺

钢的整体热处理是对工件进行整体加热、保温，然后以适当的速度冷却，以改变其整体力学性能的工艺，主要包括钢的退火、正火、淬火、回火。

2.2.1　退火与正火

1. 钢的退火

退火是指将钢加热到一定温度并保温一定时间后，缓慢冷却（一般为随炉冷却），以获得达到或接近平衡状态组织的热处理工艺。根据目的和工艺特点的不同，钢的退火可分为完全退火、等温退火、球化退火、扩散退火、去应力退火和再结晶退火等。各种退火的加热温度范围和工艺曲线如图 2-11 所示。

1）完全退火

完全退火是指将工件加热到 Ac_3 以上 $20\sim30\,℃$，保温足够长时间后缓慢冷却，获得接近平衡组织的退火工艺。完全退火的目的是细化晶粒、均匀组织、降低硬度、提高塑性和韧性、消除内应力、改善切削加工性能。亚共析钢经完全退火后得到的组织是铁素体和珠光体。完全退火主要用于亚共析成分的各种碳钢和合金钢的铸件、锻件及热轧型材，有时也用于焊接结构件。完全退火不能用于过共析钢，因为过共析钢加热到 Ac_{cm} 线以上缓慢冷却时，会沿奥氏体晶界析出网状二次渗碳体，降低钢材的力学性能。

钢的退火

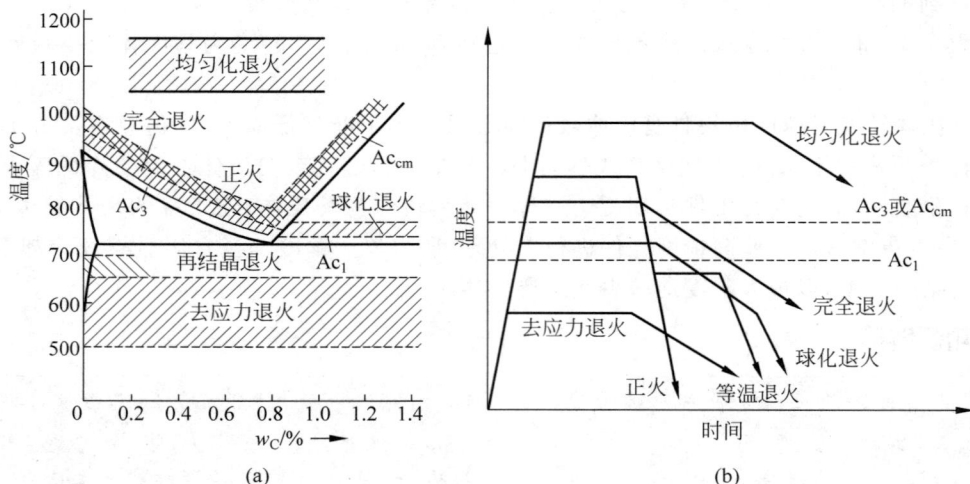

图 2-11　各种退火的加热温度范围和工艺曲线

（a）加热温度范围；（b）工艺曲线

2）等温退火

完全退火所需时间很长，为缩短退火时间，生产中常采用等温退火的方法。等温退火是指将钢件加热到 Ac_3（或 Ac_1）以上温度，保温适当时间后，以较快速度冷却到 Ar_1 以下某一温度，并等温保持，使奥氏体转变为珠光体型组织，然后出炉空冷的退火工艺。等温退火因工件内外在同一温度下发生组织转变，故能获得均匀的组织。

3）球化退火

球化退火是指将共析钢或过共析钢加热到 Ac_1 以上 20～30℃，保温一定时间后，随炉缓冷至室温，或快冷到略低于 Ar_1 温度，保温后出炉空冷，使钢中碳化物球状化的退火工艺。球化退火后获得的组织为铁素体基体上弥散分布着粒状渗碳体的混合物，即粒状珠光体。粒状珠光体比片状珠光体硬度低，便于切削加工。球化退火主要用于共析钢和过共析钢，这些钢在锻造加工后，必须进行球化退火才适于切削加工。如果钢中网状渗碳体比较严重，则可以先进行一次正火，以消除粗大的网状渗碳体，再进行球化退火。

4）扩散退火

扩散退火又称为均匀化退火，是指将铸件加热至 Ac_3 或 Ac_{cm} 以上 150～300℃，长时间保温（一般为 10～15h），然后随炉缓慢冷却的退火工艺。扩散退火的目的是消除铸锭或铸件在凝固时造成的枝晶偏析，使化学成分和组织均匀化。扩散退火后，钢的晶粒很粗大，因此一般还需再进行完全退火或正火处理，以消除过热缺陷。

5）去应力退火

去应力退火是指将工件加热到 Ac_1 以下某一温度，保温一定时间，然后随炉缓慢冷却的退火工艺。由于加热温度低于 Ac_1，因此去应力退火过程中不发生组织变化。去应力退火的目的是去除铸件、锻件、焊接件及切削加工中的残余应力，稳定工件尺寸，防止变形和开裂。

6）再结晶退火

再结晶退火是指将冷变形后的金属加热到再结晶温度以上，保持适当时间，使变形晶粒重新结晶为均匀的等轴晶粒，以消除加工硬化和残余应力的退火工艺。经过再结晶退火，钢的组织和性能恢复到冷变形前的状态。

2. 钢的正火

正火是指将钢加热到 Ac_3 或 Ac_{cm} 以上 30～50℃，保温适当时间后，在空气中冷却得到珠光体型组织的热处理工艺。正火的加热温度范围和工艺曲线如图 2-11(a) 所示。正火与退火的主要区别是正火的冷却速度稍快，可以获得较细的索氏体，强度和硬度也较高。亚共析钢正火后的组织为 F+S，共析钢为 S，过共析钢为 $S+Fe_3C_{II}$。正火操作简便，比退火生产周期短，成本较低。因此，在工业生产上在满足性能要求的前提下，应优先选用正火。

正火的主要应用如下：

（1）对低碳钢进行预备热处理，可获得合适的硬度，降低塑性，克服粘刀现象，改善切削加工性；

（2）对中碳钢铸件、锻件等进行正火处理，可以消除粗大晶粒，均匀组织，消除内应力；

（3）消除过共析钢的网状二次渗碳体，为球化退火做好组织准备；

（4）对受力不大、性能要求不高的碳钢和合金钢结构件，采用正火处理可以获得一定的综合力学性能，因此可用正火作为最终热处理。

2.2.2 淬火与回火

1. 钢的淬火

淬火是指将钢加热到 Ac_3 或 Ac_1 以上某一温度，保温一定时间后，以较快的冷却速度（大于 V_k）获得马氏体（或下贝氏体）组织的热处理工艺。淬火是钢最重要的强化方法，通常与适当的回火工艺相配合，使钢具有不同的力学性能，以满足各类零件或工具、模具的使用要求。

1）淬火加热温度

淬火加热温度是淬火工艺的主要参数，应以得到细小均匀的奥氏体晶粒为原则，目的是淬火后获得细小的马氏体组织。碳钢的淬火加热温度范围如图 2-12 所示。

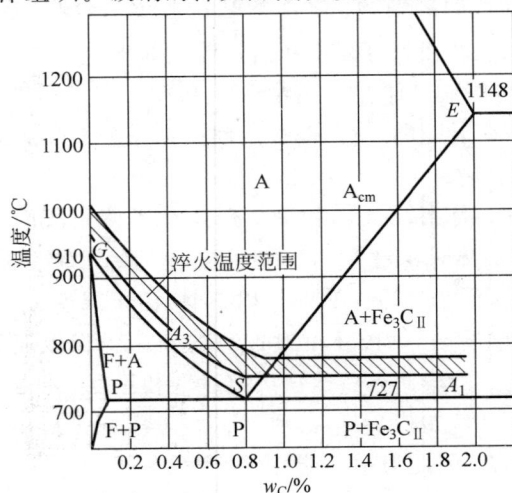

图 2-12 碳钢的淬火加热温度范围

对于亚共析钢,淬火加热温度为 $Ac_3 + (30 \sim 50)℃$,这样可获得均匀细小的马氏体组织。若加热温度在 $Ac_1 \sim Ac_3$,则淬火后的组织中会保留先析出铁素体,使钢的硬度降低。若加热温度过高,则不仅会出现粗大的马氏体组织,还会导致淬火钢严重变形。

对于共析钢和过共析钢,淬火加热温度为 $Ac_1 + (30 \sim 50)℃$。淬火后,共析钢可获得均匀细小的马氏体和少量残余奥氏体;过共析钢可获得均匀细小的马氏体、粒状二次渗碳体和少量残余奥氏体,这种组织有利于获得最佳硬度和耐磨性。若过共析钢的淬火加热温度过高,则会得到较粗大的马氏体和较多的残余奥氏体,这不仅会降低淬火钢的硬度和耐磨性,而且会增大淬火应力,使变形和开裂倾向增大。当钢的原始组织中具有网状 $Fe_3C_Ⅱ$ 时,淬火后网状 $Fe_3C_Ⅱ$ 形态不变,这同样会降低韧性,增大开裂倾向。因此,这些钢淬火前必须先经正火或球化退火,以消除网状 $Fe_3C_Ⅱ$。

2) 淬火冷却介质

理想的淬火冷却介质应该能使零件通过快速冷却转变成马氏体,同时又不会引起太大的淬火应力。

钢从奥氏体状态冷至 M_s 点以下所用的冷却介质称为淬火冷却介质。淬火时要想获得全部马氏体组织,淬火冷却速度必须大于临界冷却速度。在 $650℃$ 以上应缓慢冷却,以减少零件内外温差所引起的热应力;$650 \sim 400℃$ 范围内尽快冷却,以通过过冷奥氏体最不稳定的区域,避免发生珠光体或贝氏体转变;但在 $400℃$ 以下 M_s 点附近的温度区域,应当缓慢冷却,以尽量减少马氏体转变时产生的组织应力。

生产中常用的淬火冷却介质有水、盐水、碱水及各种油。水在需要快冷的 $650 \sim 500℃$ 区间冷却能力较小,不利于获得马氏体;但在需要慢冷的 $300 \sim 200℃$ 区间冷却能力又较大,容易引起变形和开裂。因此,水冷主要用于形状简单、截面较大的碳钢零件的淬火。油在低温区冷却速度比水小,使钢件不易产生变形和开裂,但油在高温区冷却能力低,不利于钢件的淬硬,对于过冷奥氏体比较稳定的合金钢,油是最合适的淬火冷却介质。每种冷却介质各有优缺点,都不属于理想的冷却介质,大量的研究仍然在探索理想的冷却介质。

2. 钢的回火

回火是指将淬火钢重新加热到 A_1 以下的某一温度,保温一定时间,然后冷却到室温(一般为空冷)的热处理工艺。回火可减小和消除淬火时产生的应力,防止和减小工件变形和开裂;获得稳定的组织,保证工件在使用中形状和尺寸不发生改变;获得工件所要求的使用性能。回火一般在淬火后随即进行,淬火加回火常作为零件的最终热处理工艺。

1) 淬火钢在回火时的转变

一般淬火钢的室温组织是由马氏体和少量残余奥氏体组成的,两者均是不稳定组织。在 A_1 以下不同温度重新加热时,将发生下列四个阶段的组织转变。

(1) 马氏体的分解(小于 $200℃$):在 $80℃$ 以下时,由于温度太低,只发生马氏体中碳原子的偏聚现象。当超过 $100℃$ 时,马氏体中过饱和的碳原子将以亚稳的 ε-碳化物形式细小弥散地析出在基体上。这一阶段回火后的组织由过饱和程度较低的针片状 α 相和亚稳的 ε-碳化物组成,称为回火马氏体,如图 2-13(a)所示。由于碳原子析出,马氏体内应力降低,但此时马氏体仍为过饱和状态,因此力学性能变化不大。

(2) 残余奥氏体的分解($200 \sim 300℃$):当回火温度超过 $200℃$ 时,由于马氏体分解后体积收缩,降低了对残余奥氏体的压力,残余奥氏体开始分解为 ε-碳化物和过饱和的 α 相,300℃时残余奥氏体的分解基本完成。此时,随着马氏体的继续分解,淬火应力进一步降低,但硬度下降不明显。

(3) 碳化物的转变(250～400℃):当回火温度在 250℃ 以上时,ε-碳化物随温度升高逐步转变为稳定的 Fe_3C,过饱和 α 相中碳的质量分数降为平衡碳浓度,即转变为铁素体,但铁素体保留了马氏体的形态。这一阶段的组织为针状铁素体和细粒状的渗碳体组成的混合物,称为回火托氏体(回火屈氏体),如图 2-13(b)所示。此时,淬火应力已基本消除,硬度明显下降。

(4) 渗碳体的聚集长大与 α 相的回复、再结晶(大于 400℃):当回火温度升至 400℃ 以上时,渗碳体聚集长大。随着温度升高,细粒状的渗碳体聚集并粗化。在 600℃ 以下回火时,铁素体保持淬火时的板条状或片状;在 600℃ 以上回火时,铁素体发生再结晶,其形态变成近似等轴的多边形晶粒,于是得到了由经过再结晶的多边形铁素体和较大颗粒的渗碳体组成的组织,称为回火索氏体,如图 2-13(c)所示。

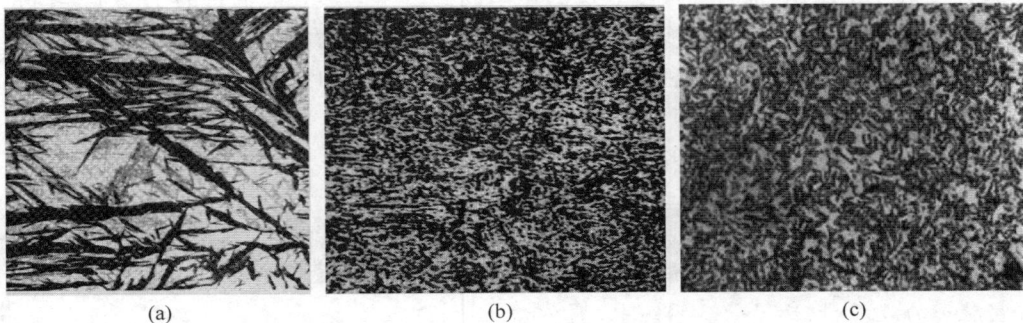

图 2-13　淬火钢回火后的显微组织
(a) 回火马氏体;(b) 回火托氏体;(c) 回火索氏体

2) 淬火钢回火后的组织和性能

根据工件的组织和性能要求,按回火温度范围的不同,将回火分为低温回火、中温回火和高温回火三类,见表 2-2。

钢的回火

表 2-2　回火种类与应用

种　类	加热温度	组　织	性　能	应　用
低温回火	150～250℃	回火马氏体	高硬度,高强度,良好的耐磨性和韧性 硬度 58～64HRC	各种高碳钢的工具、模具、量具、滚动轴承、渗碳和表面淬火件
中温回火	350～500℃	回火托氏体	较高的弹性极限和屈服强度,一定塑性和韧性 硬度 35～45HRC	各种弹性元件及热锻模具
高温回火	500～650℃	回火索氏体	较高的强度、塑性和韧性,即良好的综合力学性能 硬度 25～35HRC	各种重要结构零件,如轴、齿轮、连杆、高强度螺栓等

2.3 表面热处理与化学热处理

1. 表面淬火

表面淬火是一种常用的表面热处理技术，是指仅对工件表层进行淬火的工艺。它是利用快速加热，让工件表面迅速奥氏体化，然后迅速冷却，使表层一定深度淬火成马氏体组织，而心部仍为原始组织的一种局部淬火方法。工件经表面淬火后，表层具有高的硬度和耐磨性，心部仍保持着较好的韧性和塑性，即"表硬里韧"。表面淬火由于工艺简单、变形小、生产率高等优点，在工业生产中得到了广泛应用。

金属表面淬火工艺

2. 化学热处理

化学热处理是指将金属或合金工件置于一定温度的活性介质中保温，使一种或几种元素渗入其表层，以改变其化学成分、组织和性能的热处理工艺。与表面淬火相比，化学热处理不仅改变表层的组织，而且还改变表层的化学成分。化学热处理的目的主要是提高钢件表面的硬度、耐磨性、抗蚀性、抗疲劳强度和抗氧化性等。化学热处理的方法很多，包括渗碳、渗氮、碳氮共渗等，但无论哪种方法，都是通过分解、吸收和扩散三个相互衔接而又同时进行的基本过程来完成的。目前生产上应用较多的是渗碳、渗氮和碳氮共渗。

钢的渗碳

钢的渗氮

延伸视界——去应力退火对薄壁钛管表面残余应力的影响

延伸视界

TA18合金是一种低合金化的近α型钛合金，不仅具有高的比强度、疲劳抗力，而且拥有良好的冷、热加工工艺塑性、耐腐蚀性和焊接性能，其高强薄壁无缝管主要应用于航空航天的液压、燃油等管路系统中，被誉为飞机的"血管"。金属零件在制造过程中产生的残余应力，会影响材料的静力强度、疲劳寿命等力学性能，使零件在使用过程中发生尺寸变化、结构变形甚至导致开裂，因此希望残余应力越小越好。在众多去除残余应力的方法中，去应力退火因其高效率、易实施的优势，在工业生产中得到了广泛的应用。为防止在热处理过程中发生表面氧化，去应力退火常常在真空环境下进行。本书研究了真空条件下，不同退火温度和保温时间对冷轧TA18薄壁无缝管表面轴向残余应力的影响规律。结果表明：冷轧TA18管外表面轴向保留了较大的残余压应力；经去应力退火处理后，残余应力有了大幅下降。其应力松弛随退火温度的提高，效果变佳；随保温时间的延长，残余应力先快速下降后趋于稳定。在正交实验范围内，经450℃保温2h并随炉冷却后，管材外表面轴向上的残余应力已基本消除，且仍为压应力状态。经计算后表明，管材退火时的应力松弛受回复过程控制，在实验范围内没有出现再结晶。去应力退火阶段，TA18管织构基本不变，仍保留着冷轧时沿TD方向倾斜的双峰基面织构状态，进一步降低了织构对残余应力测定所带来的影响。

资料来源：周大地，曾卫东，刘江林，等.去应力退火对薄壁钛管表面残余应力的影响[J].中国有色金属学报，2019(7)：1384-1390.

习题

2-1　选择题

1. 马氏体的形态与过冷奥氏体的含碳量有关,低碳钢形成片状马氏体。(　　)

　　A. 正确　　　　　　　　B. 错误

2. 淬火时,加热温度越高,得到的马氏体硬度越高。(　　)

　　A. 正确　　　　　　　　B. 错误

3. 下面组织中不是两相混合物的是(　　)。

　　A. 珠光体　　　　　B. 贝氏体　　　　　C. 马氏体　　　　　D. 回火马氏体

4. 正火是将钢加热到 Ac_3 或 Ac_{cm} 以上 30～50℃保温后,在(　　)。

　　A. 空气中冷却　　　B. 随炉冷却　　　　C. 埋入沙中冷却　　D. 水中冷却

5. 钢等温淬火的目的是获得(　　)组织。

　　A. 板条马氏体　　　B. 下贝氏体　　　　C. 珠光体　　　　　D. 片状马氏体

6. 调质处理是指淬火后再进行(　　)。

　　A. 低温退火　　　　B. 低温回火　　　　C. 高温回火　　　　D. 中温回火

7. "淬火＋高温回火"的组织是(　　)。

　　A. 回火马氏体　　　B. 回火屈氏体　　　C. 回火索氏体　　　D. 珠光体

8. 上贝氏体和下贝氏体的力学性能相比,(　　)。

　　A. 上贝氏体的强度和韧性高　　　　　B. 下贝氏体的强度和韧性高

　　C. 两者都具有高的强度和韧性　　　　D. 两者都具有低的强度和韧性

9. 为了消除枝晶偏析,采用(　　)。

　　A. 完全退火　　　　B. 等温退火　　　　C. 扩散退火　　　　D. 再结晶退火

10. 过共析钢为了改善切削加工性,应采用(　　)处理。

　　A. 正火　　　　　　B. 球化退火　　　　C. 去应力退火　　　D. 完全退火

2-2　试述共析钢奥氏体化过程。

2-3　试述正火的目的及其应用。

2-4　共析钢经正常淬火得到什么组织? 它们经过 200℃、400℃、600℃回火后得到什么组织?

2-5　钢经过淬火处理后,为什么一定要回火?

第3章

铸造成形

本章知识要点

知 识 要 点	学 习 目 标	相 关 知 识
铸造成形理论基础	掌握合金的充型能力以及影响因素,掌握缩孔、缩松的产生原因与防止措施,掌握铸造应力的产生原因与防止措施	液态合金的充型能力,合金的收缩、缩孔与缩松,铸造应力、变形与裂纹
砂型铸造	了解常用的造型材料、铸型结构、造型方法,熟悉砂型铸造工艺设计的内容,掌握砂型铸造工艺图的表示方法	造型材料,铸型结构,造型方法,砂型铸造的工艺设计
特种铸造	了解各种特种铸造工艺的特点,并根据铸件的实际服役条件,选择合理的铸造工艺	熔模铸造,金属型铸造,压力铸造,低压铸造,离心铸造,消失模铸造
铸件的结构设计	根据铸造工艺特点,能够正确地设计铸件的结构	铸造工艺对铸件结构的要求,合金铸造性能对铸件结构的要求
常用合金铸件的生产	了解铸铁件、铸钢件和有色金属件的生产	铸铁件、铸钢件和有色金属件的生产

案例导入

　　装备制造业是我国的支柱产业,是国家综合国力的重要体现。自2016年以来,我国装备制造业总产值已超过20万亿元,超过全球比重三分之一,居世界首位。随着国防、航空航天、高铁、矿山、船舶、冶金、电力等行业向大型化的快速发展,对大型铸件特别是百吨级铸钢件的需求量日渐增加,且对其质量要求也越来越高。大型铸钢件生产已成为装备制造业发展的关键环节之一。我国的大型铸钢件制造能力已具备一次组织1000t钢液、生产600t铸件、浇注600t钢锭的能力,但我国仍缺乏具有自主知识产权的基础研究成果,致使目前我国生产的大型铸钢件高端产品供应不足。为使大型铸件的生产满足高端装备制造业快速发展的需要,我国铸造领域的专家学者和工程技术人员密切合作,以100~600t大型铸钢件为研究案例,利用计算机凝固模拟技术,耦合流动场和温度场变化,结合大型铸钢件缺陷形成规律,开发了大型铸钢件铸造工艺设计原则,形成了快速充型、加快凝固、防止偏析的多包合浇技术诀窍,建立了从宏观力学角度分析夹杂物微观力学行为模型,开发了专用稀土复合精炼变质剂,研制了保温冒口覆盖剂材料。生产出了符合国际船级社和大型矿山装备标准的高质量铸件,解决装备制造业用百吨级铸钢件生产的难题。掌握了大型铸钢件在成形过程中的基础理论、关键工艺等核心技术,满足了我国快速发展的装备制造业对大型铸钢件的重大需求,有力地推动了大型铸钢件生产的技术进步。

　　资料来源:谢敬佩.我国铸钢技术发展现状及趋势[J].铸造,2022(4):395-402.

铸造成形是指将熔融的金属液浇注在相应的铸型中,待其冷却凝固后,获得相应形状、尺寸和性能的零件或毛坯的工艺过程,其实质就是金属的液态成形。用铸造成形制成的毛坯或零件称为铸件。

铸造成形具有以下特点。

(1) 适合生产形状复杂,尤其是内腔复杂的零件。液态成形的充型能力强,能够生产诸如汽缸体、缸盖之类结构复杂的铸件。

(2) 工艺灵活性大,适应性广。铸件质量从几克到几百吨,壁厚从 0.3~1000mm 都可生产。工业上凡能熔化成液态的金属材料均可铸造成形,尤其对铸铁等脆性材料来说,铸造是唯一的成形方法。

(3) 生产成本低。铸造所用的大部分原辅材料,如造型用的砂子、熔炼用的生铁、废金属等来源广泛,价格低廉。

铸造生产也存在一些不足之处,比如部分铸造工艺过程难以控制,铸件内部组织容易出现铸造缺陷,铸件的力学性能和质量不稳定等。

铸造成形工艺分为砂型铸造和特种铸造两大类。砂型铸造是以型砂为主要造型材料制作铸型的铸造工艺,应用最为广泛,产量占铸件产量的 80% 以上;除此之外的铸造方法统称为特种铸造,主要有熔模铸造、金属型铸造、压力铸造、离心铸造等。

知识链接

我国的铸造历史悠久,早在 3000 多年前的商周时期,青铜器铸造便已达到相当精湛的高度,技艺卓然。至 2500 多年前,铸铁工具已广泛应用,工艺水准亦令人赞叹。像造型精致的四羊方尊、灵动矫健的马踏飞燕、神秘莫测的三星堆立人像以及气势恢宏的曾侯乙编钟等众多闻名遐迩、享誉中外的铸造文物,皆为我国古代铸造艺术的不朽瑰宝。它们以其独特魅力向世人展示着中国古代铸造工艺的辉煌成就与无穷智慧,成为中华民族传统文化中璀璨夺目的明珠,闪耀着独属于中国的耀眼光芒。

3.1　铸造成形理论基础

铸件的质量与铸造合金的性质密切相关,铸造合金除具有必要的力学、物理和化学性能,还应具有良好的铸造性能。合金的铸造性能是合金在铸造过程中表现出来的工艺性能,主要包括合金的流动性和收缩性,是铸造工艺设计和铸件结构设计的重要依据。在同样的工艺条件下,若容易获得轮廓清晰、组织致密铸件的,则说明该合金的铸造性能好。

3.1.1　合金的充型能力

液态合金充满铸型获得形状完整、轮廓清晰的铸件的能力,称为合金的充型能力。充型能力首先取决于合金本身的流动性,同时受到浇注条件、铸型填充条件、铸件结构等外界条件的影响。

1. 合金的流动性

1）流动性的概念

液态合金本身的流动能力,称为合金的流动性。这是衡量铸造合金的铸造性能优劣的主要指标之一,是合金铸造成形的基本条件。

合金流动性通常用螺旋形试样来测定。它是将不同的液态合金在相同的铸型或相同的过热度条件下浇注成如图 3-1 所示的试样,然后比较各种合金试样的螺旋线长度。螺旋线越长,合金的流动性越好。

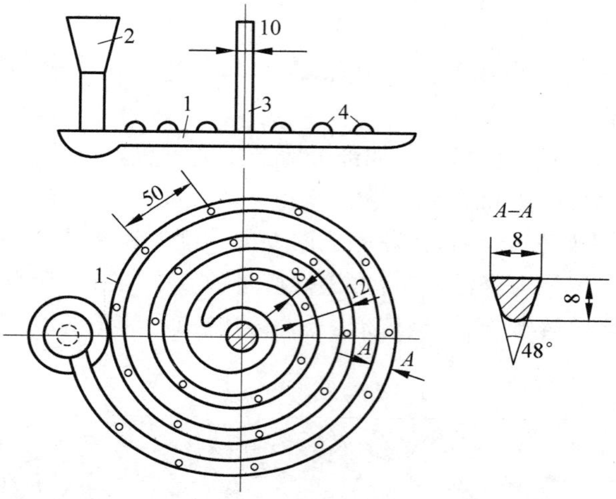

1—螺旋形试样;2—浇口;3—冒口;4—计量长度的凸起。

图 3-1　螺旋形试样

表 3-1 为常用铸造合金的流动性,灰铸铁、硅黄铜和铝合金的流动性较好,铸钢的流动性最差。

表 3-1　常用合金流动性的比较

合　　金	造 型 材 料	浇注温度/℃	螺旋线长度/mm
灰铸铁（$w_C + w_{Si} = 4.2\%$）	砂型	1300	600
铸钢（$w_C = 0.4\%$）	砂型	1600	100
锡青铜（$w_{Sn} = 9\% \sim 11\%$,$w_{Zn} = 2\% \sim 4\%$）	砂型	1040	420
硅黄铜（$w_{Si} = 1.5\% \sim 4.5\%$）	砂型	1100	1000
铝合金（硅铝明）	金属型（300℃）	680～720	700～800

2）流动性的影响因素

影响合金流动性的因素很多,但以化学成分的影响最为显著。铸造合金的化学成分不同,则合金的凝固方式不同,主要有三种:逐层凝固、糊状凝固和中间凝固,如图 3-2 所示。纯金属和共晶成分的合金在恒温下结晶,不存在液固并存的凝固区,凝固前沿(图 3-3)有一条明显的界线将固相和液相分开,按逐层凝固方式结晶,结晶前沿比较平滑,如图 3-2(a)所示,对尚未凝固金属液的流动阻力小,流动性好。在一定温度范围内结晶的合金,凝固前沿发达的枝晶与液态合金相互交错,如图 3-2(b)所示,对金属的流动阻力大,因而流动性差。并且合金的结晶温度范围越宽,越倾向于糊状凝固方式结晶,如图 3-2(c)所示,流动性越差。常用铸铁的碳当量($=w_C+1/3w_{Si}$)接近共晶成分,具有优良的流动性;铸钢凝固温度高,是在一定的温度范围内结晶,流动性较差。此外,在相同的过热度条件下,液态金属的黏度越小,合金的流动性越好。液态合金的结晶潜热越大,保持高温的时间越长,合金的流动性越好。

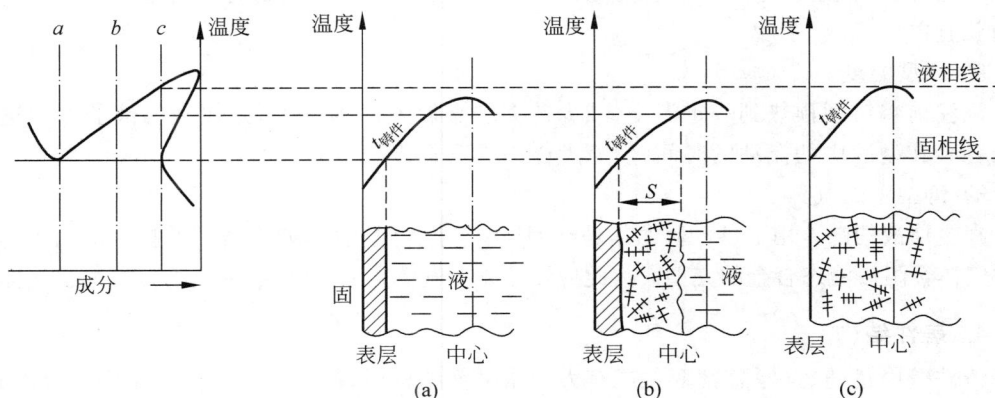

图 3-2 合金的凝固方式

(a) 逐层凝固;(b) 中间凝固;(c) 糊状凝固

S—表示凝固区的宽度

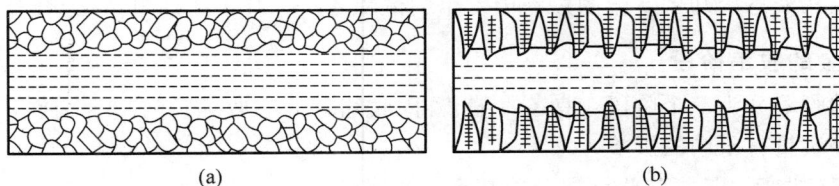

图 3-3 凝固前沿示意图

(a) 逐层凝固的前沿;(b) 中间凝固和糊状凝固的前沿

在相同的铸造工艺条件下,流动性好的铸造合金,易于充满铸型,得到形状、尺寸准确,轮廓清晰的致密铸件;有利于使铸件在凝固期间产生的体积收缩得到合金液的补缩;有利于使铸件在凝固末期收缩受阻而出现的热裂得到合金液的充填而弥合。因此,合金具有良好的流动性可有效防止浇不足、补缩不足及热裂等缺陷的产生。

2. 浇注条件

1) 浇注温度

浇注温度对合金的充型能力有决定性的影响。浇注温度高,液态合金所含的热量多,在相同的冷却条件下,合金保持液态的时间就长,有利于提高合金的充型能力。因此,适当提高浇注温度是改善合金充型能力的重要措施。

2) 充型压力

液态合金在流动方向上所受的压力越大,充型能力越好。砂型铸造时通常采用加高直浇道等工艺措施提高金属的静压力。压力铸造中液态金属在压力下能有效提高液态合金的充型能力。

3. 铸型填充条件

液态合金充型时,铸型的阻力及铸型对合金的冷却作用,都将影响合金的充型能力。

1）铸型的蓄热能力

铸型的蓄热能力即铸型从液态合金中吸收和储存热量的能力。铸型材料的导热系数和比热容越大,对液态合金的激冷能力越强;合金在型腔中保持流动的时间越短,合金的充型能力就越差。

2）铸型温度

浇注前将铸型预热到一定温度,减少铸型和金属液间的温差,减缓金属液的冷却速度,延长合金在型腔中的流动的时间,使充型能力得到提高。

3）铸型中的气体

在金属液的热作用下,铸型（尤其是砂型）将产生大量气体,如果铸型的排气能力差,则型腔中气体会阻碍液态合金的充型。为此应设法减少气体来源,并使铸型具有良好的透气性。

4. 铸件结构

铸件壁厚过薄、壁厚急剧变化或有大的水平面结构时,都将使金属液充型困难。因此设计铸件时,其壁厚必须大于规定的最小允许壁厚,铸件结构应尽量简单,避免出现缺陷。

3.1.2 合金的收缩

合金在从液态冷却到室温的过程中发生的体积或尺寸减小的现象,称为合金的收缩。

1. 合金的收缩阶段

合金的收缩分为三个阶段:液态收缩、凝固收缩和固态收缩。铸造合金在不同阶段的收缩对铸件质量有不同的影响。

（1）液态收缩:是指从浇注温度冷却到液相线温度之间的收缩。

（2）凝固收缩:是指从液相线温度冷却到固相线温度之间的收缩。

（3）固态收缩:是指从固相线温度冷却至室温之间的收缩。

合金的液态收缩和凝固收缩表现为合金的体积缩小,是铸件产生缩孔、缩松的基本原因,常用单位体积的收缩量即体收缩率来表示。合金的固态收缩虽然也是体积变化,但也表现为铸件线尺寸的缩减,因此常用单位长度上的收缩量,即线收缩率来表示。它是铸件产生内应力、变形和裂纹的基本原因。

表 3-2 为几种金属的凝固体积收缩率。

表 3-2　几种金属的凝固体积收缩率

金属种类	Al	Mg	Cu	Co	Fe	Zn	Ag	Sn	Pb	Sb	Bi
$\varepsilon_{V液}$ /%	6.24	4.83	4.8	4.8	4.44	4.35	4.09	2.79	2.69	−0.93	−3.1

如果合金的固态收缩不受到铸型等外部条件的阻碍,称为自由线收缩;否则,为受阻线收缩。表 3-3 为几种铁碳合金的自由线收缩率。在制作铸件模样时要考虑合金的线收缩率的影响。

表 3-3　几种铁碳合金的自由线收缩率

材 料 名 称	化学成分（质量分数/%）						自由线收缩率/%	浇注温度/℃
	w_C	w_{Si}	w_{Mn}	w_P	w_S	w_{Mg}		
碳钢	0.14	0.15	0.02	0.05	—	—	2.165	1530
白口铸铁	2.65	1.00	0.48	0.06	0.02	—	2.180	1300
灰铸铁	3.30	3.14	0.66	0.10	0.26	—	1.08	1270
球墨铸铁	3.40	2.96	0.69	0.11	0.02	0.05	0.807	1250

2. 影响收缩的因素

影响收缩的因素主要有化学成分、浇注温度、铸件结构和铸型条件等。

1）化学成分的影响

不同成分合金的收缩率是不同的。例如碳钢随含碳量的增加，凝固收缩增加，而固态收缩略减。灰铸铁中碳是形成石墨的元素，硅是促进石墨化的元素，所以碳、硅含量越多，则结晶出的石墨越多，收缩越小。锰和硫是阻碍石墨化元素，铸铁中随着锰、硫的增加，收缩增大。但适当的含锰量可以与硫结合成 MnS，从而抵消了硫阻碍石墨结晶的作用。因此适量的锰和硫对合金的收缩率影响不大。

2）浇注温度的影响

浇注温度越高，过热度越大，则液态收缩越大。因此，在保证足够充型能力的前提下，通常采用高温出炉、低温浇注的原则。高温出炉是为了使液态合金中的渣、气等在浇包中有充分的上浮排除时间，有利于提高铸件的力学性能。低温浇注是为了减少液态收缩，防止出现缩孔和缩松等缺陷。

3）铸件结构和铸型条件的影响

铸件在铸型中的收缩不是自由的，而是受阻收缩。其阻力主要来源于两个方面：一是由于铸件壁厚不均匀，各部分冷却速度不同，收缩先后不一致，而相互制约产生的阻力；二是铸型和型芯对收缩的机械阻力，如图 3-4 所示。铸件收缩时受阻越大，实际收缩率就越小。因此，在设计模样时，必须根据合金种类、铸件的结构等选取合适的线收缩率。

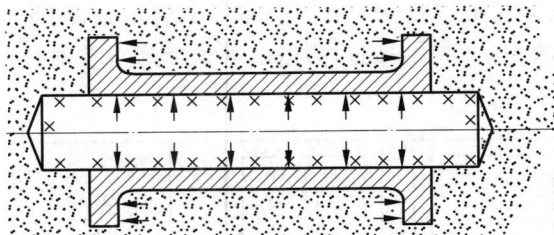

图 3-4　受阻收缩的铸件

3.1.3　缩孔和缩松

在铸件凝固过程中，如果合金的液态收缩和凝固收缩得不到液态合金的补充，则在铸件最后凝固部位将出现孔洞，大而集中的孔洞称为缩孔，细小而分散的孔洞称为缩松。铸件中存在的孔洞会减少铸件的有效受力面积,使其承载能力和气密性等使用性能下降,必须设法防止。

1. 缩孔的形成

缩孔通常隐藏在铸件的中上部,经机械加工后可暴露出来。有时缩孔也产生在铸件的上表面,呈明显的凹坑。缩孔的外形特征多近于倒锥形,内表面不光滑。

铸件产生缩孔的基本条件是逐层凝固。

缩孔的形成过程如图 3-5 所示,液态合金填充铸型(图 3-5(a))以后,由于铸型的吸热,靠近型腔表面的金属很快凝固成一层外壳(图 3-5(b))。温度继续下降,外壳不断加厚。内部的剩余液体,因液态收缩和凝固收缩而体积减小,液面下降(图 3-6(c))。直到内部完全凝固,在铸件中上部形成了缩孔(图 3-5(d))。已经产生缩孔的铸件继续冷却到室温,因固态收缩而使铸件的外轮廓尺寸略有缩小(图 3-5(e))。

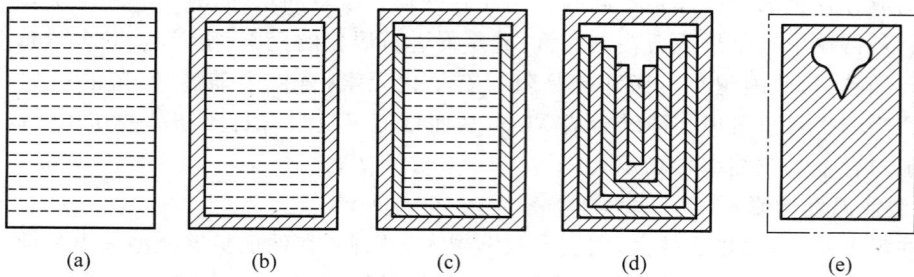

(a)　　　　(b)　　　　(c)　　　　(d)　　　　(e)

图 3-5　缩孔的形成过程

(a)填充铸型;(b)外层凝固;(c)逐层凝固;(d)上部缩孔;(e)最终缩孔

2. 缩松的形成

缩松多分布于铸件的轴线区域、厚大部位或浇口附近,分布面广、难以控制。产生缩松的基本条件是糊状凝固。

缩松的形成过程如图 3-6 所示。靠近型腔表面的液态合金凝固形成外壳以后(图 3-6(b)),内部的液态合金在较宽的区域内糊状凝固,初生的树枝晶把液体分隔成许多小封闭区(图 3-6(c))。这些小封闭区液态收缩和凝固收缩得不到补充,因此在铸件中上部的轴线区域就形成了细小、分散的缩松(图 3-6(d))。当温度继续降至室温时,铸件发生固态收缩,缩松的体积略有减小(图 3-6(e))。

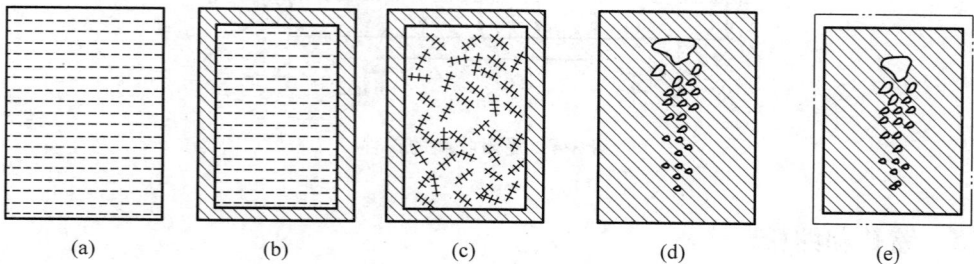

(a)　　　　(b)　　　　(c)　　　　(d)　　　　(e)

图 3-6　缩松的形成过程

(a)填充铸型;(b)外层凝固;(c)糊状凝固;(d)缩松形成;(e)最终缩松

纯金属及共晶成分的合金在恒温下凝固,其铸件通常是逐层凝固,倾向于形成缩孔;凝固温度范围宽的合金,其铸件通常在截面上较宽的区域内同时凝固,倾向于形成缩松。缩孔比缩松易于检查和修补,也便于采取工艺措施来防止。因此,从收缩的角度考虑,在生产中尽量选择共晶成分或凝固温度范围小的合金作为铸造合金。

3. 缩孔、缩松的防止

防止铸件中产生缩孔和缩松的基本原则是针对合金的收缩和凝固特点制定合理的铸造工艺,使铸件在凝固过程中建立良好的补缩条件,尽可能使缩松转化为缩孔。控制铸件的凝固过程使之符合顺序凝固的原则,并在铸件最后凝固的部位设置合理的冒口,使缩孔移至冒口中,即可获得合格的铸件。主要工艺措施如下所述。

1) 遵循顺序凝固原则

顺序凝固原则是指采用各种工艺措施,使铸件上从远离冒口的部分到冒口之间建立一个逐渐递增的温度梯度,从而实现由远离冒口的部分Ⅰ先凝固,然后向着靠近冒口的部位Ⅱ、Ⅲ依次凝固,最后是冒口的部位凝固(图3-7)。这样铸件上每一部分的收缩都得到稍后凝固部分的合金液的补充,冒口部分最后凝固,缩孔转移到冒口部位,切除后便可得到无缩孔的致密铸件。

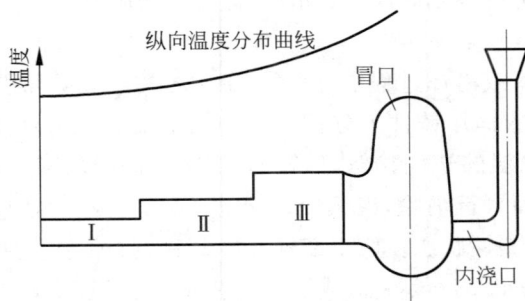

图 3-7 顺序凝固原则示意图

2) 合理地确定内浇道位置及浇注工艺

内浇道的引入位置对铸件的温度分布有明显的影响,应按照顺序凝固原则。内浇道应从铸件厚实处引入,尽可能靠近冒口或由冒口引入。

3) 合理地应用冒口、冷铁等工艺措施

冒口的作用主要是补缩、排气和集渣,分为明冒口和暗冒口。冷铁可以加快铸件厚壁处的凝固速度,控制铸件的凝固顺序,消除铸件的缩孔、裂纹,以及提高铸件的表面硬度和耐磨性。冒口、冷铁的综合运用可以建立良好的顺序凝固条件,是消除缩孔、缩松的有效措施。

如图3-8(a)所示,铸件有两个厚大部位,即虚线圈中的区域,这两个厚大部位热容量较大、冷却凝固较慢,这些部位就称为热节。如果不采取补缩措施,将在这两个热节部位产生缩孔。我们可以通过合理设置冒口和冷铁来消除这两处的缩孔。

在铸件下部的热节处设置一个冷铁,如图3-8(b)所示。冷铁可加速热节处的冷却速度,以实现自下而上的顺序凝固。设置在铸件上部的冒口对整个铸件的液态收缩和凝固收缩给予补缩,达到消除缩孔的目的。

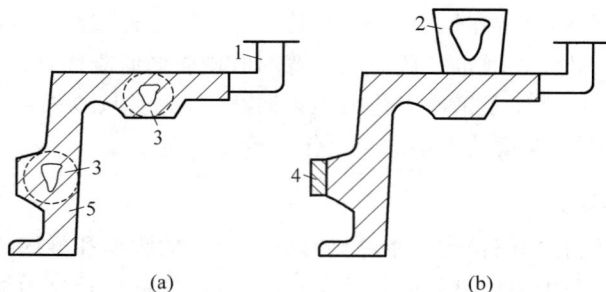

1—浇注系统；2—顶冒口；3—缩孔；4—冷铁；5—铸件。

图 3-8　用冒口和冷铁消除缩孔示意图

3.1.4　铸造应力、变形与裂纹

1. 铸造应力

铸造应力是合金在固态收缩受到阻碍时而产生的。按其产生的原因可分为热应力、相变应力和收缩应力。这些应力可能是拉应力，也可能是压应力。当产生应力的原因消除以后，应力就为零，这种应力称为临时应力；相反，称为残余应力。

1）热应力

热应力是铸件在凝固或冷却过程中，由不同部位不均衡收缩而引起的。

以如图 3-9（a）所示的框形铸件来分析热应力的形成。该铸件中杆Ⅰ较粗，杆Ⅱ较细。在 $t_0 \sim t_1$ 间，铸件处于高温的塑性状态，尽管两杆的冷却速度不同，收缩不一致，但瞬时的应力均可通过塑性变形而自行消除，继续冷却至 $t_1 \sim t_2$ 间，冷却速度较快的杆Ⅱ已进入弹性状态，而粗杆Ⅰ仍处于塑性状态。由于细杆Ⅱ冷却快，收缩大于粗杆Ⅰ，所以细杆Ⅱ受拉伸，粗杆Ⅰ受压缩，如图 3-9（b）所示；形成了暂时内应力，但这个内应力随粗杆Ⅰ的微量塑性变形（压短）而消失，如图 3-9（c）所示。当进一步冷却到 $t_2 \sim t_3$ 间，已被塑性压短的粗杆Ⅰ也处于弹性状态，此时尽管两杆长度相同，但所处的温度不同：粗杆Ⅰ的温度较高，还会进行较大的收缩；细杆Ⅱ的温度较低，收缩已趋停止。因此，粗杆Ⅰ的收缩必然受到细杆Ⅱ

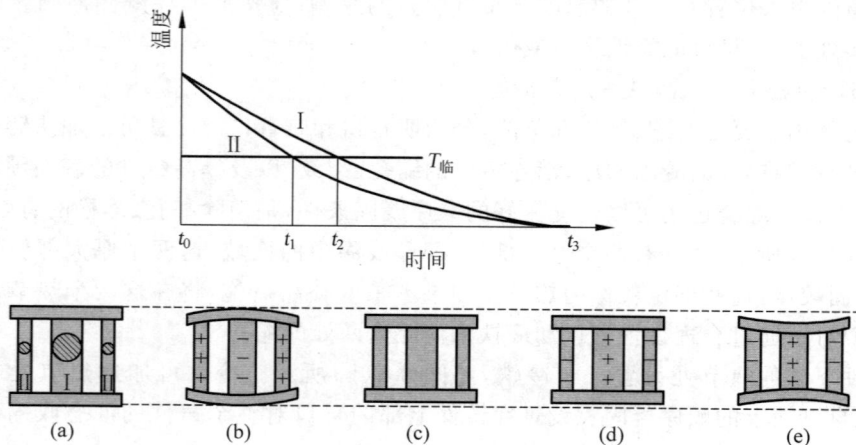

图 3-9　框形铸件热应力的形成过程

（a）框形铸件；（b）$t_0 \sim t_1$；（c）$t_1 \sim t_2$；（d）$t_2 \sim t_3$；（e）残余应力

＋表示拉应力；－表示压应力

的强烈阻碍,于是细杆Ⅱ受压缩,粗杆Ⅰ受拉伸,如图 3-9(d)所示。直到室温,形成了残余内应力,如图 3-9(e)所示。

由此可见,热应力使铸件的厚壁或心部受拉伸,薄壁或表层受压缩。铸件的壁厚差别越大,合金的线收缩率越高,弹性模量越大,产生的热应力越大。

2)相变应力

铸件由固态相变时产生体积变化而引起的应力称为相变应力。例如铸铁的共析转变时由奥氏体转变为珠光体或铁素体和石墨,以及钢的共析转变由奥氏体转变为珠光体时,都会使铸件的体积膨胀,这种膨胀不均衡时将会产生铸造应力。

3)收缩应力

铸件固态收缩时,因受到铸型、型芯、浇冒口等外力的阻碍而产生的应力称为收缩应力。铸件落砂后应力也随之基本消失。因此,收缩应力是一种临时应力。但若这种应力不及早消除,则有可能引起铸件开裂。

通常热应力是残余应力,收缩应力是临时应力,而相变应力则因发生相变的时间和程度不同,可能是临时应力,也可能是残余应力。在铸件冷却过程中,两种应力可能同时起作用,冷却至常温并落砂以后,只有残余应力对铸件质量有影响。

铸造应力是热应力、相变应力和收缩应力三者的矢量和。在不同情况下,三种应力有时相互抵消,有时相互叠加。当铸造应力低于合金的弹性极限时,则以残余应力的形式存在于铸件内;当应力超过合金的屈服强度时,铸件将发生塑性变形,使铸件的尺寸发生变化;当应力超过合金的抗拉强度时,铸件将产生裂纹。在实际生产中,对于不同形状的铸件,铸造应力的大小分布是十分复杂的。

2. 减小和消除铸造应力的方法

1)减小铸造应力的方法

(1)从设计铸件的角度,应尽量使其壁厚均匀,以减少热应力。

(2)从铸造工艺设计的角度,主要有两种办法减小铸造应力。

一是采用同时凝固原则,以减少热应力。如图 3-10 所示是一个阶梯形铸件,内浇道设置在薄壁部位,浇入铸型中的金属液都从这里流过,薄壁部位铸型被加热的时间长,温度高于其他部位,因此减缓了薄壁部分的冷却速度。在最厚大部位设置冷铁,加速了此处的冷却,这样铸件各部位实现了同时凝固。同时凝固原则适合具有自补缩能力(如球墨铸铁)和收缩量小(如灰铸铁)的合金;否则,铸件心部容易产生缩孔、缩松缺陷。

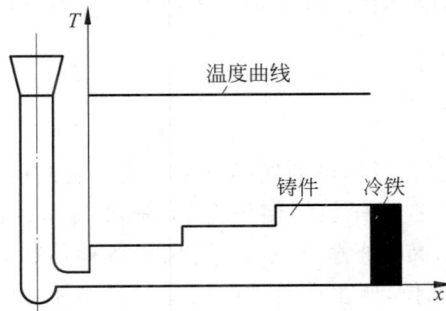

图 3-10 同时凝固原则

二是改善铸型和型芯的退让性。可以采用控制合适的铸型、型芯紧实度,加入退让性比较好的材料(如木屑等),铸件及早打箱或松砂等,以消除铸型和型芯的阻碍等产生的收缩应力。

2)消除铸造应力的方法

即使采用上述措施,也不可能使铸件中的应力彻底消除,铸件中仍然有残余应力存在,其可通过下列方法加以消除。

(1)人工时效:人工时效主要的方式是去应力退火,是将铸件重新加热到一定温度,并保温一定时间,使铸件各部分的温度均匀,让应力充分消失,然后随炉缓慢冷却至室温,从而消除铸造应力。这种方法去除应力彻底、周期短、生产中广泛应用。其缺点是燃料消耗大、易产生氧化皮和尺寸变化、费用较高。

(2)自然时效:将铸件露天放置数个月乃至一年多时间,随着长时间自然温度的变化,使铸件发生非常缓慢的变形,从而消除铸造应力。这种方法费用低,但时间较长、占地面积大、生产效率低、去除应力也不彻底。

(3)振动时效:将铸件在共振条件下(振动频率在 400~6000Hz)振动 10~60min,来消除铸造应力。这种方法时间短、设备费用低、结构轻便,铸件无氧化皮和尺寸变化、不受铸件尺寸的限制,节省人力和燃料,便于生产的机械化和自动化。

3. 铸件的变形与裂纹

处于应力状态(不稳定状态)下的铸件,能够自发地发生变形以减小内应力而趋于稳定状态。铸件变形的结果,可使铸件尺寸、形状不符合要求而报废;对已经机械加工、装配的机器设备,将失去精度。因此,为了防止变形的产生,必须设法减小和消除铸造残余应力。

根据铸件裂纹产生的原因和温度范围,分为热裂和冷裂两种。

1)热裂

热裂是铸钢件、可锻铸铁件和某些有色合金铸件中最常见的铸造缺陷。其特征是断面严重氧化,无金属光泽,裂口沿晶粒边界产生和发展,外观形状不规则。一般认为热裂是在凝固的末期,在固相线附近出现的。此时,由于铸件中结晶的骨架已经形成并开始收缩,但晶粒间还有一定量的液态合金,合金的强度和塑性极低,收缩稍受阻碍即可开裂。

2)冷裂

冷裂是铸件处于弹性状态时,铸造应力超过合金的强度极限时产生的。其特征是外形呈连续直线状或圆滑曲线,而且常常是穿过晶粒延伸到整个断面,裂口处表面干净,具有金属光泽或呈轻微氧化色。冷裂往往出现在铸件受拉伸的部位,特别是应力集中的地方。

3.2 砂型铸造

砂型铸造是以型砂为造型材料,借助模样及工艺装备制造铸型,然后将液态合金浇入铸型的铸造方法。砂型铸造工艺过程包括熔炼金属、制作铸型、浇注凝固、落砂、清理等,如图 3-11 所示。砂型铸造是最传统的铸造方法,适用于各种形状、大小及各种合金铸件的生产,在铸造生产中占有主要地位,所生产铸件的质量约占铸件总质量的 90%。

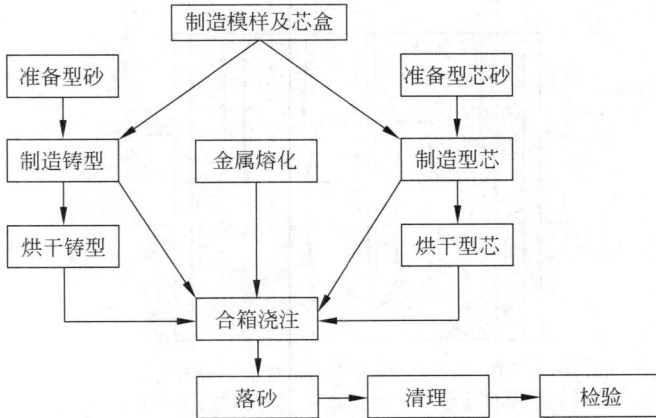

图 3-11　砂型铸造工艺过程图

3.2.1　造型材料

造型材料由原砂、黏结剂和附加物按照一定比例混合而成，是制造砂型和砂芯的材料的统称。通常用来制造砂型的材料称为型砂，用来制造砂芯的材料称为芯砂。

用造型材料制作的型砂应具备以下主要性能。

1）强度

在外力作用下，型砂达到破坏极限时单位面积上所承受的力称为型砂强度。它可分为湿强度、干强度、热强度等。一定的强度对保证铸型的制造、搬运以及在金属液冲击和静压力下不变形和不毁坏是十分必要的。若型砂的强度不够，则容易造成塌箱、冲砂等问题。

2）透气性

气体透过铸型逸出的能力称为型砂的透气性。浇注前，型腔中充满气体；浇注后，在液体金属的热作用下，铸型和型芯中会产生大量气体，液体金属内也会析出一些气体。若型砂透气性差，则部分气体留在金属液内不能排出，凝固后铸件便会出现气孔缺陷。

3）耐火度

耐火度是指型砂抵抗高温热作用的性能。耐火度主要取决于砂子的矿物组成和化学成分，以及砂粒的大小和形状等。若型砂的耐火度不足，则砂粒会黏附在铸件表面上形成一层硬皮，难清除干净，造成切削加工困难，严重时可使铸件报废。

4）退让性

退让性是指在铸件冷却收缩时，砂型和砂芯的体积可以被压缩的能力。若型砂的退让性差，则铸件收缩时会受到较大的阻碍，将产生较大的收缩应力，可能导致铸件变形或开裂等铸造缺陷。

3.2.2　铸型结构

砂型铸造所用铸型一般由砂型和型芯组合而成，其结构如图 3-12 所示。

1—下砂箱；2—上砂箱；3—通气孔；4—出气孔；
5—型芯通气孔；6—浇注系统；7—型腔；8—型芯。

图 3-12　铸型结构

1. 砂型

制造砂型的基本原材料是铸造砂和型砂黏结剂，砂型分为黏土湿砂型、黏土干砂型和化学硬化砂型三种。

黏土湿砂型是以黏土和适量的水为型砂的黏结剂，制成砂型后直接在湿态下合型和浇注。湿型铸造历史悠久，应用较广。黏土干砂型是指将砂型制好后置于烘炉中烘干，待其冷却后即可合型和浇注。烘干黏土砂型需很长时间，要耗用大量燃料，而且砂型在烘干过程中易产生变形，使铸件精度受到影响。化学硬化砂型是一种采用化学黏结剂和硬化剂来制造砂型的方法。它所用的型砂称为化学硬化砂，其黏结剂一般为在硬化剂作用下能发生分子聚合进而成为立体结构的物质，常用的有各种合成树脂和水玻璃。

2. 型芯

型芯作用是形成铸件内腔或铸件外形上妨碍起模的凸台和凹槽，由原砂和黏结剂配成的芯砂经造芯制成。为了保证铸件的质量，砂型铸造中所用的型芯一般为干态型芯。根据型芯所用的黏结剂不同，型芯分为黏土砂芯、油砂芯和树脂砂芯几种。

黏土砂芯是用黏土砂制造简单的型芯。油砂芯是用干性油或半干性油作黏结剂的芯砂所制作的型芯，应用较广。树脂砂芯是用树脂砂制造各种型芯，型芯在芯盒内硬化后再将其取出，能保证型芯的形状和尺寸的正确。

3. 浇注系统

浇注系统是指金属液流入铸型型腔的通道，一般包括浇口杯（外浇口）、直浇道、横浇道和内浇道等部分，如图 3-13 所示。其作用是将金属液平稳地引入铸型，有利于挡渣和排气，并能控制铸件的凝固顺序。

（1）浇口杯：它的作用是方便浇注、缓和金属液对铸型的冲击，挡住部分熔渣杂质进入直浇

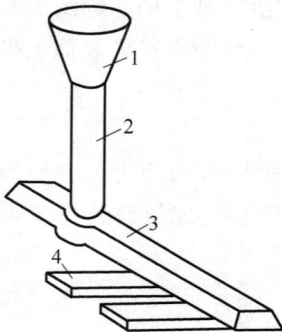

1—浇口杯；2—直浇道；3—横浇道；4—内浇道。

图 3-13　浇注系统的组成

道。小型铸件通常为漏斗状,较大型铸件通常为盆状。

（2）直浇道：是用来调节金属液流入型腔的速度和对型腔的压力。直浇道越高,则金属液流入型腔的速度越快,对型腔产生的压力也越大。直浇道一般为上大下小的圆锥体。

（3）横浇道：是将直浇道的金属液引入内浇道的水平通道,一般开在砂型的分型面上。由于横浇道是水平的,金属液较长距离的水平流动,使熔渣易于向上浮起。为加强挡渣作用,也可在横浇道内安放过滤网,或做成节流式,或在末端设集渣包。横浇道常用的截面形状为梯形、圆形及半圆形等。

（4）内浇道：控制金属液充填铸型的速度与方向,且控制铸件的冷却速度与凝固方式。它的截面形状有扁平梯形、三角形、方梯形及半圆形等,以扁平梯形为主。

3.2.3 造型方法

砂型铸造的造型方法可分为手工造型和机器造型两大类。

1. 手工造型

手工造型是传统的造型方法,铸造过程中紧实型砂、起模、下芯、合型等一系列过程都由手工完成。手工造型的优点是操作灵活、适应性强、生产准备工作简单。缺点是铸件质量很大程度上取决于工人技术水平,不稳定;工人的劳动强度大,生产效率低。目前手工造型主要用于单件、小批量生产,新产品试制等。

手工造型的方法很多,包括整模造型、分模造型、挖砂造型、假箱造型、活块造型、刮板造型等。

2. 机器造型

机器造型是指将紧实型砂和起模等工序由造型机来完成的造型方法,是大批量生产砂型的主要方法。机器造型能够显著提高劳动生产率,改善劳动条件,并提高铸件的尺寸精度、表面质量,使加工余量减小。机器造型按紧实方式的不同分为震压紧实造型、高压紧实造型、挤压紧实造型、抛砂紧实造型等。

1）震压紧实造型

震压紧实型砂方法如图 3-14 所示。工作台上的砂箱填满型砂后,首先通过紧实进气口向震击缸内通入压缩空气,压缩空气经震实气路进入震实活塞底部,使震击活塞带动工作台和砂箱上升;继而活塞底部上升到打开排气口时,压缩空气经排气口排出,工作台自由下落,工作台和压实活塞上缘发生撞击。周而复始,经若干次震击,型砂在惯性力作用下得到初步紧实;然后向压实缸内通入压缩空气,使砂箱上升,在压头的作用下,型砂又被压实;最后使压实缸排气,工作台带砂箱下降,完成了全部紧实型砂过程。这种造型机紧实型砂效果好,广泛用于制造中、小型铸件,生产率高,但噪声大,劳动强度高。

2）高压紧实造型

在造型机上以砂型表面上超过 0.7MPa 的压力进行紧实型砂,即高压紧实造型。高压紧实,砂型紧实度高,铸件表面光洁,尺寸精度高。这类造型机生产率较高,一般都同造型自动线配套使用。

最常用的高压造型机是高压微震多触头式造型机,如图 3-15 所示。每个触头的工作液压缸可以是连通的,也可以是分别控制的,以适应不同形状、凸凹悬殊的模样,使整个砂型得到均匀紧实度。

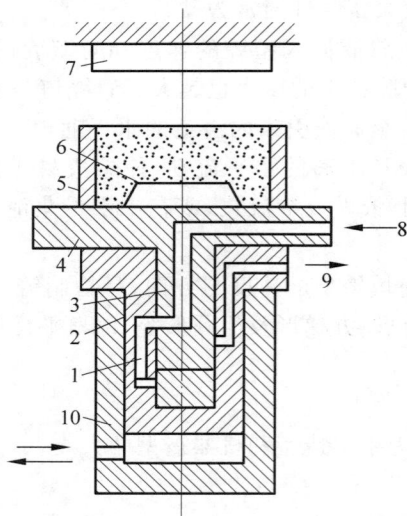

1—震实气路；2—压实活塞；3—震实活塞；4—工作台；
5—砂箱；6—模块；7—压头；8—紧实进气口；9—震实排气口；
10—压实汽缸。

图 3-14　震压紧实型砂方法原理图

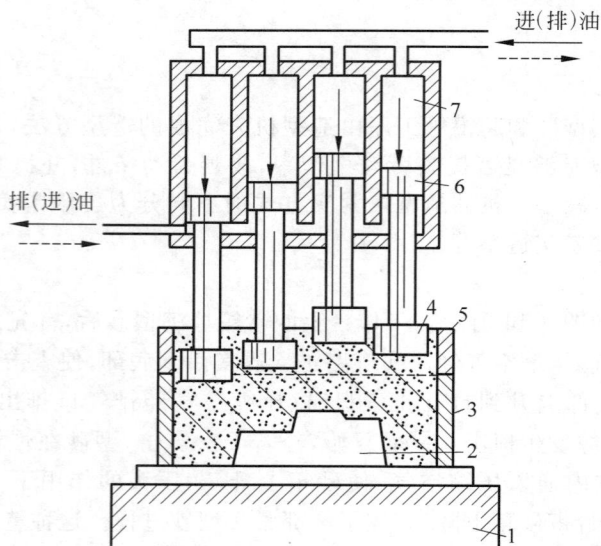

1—工作台；2—模样；3—砂箱；4—触头；5—填砂框；6—活塞；7—液压缸。

图 3-15　高压微震多触头式造型机示意图

3）挤压紧实造型

挤压紧实造型广泛用于垂直分型无箱射挤压造型机上。

垂直分型无箱射挤压造型机的工作原理如图 3-16 所示，由射砂和压实复合动作来紧实型砂。其工作过程为：型砂被压缩空气高速射入造型室内，再由液压系统进行高压压实，形成一个带有左、右型腔的高强度砂型块；然后，起出模板 1，推出合型，再起出模板 2 并退回，最后形成一串无砂箱的垂直分型的铸型，然后关闭造型室。浇注可同时连续进行。

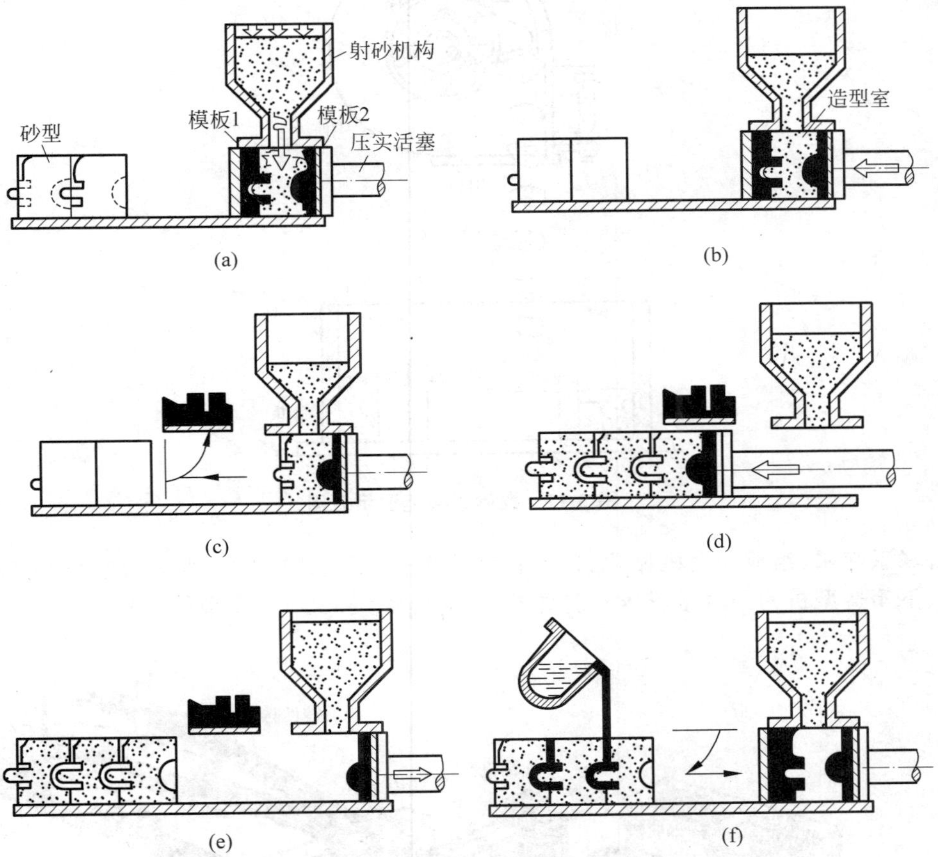

图 3-16 垂直分型无箱射挤压造型机工作原理
（a）射砂；（b）挤压；（c）起模板 1；（d）合型；（e）起模板 2；（f）闭合造型室

这种造型方法得到的铸型质量高，生产效率高，适应于大批量生产中、小铸件，但下芯不方便。

4）抛砂紧实造型

抛砂紧实造型如图 3-17 所示，是利用电动机驱动高速旋转的叶片，连续地将传送带运来的型砂在机头内初步紧实，并形成砂团高速抛入砂箱中，同时完成填砂和紧实两个工序。抛砂造型生产率高，噪声低，能量消耗少，紧实度均匀。主要适用于制造大、中型铸件或大型砂芯。

5）造型生产线

造型机具有很高的生产率，例如震压造型机的生产率为 50～80 型每小时，多触头高压造型机的生产率为 140～240 型每小时，挤压造型机的生产率则为 200～360 型每小时。但造型机只能实现紧砂和起模的机械化和自动化，其他辅助工序如翻箱、下芯、合箱、压铁、浇注、落砂和砂箱运输等也需实行机械化，才能完全发挥出造型机的效率。在大量生产时，均采用造型生产线来组织生产，即将造型机和其他辅机按照铸造工艺流程，用铸件传送机等运

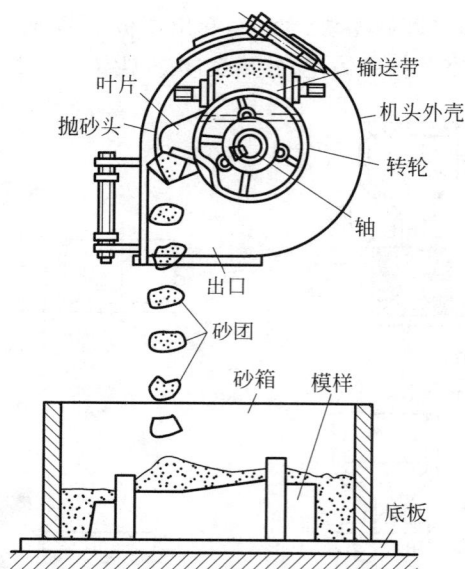

图 3-17　抛砂紧实造型示意图

输设备联系起来,组成一套机械化、自动化铸造生产系统。图 3-18 所示为造型生产线示意图,上、下箱造型机为两台微震压实造型机,该生产率为 130～150 型每小时。

图 3-18　造型生产线示意图

6）3D 打印砂型

3D 打印砂型是基于增材制造思想发展而来的快速砂型制造技术,已成为铸造界的研究热点,并逐步得到推广和应用。砂型 3D 打印的具体工艺过程为:将已混有固化剂的型砂通过铺粉器均匀铺在工作台面上,完成铺砂过程;将砂型模型进行切片处理,计算机根据砂型模型的切片轮廓精准控制打印头中黏结剂(如呋喃树脂、硅胶等)的喷射速度及喷射量,将黏结剂喷射到铸造砂的粉末床上;待砂子固化后,打印台下降一个层面;重复往返,砂子层层进行堆积得到所需砂型模型,如图 3-19 所示。

图 3-19 3D 打印砂型工艺原理图

（a）铺粉并压实；（b）喷黏结剂；（c）工作台下降；（d）中间过程；（e）最后一层；（f）打印砂型

3D 打印从计算机辅助设计（CAD）数据直接打印砂型和型芯，实现砂型和型芯的无模化打印生产，降低了整体生产成本与制造风险，非常适用于中小批量、高复杂度、短期快速等要求的产品制造以及新产品开发。

3.2.4 砂型铸造工艺设计

砂型铸造工艺设计是根据零件的结构特点、技术要求、生产批量及生产条件等，确定铸造方案和工艺参数等，具体设计内容包括浇注位置和分型面的选择，工艺参数的确定，型芯的数量及芯头形状尺寸的确定，浇冒口系统和冷铁形状尺寸及布置等的确定。然后绘制铸造工艺图，编制铸造工艺文件等，用于指导铸件的生产。铸造工艺设计的好坏，对铸件质量、生产成本和生产效率等起着重要作用。图 3-20 就是从依据零件图、绘制铸造工艺图，直至得到铸件的过程示意图。

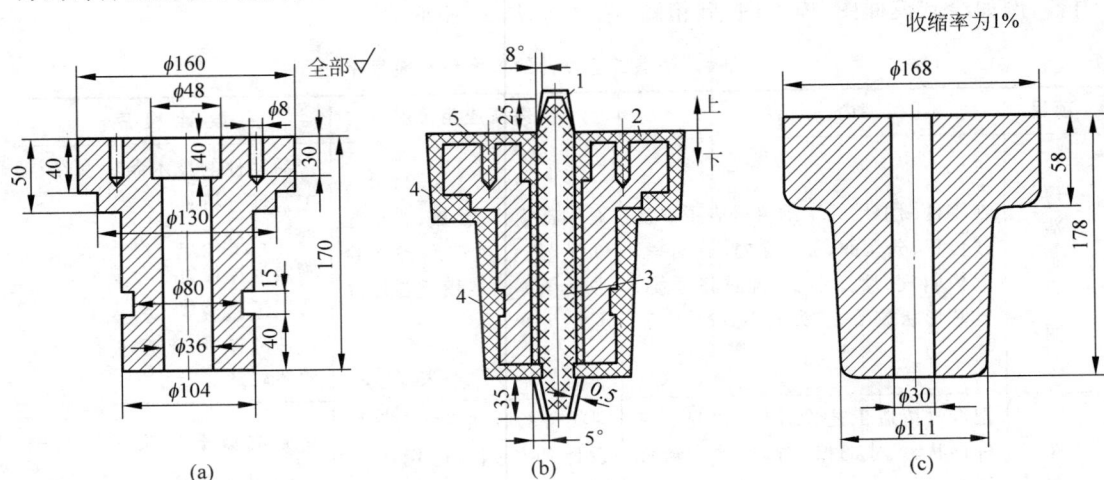

1—芯头；2—分型面；3—型芯；4—起模斜度；5—加工余量。

图 3-20 衬套的零件图、铸造工艺图、铸件图

（a）零件图；（b）铸造工艺图；（c）铸件图

1．设计依据

在进行铸造工艺设计前，设计者应掌握生产任务和要求、熟悉工厂和车间的生产条件，这是铸造工艺设计的基本依据。此外，要求设计者有一定生产和设计经验，并具有经济观点和发展观点，才能完成好设计任务。

1）生产任务

对铸件的生产，应明确以下几方面的任务要求。

（1）零件的形状和尺寸：零件图必须清晰无误，有完整的尺寸和各种标记。

（2）零件的技术要求：对金属材料牌号、金相组织、力学性能的要求，铸件尺寸及其他特殊要求（如是否经水压、气压试验等），在铸造工艺设计时均应给予足够的注意。

（3）产品数量和生产期限：对于大批量的产品，应尽可能采用先进技术。对小批量单件生产，则应考虑使工艺装备尽可能简单，以便缩短周期，获得较大的经济效益。

2）生产条件

（1）了解工厂起重运输设备的吨位和最大起重高度，熔化炉的吨位和生产率，造型和造芯机的种类和机械化程度，热处理炉的能力等。

（2）原材料来源情况和应用情况。

（3）工人技术水平和生产经验。

（4）模具等工艺装备制造车间的加工能力和生产经验。

3）考虑经济性

对于各种原材料的价格、金属液的熔炼成本、工时费用、设备费用等都应有所了解，以便考察该项工艺的经济性。

2．设计内容和程序

铸造工艺设计的内容及一般程序见表3-4。包括绘制铸造工艺图、铸件（毛坯）图、铸型装配图（合型图），编写铸造工艺卡片。广义地讲，铸造工艺装备设计也属于铸造工艺设计的内容，例如绘制模样图、模板图、砂箱图、芯盒图、压铁图等。

表 3-4　铸造工艺设计的内容和一般程序

项目	内　　容	用途及应用范围	设 计 程 序
铸造工艺图	在零件图上用规定的符号表示出浇注位置、分型面、加工余量、收缩率、起模斜度、反变形量、浇冒口系统、砂芯形状数量、芯头大小及冷铁等	是制造模样、模板、芯盒等工装，进行生产准备和验收的依据。适用于各种批量的生产	产品零件的技术条件和结构工艺性分析； 选择铸造及造型方法； 确定浇注位置和分型面； 选用工艺参数； 设计浇冒口、冷铁； 砂芯设计
铸件图	把经过铸造工艺设计后，改变了零件形状、尺寸的地方都反映在铸件图上	是铸件验收和机加工夹具设计的依据。适用于成批、大量生产或重要铸件	在完成铸造工艺图的基础上，画出铸件图

续表

项目	内　　容	用途及应用范围	设计程序
铸型装配图	表示出浇注位置、砂芯数目、固定和下芯顺序、浇冒口和冷铁布置、砂箱结构和尺寸大小等	是生产准备、合型、检验、工艺调整的依据。适用于成批、大量生产的重要件、单件的重型铸件	常在完成砂箱设计后画出
铸造工艺卡片	说明造型、造芯、浇注、开型、清理等工艺操作过程及要求	是生产管理的重要依据，根据批量大小填写必要内容	综合整个设计的内容

生产中，铸造工艺文件制定的详细程度，根据产品具体情况而定。一般对大批量生产的定型产品、特殊重要的单件生产的铸件，铸造工艺设计应细致，文件要齐全；对单件、小批生产的一般性产品，内容可以简化，最简单的只需一张铸造工艺图。

3. 绘制铸造工艺图

铸造工艺图是铸造过程中最基本和最重要的工艺文件，是模样制造、工艺装备准备、造型制芯、合型浇注、落砂清理及技术检验等工作的重要依据之一。

1）浇注位置的选定

铸件的浇注位置是指浇注时铸件在型腔内所处的位置。浇注位置的确定对铸件质量、尺寸精度和造型工艺等有重要影响。浇注位置的选择一般应遵循以下原则。

（1）铸件的重要加工面或主要工作面应置于下面或侧立面：因为铸件的下部气孔、夹渣、砂眼等铸造缺陷少，组织也比较致密，力学性能好。图 3-21 所示为车床床身的浇注位置。因为车床床身的导轨面为铸件重要工作面，要求致密、均匀，不允许有铸造缺陷，所以把车床床身的导轨面放在下面。

重要面朝下：车身车床浇注

（2）铸件的厚大部位置于上面或侧立面：这样设计便于设置冒口补缩，避免缩孔产生。图 3-22 为有热节铸件的浇注位置示意图，厚大的热节部位置于最上面。

厚大部位置于上面

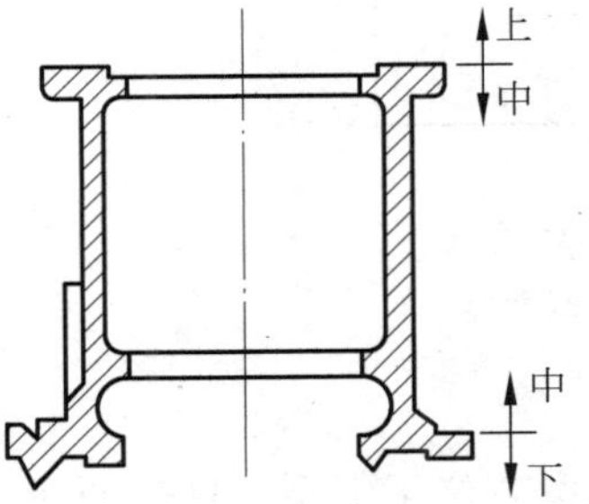

图 3-21　车床床身的浇注位置

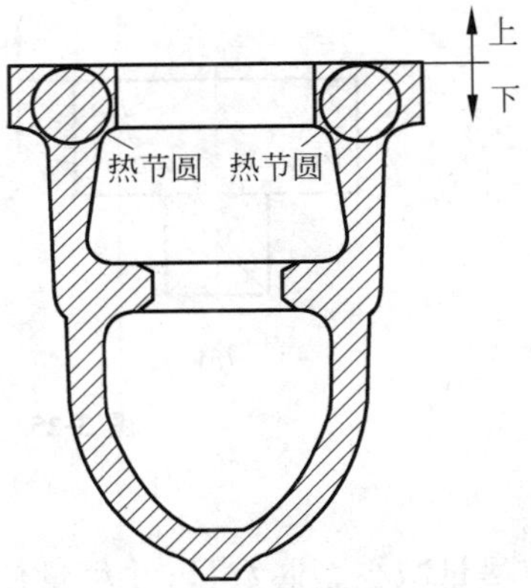

图 3-22　有热节铸件的浇注位置

大平面朝下

（3）铸件大平面应置于下面：如果大平面朝上放置，则型腔上表面的面积较大，浇注时受液态金属长时间烘烤，表层型砂膨胀过大而可能导致型腔开裂，从而造成铸件的夹砂缺

薄壁部分置于下面

陷。图 3-23 所示为平板类铸件通常采用的浇注位置。

（4）铸件的薄壁部分应置于下面或侧面：能够有效避免铸件大面积薄壁部位出现冷隔、浇不足等缺陷。

2）分型面的选择

分型面是铸型之间的接合面。分型面的选择在很大程度上对铸造工艺的简繁有重要影响，因此分型面的选择一般应遵循以下原则。

（1）应使分型面数目最少：图 3-24（a）所示为一双联齿轮毛坯手工造型，需要两个分型面；若大批生产，为便于机器造型，则采用环状型芯，如图 3-24（b）所示，将两个分型面改为一个分型面，对于中间侧凹不能出砂的部位，采用外型芯也得到了解决。

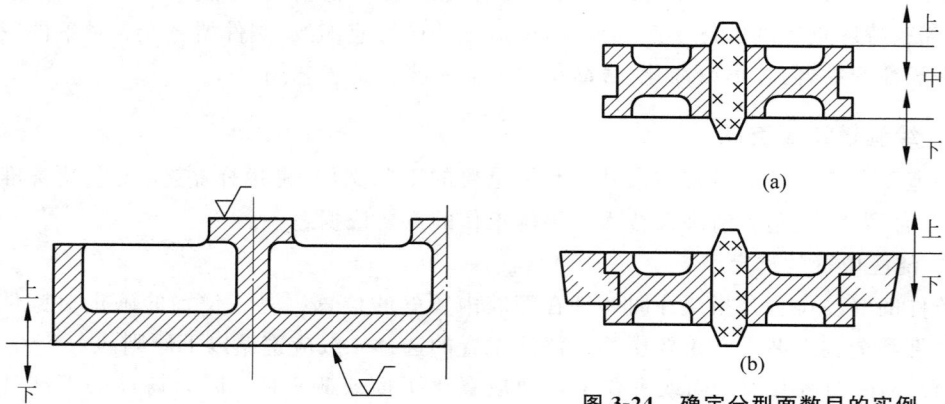

图 3-24　确定分型面数目的实例
（a）两个分型面；（b）一个分型面

图 3-23　平板类铸件的浇注位置方案

（2）应尽量使铸件全部或大部分置于一个砂箱内。图 3-25 所示为螺钉塞头的分型方案。图 3-25（a）所示的方案使整个铸件置于一个砂箱内，保证了螺纹部分与四方头部分中心线的重合。图 3-25（b）所示的方案容易发生错箱而使铸件报废。

图 3-25　螺钉塞头的分型方案
（a）合理；（b）不合理

（3）应尽量减少型芯数目，并尽量使型腔及主要型芯位于下型。这样便于造型、下芯、合箱和检验等工作。

在实际生产中，对于每个具体铸件进行工艺设计时，按照上述原则，有时浇注位置与分型面的选择结果会相互矛盾。这时，一般遵循的原则是：对于重要的、受力大的、质量要求高的铸件,为了尽量减少铸造缺陷,应优先考虑浇注位置的选择,分型面的位置要与之相适应;对于一般铸件,应优先考虑简化操作,尽量选择最简单的分型方案。

3)型芯的设计

型芯的设计包括型芯的数量、形状、模样,芯盒的斜度,芯头结构、尺寸及下芯顺序等。其中,芯头起定位和固定型芯的作用,同时兼有排气作用,它的形状和尺寸对于型芯的工艺性和稳定性有很大影响。

4)铸造工艺参数

(1)铸件线收缩率:

$$\varepsilon = \frac{L_{模} - L_{铸件}}{L_{模}} \times 100\%$$

其中,ε 代表铸件线收缩率;$L_{模}$、$L_{铸件}$ 分别表示同一尺寸在模样和铸件上的长度。为了保证铸件应有的尺寸,必须把模样放大。合金的线收缩率可查表得到。但铸件的线收缩率大小还受本身结构和铸型条件等因素影响,应综合考虑。

(2)铸件的加工余量:为了保证铸件的表面质量和尺寸精度,而在铸件的加工表面上预先留出的、准备切削去除的金属层厚度称为加工余量。加工余量取决于生产批量、合金种类、铸件尺寸等因素。

(3)起模斜度:为了便于模样从铸型中取出或型芯自芯盒中脱出,在模样或芯盒壁上,凡平行于起模方向的表面必须留出的斜度,称为起模斜度。起模斜度的设计有三种形式,如图 3-26 所示,有增加壁厚法、加减壁厚法和减小壁厚法三种。

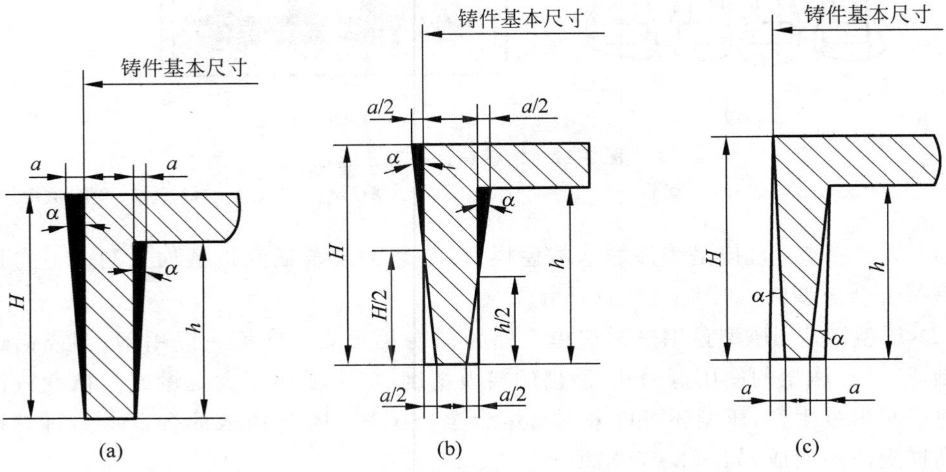

图 3-26　起模斜度形式
(a)增加壁厚法;(b)加减壁厚法;(c)减小壁厚法

(4)最小铸出孔和槽:铸件上的孔和槽是否铸出,应考虑工艺上的可行性及使用上的必要性。例如灰铸铁最小铸出孔的尺寸是:大批量生产为 12～15mm;成批生产为 15～30mm;单件小批生产为 30～50mm。

3.3 特种铸造

3.3.1 熔模铸造

熔模铸造是指用易熔材料制成模样,在其表面包以造型材料,待其硬化,再将其中的模样熔掉,从而获得无分型面铸型的铸造方法。由于模样广泛采用蜡质材料来制造,故这种方法又常称为失蜡铸造。

1. 熔模铸造的工艺过程

熔模铸造的工艺过程如图 3-27 所示。

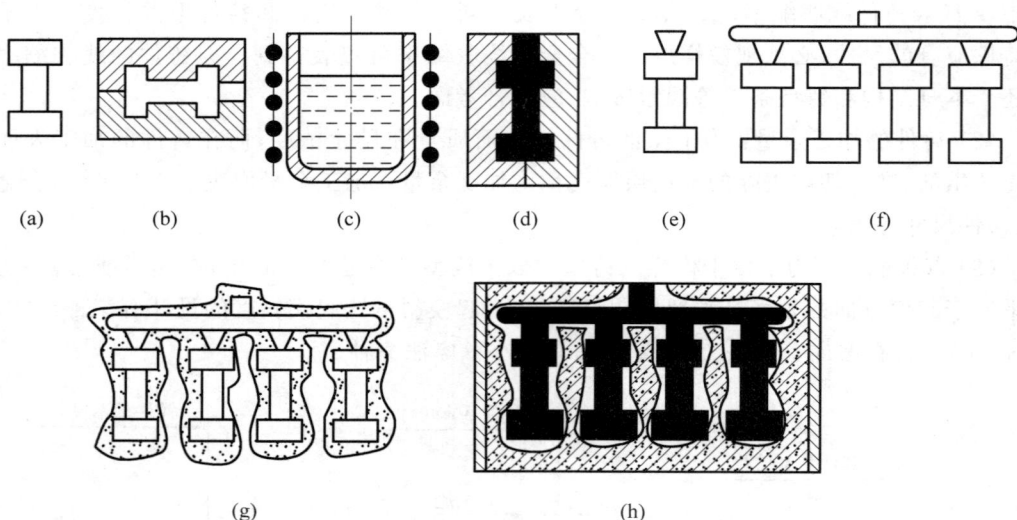

图 3-27 熔模铸造的工艺过程
(a) 母模;(b) 压型;(c) 熔蜡;(d) 压制;(e) 蜡模;(f) 蜡模组;(g) 结壳;(h) 脱蜡、焙烧、浇注

(1) 母模制造:母模是铸件的基本模样,多是用钢或黄铜经机械加工制成。它是用来制造易熔合金压型的,如图 3-27(a)所示。

(2) 压型制造:压型是用来制造单个蜡模的专用模具。压型一般用钢、铜或铝经切削加工制成,这种压型的使用寿命长,制出的蜡模精度高,主要用于大批量或高精度铸件的生产。对于小批量生产,压型还可以采用易熔合金(Sn、Pb、Bi 等组成的合金)、塑料或石膏直接向模样上浇注而成,如图 3-27(b)所示。

(3) 蜡模组装:制造蜡模的材料有石蜡、蜂蜡、硬脂酸和松香等,常采用的是 50% 石蜡和 50% 硬脂酸。将熔好的蜡料挤入压型,冷凝后取出,修去毛刺,即得单个蜡模。为一次能铸出多个铸件,还需将单个蜡模黏合到蜡质浇注系统上,制成蜡模组,如图 3-27(c)~(f)所示。

(4) 型壳制造:先用黏结剂和石英粉配成涂料,将蜡模组浸挂涂料后,向其表面撒一层硅砂,然后将黏附硅砂的蜡模组放入硬化剂中,利用反应生成的硅酸溶胶将砂粒粘牢而硬化。如此重复涂挂 3~7 次,至结成 5~10mm 硬壳为止,成为具有一定强度的耐火型壳,如

图 3-27(g)所示。

(5) 脱蜡、焙烧、浇注：将制好的型壳浸泡在 $85\sim95℃$ 的热水中，蜡模熔化脱出。为了进一步排除型壳中的水分、残蜡及其他杂质，在金属浇注之前，必须将型壳送入加热炉内加热到 $850\sim950℃$ 进行焙烧。经过焙烧，型壳强度进一步得到提高。常在焙烧后趁热($600\sim700℃$)进行浇注，获得铸件。

2. 熔模铸造的特点及适用范围

(1) 铸件的精度高且表面光洁：其精度可达 IT14～IT11，表面粗糙度 Ra 可达 $12.5\sim1.6\mu m$，可大大减小加工余量，显著提高金属材料的利用率，减少机械加工费用。

(2) 能够铸造各种铸造合金：铸件从铜、铝等有色合金到铸铁、铸钢及各种合金钢等均可铸造，尤其适用于高熔点及难以切削加工合金的铸造，如耐热合金、磁钢等。

(3) 熔模铸造可生产形状比较复杂的铸件：铸件上可铸出的最小孔径为 0.5mm，铸件的最小壁厚为 0.3mm。有些由几个零件组合而成的部件，可用熔模铸造整体铸出，节省机械加工工时和金属材料的消耗。

(4) 铸件的质量不宜太大。铸件一般不超过 25kg。

熔模铸造是各种铸造方法中工序繁多的工艺方法之一，使用和消耗的材料也比较贵，因而一般用于生产形状复杂、精度要求较高或难以进行机械加工的小型零件，如涡轮发动机的叶片和叶轮、高速钢刀具等。

📝 **知识链接**

熔模铸造是在古代失蜡铸造的基础上发展而来的，古代失蜡铸造为现代熔模铸造提供了基本的工艺思路和雏形。云纹铜禁是用来放酒杯的案台，是世界上目前所见的年代最早的失蜡工艺铸件。2500 年前，楚国以其独有的失蜡法铸造了云纹铜禁，让我们见识了春秋时期青铜铸造的巅峰之作。目前生产航空发动机涡轮叶片最理想的成形工艺是熔模铸造。可见，失蜡铸造传承千载仍能启发我们在航空领域的技术创新，打破不少考古学家认为"中国铸造青铜器的失蜡法源自印度"的错误判断，更见证了我们祖先的惊人创造力。

3.3.2 金属型铸造

金属型铸造是将金属液浇入金属铸型中，并在重力作用下凝固成形以获得铸件的一种铸造方法。一副金属铸型可浇注几百次乃至数万次，故也称为永久型铸造。

1. 金属型铸造的工艺过程

按照分型面的不同，金属型铸造可分为整体式、垂直分型式、水平分型式和复合分型式等。其中，垂直分型式便于开设内浇口和取出铸件，也易于实现机械化，所以用得最广。

金属型铸造一般用铸铁制成，也可采用铸钢。铸件的内腔可用金属型芯，也可用砂芯或其他材料来形成，其中金属型芯用于非铁金属件。为使金属型芯能在铸件凝固后迅速从内腔中抽出，金属型还常设抽芯机构。对于有侧凹的内腔，为使型芯得以取出，金属型芯可由几块组合而成。图 3-28 所示为铸造铝活塞的金属型结构简图。

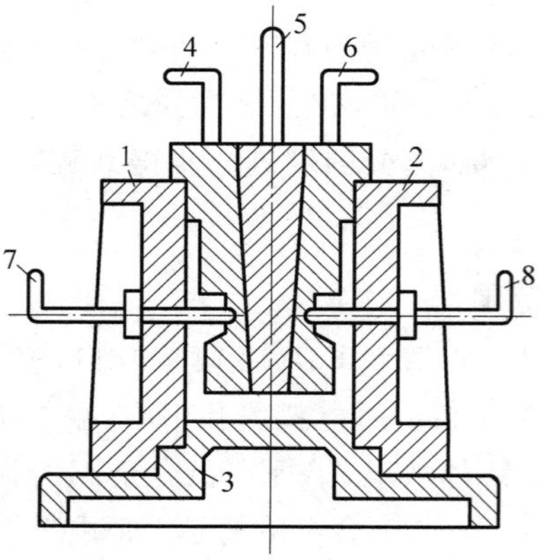

1—左半型；2—右半型；3—底型；4,6—两侧型芯；
5—中间型芯；7,8—圆孔型芯。

图 3-28 铸造铝活塞的金属型结构简图

金属型铸造工艺过程主要如下所述。

（1）喷刷涂料：金属型的型腔和金属型芯表面必须喷刷涂料。喷刷涂料可以隔绝金属液与金属型型腔的直接接触，方便铸件出型；避免高温金属液直接冲刷金属型型腔表面，减弱金属液对金属型热冲击的作用，延长金属型的使用寿命；减缓铸件的冷却速度，防止铸件产生裂纹和白口等缺陷。

（2）金属型预热：预热的目的是减缓金属型对金属液的激冷作用，有利于充型，避免铸件产生浇不足、裂纹或白口等缺陷。同时，因减小浇入金属液与金属型的温差，可以提高金属型的寿命。通常铸铁件的预热温度为 250～350℃，有色合金铸件的预热温度为100～250℃。

（3）浇注出型：浇注后出型太晚，金属型会阻碍铸件收缩而使其产生裂纹，增加取件和抽出型芯的难度。但出型过早也会影响铸件成形，使铸件变形过大。通常出型时间为 10～60s。

2. 金属型铸造的特点及适用范围

金属型铸造具有如下特点。

（1）实现了"一型多铸"：即一个铸型可以多次浇注，从而节约了大量工时和型砂，提高了劳动生产率，改善了劳动条件。

（2）铸件的力学性能高：如铝合金铸件，金属型铸件相较于砂型铸件的抗拉强度可平均提高 10%～20%，同时抗腐蚀性和硬度也显著提高。这是由金属型铸件的冷却速度较快，组织比较致密所致。

（3）铸件的精度较高：铸件精度可达 IT16～IT12，表面粗糙度 Ra 可达 12.5～6.3μm，故可少加工或不加工，提高了金属材料的利用率，减少了机械加工费用。

（4）局限性：金属型的制造成本高、周期长；铸型透气性差、无退让性，易使铸件产生冷隔、浇不足、裂纹等铸造缺陷；受铸型的限制，铸件的熔点不能太高，质量也不能太大；金属型铸造必须采用机械化和自动化装置，否则劳动条件反而更加恶劣。

金属型铸造主要适用于大批量生产有色合金铸件，如发动机的铝活塞以及铜合金轴瓦、轴套等。

3.3.3 压力铸造

压力铸造是指将熔融的金属液在高压、高速条件下充型,并在高压下冷却凝固成形的精密铸造方法,简称为压铸。压力铸造所用的压射比压为 $30\sim70$MPa,压射速度为 $0.5\sim50$m/s,充型时间为 $0.01\sim0.2$s,所以高压和高速是压力铸造的重要特点。

1. 压力铸造的工艺过程

压力铸造需要用压铸机和金属型进行生产。压铸机按压射部分的特征分为冷压室和热压室两大类。热压室压铸机上装有储存液态金属的坩埚,压室浸在液态金属中,因此只能压铸低熔点合金,应用较少。目前广泛应用的是冷压室压铸机。

卧式冷压室压铸机的工作过程如图 3-29 所示。压型由耐热钢制成。压型与垂直分型的金属型相似,一半固定在压铸机上,称为定型;另一半可水平移动,称为动型。合型时,首先动型和定型以很大的合型力合型,常用合型力为 $0.5\sim15$MPa。液体金属注入压室后,压射冲头向前推进,将金属液压入型腔,并使金属液在高压下凝固;开型后,铸件和余料一起被顶杆顶出。

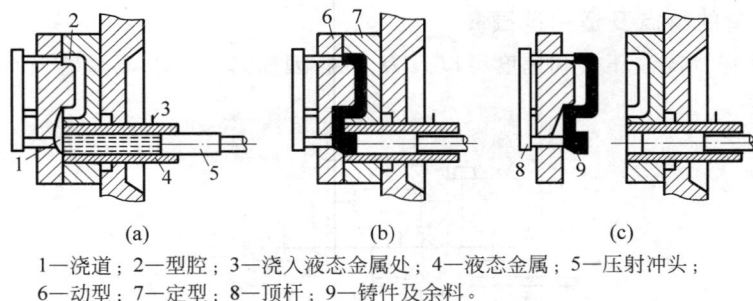

1—浇道;2—型腔;3—浇入液态金属处;4—液态金属;5—压射冲头;
6—动型;7—定型;8—顶杆;9—铸件及余料。

图 3-29 卧式冷压室压铸机工作过程示意图
(a)合型、浇注;(b)压射;(c)开型、顶出铸件

2. 压力铸造的特点及适用范围

与砂型铸造相比,压力铸造具有如下优点。

(1)铸件的尺寸精度高:一般精度可达到 IT13~IT11,表面粗糙度 Ra 可达 0.8~0.2μm,一般可不经机械加工而直接使用。

(2)铸件的强度和表面硬度高:因为液态金属是在压力下结晶,冷却速度又较快,所以压铸件的组织致密、晶粒较细,其抗拉强度可比砂型铸件提高 25%~30%,但断后伸长率有所下降。

(3)可压铸形状复杂的薄壁铸件,例如铝合金压铸件的最小壁厚可为 0.5mm;最小铸出孔直径可为 0.7mm。

(4)压铸件中可嵌铸其他材料(如钢、铁、铜合金、钻石等),可以节省贵重材料和机械加工工时。

(5)生产效率高:压铸生产易实现机械化和自动化操作,生产周期短,适用于大批量生产,在所有铸造方法中压铸的生产效率最高。

（6）局限性：设备投资大，制作压型的成本高。压铸高熔点合金（钢、铸铁等）时，铸型的寿命低，因而限制了压铸的应用范围。由于液态金属高速充型，液流会带进大量空气，最后以气孔的形式留在压铸件中。因此，压铸件不能进行大余量的切削加工，以免气孔暴露。压铸件也不能进行热处理，因为在高温时，气孔内气体膨胀会使铸件表面鼓泡。

压力铸造是目前应用较广泛的一种铸造方法，主要适用于生产熔点较低的锌、铝、镁及铜合金铸件，如照相机壳体、汽车喇叭、发动机罩等。

3.3.4　低压铸造

低压铸造是指液态金属在较低的压力（一般为 0.02～0.06MPa）自下而上地充填型腔并凝固而获得铸件的铸造工艺。

1. 低压铸造的工艺过程

低压铸造的工艺过程如图 3-30 所示。向密封的坩埚中通入干燥的压缩空气，使金属液在气体压力的作用下沿升液管上升，平稳地进入铸型。保持坩埚内液面上的气体压力，一直到铸件完全凝固为止。然后解除液面上的气体压力，使升液管中未凝固的金属液流回坩埚中。

2. 低压铸造的特点及适用范围

（1）适应性强。浇注压力和速度可以人为控制，因而其适用于金属型、砂型、树脂壳型、熔模型壳等铸型。

低压铸造

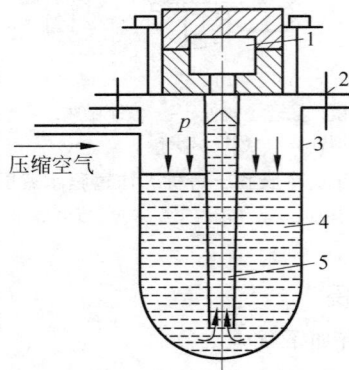

1—铸型；2—密封盖；3—坩埚；4—金属液；5—升液管。

图 3-30　低压铸造工艺过程示意图

（2）铸件的质量好。由于低压铸造是将坩埚底部纯净的金属液采取底注形式充型，液态金属充型比较平稳，减少了铸件产生气孔和夹渣的可能性。又由于液态金属在压力下充型并凝固，有利于获得轮廓清晰、表面光洁、组织致密的铸件，因此铸件力学性能高。低压铸造的铸件的强度和硬度一般比砂型铸造的铸件高 10% 左右。铸件的表面质量高于金属型，可生产出壁厚为 1.5～2mm 的薄壁铸件。

（3）劳动条件较好，易于实现机械化和自动化。设备费用较压力铸造低、投资少。

（4）便于实现顺序凝固，防止缩孔和缩松。

（5）金属的利用率高。不用冒口，金属利用率可提高到 90%～98%。

目前低压铸造我国主要用来铸造质量要求较高的铝合金、镁合金铸件,如汽油机汽缸体、缸盖、带轮、粗纱锭翼等铝铸件,并成功制出质量达 30t 的铜螺旋桨及球墨铸铁曲轴等。

3.3.5　离心铸造

将液态金属浇入高速旋转的铸型中,使金属在离心力的作用下填充铸型并凝固成形的铸造方法称为离心铸造。

1. 离心铸造的工艺过程

离心铸造是在离心铸造机上进行的。根据铸型旋转轴在空间的位置,离心铸造机可分为立式离心铸造机和卧式离心铸造机两类,如图 3-31 所示。离心铸造的铸型可以是金属型,也可以是砂型。

立式离心铸造机上的铸型绕垂直轴旋转,主要用来生产高度小于直径的圆环类铸件。卧式离心铸造机的铸型绕水平轴旋转,主要用来生产长度大于直径的管套类铸件。

2. 离心铸造的特点及适用范围

(1) 工艺过程简单。铸造中空的筒类、管类零件时,省去了型芯、浇注系统和冒口,节约了金属和其他原材料。

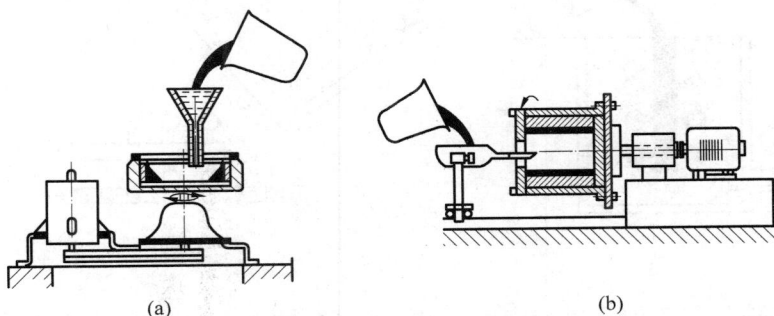

(a)　　　　　　　　　　　　　　　(b)

图 3-31　离心铸造机示意图

(a) 立式离心铸造机;(b) 卧式离心铸造机

(2) 铸件力学性能高。离心铸造是使液态金属在离心力的作用下充型并凝固,其中密度较小的气体、夹渣等集于铸件内表面,而金属则从外向内呈方向性凝固,因而铸件组织致密,无缩孔、气孔、夹渣等缺陷。

(3) 便于铸造"双金属"铸件,例如制造钢套挂衬滑动轴承,既可达到滑动轴承的使用要求,又可节约较贵的滑动轴承合金材料。

离心铸造的不足之处是铸件的内壁表面质量差,孔的尺寸不易控制。

目前离心铸造已广泛用于制造铸铁管、汽缸套、铜套、双金属轴承、特殊钢的无缝管坯、造纸机滚筒等铸件。

3.3.6　消失模铸造

消失模铸造又称负压实型铸造,其铸造工艺为:把涂有耐火材料涂层的泡沫塑料模样放入砂箱,模样四周用干砂子充填紧实,并利用真空泵将砂箱内型砂间的空气抽走,使密封的砂箱内部处于负压状态,浇注金属,高温金属液使模样热解"消失",并占据泡沫塑料所退出的空间而最终获得铸件。

1. 消失模铸造的工艺过程

消失模铸造工艺包括模样制造、上涂料、填砂造型、浇注和落砂清理等工序,如图 3-32所示。

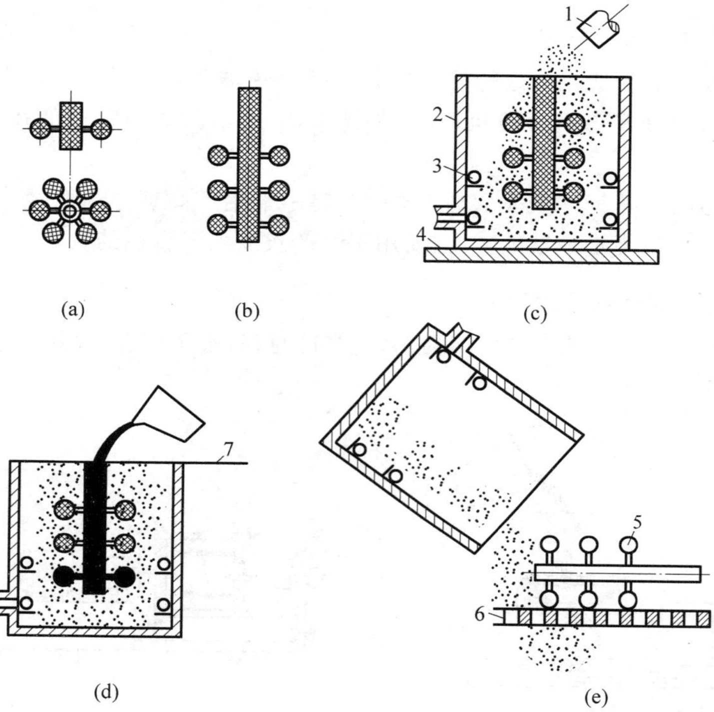

1—填砂导管;2—砂箱;3—抽气管;4—振动台;5—铸件;6—落砂栅格;7—塑料薄膜。

图 3-32 消失模铸造的工艺过程

(a) 模样制造;(b) 组成模样簇并上涂斜;(c) 填砂造型;(d) 抽负压浇注;(e) 取出铸件

1) 模样制造

泡沫塑料模的制造过程如下所述。

(1) 预发泡与熟化:采用发泡成形法制造模样前,要将可发性聚苯乙烯原珠粒预发泡,使珠粒体积膨胀十几倍,以获得密度、粒度适当的珠粒。

(2) 模样成形:对单件、小批生产或大型铸件生产,可采用聚苯乙烯板材通过机械加工和胶接方法制造模样。对于大批量生产,则将预发泡珠粒充填于成形机的金属模具中加热(如通入蒸汽等),使珠粒进一步膨胀,表面熔融,相互黏结在一起,经过冷却后取出,形成模样。

(3) 模样组合:为了制模方便,降低制模成本,多数模样需先分成几块制作,然后再胶接成一完整的模样,最后再将组合的模样和浇注系统模样胶接在一起,形成一个模样簇。

2) 上涂料

泡沫塑料模样表面上两层涂料:第一层是表面光洁涂料,以填补泡沫塑料的表面粗糙及孔洞;第二层是耐火涂料,以防泡沫塑料模表面黏砂,提高模样刚度及强度,以及浇注时起到支撑干砂的作用。涂料多为水基涂料,以浸涂或浸涂加淋涂的方法进行。上涂料后需进行干燥。

3)填砂造型

将模样簇放在砂箱内,分层填入不加黏结剂的干硅砂,同时在振动台上进行振动紧砂。

4)浇注和落砂清理

在填砂振实后应在砂箱顶面覆盖塑料薄膜,并对砂箱抽负压(负压度为 0.02~0.06MPa),然后浇注。

铸件的落砂清理较为简便。铸件凝固后解除负压,将砂箱倾倒即可使干砂与铸件分离。然后去除浇道、冒口,进行表面清理即可。

2. 消失模铸造的特点及适用范围

消失模铸造与传统的砂型铸造的最大区别在于前者采用泡沫塑料制造模样,采用无黏结剂的干砂来造型,模样不取出,铸型没有型腔、分型面和单独制作的型芯。由于这些差别,消失模铸造具有如下特点。

(1)模样是一次性的:模样是泡沫塑料,在浇注金属液时即热解消失。

(2)铸件精度高:该工艺无需取模、无分型面、无砂芯,因而铸件无飞边、毛刺和起模斜度,是一种近净成形的新工艺。

(3)适应性好:几乎不受铸件材质、铸件大小、铸件结构、铸件生产批量的限制。

(4)生产成本低:型砂采用干砂子,无需黏结剂,不用混砂,旧砂再生系统极大简化,铸件质量减轻,生产过程简单,需要的工人数量减少。

(5)局限性:铸件易产生与泡沫塑料模样有关的缺陷,如渗碳、夹渣、皱皮、气孔、粘砂等;浇注时塑料模汽化时有异味,对环境有污染;铸造设备造价较高,发泡模具有一定成本。

消失模铸造的应用广泛,如单件、小批量地生产冶金、矿山、船舶、机床等一些大型铸件,以及汽车、化工、锅炉等行业大型模具等。消失模铸造在汽车制造业中实现了大批量生产,典型的铸铁件有球墨铸铁轮毂、差速器壳、空心曲轴,以及灰铸铁发动机机座、排气管等;典型的铝合金铸件有发动机缸体、缸盖、进气管等。

除以上特种铸造方法外,目前还有陶瓷型铸造、挤压铸造等工艺。

3.4　砂型铸件的结构设计

铸件结构相对于铸造工艺和合金的铸造性能的合理性,是衡量铸件设计质量的一个重要因素。铸件结构设计是否良好,对铸件质量、生产成本、生产效率都有很大影响。

3.4.1　铸造工艺对铸件结构的要求

1. 砂型铸造对铸件结构的要求

铸件结构应尽可能使制造模样、造型、制芯、合箱和清理过程简单化,避免不必要的人力、物力的消耗,防止废品,并为实现机械化创造条件。因此,进行铸件设计时,应遵循以下原则。

1）铸件外形力求简单

（1）避免外部侧凹：图 3-33（a）所示的端盖，由于存在法兰凸缘，铸件外部侧凹，从而具有两个分型面，需采用三箱造型，或者增加环形外型芯，使造型工艺复杂，增加生产成本。改进设计后的端盖外形如图 3-33（b）所示，取消了上部法兰的凸缘，没有了外部侧凹，使造型工艺简化。

图 3-33　端盖铸件

（a）改进前；（b）改进后

（2）分型面尽量平直：图 3-34（a）所示的托架，原设计忽略了分型面尽量平直的原则，误将分型面上也加了外圆角，结果只得采用挖砂或假箱造型，使造型工艺复杂。按图 3-27（b）改进后，分型面即成了平面。

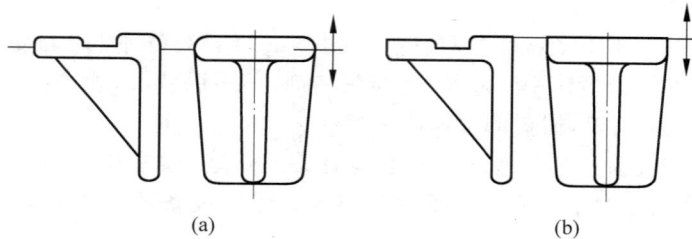

图 3-34　托架铸件

（a）改进前；（b）改进后

（3）凸台、肋条的设计应考虑便于造型：图 3-35（a）所示零件上面的凸台妨碍起模，必须采用活块或增加型芯来造型。若这些凸台与分型面的距离较近，则改成如图 3-35（b）所示的结构，可简化造型工艺。

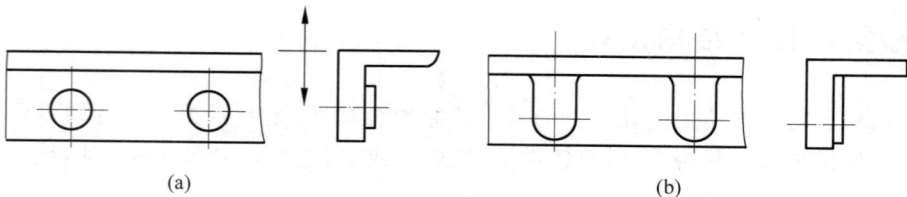

图 3-35　凸台的设计

（a）改进前；（b）改进后

2）合理设计铸件内腔

结构合理的铸件内腔设计，既可减少型芯数量，又有利于型芯的固定、排气和清理。

（1）尽量减少型芯：图 3-36（a）所示为一悬臂支架，它采用的是中空结构，需用悬臂芯来成形，并且这种型芯还需用芯撑支撑固定，下芯费工时，也容易产生铸造缺陷。当改为图 3-36（b）所示的结构时，则省去了型芯，降低了生产成本。

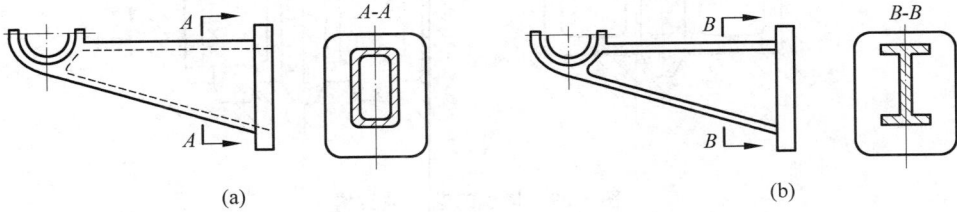

图 3-36 悬臂支架铸件

（a）改进前；（b）改进后

铸件的内腔也可以利用型腔内的砂垛来形成。如图 3-37（a）所示，铸件内腔出口处较小，只能用型芯。图 3-37（b）为改进后的结构，因扩大了出口，且内腔直径 D 大于高度 H，故可采用砂垛来代替型芯，既简化了铸造工艺，又降低了生产成本。

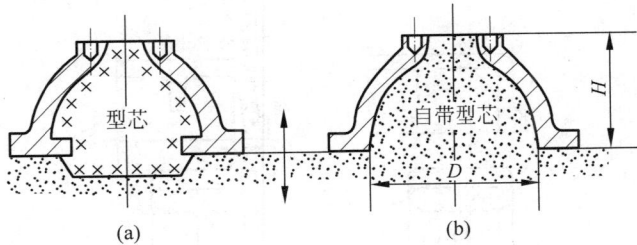

图 3-37 内腔的两种结构

（a）改进前；（b）改进后

（2）便于型芯固定、排气和铸件清理：图 3-38（a）所示为一轴承架的结构，其内腔需采用两个型芯，其中较大的型芯呈悬臂状，需用芯撑在 A 处进行支撑固定。若按图 3-38（b）所示改为整体型芯，则型芯稳定性极大地提高，也有利于排气。

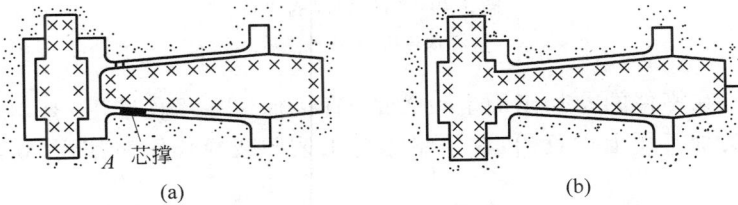

图 3-38 轴承架铸件

（a）改进前；（b）改进后

图 3-39（a）所示的铸件，因型芯的底部没有芯头，只好用芯撑固定，这既不稳定又不利于排气，容易产生铸造缺陷。改为图 3-39（b）所示的结构后，铸件底面上增设了两个工艺孔，就可以用芯头固定了，很好地避免了上述问题。如果铸件上不允许有此工艺孔，则可以用螺钉或柱塞堵住。

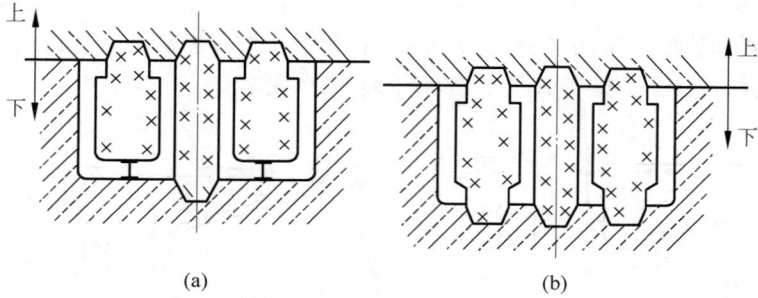

图 3-39　增设工艺孔的结构

（a）改进前；（b）改进后

3）铸件的结构斜度

铸件上垂直于分型面的不加工表面要有结构斜度,便于起模,也便于用砂垛代替型芯。铸件结构斜度大小随垂直于分型面的直壁高度不同而不同。直壁高度越小,角度越大。图 3-40(a)所示的结构不合理,图 3-40(b)所示的设计合理。

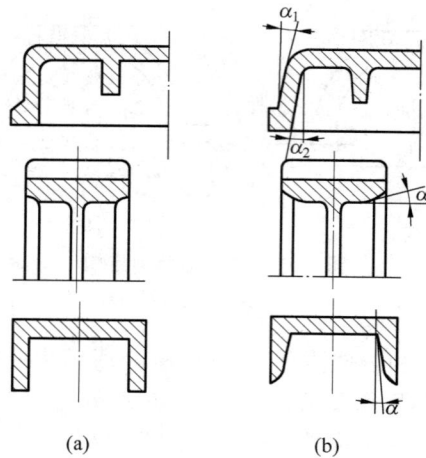

图 3-40　结构斜度的设计

（a）改进前；（b）改进后

结构斜度是在零件的非加工面上设置的,直接标注在零件图上,且斜度较大。起模斜度是在零件的加工面上设置的,在绘制铸造工艺图或模样图时使用,切削加工时将被切除。

2. 特种铸造对铸件结构的要求

1）熔模铸造

（1）铸件上的孔、槽不宜过小或过深。过小或过深的孔、槽,在制壳时涂料和砂粒很难进入蜡模的孔洞内形成合适的型腔,铸件的清砂也有困难。

通常,孔径应大于 2mm。通孔时孔深/孔径小于或等于 4～6mm;不通孔时孔深/孔径小于 2mm。槽宽应大于 2mm,槽深为槽宽的 2～6 倍。

（2）壁厚设计要合理。应尽可能满足顺序凝固的要求,不应有分散的热节,以便能用浇口进行补缩。壁厚不宜过薄,一般应为 2~8mm。

(3) 尽量避免大平面结构。由于熔模铸造的型壳高温强度较低,型壳易变形,而大面积平板型壳的变形尤为严重,故设计铸件结构时应尽量避免采用大的平面。

2) 金属型铸造

(1) 铸件的结构应能保证顺利出型。由于金属型铸造的铸型和型芯采用金属制作,故铸型和型芯退让性差,且导热性好,铸件冷却速度快。为保证铸件能从铸型中顺利取出,铸件结构斜度应较砂型铸件大。

(2) 铸件的壁厚要均匀。其最小壁厚大于砂型铸造条件下的最小壁厚,防止产生冷隔和浇不足的现象。

(3) 铸孔的孔径不能过小、过深。为便于金属充型、金属型芯的放置与抽出,孔径不能过小和过深,以方便铸孔成形。

3) 压力铸造

(1) 铸件应尽可能采用薄壁,并保证壁厚均匀。

(2) 尽可能消除侧凹和深腔结构,应能保证铸件顺利取出。

(3) 充分发挥镶嵌件的优越性,以便制出复杂件,改善压铸件局部性能和简化装配工艺。

3.4.2　合金铸造性能对铸件结构的要求

有些铸造缺陷如缩孔、缩松、裂纹、浇不足、冷隔等,是由铸件的结构设计不符合金铸造性能要求所致。因此,在设计铸件时,还应遵循以下一些原则。

1. 合理设计铸件壁厚

每种铸造合金都有其适宜的壁厚,选择得当,不但能保证铸件的力学性能,又能防止某些铸造缺陷的产生。

由于铸造合金的流动性不同,在相同砂型铸造条件下浇注出的"最小壁厚"也不相同。表 3-5 为常见铸造合金的"最小壁厚"。若设计铸件的壁厚小于该合金能铸出的"最小壁厚",则易产生浇不足、冷隔等缺陷。

表 3-5　砂型铸造时铸件的最小壁厚　　　　　　　单位:mm

铸件尺寸	铸　　钢	灰 铸 铁	球墨铸铁	可锻铸铁	铝　合　金	铜　合　金
小于 200×200	5~8	3~5	4~6	3~5	3~3.5	3~5
200×200~500×500	10~12	4~10	8~12	6~8	4~6	6~8
大于 500×500	15~20	10~15	12~20	—	—	—

还需注意的是,铸件的承载能力并非随壁厚的增加而成比例地提高。因为铸件心部冷却速度慢、晶粒粗大,而且易产生缩孔、缩松、偏析等缺陷而降低承载能力,所以不能单靠增加壁厚来提高铸件的承载能力,应当根据载荷大小和性质选择合理截面形状,如 T 形、工字形、槽形和箱形结构,并在脆弱的部位安置加强肋等。

2. 铸件壁厚应尽可能均匀

若铸件各部位厚度差别过大,则由于铸件各部位冷却速度差别较大,将形成热应力,可能使铸件厚薄连接处产生裂纹。

必须指出,所谓铸件壁厚均匀性是指铸件各壁冷却速度相近,并非要求所有壁厚完全相同。例如,铸件内壁散热慢,故比外壁要薄一些。对于某些难以做到壁厚均匀的铸件,则应使其结构便于实现顺序凝固,以便安装冒口进行补缩。

3．铸件壁合理连接

设计铸件壁的连接,应尽力避免金属的积聚和内应力的产生。

1) 铸件的结构圆角

铸件壁的转角处一般应有圆角。采用直角连接存在如下问题,如图 3-41(a)所示:

(1) 直角连接处会形成金属的积聚,易产生缩孔、缩松;

(2) 在载荷的作用下,直角连接处的内侧易产生应力集中;

(3) 在合金结晶过程中,沿着散热反方向形成垂直于型壁的柱状晶,在转角处的对角线上形成整齐的分界线,削弱转角处的力学性能。

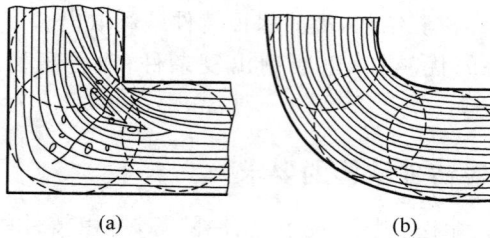

图 3-41 转角处的热节

(a)直角连接;(b)圆角连接

当铸件采用圆角结构时,如图 3-41(b)所示,可以有效克服上述缺点。铸造圆角还可防止金属液流将型腔尖角冲毁,以及美化铸件外形和避免划伤人体等。

2) 避免锐角连接

图 3-42(a)所示的锐角连接中,由于内角散热条件差而增大热节,易产生缩孔、缩松等铸造缺陷。若两壁间的夹角小于 90°,则应考虑采取图 3-42(b)所示的过渡形式。

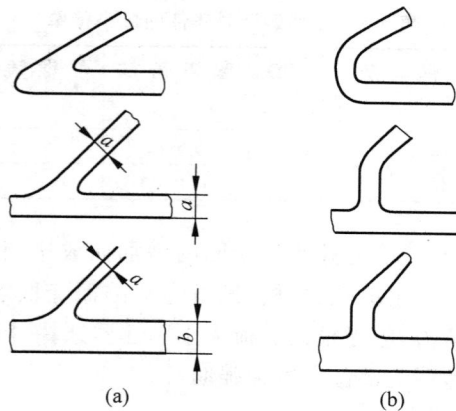

图 3-42 锐角连接

(a)改进前;(b)改进后

3）厚壁与薄壁间的连接要逐渐过渡

当铸件各部分的壁厚难以做到均匀一致，甚至有很大差别时，为了减少应力集中，应采用逐渐过渡的方法，防止壁厚突变。

4. 防裂肋的应用

为防止热裂，可在铸件易裂处增设防裂肋，如图3-43所示。为了使防裂肋能起到应有的防裂效果，肋的方向必须与应力方向一致，而且肋的厚度应为联结壁厚的1/4～1/3。由于防裂肋很薄，冷却结晶迅速，强度高于铸件其他部位，因而能有效阻止裂纹的产生。防裂肋常用于铸钢、铸铝等易产生热裂的合金。

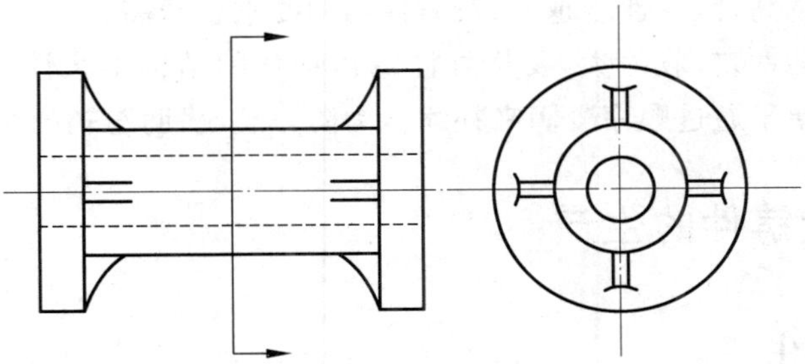

图 3-43　防裂肋的应用

5. 避免铸件的收缩阻力

当铸件的收缩受到阻碍，铸件内应力超过合金强度极限时，铸件将产生裂纹。因此，设计铸件肋、辐时，应使其能够得以自由收缩。

图3-44（a）所示为常见的轮形铸件，其轮辐为直线形、偶数，这种轮辐易于制造模样。但是常因轮缘、轮辐、轮毂相互比例不当，收缩不一致，导致内应力过大，使铸件产生裂纹。为防止裂纹，可改用图3-44（b）所示的弯曲轮辐，借轮辐本身的微量变形而自行减缓内应力。

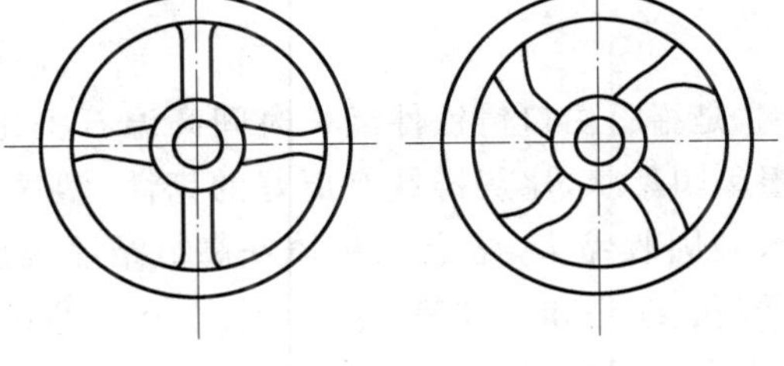

(a) (b)

图 3-44　轮辐的设计

(a) 直线轮辐；(b) 弯曲轮辐

图3-45所示为肋的几种布置形式，图3-45（a）为交叉接头，这种接头交叉处热节较大，容易产生缩孔、缩松，内应力也难以松弛，故易产生裂纹。图3-45（b）交错接头和图3-45（c）环状接头热节小，且可以微量变形缓解内应力，因此抗裂性能好。

由于普通灰铸铁的缩孔、缩松、热裂倾向小，所以对铸件壁厚的均匀性、壁间的过渡、轮辐形式等要求均不像铸钢那么严格，但其壁厚对力学性能敏感性大，故以薄壁结构最为适

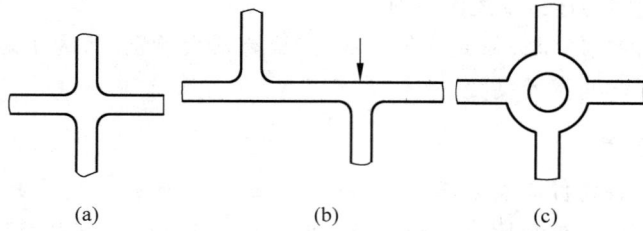

图 3-45　肋的几种布置

（a）交叉接头；（b）交错接头；（c）环状接头

宜。灰铸铁的牌号越高，铸造性能越差，对铸件结构要求也越高。

由于铸钢的流动性差、收缩大，要格外注意铸钢件的结构工艺性。铸件的壁厚不能过薄，热节也要小，并便于通过顺序凝固来补缩。为防止裂纹，肋与辐的布置要合理。

3.5　常用合金铸件的生产

3.5.1　铸铁件的生产

1. 灰铸铁

灰铸铁是指具有片状石墨的铸铁，是应用最广的铸铁，其产量占铸铁总产量的 80% 以上。目前大多数灰铸铁采用冲天炉熔炼，冲天炉炉料由金属炉料、燃料（焦炭、天然气）和熔剂（石灰石、氟石）组成。金属炉料包括高炉铸造生铁、回炉铁（废旧铸件、浇冒口等）、废钢和铁合金（硅铁、锰铁等）。近年来采用工频感应炉来熔炼灰铸铁，可获得洁净、高温、成分准确的优质铁液。灰铸铁主要采用砂型铸造，因其铸造性能优良，便于制出薄而复杂的铸件。一般不需要设置冒口和冷铁，使得铸造工艺简化。又因其浇注温度较低，故中小型铸件多采用经济简便的湿型铸造。

2. 可锻铸铁

可锻铸铁又称为玛钢，是指将白口铸铁件经长时间高温石墨化退火而得到的一种较高塑性和韧性的铸铁。石墨呈团絮状，比灰铸铁有更好的韧性、塑性及强度。由于碳、硅含量低，凝固时没有石墨析出，凝固收缩大，熔点比灰铸铁高。结晶温度范围较宽，故其流动性差，易产生浇不足、冷隔、缩孔、缩松和裂纹等缺陷。因此，在工艺设计时，应特别注意冒口和冷铁的位置，以增强补缩能力。同时要求铁液出炉温度要高，一般不低于 360℃。白口铸铁液易产生皮下气孔，为此要求型砂的含水量要低，并有足够的透气性。可锻铸铁主要用于制造形状复杂、承受冲击载荷的薄壁零件。

3. 球墨铸铁

球墨铸铁是指向高温的铁液中加入一定量的球化剂和孕育剂，直接得到球状石墨的铸铁。它的化学成分的要求比灰铸铁严格，碳、硅含量比灰铸铁高，锰、磷、硫含量比灰铸铁低。球化处理和孕育处理是生产球墨铸铁的关键，必须严格控制。球化剂的作用是促使石墨在结晶时呈球状析出。我国广泛采用的球化剂是稀土金。其球化能力强、效果好，与铁液反应平稳、安全,并提高了镁的吸收率。孕育剂的作用是促进铸铁石墨化,防止球化元素所造成的白口倾向。同时,通过孕育处理后可使石墨球圆整、细化,改善球铁的力学性能。球墨铸铁较灰铸铁易产生缩孔、缩松、皮下气孔、夹渣等缺陷,因而在铸造工艺上要求较严格。生产球墨铸铁件多采用冒口和冷铁,采用顺序凝固原则。

4. 蠕墨铸铁

蠕墨铸铁是一种新型高强度铸铁。其石墨形状短、厚,端部圆滑类似蠕虫状。蠕墨铸铁保留了灰铸铁优良的工艺性能,力学性能介于相同基体的灰铸铁和球墨铸铁之间。蠕墨铸铁一般不进行热处理。蠕墨铸铁的生产制造过程与球墨铸铁的制造过程相似。蠕墨铸铁的研制和应用历史较短,应用中的主要问题是蠕虫状石墨是一种过渡形式,生产中难以控制,蠕化剂少了,石墨仍保持片状,铸铁强度低;蠕化剂多了,石墨变成球状,原设计的铸型浇、冒口工艺不适合,会导致铸件报废。

3.5.2　铸钢件的生产

铸钢的应用仅次于铸铁,铸钢件产量占铸件总量的 12% 左右,其主要优点是力学性能高,强度、塑性、韧性比铸铁高很多。铸钢主要用于制造形状复杂、承受重载荷及冲击载的零件,如火车轮、锻锤机架和砧座、高压阀门、轧辊等。铸钢的焊接性能优良,适于采用铸、焊组合工艺制造形状复杂的重型铸件。

1. 铸钢的熔炼

目前在铸钢件生产中应用最普遍的炼钢设备是电弧炉。近年来,感应电炉炼钢发展很快,其加热速度较快,氧化烧损较少。尤其采用酸性感应电炉不氧化法炼钢时,其熔炼过程基本就是炉料的重熔过程,操作简单,因此广泛应用于精密铸造生产。用于炼钢的感应电炉多为中频炉(500~1000Hz),容量多为 0.25~30t。在重型机械厂中,也有使用平炉作为炼钢设备的,通常容量在 100t 以下,适于浇注重型铸件。

2. 铸钢的铸造工艺特点

铸钢的熔点高(约 1500℃),流动性差,收缩率高(达到 2%)。在熔炼过程中,易吸气和氧化,在浇注过程中易产生黏砂、浇不足、冷隔、缩孔、变形、裂纹、夹渣和气孔等缺陷。因此,在工艺上必须采取相应措施来防止上述缺陷,按照顺序凝固原则进行工艺设计,配置大量冒口和冷铁来防止缩孔的产生。对薄壁或易产生裂纹的铸钢件,采用同时凝固原则。铸钢所用型砂(芯)需有良好的透气性、耐火性、强度和退让性。原砂要用颗粒大而均匀的硅砂。大型铸件用人造硅砂,为防止黏砂,型腔表面要涂以石英粉或锆砂粉涂料。为减少气体来源,提高强度,改善填充条件,大件多采用干砂型或水玻璃砂快干型。

3.5.3　有色金属件的生产

1. 铝合金铸件的生产

铝合金既可用于砂型铸造,又可用于压力铸造、金属型铸造和低压铸造,近年来铝合金铸件的应用范围在不断扩大。

1）铝合金的熔炼

铝合金熔炼时易氧化而生成 Al_2O_3，熔化搅拌时容易进入铝液，呈非金属夹渣。另外，铝合金熔炼时容易吸收氢气，使铸件产生针孔缺陷，降低铸件的气密性和力学性能。

为了减缓铝液的氧化和吸气，可向坩埚内加入 KCl、NaCl 等盐类作为熔剂，将铝液覆盖，与炉气隔离进行熔炼。为了驱除铝液中吸入的氢气，防止针孔的产生，在铝液出炉前应进行去气精炼。简便的方法是用钟罩向铝液中压入氯化锌（$ZnCl_2$）、六氯乙烷（C_2Cl_6）等氯盐或氯化物，反应后生成大量气泡，在气泡上浮过程中将铝液中的 H_2 及部分 Al_2O_3 夹杂物一起带出液面。

为了改善铝硅合金的力学性能，需要进行变质处理，以细化共晶硅或过共晶硅。为此，在浇注之前需向合金溶液中加入铝液质量的 $2\%\sim3\%$ 的变质剂（如 NaF＋NaCl 的混合物）使共晶硅由粗针变成细小点状，从而提高力学性能。

2）铝合金的铸造工艺特点

铸造铝合金熔点低，流动性好，故可铸形状复杂的薄壁铸件。由于浇注温度低，选用一般天然细硅砂作型（芯）砂就可以满足耐火度的要求，并可使铸件表面光洁。对于铸造性能较差的铝铜、铝镁合金，要采取必要的工艺措施，如顺序凝固、冒口补缩等才能获得满意的结果。由于铝合金导热快、易氧化和吸气，因此，对浇注系统的要求是充填时间短、铝液流动平稳、撇渣能力强。

各种铸造方法都适用于铝合金铸件，当生产数量较少时，可用砂型铸造，大量生产的重要铸件，则采用特种铸造。

2. 铜合金铸件的生产

1）铜合金的熔炼

铜合金在液态下极易氧化，形成的氧化物（Cu_2O）因溶解在铜内而使合金的性能下降。为防止氧化，熔炼青铜时，应以玻璃、硼砂作为熔剂覆盖，熔炼后期用磷铜脱氧。熔炼黄铜时，由于合金本身含有的锌就能脱氧，所以在熔炼过程中不需另加熔剂和脱氧剂。

2）铜合金的铸造工艺特点

锡青铜的结晶温度范围很大，同时凝固区域很宽，流动性较差，易产生缩松，但其氧化倾向不大，这是因为所含 Sn、Pb 等元素不易氧化。对壁厚较大的重要铸件（蜗轮、阀体等）必须严格采取顺序凝固，对形状复杂的薄壁件和一般壁厚件，若致密性允许降低，可采用同时凝固。对大、中型圆柱套类铸件，以采用顶注雨淋浇口为宜。

铝青铜含铝量较高，结晶温度范围很小，呈逐层凝固特征，故流动性较好，易形成集中缩孔，且极易氧化。铸造时要考虑防止氧化夹杂和消除缩孔。浇注系统应具有很强的撇渣能力，如用带过滤网、集渣包的底注式浇口。为消除缩孔，需要使铸件顺序凝固。

硅黄铜的铸造性能介于锡青铜和铝青铜之间，是特殊黄铜中铸造性能最好的合金。

延伸视界

铸造企业正面临着前所未有的挑战，企业需要具备更强的创新能力和技术水平，来满足市场多元化和快速反应的需求。随着 AI 技术的不断发展应用，铸造企业逐步构建起一个智能制造生态系统，将设备、数据、人员和工艺流程等各个环节进行有机整合，在铸造缺陷检测、铸造工艺、工艺仿真模拟、制造系统构建等方面 AI 的应用场景,采用了深度学习等多种优化算法及算法组合。如在工艺仿真模拟中 AI＋CAE 结合逐步成为新的趋势,以压铸为例,在设计端,由经验设计＋试模转变为应用智能模具设计系统,自动生成多个浇注方案,并结合实时仿真预测方案合理性,分钟级生成速度,设计效率提升远超 10 倍;在工艺端,由模温检测质量问题过渡到智能模温系统,协同红外、模温、冷却,实现智能监控和自动反馈调节,通过热节跟踪、模温预判报警等功能,实现运算快至 15s,废品率大幅度降低等。AI 的应用将为铸造行业带来创新和革命性的变革。这些应用不仅提升了铸造企业的生产效率和产品质量,还为企业带来了更多发展空间。

随着技术进步,人工智能在铸造业中的应用正不断拓宽应用场景,从而全面推进铸造企业的数字化转型和发展。

资料来源:叶茂林,闫登坤. 关于 AI 在铸造业中应用的最新研究和探索[J].铸造设备与工艺,2024(3):48-52.

习题

3-1 选择题

1. 在大批量生产球墨铸铁管时,常选用( )。
   A. 砂型铸造 　　B. 熔模铸造 　　C. 离心铸造 　　D. 压力铸造
2. 铸件产生缩孔和缩松的原因是( )。
   A. 固态收缩
   C. 液态收缩
   B. 液态收缩和凝固收缩
   D. 凝固收缩
3. 铸件产生收缩应力的最主要的原因是( )。
   A. 壁厚不均匀
   C. 化学成分不同
   B. 冷却速度不同
   D. 型芯、砂型的阻碍
4. 金属的铸造性能主要用( )来表示。
   A. 流动性和收缩性
   C. 强度和收缩性
   B. 塑性和流动性
   D. 以上均不对
5. 下列铸造工艺中,( )生产的铸件不能在高温下使用。
   A. 离心铸造
   C. 压力铸造
   B. 熔模铸造
   D. 砂型铸造
6. 不可以实现"一型多铸"的特种铸造方法是( )。
   A. 熔模铸造
   C. 压力铸造
   B. 金属型铸造
   D. 离心铸造
7. 为了减少气孔的产生,型砂应具备良好的( )。(多选题)
   A. 强度
   C. 耐火度
   B. 透气性
   D. 退让性
8. 防止产生铸件缩孔的措施是( )。(多选题)
   A. 采用顺序凝固的原则,在铸件的厚壁处设置冷铁

B. 采用顺序凝固的原则,在铸件的厚大部分或上部设置冒口

C. 采用同时凝固的原则,在铸件的厚大部分或上部设置冷铁

D. 采用同时凝固的原则,在铸件的薄壁处设置冒口

9. 为什么尽量选择共晶成分或结晶温度范围窄的合金作为铸造合金?(　　　)(多选题)

A. 流动性好

B. 容易形成缩孔,便于检查修补

C. 不易形成缩孔、缩松

D. 容易形成缩松

3-2　试说明铸造在机械制造生产中的地位。

3-3　型(芯)砂应具有哪些性能?

3-4　简述各种主要的造型方法的特点和应用。

3-5　下列铸件在大批量生产时,应采用什么铸造方法为宜?

铝活塞	摩托车汽缸体	汽车喇叭
大模数齿铣刀	铸铁暖气片	大口径铸铁管
汽缸套	汽轮机叶片	照相机金属外壳

3-6　什么是合金的流动性?为什么尽量选择共晶成分或结晶间隔窄的合金作为铸造合金?

3-7　铸件缩孔和缩松产生的原因是什么?防止产生缩孔的主要工艺措施有哪些?

3-8　"顺序凝固原则"和"同时凝固原则"分别解决了哪种铸造缺陷?各需采取什么工艺措施才能实现?

3-9　确定铸造合金浇注温度的基本原则是什么?

3-10　什么是铸件的冷裂和热裂?它们各在什么条件下产生?如何防止?

3-11　什么是铸件的结构斜度?它与起模斜度有何不同?图 3-46 所示铸件结构是否合理?该如何改进?

3-12　图 3-47 所示砂型铸件的结构有何缺点?该如何改进?

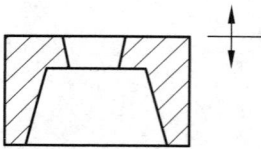

图 3-46　习题 3-11 图　　　　　　　图 3-47　习题 3-12 图

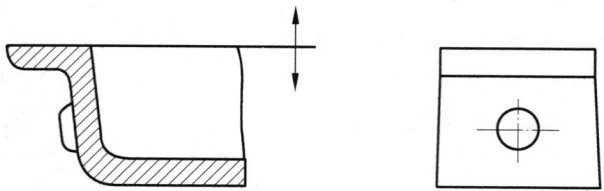

3-13　某厂批量生产一种薄壁灰铸铁件,投产以来质量基本稳定,但最近一时期浇不足、冷隔缺陷突然增多,试分析其原因。

3-14　铸件、模样、零件三者在尺寸上有何关系?为什么?

3-15　为什么空心球难以铸造?采用什么措施才能铸造出来?

3-16　为什么铸件要设计出结构圆角?图 3-48 所示铸件上哪些圆角不合理?如何改进?

3-17 用内接圆方法确定图 3-49 所示铸件的热节部位。在保证尺寸 H 的前提下如何使铸件壁厚尽量均匀?

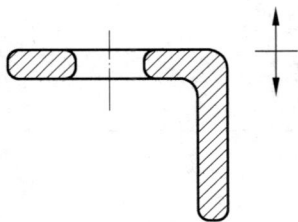

图 3-48 习题 3-16 图
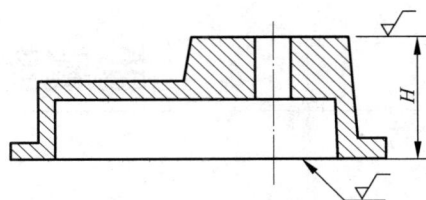

图 3-49 习题 3-17 图

第4章

金属塑性成形

本章知识要点

知 识 要 点	学 习 目 标	相 关 知 识
金属塑性变形理论基础	了解塑性变形的有关理论基础,特别是塑性变形对金属组织和性能的影响,金属可锻性的影响因素等	金属塑性变形的实质,金属塑性变形后的组织和性能变化,金属的可锻性
锻造工艺	初步掌握自由锻、模锻、胎模锻的基本工序、特点及应用,并合理设计锻件结构	自由锻、模锻、胎模锻工艺,锻件的结构工艺性
板料冲压工艺	初步掌握分离和变形工序的特点及应用,根据各种工序的特点,合理选择工艺参数,了解常用冲模的结构特点	板料冲压的特点,基本工序,冲模的种类和特点,冲压件的结构工艺性

案例导入

金属塑性成形技术具有高产、优质、低耗等显著特点,是先进制造领域的重要组成部分,在国民经济发展和国家重大装备研制中具有不可替代的地位。进入 21 世纪后,在航空航天、汽车、高铁、核电和高端机床等重大装备研制的强劲需求牵引下,在国家有关科技计划的持续大力资助下,经过科技工作者的不懈努力,中国塑性成形技术取得了举世瞩目的巨大成就。主要表现为:研制了一大批世界最大的塑性成形装备,这些装备及生产线代表当今世界塑性加工领域的最高制造水平,从根本上改变了欧美垄断关键成形装备的局面;取得了一系列重大技术创新和突破性进展,若干技术达到国际领先水平,例如特大型铝合金构件流变成形制造技术、复杂零件精密楔横轧技术等,支撑了一批国家重大装备的研制和生产;在塑性成形理论单点上有重要突破,支撑了工艺创新,提高了工艺数值仿真精度,提升了塑性成形基础研究水平;在制造领域获得的国家科技奖励数量位列前茅。自主创新的塑性成形技术和装备成功应用于国家重大装备的研制和批产,支撑新一代运载火箭、北斗卫星、大型运输机、隐形战机、高推比航空发动机、新能源汽车及复兴号高铁等发展,为国家重大装备和国防科技工程的发展做出了突出贡献。

资料来源:林忠钦,黄庆学,苑世剑,等.中国塑性成形技术和装备 30 年的重大突破与进展[J].塑性工程学报,2024,31(4): 2-45.

金属塑性成形是指在外力作用下使金属坯料产生塑性变形,从而获得具有一定形状、尺寸和力学性能的毛坯或零件的加工方法。

各类钢和大多数有色金属及其合金都具有一定塑性,因此它们可以在热态或冷态下进行塑性成形。塑性成形是依靠塑性变形使金属的体积重新分配而成形,与切削加工相比,可以减少零件制造过程中的金属消耗,使材料利用率提高。塑性成形一般是利用模具成形,易于实现机械化和自动化,生产率高。但由于塑性成形是在固态下成形,与铸造生产相比,无法获得截面形状复杂的制件。

塑性成形在工业生产中占有重要的地位,广泛应用于机械制造、航空航天、家用电器等领域。金属塑性成形的主要工艺有锻造和板料冲压。

4.1 金属塑性变形理论基础

金属塑性成形主要是通过金属的塑性变形来实现的,金属在外力作用下产生内应力,内应力迫使原子离开平衡位置,因而导致原子位能升高。而处于高位能的原子,时刻有回到平衡位置的倾向。外力停止作用,原子回到其原始位置,变形消失,金属的这种变形称为弹性变形。当外力增加到超过该金属的屈服强度,此时外力消失,而变形并不消失,这种变形称为塑性变形,使金属材料的塑性成形加工成为可能。

为了正确选用塑性成形方法,合理设计塑性成形零件,就必须研究金属塑性变形的实质及其对金属组织与性能的影响,以及其他相关理论。

4.1.1 金属的塑性变形实质

大多数工业用金属材料都是由许多位向不同的晶粒组成的多晶体。为便于了解金属塑性变形的实质,首先必须认识单晶体的塑性变形机理。

单晶体的塑性变形主要是通过滑移和孪生进行的。

1. 滑移

滑移是指在切应力作用下,晶体的一部分相对于晶体的另一部分沿滑移面作整体滑动。图 4-1 所示为单晶体在切应力作用下的滑移变形过程。金属晶体在未受外力时,晶格处于正常排列状态,如图 4-1(a)所示。当切应力较小,未超过金属的屈服强度时,晶格产生歪扭,此时若去除外力,金属将恢复到原来的状况和尺寸,此为金属弹性变形,如图 4-1(b)所示。当切应力增大,超过金属的屈服强度时,晶体的一部分相对于另一部分沿受剪晶面产生滑移,如图 4-1(c)所示。外力去除后,晶格弹性歪扭消失,但金属原子的滑移保留下来,即金属产生塑性变形,如图 4-1(d)所示。

2. 孪生

孪生是指在切应力作用下,晶体的一部分相对于另一部分沿某个晶面(孪生面)产生一定角度的切变,使孪生面两侧的原子排列呈镜面对称。单晶体在切应力作用下的孪生变形过程如图 4-2 所示。

一般来说,孪生的临界分切应力要比滑移的临界分切应力大得多,只有在滑移很难进行的条件下,晶体才进行孪生变形。

3. 多晶体的塑性变形

多晶体金属的塑性变形与单晶体比较并无本质上的差别,由于晶界的存在和每个晶粒

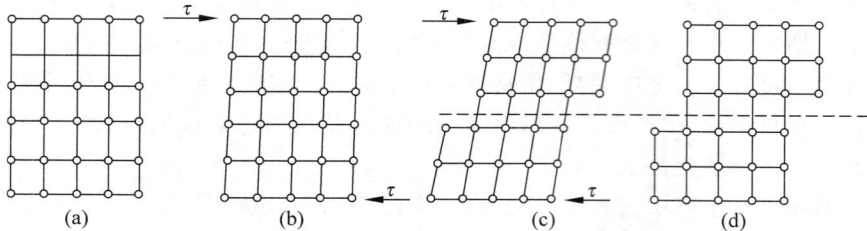

图 4-1   单晶体在切应力作用下的滑移变形过程

（a）未变形；（b）弹性变形；（c）弹-塑性变形；（d）塑性变形

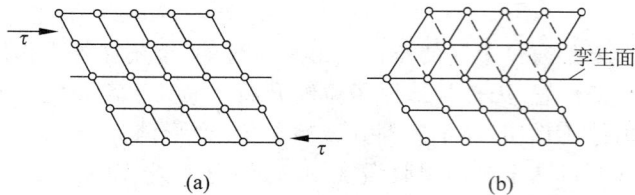

图 4-2   单晶体在切应力作用下的孪生变形过程

（a）变形前；（b）变形后

中的晶格位向不同，晶界的塑性变形抗力比单晶体高得多，又因金属晶粒越细，晶界越多，其强度就越高；变形可被分配到更多的晶粒内进行，使各个晶粒的变形均匀而不致产生应力的过于集中。所以，金属晶粒越细小，材料的塑性和韧性也越好。

4.1.2   金属塑性变形后的组织和性能变化

金属在不同温度下变形后的组织和性能不同，因此塑性变形有冷变形和热变形之分。金属在再结晶温度以下的塑性变形称为冷变形。金属在再结晶温度以上的塑性变形称为热变形。一般再结晶温度与熔点温度 $T_{熔}$ 关系为 $T_{再}=0.4T_{熔}$，式中 $T_{再}$、$T_{熔}$ 分别表示金属再结晶和熔点的热力学温度。

1. 冷变形后金属的组织和性能

经过冷变形的金属，内部组织会发生晶粒沿最大方向伸长，晶格扭曲并产生内应力，晶粒破碎，使得进一步滑移困难，改变了其力学性能。随着变形程度的增大，金属的强度和硬度上升，而塑性和韧性下降，这种现象称为加工硬化。如图 4-3 所示为低碳钢冷变形与力学性能的关系。加工硬化现象在工业生产中具有重要的意义，生产上常用加工硬化来强化金属，提高金属的强度、硬度及耐磨性。尤其是纯金属、某些铜合金及镍铬不锈钢等难以用热处理强化的材料，加工硬化更是唯一有效的强化方法。

加工硬化也有其不利的一面。在冷轧薄钢板、冷拔细钢丝及深拉工件时，由于产生加工硬化，金属的塑性降低，进一步冷塑性变形困难，故必须采用中间热处理来消除加工硬化现象。

冷变形能使金属获得较高的尺寸精度和表面质量。为了防止破裂，变形程度不宜过大。冷变形工艺在工业生产中应用也很广泛，如板料冲压、冷挤压、冷锻和冷轧等。

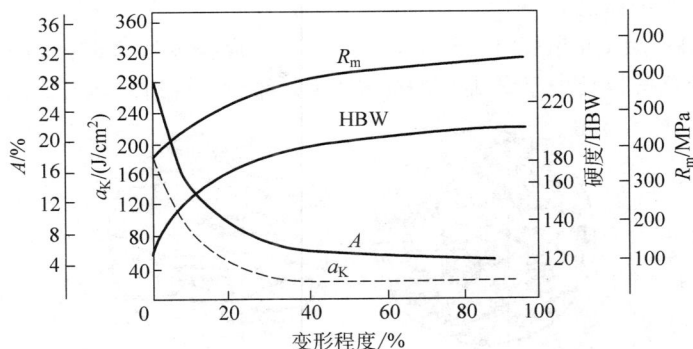

图 4-3　低碳钢冷变形程度与力学性能的关系

2. 回复和再结晶

加工硬化是一种不稳定的现象。随着温度的提高,可使原子的热运动加剧而得以晶格扭曲被消除,内应力明显下降,这一过程称为回复,如图 4-4(c)所示。一般回复温度 $T_{回}$ 与熔化温度 $T_{熔}$ 关系为 $T_{回}=(0.25\sim0.3)T_{熔}$,式中 $T_{回}$ 表示金属回复的热力学温度。

实际生产中将这种回复处理称为低温退火(或去应力退火)。它能降低或消除冷变形金属的残余应力,同时又保持了部分加工硬化性能。回复只能消除部分加工硬化现象。

当加热温度升高到 $0.4T_{熔}$ 时,金属原子获得了更多的热能,开始以某些碎晶或杂质为核心生长成新的晶粒,这一过程称为再结晶,如图 4-4(d)所示。金属经再结晶以后,其强度和硬度显著降低,而塑性和韧性重新提高,加工硬化现象得以完全消除。

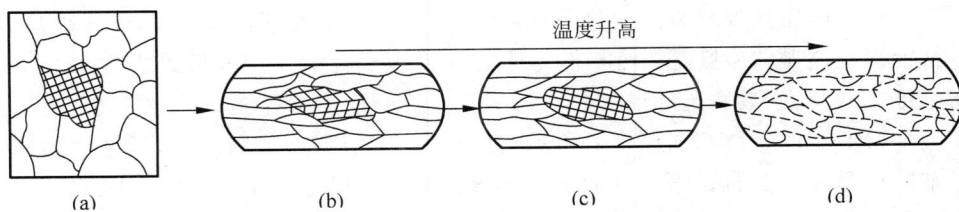

图 4-4　回复和再结晶示意图

(a) 变形前;(b) 变形后;(c) 回复;(d) 再结晶

实际生产中将这种再结晶处理称为再结晶退火,常作为冷变形加工过程中的中间退火,恢复金属材料的塑性以便于继续加工。

3. 热变形后金属的组织和性能

热变形中再结晶软化占优势,完全消除了加工硬化效应,使金属的塑性显著提高,变形抗力显著降低,可用较小的能量获得较大的变形量。热变形工艺在工业生产中广泛应用,如热锻、热轧、热挤压等。

金属塑性成形加工最原始的坯料是铸锭,其内部组织很不均匀,晶粒较粗大,并存在气孔、缩松、非金属夹杂物等缺陷。将这种铸锭加热进行塑性加工后,由于金属经过塑性变形及再结晶,从而改变了粗大的铸造组织,获得细化的再结晶组织。同时还可以将铸锭中的气孔、缩松等压合在一起,使金属更加致密,并可改善夹杂物、碳化物的形态、大小和分布,提高钢的强度、塑性及冲击韧性。

铸锭经塑性变形后,各晶粒沿变形方向伸长,当变形程度很大时,多晶体晶粒显著地沿同一方向拉长,这种被拉长的呈纤维状的晶粒组织,称为纤维组织,如图 4-5 所示。

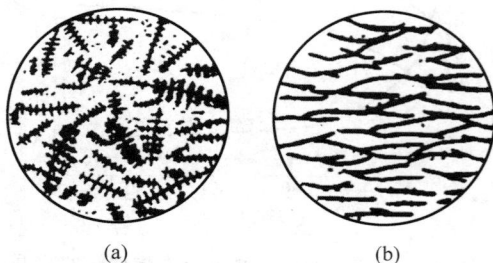

图 4-5　金属热变形前后组织变化

(a) 变形前;(b) 变形后

由于纤维组织的形成,金属材料出现各向异性。在纵向(平行纤维方向)上塑性和韧性增加;横向(垂直纤维方向上)的数值则降低,金属的变形程度越大,纤维组织越明显。表 4-1 为 45 钢经热变形后的力学性能与纤维之间的关系。

表 4-1　45 钢经热变形后的力学性能与纤维之间的关系

钢坯取样的方向	R_m/MPa	$R_{p0.2}$/MPa	A/%	Z/%	a_K/(J/cm^2)
纵向	715	470	17.5	62.8	50
横向	670	440	10.0	310	2.5

纤维组织不能用热处理方法消除,只能用塑性成形工艺使其合理分布,使零件具有较好的力学性能。应遵循的原则是:使零件工作时承受正应力的方向与纤维方向重合,切应力方向与纤维方向垂直,最好是纤维的分布与零件的外形轮廓相符合,而不被切断。

图 4-6(a)所示的螺钉和图 4-7(a)所示的曲轴,是用切削加工制成的,纤维被切断,故螺钉和曲轴的承载能力变弱。图 4-6(b)所示用棒料局部镦粗方法制造螺钉,以及图 4-7(b)所示用锻造的方法制造曲轴时,纤维不被切断,连贯性好,降低了材料消耗,螺钉和曲轴的质量更好。

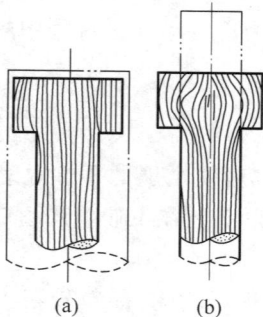

图 4-6　螺钉的纤维组织比较

(a) 用棒料直接切削成螺钉;(b) 用局部镦粗方法制成的螺钉

图 4-7　曲轴的纤维组织比较

(a) 切削加工制成的曲轴;(b) 用锻造方法制成的曲轴

4.1.3　金属的可锻性

金属材料的可锻性是指其经受塑性成形加工的难易程度,可用金属材料的塑性和变形抗力来衡量。塑性越大,变形抗力越小,金属的可锻性越好。金属的可锻性一般取决于金属的本质和塑性成形的条件。

1. 金属的本质

1）化学成分

金属的化学成分不同,可锻性不同。纯金属比合金的塑性好,变形抗力小,故可锻性好;含合金元素少的金属材料比含合金元素多的金属材料可锻性好。例如纯铁比碳钢可锻性好,若钢中含较多的形成碳化物的合金元素(铬、钼、钨、钒等),则可锻性显著下降。

2）组织

钢在规定的化学成分内,因其组织不同,塑性和变形抗力会有很大的差别。单相组织(纯金属或固溶体)比多相组织塑性好,变形抗力小。钢中碳化物呈弥散分布比呈网状分布的塑性好。晶粒细化组织比具有粗大晶粒的铸造组织塑性更好。

2. 变形条件的影响

变形条件是指金属变形时的温度、变形速度、所受的应力状态等。

1）变形温度

对于大多数金属,随着变形温度的升高,金属内原子的动能增加,减小了金属滑移变形的阻力,塑性提高,变形抗力减小,锻造性明显改善。热变形的变形抗力通常只有冷变形的 $1/15\sim1/10$,故在生产中得到广泛应用。对钢而言,加热温度过高,会使金属出现过热、过烧、氧化、脱碳等缺陷,影响锻件质量甚至报废,因此必须严格控制锻造温度。

钢的锻造温度范围,是指开始锻造温度(始锻温度)与结束锻造温度(终锻温度)之间的一段温度区间。若在锻造温度范围内具有良好的塑性和较低的变形抗力,即能锻出优质锻件。因此,希望锻造温度范围尽可能宽广些,以便减少加热火次,提高锻造生产率。碳钢的锻造温度范围的理论依据是铁碳合金相图,如图4-8所示。

就碳钢而言,在 A_3 或 A_{cm} 线以上时,其组织为单一的奥氏体,塑性好,宜于进行锻造。若锻造温度过低,则塑性会明显下降,变形抗力增加,加工硬化现象严重,容易产生锻造裂纹。因此,一般碳钢的始锻温度比固相线(AE线)低200℃左右,终锻温度约为800℃。常用金属材料的锻造温度范围见表4-2。

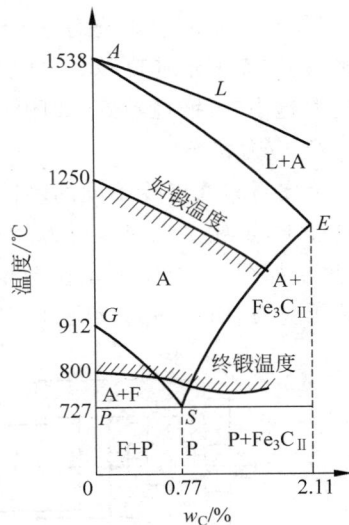

图 4-8　碳钢的锻造温度范围

表 4-2　常用金属材料的锻造温度范围

金 属 种 类		始锻温度/℃	终锻温度/℃
碳钢	$w_C \leqslant 0.3\%$	1200～1250	800～850
	$w_C = 0.3\%～0.5\%$	1150～1200	800～850
	$w_C = 0.5\%～0.9\%$	1100～1150	800～850
	$w_C = 0.9\%～1.4\%$	1050～1110	800～850
合金钢	合金结构钢	1150～1200	800～850
	合金工具钢	1050～1150	800～850
	耐热钢	1100～1150	850～900
铜合金		700～800	650～750
铝合金		450～490	350～400
镁合金		370～430	300～350
钛合金		1050～1150	750～900

2）变形速度

变形速度是指金属材料在单位时间内的变形程度。随着变形程度的增加,既有使金属的塑性降低和变形抗力增加的一面,又有作用相反的一面。当变形速度不大时,回复和再结晶来不及消除变形所产生的加工硬化现象,故随着变形程度增大,塑性下降而变形抗力增大,可锻性下降。当变形速度提高到相当高的数值以后,由于塑性变形的热效应提高了材料的温度,回复与再结晶得以充分进行,及时消除了加工硬化现象,因而变形速度越大,金属材料的塑性越好,变形抗力越小,可锻性越好,如图 4-9 所示。

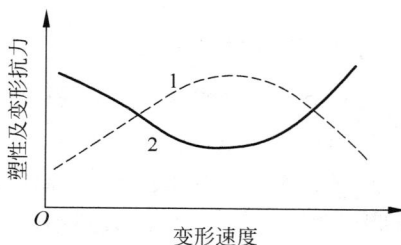

1—变形抗力曲线；2—塑性变化曲线。

图 4-9　变形速度与塑性及变形抗力关系示意图

3）应力状态

金属材料在经受不同的塑性成形加工时,材料内部所呈现的应力状态及大小不同。挤压过程中,金属呈三向压应力,如图 4-10(a)所示。拉拔时,变形材料呈现两向压应力和一向拉应力,如图 4-10(b)所示。镦粗时,坯料中心部分受到三向压应力,周边部分上下和径向受到压应力,而切向为拉应力,周边受拉部分塑性较差,易镦裂,如图 4-10(c)所示。

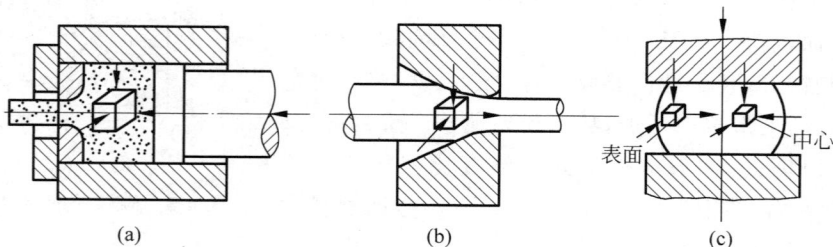

(a)　(b)　(c)

图 4-10　金属变形时的应力状态

(a)挤压；(b)拉拔；(c)镦粗

变形过程中,三向应力状态中压应力数目越多,材料的塑性越好;拉应力数目越多,塑性越差。其原因是金属材料内存在着气孔、微裂纹等缺陷,拉应力易使缺陷处产生应力集中而增加破裂的趋向,表现为金属塑性下降,而压应力则有助于恢复晶间联系,压合缺陷,表现为塑性的提高。但压应力将增大金属内摩擦,提高金属的变形抗力。对于塑性较差的金属材料,应尽量在三向压应力变形,以免产生开裂。

从以上分析得知,化学成分及其组织结构是基本影响因素,一经选材即确定。实际生产中,通常以改变变形条件作为手段来提高金属材料的可锻性,以利于金属坯料的塑性成形。

4.2　锻造工艺

金属坯料加热后在锻锤或压力机上进行塑性变形,以获得所需尺寸、形状和性能的成形方法称为锻造。在工业生产中,受力复杂的重要机器零件,其毛坯多是用锻造工艺方法制造的。

按照锻件形状、尺寸、质量及批量等不同,可分别选择自由锻、模锻或胎模锻等工艺。

4.2.1　自由锻

1. 自由锻概述

自由锻是指用简单的通用性工具,或在锻造设备的上、下砧间,直接使坯料变形而获得所需的几何形状及内部质量锻件的加工方法。坯料变形时,只有部分表面金属受限制,其余可自由流动,故称自由锻。

自由锻所用设备及工具简单,适应性强,锻件质量可从 1kg 到 300t。自由锻是锻造大锻件的唯一方法。这种锻造方法是由人工控制锻件的尺寸和形状,锻造精度低,生产率低,劳动强度大,故自由锻广泛用于单件小批量生产。

自由锻有手工锻造和机器锻造之分,现在生产中主要采用机器锻造。根据设备对坯料产生的作用力性质,机器锻造又分为锻锤自由锻和液压机自由锻。锻锤利用冲击力使坯料产生变形,生产中主要是用空气锤和蒸汽-空气锤,多半用以锻造中、小型锻件。液压机利用静压力使坯料变形,生产中使用的液压机主要是水压机,用于锻造大型锻件。

2. 自由锻工序

自由锻工序分为基本工序、辅助工序和修整工序三类。

基本工序是指用来改变坯料的形状和尺寸以获得锻件的工序。最常用的基本工序为镦粗、拔长和冲孔。表 4-3 为自由锻基本工序及应用。

为了完成基本工序而进行的预先变形称为辅助工序,如压钳口、压肩、倒棱等。用来减少锻件表面缺陷的工序称为修整工序,如校直、滚圆、平整等,一般是在终锻后进行。

表 4-3　自由锻基本工序及应用

工序名称	定　义	图　例	应　用
镦粗	镦粗：减少坯料高度而增大其横截面积的锻造工序（图(a)）；局部镦粗：对坯料上某一部分进行镦粗（图(b)）	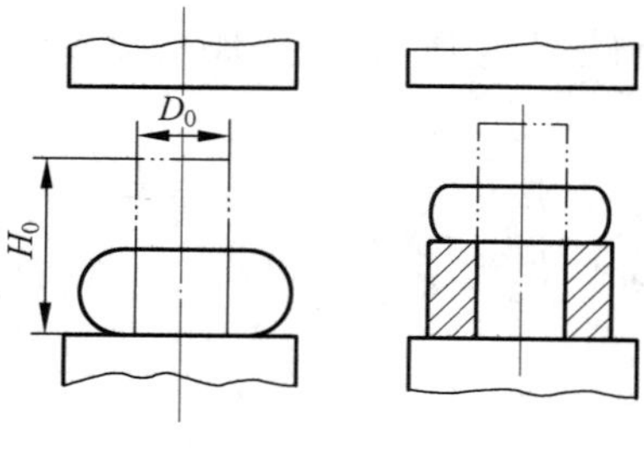 (a) 平砧镦粗　(b) 局部镦粗	制造盘类零件，如齿轮坯、圆盘等；作为冲孔前的准备工序；增大锻造比
拔长	拔长：使坯料横截面积减小、长度增加的锻造工序（图(a)）；芯轴拔长：减小空心毛坯的外径和壁厚，增加其长度（图(b)）	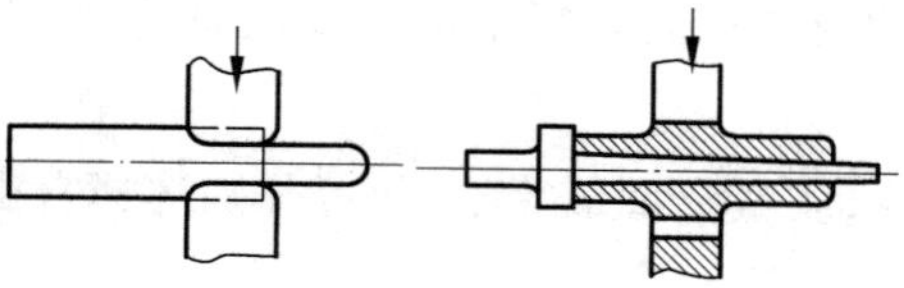 (a) 平砧拔长　(b) 芯轴拔长	制造细长类锻件，如轴类、连杆等；制造空心长轴类、圆环类锻件，如炮筒、圆环、套筒等
冲孔	用冲头在坯料上冲出通孔或不通孔的锻造工序	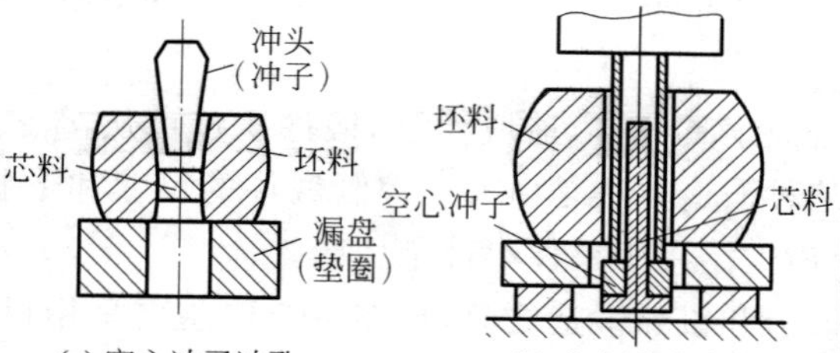 冲头(冲子)　芯料　坯料　漏盘(垫圈)　(a) 实心冲子冲孔　坯料　空心冲子　芯料　(b) 空心冲子冲孔	锻造各种带孔锻件和空心锻件，如齿轮、圆环等；锻件质量要求高的大型工件，可用空心冲孔去掉质量较低的铸锭中心部分
弯曲	将坯料弯成一定角度和形状的工序	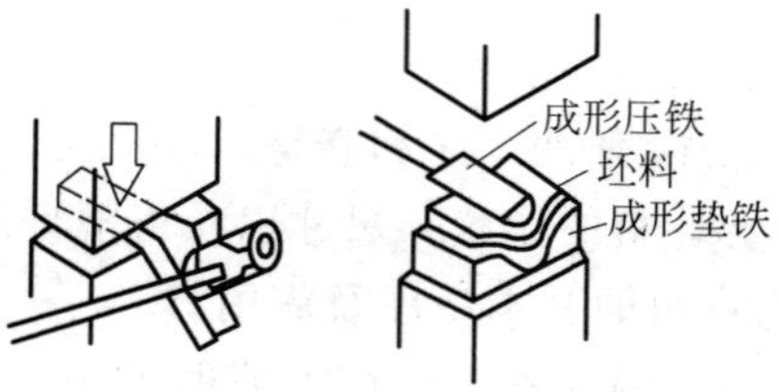 成形压铁　坯料　成形垫铁	用来生产吊钩弯板、链环等

续表

工序名称	定义	图例	应用
扭转	将坯料的一部分相对于另一部分旋转一定角度的工序	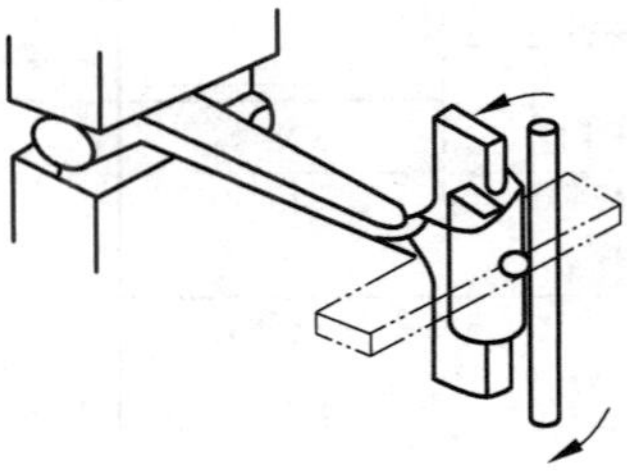	用来制造多拐曲轴和连杆等
错移	将坯料的一部分相对于另一部分错开,但两部分的轴线仍保持平行的工序	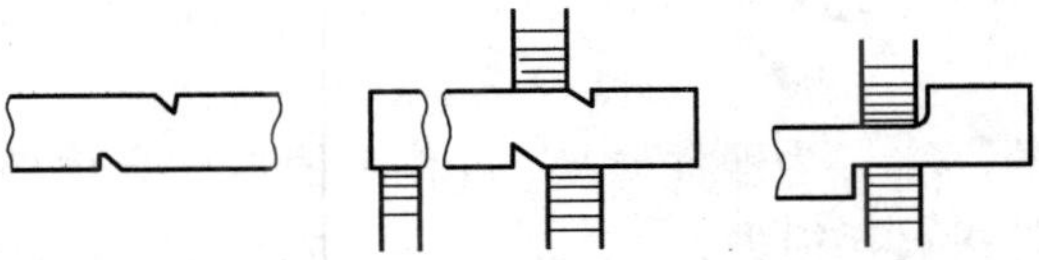 (a)压肩　(b)锻打　(c)修整	用来制造曲轴等

3. 自由锻工艺规程的制定

在编制自由锻工艺规程时,必须密切结合生产条件、设备能力和技术水平等实际情况,力求经济上合理、技术上先进,以便能够正确指导生产。自由锻工艺内容包括以下几个主要方面。

1) 锻件图的绘制

锻件图是编制锻造工艺、设计工具、指导生产和验收锻件的主要依据,是在零件图基础上,考虑了加工余量、锻造公差、余块等绘制而成。

(1) 余块:为了简化锻件外形、便于锻造而增加的那一部分金属叫作余块,如图4-11所示。锻件的哪些部位需要增加余块,应综合考虑工艺的可行性和金属材料消耗而确定。例如台阶及凹槽的最小锻出长度,法兰的最小锻出宽度,以及最小锻出孔尺寸等,可根据参考资料选定。

(2) 余量:一般锻件的尺寸精度和表面粗糙度,不能达到零件图的要求,锻后需要进行机械加工。为此,锻件表面留有供切削加工用的金属层,叫作机械加工余量,简称余量。余量大小取决于零件的技术条件和锻造工艺水平。在锻造技术可行的条件下,应尽量减少余量。锻件余量可参照有关资料选取。

(3) 公差:锻件公差是指锻件实际尺寸相对于锻件公称尺寸所允许的变动量。公差大小根据锻件形状、尺寸,并考虑到生产的具体情况加以选取。

当余量、公差和余块等确定后,便可绘制锻件图。锻件图上用双点划线(或细实线)画出零件的简单形状,用粗实线画出锻件形状,锻件的尺寸和公差标注在尺寸线上方,零件图的有关尺寸和公差加括号后标注在尺寸线的下面。

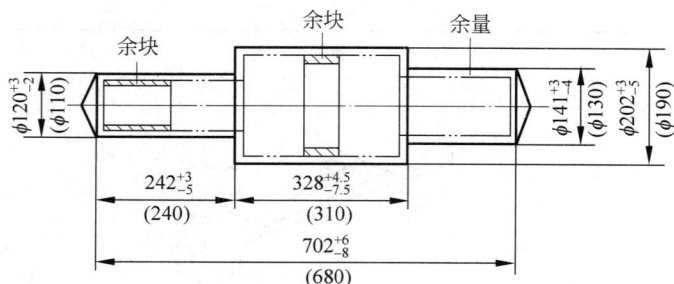

图 4-11 锻件图

2）确定坯料的质量和尺寸

（1）坯料质量的计算：坯料质量是指锻件质量及锻造过程中的各种损耗之和。

$$m_{坯} = m_{锻件} + m_{损}$$

其中，$m_{坯}$ 为坯料质量；$m_{锻件}$ 为锻件质量；$m_{损}$ 为锻造中金属的各种损耗。$m_{损}$ 包括 $m_{烧}$、$m_{芯}$、$m_{切}$，其中 $m_{烧}$ 是指火耗损失；$m_{芯}$ 是指冲孔时坯料中部的料芯；$m_{切}$ 是指修切端部的料头等。

（2）坯料尺寸计算：确定坯料尺寸时，先根据计算得到的坯料质量算出坯料体积，然后考虑锻比和采取的变形方式等因素确定坯料截面尺寸，最后再确定坯料的长度尺寸或钢锭尺寸。

锻比是指锻件在锻造过程中的变形程度。锻比过小，锻件的性能就达不到要求。随着锻比增大，内部孔隙被压合，铸态树枝晶被打碎，锻件的纵向和横向力学性能得到明显提高。当锻比超过一定数值后，纤维组织的出现导致锻件横向力学性能（塑性、韧性）急剧下降，导致锻件出现各向异性。可见，锻比是影响锻件质量的一个重要因素。以碳素钢钢锭作坯料，其拔长的锻比一般不小于 2.5～3。

3）选择自由锻工序

选择自由锻造工序，主要根据工序特点及锻件形状来确定，见表 4-4。

表 4-4 自由锻件分类及锻造工序

锻件类型	实 例	图 例	工 序
轴类	传动轴等		镦粗、拔长、切肩
盘类	齿轮等		镦粗、冲孔
筒类	筒体等		镦粗、冲孔、在心轴上拔长

续表

锻件类型	实　例	图　例	工　序
环类	圆环等	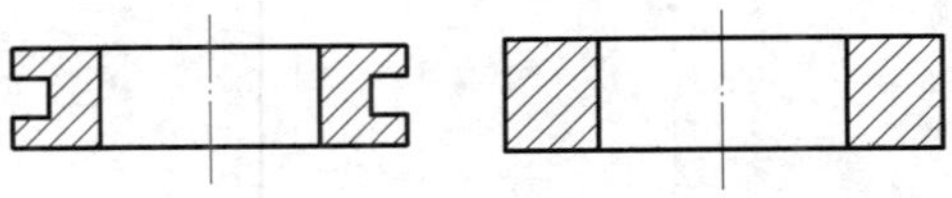	镦粗、冲孔、扩孔
曲轴类	偏心轴等	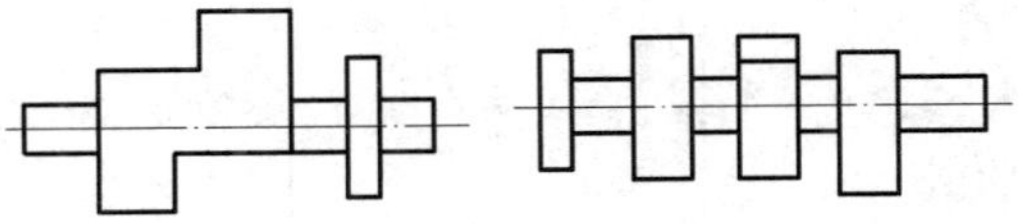	拔长、错移、压肩、扭转、滚圆
弯曲类	吊钩等		拔长、弯曲

4）选择锻造设备

根据锻件的尺寸、形状、材料等条件来选择设备种类及其规格,既保证锻透工件,有较高的生产率,又不浪费动力,并使操作方便。

一般情况下,100kg 以下的锻件选用空气锤,100～1000kg 的锻件选用蒸汽-空气锤,1000kg 以上的锻件选用水压机。

4.2.2　模锻

模锻是指使加热后的金属坯料在冲击力或压力作用下,在锻模模膛内变形,从而获得锻件的方法。

与自由锻相比,模锻有如下优点:模锻件的形状和尺寸比较精确,切削加工余量较少,节省加工工时,材料利用率高;可以锻制形状复杂的锻件,锻件纤维组织分布更加合理,力学性能高,进一步延长零件的使用寿命;生产率高,操作简单,劳动强度低,对工人技术水平要求不高,易于实现机械化和自动化。

但模锻设备投资大,锻模的设计和制作费用高,生产周期长;受模锻是整体变形,变形抗力较大,受设备能力的限制,模锻件质量不宜过大,一般在 150kg 以下。

模锻件适用于成批和大量生产,例如在汽车制造中,模锻件约占锻件数量的 80%。模锻按所用设备的不同可分为锤上模锻、压力机上模锻、平锻机模锻、螺旋压力机模锻等,应用最多的是锤上模锻。

📝 **知识链接**

> 8万吨模锻压力机——2013年4月10日,中国自主研制的8万吨模锻压力机开启试生产之旅。此设备在整体质量与最大单件质量方面雄踞世界首位,堪称世界顶尖的大型模锻压机。它的诞生,宣告中国成功跻身拥有世界最高等级模锻装备的国家行列,于超大承载、高精度大型模锻压机装备制造领域实现关键技术的重大跨越,弥补了我国在大型模锻压机制造及装备层面的空白,搭建起我国航空航天模锻件自主创新的研发平台,助力我国航空航天大型模锻件达成自给自足,强力推动航空航天装备迈向新高度。其主要应用于轻金属及其合金、镍基和铁基等高温合金的大型模锻件锻造,为我国航空、舰船、航天、兵器、电力工业、核工业等多行业输送高性能模锻产品,在我国工业发展进程中意义非凡且影响深远。

1. 锤上模锻

锤上模锻是在模锻锤上进行,因设备成本较低,使用较为广泛,其最常用的设备是蒸汽-空气模锻锤,另外还有无砧座锤、夹板锤、高速锤等。蒸汽-空气模锻锤与蒸汽-空气自由锻锤的工作原理基本相同,但是模锻锤由于锻件精度要求高,故模锻锤头与导轨的间隙比自由锻锤的小。机架直接与砧座连接在一起,这样工作时比自由锻锤的刚度大、精度高,如图4-12所示。

模锻锤吨位为1~12t,模锻件质量为0.5~150kg。

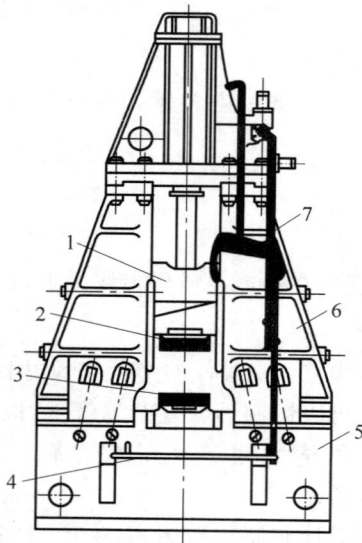

锤上模锻

1—锤头；2—上模；3—下模；4—踏杆；
5—砧座；6—锤身；7—操纵机构。

图4-12　蒸汽-空气模锻锤

1) 锻模结构

锻模一般由两部分组成,如图4-13所示。上模2固定在锤头1上,下模4固定在底座5

上,上下模合拢,内部形成模膛 9 构成锻件形状。

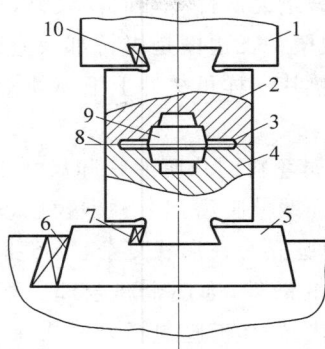

1—锤头；2—上模；3—飞边槽；4—下模；5—模垫；
6,7,10—紧固楔块；8—分模面；9—模膛。

图 4-13 锤上模锻所用的锻模

模膛按其功用不同分为制坯模膛、预锻模膛和终锻模膛,如图 4-14 所示。

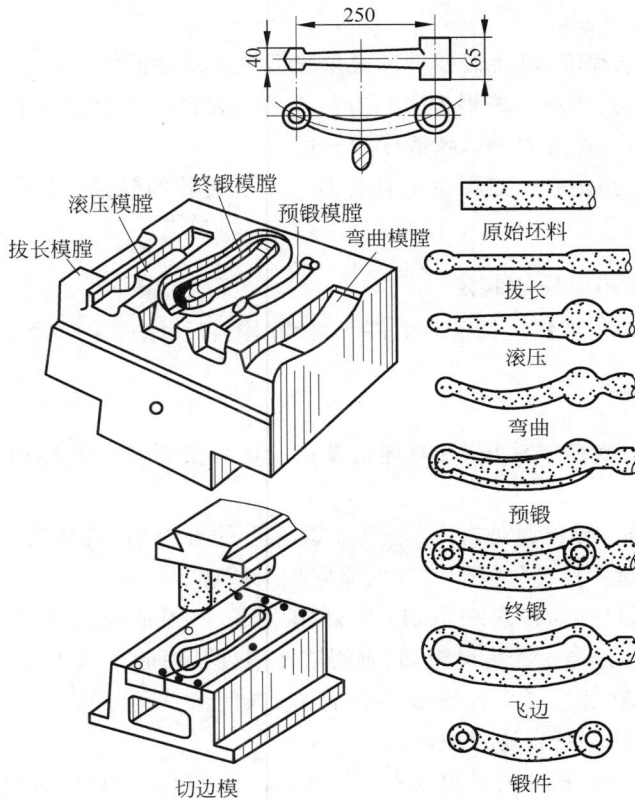

图 4-14 弯曲连杆模锻模膛及其锻造过程

（1）终锻模膛：终锻模膛是用来完成锻件的最终成形，因此其形状和尺寸应按锻件设计。但一般锻件图为冷锻件图，而锻造完锻件冷却时要收缩，故终锻模膛要比锻件图尺寸大一收缩量。在终锻模膛四周有飞边槽。飞边槽是由桥部及仓部组成，桥部是增大金属流出模膛的阻力，流经桥部的金属如同垫片一样可缓冲上下模的相击，仓部是容纳从模膛中流出的多余金属的。

（2）预锻模膛：其作用是使金属坯料的几何形状和尺寸接近锻件，减少终锻变形量，使坯料容易充满终锻模膛，同时减少终锻模膛磨损。预锻模膛没有飞边槽，因此横截面积大。其圆角半径比终锻模膛大。预锻模膛只有在形状复杂、生产批量大时才设置。

（3）制坯模膛：对于形状复杂的锻件，为使金属合理分配、很好充满模膛，可先经制坯模膛，使坯料逐步接近零件几何形状，制坯模膛包括以下几种。

A. 拔长模膛：使坯料局部横截面积减少，而增加其长度的模膛，适于长轴类锻件。

B. 滚压模膛：使坯料局部横截面积减少，而另一部位横截面积增大的模膛。

C. 弯曲模膛：使坯料弯曲成一定角度的模膛。

D. 切断模膛：常在上、下模的角上制成一对刃口，用来切断金属的模膛。

此外还有镦粗台、击扁台等制坯模膛。

2）锻模分类

根据模锻件复杂程度，可将锻模设计成单膛锻模或多膛锻模。

（1）单膛锻模：是指在一副锻模上只有一个终锻模膛。例如齿轮坯模锻件的模膛设计就是通过计算得出的，直接放入单膛锻模中成形。

（2）多膛锻模：是指在一副锻模上具有两个以上模膛的锻模。例如弯曲连杆模锻件的锻模就是多膛锻模。

2. 锤上模锻工艺规程的制定

模锻件生产的工艺规程包括绘制锻件图、计算坯料尺寸、确定模锻工步（模膛设计）和制定修整工序、选择设备等。

1）绘制锻件图

模锻件图是设计和制造锻模，计算坯料及检验锻件的依据。绘制锻件图一般应考虑以下几个方面。

（1）确定分模面：分模面是指上、下模在锻件上的分界面，直接关系着锻件成形、材料利用率等一系列问题。确定分模面位置的原则如下所述。

A. 要保证模锻件能从模膛中取出：一般情况下，分模面应选在锻件最大尺寸的截面上，如图 4-15 所示。若选 *a-a* 为分模面，则无法将锻件从模膛中取出。

B. 分模面应选在使模膛深度最浅的位置上，以使锻件易于成形，并使模膛制造方便。若选 *b-b* 作分模面，就不符合这一原则。

C. 易于发现生产过程中的错模现象：若以 *c-c* 为分模面，当出现错模时，就不易被察觉而导致出现废品。

D. 应使锻件上所加敷料最少。这样可节省材料，减少切削工作量。图 4-15 中 *b-b* 就不宜作分模面，因其所加敷料最多。

E. 最好使分模面为一平面，且上、下模膛深浅一致，以便锻模的制造。

a-a为分模面　　　b-b为分模面　　　c-c为分模面　　　d-d为分模面

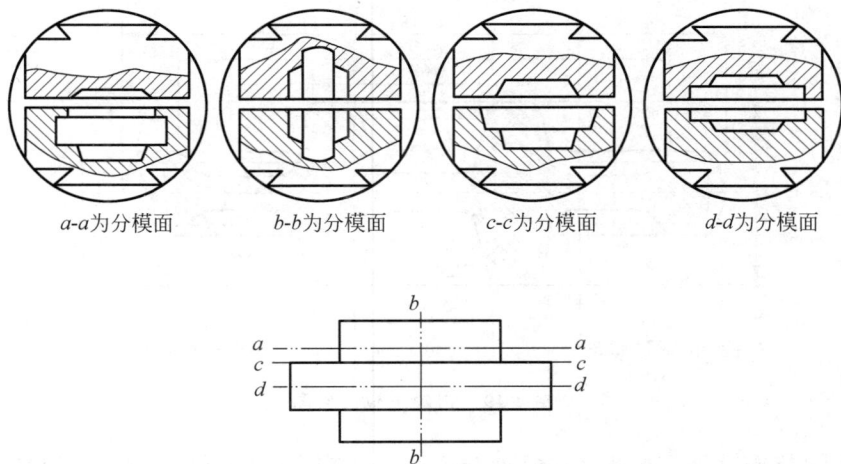

图 4-15　分模面的选择

综上分析，以 d-d 面作分模面最为合适。

（2）确定切削加工余量和锻件公差：在锻件需要进行切削加工的部位应给出加工余量，但比自由锻小得多。一般余量为 $1\sim4$mm，公差为 $\pm0.3\sim\pm3$mm。具体数值可参阅有关资料选取。

（3）确定模锻斜度：在锻件平行于锤击方向的表面必须有模锻斜度，以便从模膛中取出锻件，如图 4-16 所示。

（4）确定圆角半径：为便于金属在型槽内流动和考虑到锻模强度，锻件上凸出或凹下的部位都不允许呈锐角，应当带有适当圆角，如图 4-17 所示。

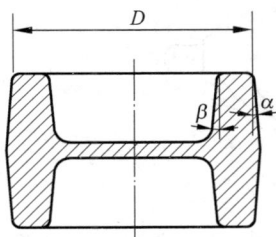

图 4-16　锻件上内外模锻斜度

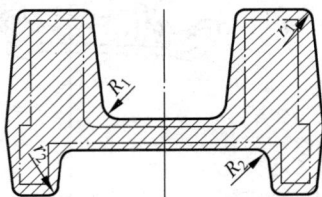

图 4-17　锻件圆角半径

（5）冲孔连皮：对于模锻件上直径 $d>30$mm 的孔应锻出，但需留冲孔连皮，如图 4-18 中的中间部分。

绘制模锻件图与绘制自由锻件图一样，也是用双点划线表示零件轮廓，用实线画出模锻件轮廓，并注明有关尺寸及公差，如图 4-19 所示。

2）确定模锻工步

确定模锻工步主要是依据锻件形状、尺寸并通过计算来制定。模锻件按其形状大致分为长轴类锻件和饼块类锻件两大类。

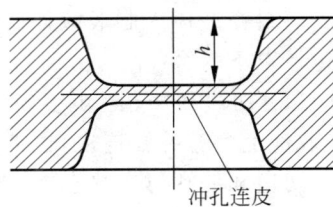

图 4-18　冲孔连皮

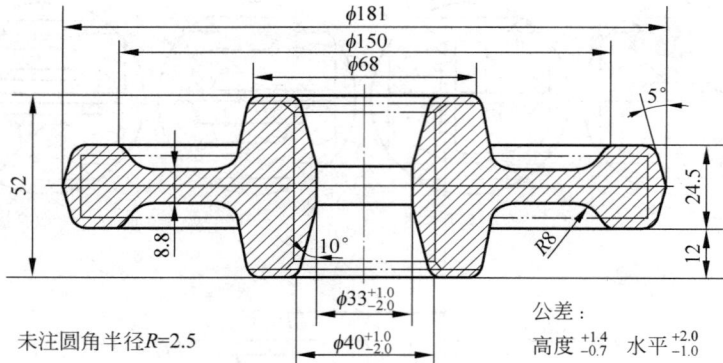

图 4-19 齿轮坯模锻件图

（1）长轴类模锻件：此类锻件长度与宽度之比较大，如曲轴、连杆、阶梯轴、叉形锻件等，锻锤的锤击方向与锻件轴线垂直，如图 4-20 所示。

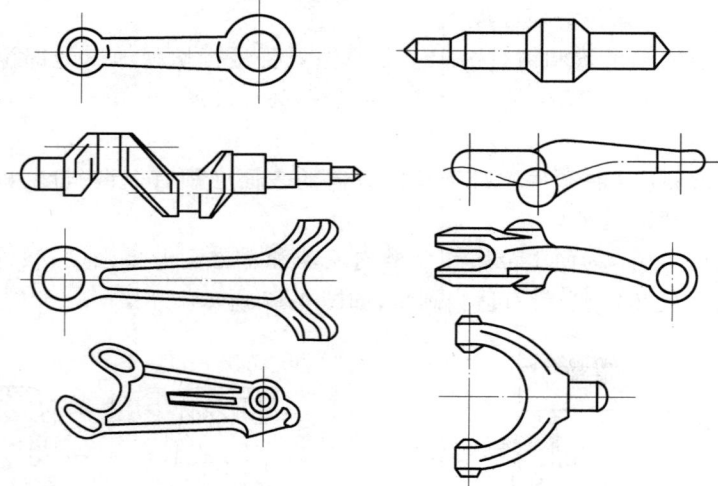

图 4-20 长轴类模锻件

（2）饼块类模锻件：此类锻件在分模面上的投影为圆形或长度接近于宽度，如齿轮、法兰盘等。模锻时锻锤锤击方向与坯料轴线一致，如图 4-21 所示。

3）制定修整工序

坯料在锻模内制成锻件后，尚需经过一系列修整工序，以保证和提高锻件质量。修整工序包括以下内容。

（1）切边和冲孔：由于模锻件都有飞边，所以必须在压力机上切除飞边。对于带孔零件，锻件上都有冲孔连皮，也需切除。

切边和冲孔可在热态或冷态下进行。对于大锻件可利用锻后余热直接切除；对于小锻件常用冷切。热切省力但锻件易变形；冷切锻件表面质量高，但需较大的切断力。

（2）校正和清理：对于发生变形的锻件（一般是复杂锻件）需进行校正。为了提高模锻件的表面质量，需要去除生产中形成的氧化皮、毛刺等表面缺陷，需要安排清理工序。

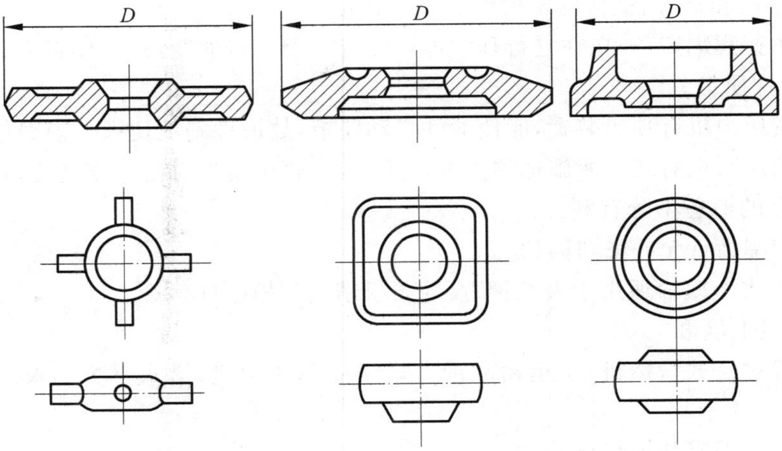

图 4-21　饼块类模锻件

为了消除锻件的过热组织或加工硬化组织，还需进行热处理工序。

3. 压力机上模锻

锤上模锻在锻造生产中应用广泛，但是模锻锤在工作中存在振动和噪声大、蒸汽效率低等缺点，在大批量生产中有逐步被压力机上模锻取代的趋势。生产上常用的压力机有曲柄压力机、平锻机等。

1）曲柄压力机上模锻

曲柄压力机的结构如图 4-22 所示，电动机通过带轮和齿轮副的传动，经曲柄连杆机构使滑块作上下往复直线运动。锻模分别安装在滑块和工作台上，下顶杆用来从模膛中推出锻件，实现自动取件。

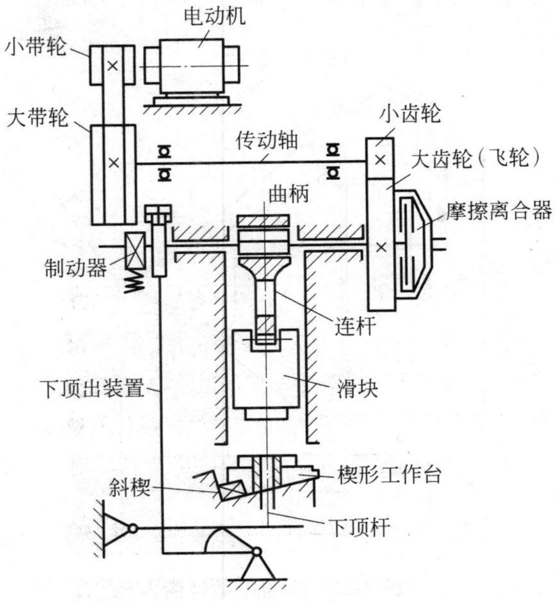

曲柄压力机传动原理

图 4-22　曲柄压力机的传动原理图

与锤上模锻相比,曲柄压力机模锻有以下特点。

（1）滑块行程固定,一次往复行程中即可完成一个工步的变形,且坯料内外几乎同时变形,提高了锻件质量。

（2）曲柄压力机有顶出装置,能使锻件自动脱模,故锻件斜度比锤上模锻小。

（3）曲柄压力机对坯料所施加的力为静压力,金属在模腔内流动速度慢,这对变形敏感的低塑性合金的锻造十分有利。

（4）生产率高且无冲击和振动。

曲柄压力机上模锻适用于大批量、尺寸要求精确的模锻件生产。

2）平锻机上模锻

平锻机又称卧式锻造机,从运动原理上属于曲柄压力机,沿水平方向对坯料施加锻造压力。

平锻机上模锻有如下特点。

（1）锻造过程中坯料水平放置,坯料均为棒料或管料,并且只进行局部（一端）加热和局部变形加工。因此,可以完成在立式锻压机上不能锻造的某些长杆类锻件。

（2）锻模有两个分模面,锻件出模方便,可以锻出在其他设备上难以完成的在不同方向上有凸台或凹槽的锻件。

（3）需配备对棒料局部加热的专用加热炉。

与曲柄压力机上模锻类似,平锻机上模锻是一种高效率、高质量、容易实现机械化的锻造方法,主要用于大批量生产。

4. 精密模锻

精密模锻一般是在刚度大、精度高的模锻设备上进行,如曲柄压力机、摩擦压力机和高速锻锤或专用精锻机等,均可锻出形状复杂、精度高的锻件。图 4-23 所示为精密模锻的 TS12 差速器上的伞齿轮,齿形可直接制出,而不必再进行切削加工。

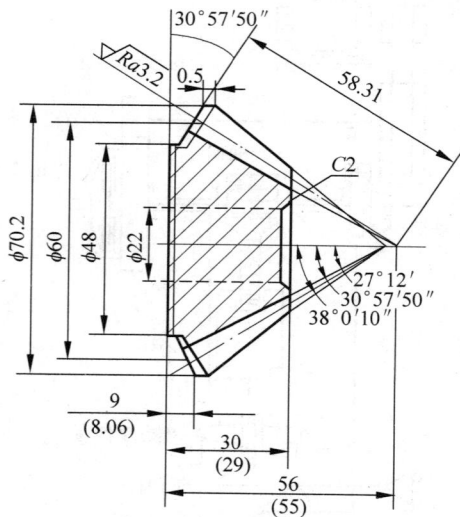

图 4-23 伞齿轮锻件图

精密模锻具有如下工艺特点。

（1）应精确计算原始坯料的尺寸，严格按坯料质量下料，否则将增大锻件尺寸公差，降低精度。

（2）需要仔细清理坯料表面，除净坯料表面的氧化皮、脱碳层及其他缺陷等。

（3）为提高锻件的尺寸精度和降低表面粗糙度而采用少、无氧化加热方法，尽量减少坯料表面形成氧化皮。

（4）精密模锻的锻件精度在很大程度上取决于锻模的加工精度。因此精锻模膛的精度一般要比锻件高两级。精锻模一定要有导柱、导套结构，以保证合模准确。为排除模中的气体，减小金属流动阻力，使金属更好地充满模膛，模膛内应开有排气小孔。

（5）严格控制模具温度、锻造温度、润滑条件及操作方法。

因此，精密锻件的锻造工序成本比普通锻件高，主要依靠减少后续的切削加工来降低成本。选用精密模锻工艺时，必须根据零件整个加工过程的综合经济指标来考虑，产品批量越大，单件成本越低。

4.2.3　胎模锻

在自由锻设备上，采用不与上、下砧相连接的活动模具成形锻件的方法称为胎模锻。它是介于自由锻与模锻之间的锻造工艺方法，活动模具称为胎模。

1. 特点

胎模锻与自由锻相比，可获得形状较为复杂、尺寸较为精确、质量较高的锻件，节约了金属，提高了生产率。与模锻相比，可利用自由锻设备组织生产各类锻件，胎模制造较简便、成本低，工艺操作灵活，可以局部成形，能用小设备锻造较大锻件。但胎模锻件的尺寸精度低于锤上模锻，生产率、模具寿命也不如模锻。胎模锻主要用于小型锻件的中、小批量生产，在没有模锻设备的企业广泛使用。

2. 胎模种类

按其结构特点分为扣模、弯曲模、套筒模、合模等。

1）扣模

分为单扣模和双扣模。单扣模锻造时上平砧起到上扣模作用，适用于非回转体锻件的不对称制坯或成形，如图4-24（a）所示。双扣模由上、下扣模组合而成，适用于长杆非回转体的制坯或成形工艺，如图4-24（b）所示。扣模用来对坯料进行全部或局部变形，锻造时坯料不转动。

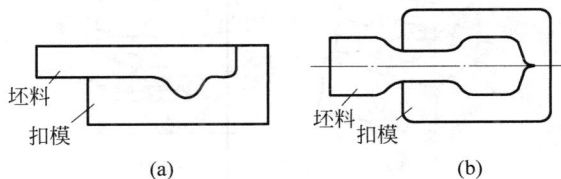

图4-24　扣模结构简图
（a）单扣模；（b）双扣模

2）弯曲模

弯曲模由上、下模组成，如图 4-25 所示，在模腔中改变坯料的轴线形状，弯曲时坯料不能翻转。它适用于锻件弯曲成形或为合模制坯。

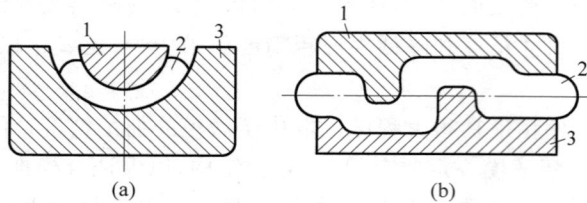

1—上扣模；2—坯料；3—下扣模。

图 4-25 弯曲模结构示意图
（a）制坯弯曲模；（b）成形弯曲模

3）套筒模

胎模为圆筒形，如图 4-26 所示，适合生产饼块类锻件，如齿轮、法兰盘等回转体锻件。形状简单的锻件用套筒模即可生产。对于形状复杂锻件，则需在组合筒模内进行，使坯料在两个半模的模腔内成形，锻后先取出两个半模，再取出锻件。

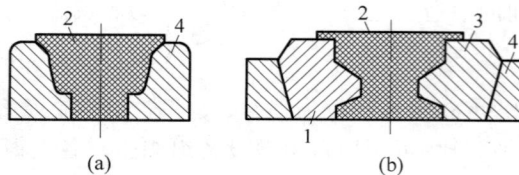

1—左半模；2—坯料；3—右半模；4—套筒模。

图 4-26 套筒模
（a）筒模；（b）组合筒模

4）合模

通常由上模和下模两部分组成，为了使上、下模吻合以及不使锻件产生错移，常用导柱或导锁定位。它适于生产形状复杂的非回转体零件，如连杆及叉类锻件，如图 4-27 所示。

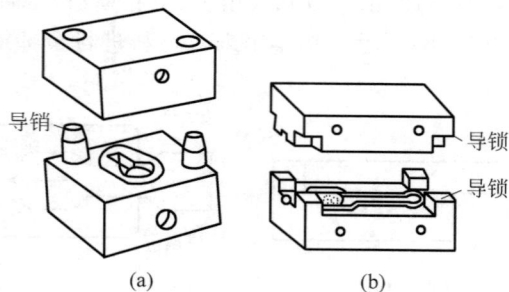

图 4-27 合模
（a）导销合模；（b）导锁合模

　　胎模锻是先通过自由锻制坯后,再置于胎模中锻造成形。胎模锻件分模面的选取可灵活些,分模面的数量不限于一个,而且在不同工序中可以选取不同的分模面,以便于制造胎模和锻件成形。

4.2.4　锻件的结构设计

　　设计锻造零件不仅要保证其良好的使用性能,还要考虑其锻造时的工艺性能。

　　为使零件的结构便于加工、降低成本、提高生产率,就要对被加工零件的毛坯在形状、尺寸、精度等方面给予限制和规定。

1. 自由锻件的结构设计

　　自由锻造采用简单、通用的工具,锻件形状和尺寸精度在很大程度上取决于锻造工人的技术水平,故锻件形状不宜复杂。在保证使用性能的前提下,零件应具有良好的结构工艺性。自由锻件结构工艺性举例见表 4-5。

表 4-5　自由锻件结构工艺性举例

不合理结构	合理结构	设计原则
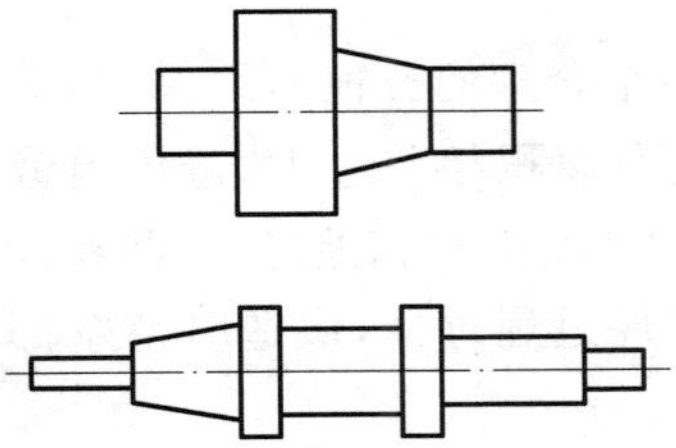	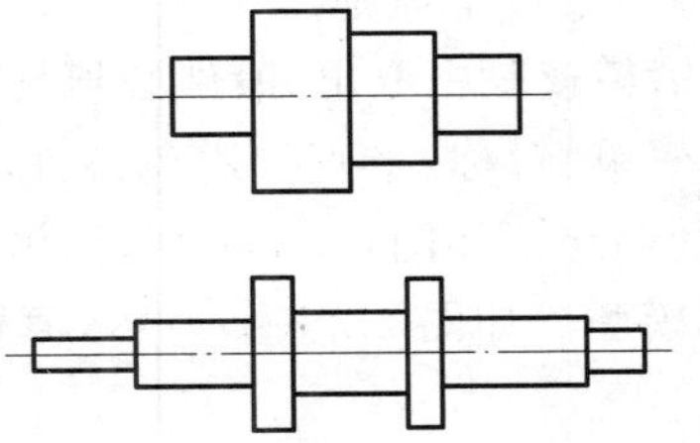	尽量避免锥面或斜面
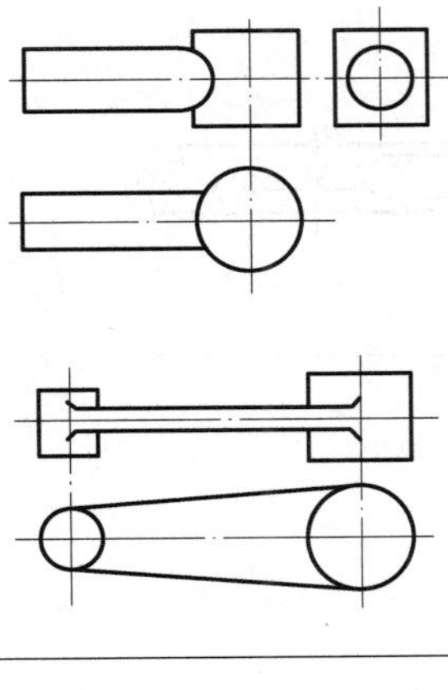	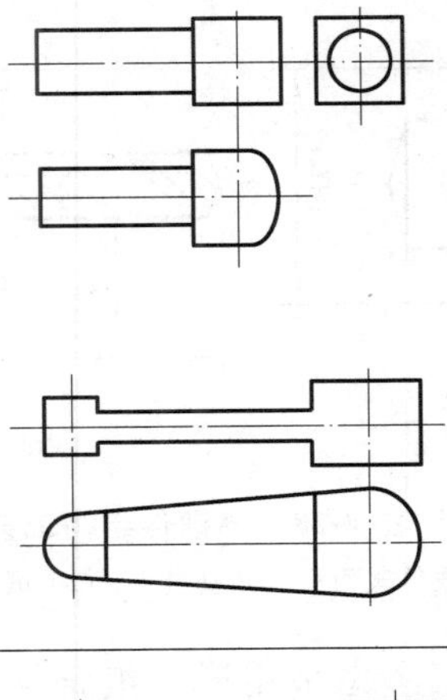	避免曲面相交
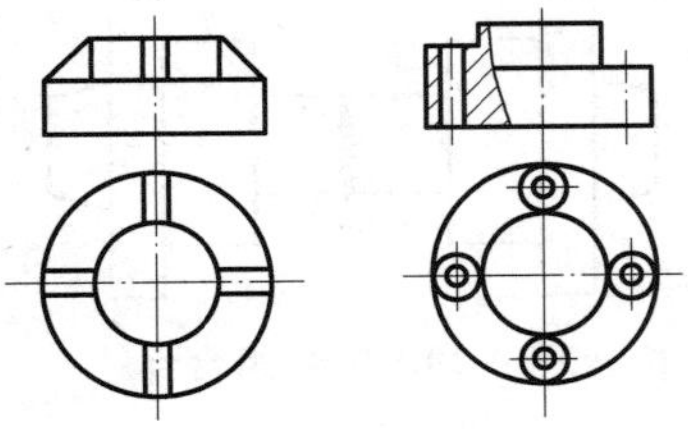	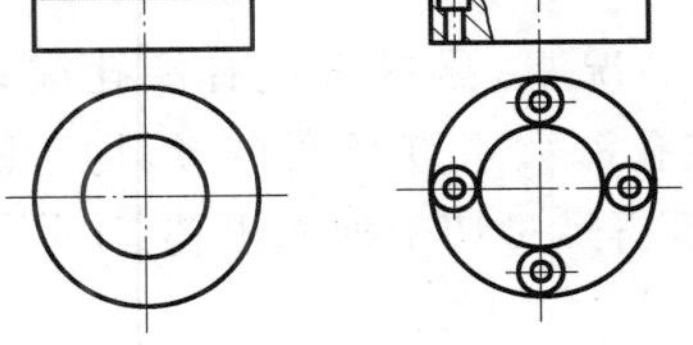	避免加强肋或凸台

续表

不合理结构	合理结构	设计原则
		对于截面尺寸相差较大和形状复杂的零件,可采用分体锻造,再焊接或机械连接组合成整体

2. 模锻件的结构设计

设计模锻件结构时,应充分考虑模锻的工艺特点和要求,尽量使锻模结构简单,模膛易于加工,模锻件易于成形,生产率高,生产成本低。

因此,模锻的结构设计应考虑以下原则。

(1) 为保证锻件易于从锻模模膛中取出,锻件必须具有一个合理的分模面。

(2) 零件的外形应力求简单、对称、平直。避免锻件横截面面积相差过大,避免模锻件上有薄壁、高肋及直径过大的凸缘。如图 4-28(a)所示,锻件横截面面积相差过大,凸缘太高太薄,模锻时,坯料难以充满模膛。如图 4-28(b)所示,薄壁零件过扁过薄,锻造时薄壁部分的金属迅速冷却,不易锻出。

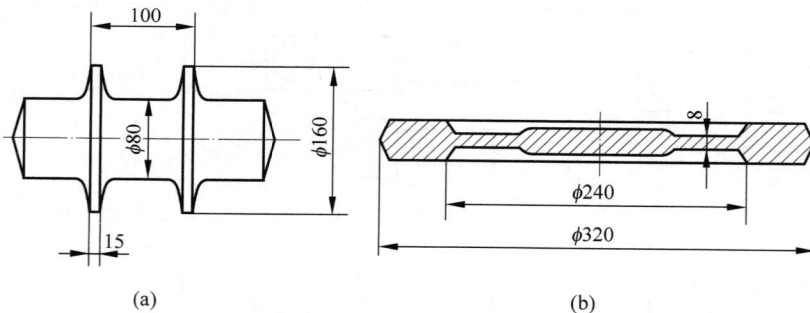

图 4-28 模锻件结构工艺性

(a)锻件截面尺寸差别过大;(b)锻件截面过薄

(3) 对于形状复杂的锻件可考虑采用锻焊组合结构,如图 4-29 所示。

(4) 在零件结构允许的情况下,尽量避免有深孔或多孔结构。孔径小于 30mm 或孔深大于直径两倍者,均不能直接冲出通孔,只能先压凹后再经过切削加工出孔。

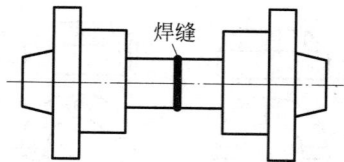

图 4-29 锻焊组合件

4.3 板料冲压

板料冲压是指利用冲模使板料产生变形或分离从而获得具有一定形状和尺寸零件的塑性成形加工方法。一般板料冲压是在冷态下进行的,所以又叫作冷冲压。冷冲压板料厚度通常不大于4mm;当板料厚度超过8~10mm时,则需采用热冲压。板料冲压常用的金属材料有低碳钢、铜合金、铝合金、镁合金以及塑性好的合金钢等。

4.3.1 板料冲压的特点及设备

1. 板料冲压的工艺特点

(1) 可生产形状复杂的零件:具有足够高的精度和较小的表面粗糙度,互换性好,强度高,刚性好。

(2) 材料利用率高:一般可达60%~80%。

(3) 适应性强:金属及非金属材料均可用冲压方法加工,冲压零件可大可小,小的如仪表零件,大的如汽车纵梁和表面覆盖件等。

(4) 生产率高:每分钟可冲压小件数千件,易实现机械化和自动化。

冲压工艺广泛用于工业及民用金属制品,尤其在汽车、拖拉机、电器、仪表及航天等制造行业,冲压件占有相当比重。但冲压工艺所用的模具结构复杂,制造成本高,因此适合大批量生产。

2. 板料冲压的常用设备

冲压设备主要有剪床和冲床两大类。

剪床的作用是把板料剪切成一定宽度的条料,以供下一道工序使用,主要用于备料。除剪切外,冲压工作主要在冲床上进行。冲床是冲压成形的基本设备,可用于切断、落料、冲孔、弯曲、拉深和其他冲压工序。常用小型冲床的结构及其传动原理如图4-30所示。电动机

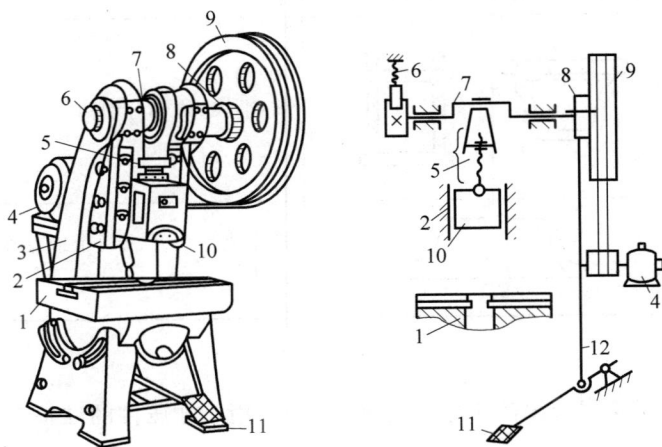

1—工作台;2—导轨;3—床身;4—电动机;5—连杆;6—制动器;
7—曲轴;8—离合器;9—带轮;10—滑块;11—踏板;12—拉杆。

图4-30 小型冲床

通过减速机构带动曲柄连杆机构运动,使固定在滑块上的上模作上下往复运动,与下模配合,完成各种冲压工序。

4.3.2　板料冲压的基本工序

板料冲压的基本工序可分为分离工序和变形工序两大类。

1. 分离工序

使坯料的一部分与另一部分分离的工序称为分离工序,分类见表 4-6。

表 4-6　分离工序分类

工序名称	简图	特点及常用范围
剪切		用冲模切断板料,切断线不封闭
落料	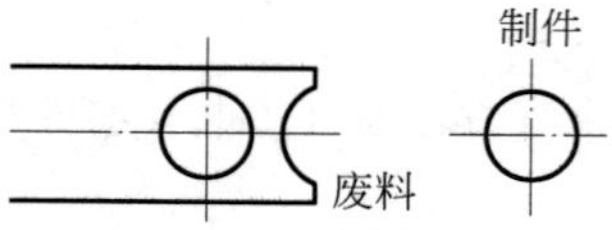	用冲模沿封闭线冲切板料,冲下来的部分为制件
冲孔	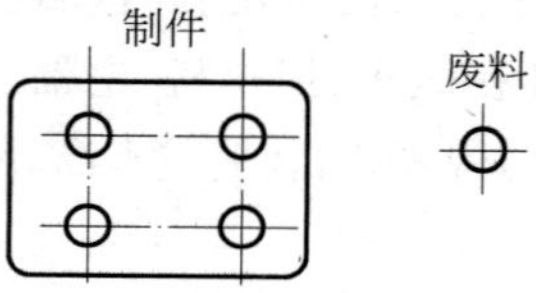	用冲模沿封闭线冲切板料,冲下来的部分为废料
切口	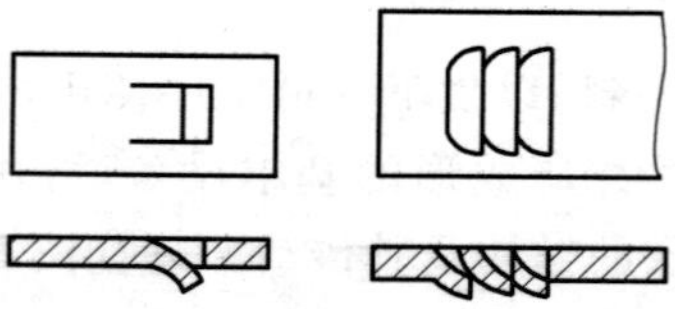	在毛坯或半成品上,沿不封闭线冲出缺口,缺口部分发生弯曲,如通风板
修边	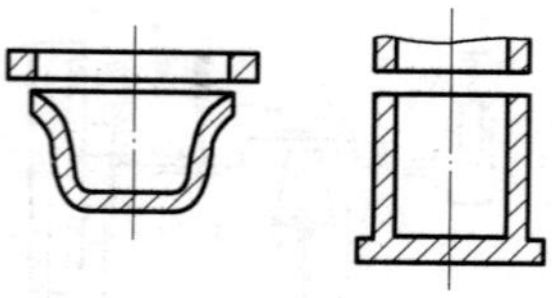	将制件边缘部分切掉
剖切	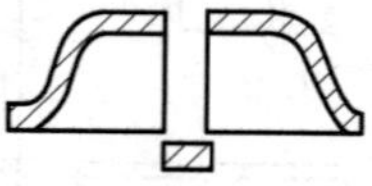	把半成品切开成两个或几个制件,常用于成双冲压

1)剪切

使坯料按不封闭轮廓分离的工序称为剪切,一般用于冲压件的准备工作。

2)落料和冲孔

它是使坯料按封闭轮廓分离的工序。落料是被分离的部分为成品,周边是废料;冲孔是被分离的部分为废料,周边是成品。落料和冲孔统称冲裁。

（1）冲裁过程分析

为了深入掌握冲裁工艺，控制冲裁件的质量，需认真分析冲裁时的板料分离过程。此过程大致可分三个阶段，如图 4-31 所示。

A. 弹性变形阶段：冲头接触板料后，开始使板料产生弹性压缩、拉伸与弯曲等变形，板料中应力迅速增大，如图 4-31（a）所示。

B. 塑性变形阶段：冲头继续压入，材料内的应力达到屈服强度时，便进入塑性变形阶段，如图 4-31（b）所示。

C. 断裂分离阶段：冲头继续压入，当板料应力达到抗剪强度时，板料在与凸、凹模刃口接触处产生裂纹，当上下剪裂纹相连时，板料便分成了两部分，如图 4-31（c）所示。

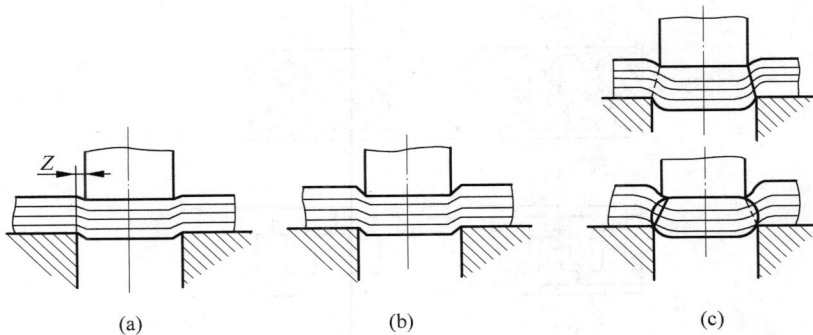

图 4-31　冲裁过程
（a）弹性变形阶段；（b）塑性变形阶段；（c）断裂分离阶段

分离后冲裁件断面如图 4-32 所示。断面上可以明显地区分为光亮带、剪裂带、塌角和毛刺四部分。毛刺高度低，断裂带窄，光亮带宽，塌角小，则冲裁件的断面质量高；反之，则冲裁件的断面质量低。对于同一种材料，断面质量主要受凸凹模间隙影响。

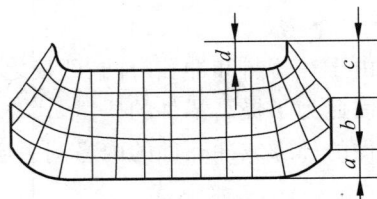

a—塌角；b—光亮带；c—剪裂带；d—毛刺。

图 4-32　冲裁件断面变形特征

（2）冲裁间隙

冲裁间隙（图 4-31 中 Z）对冲裁件断面质量有极重要的影响。冲裁间隙的大小，直接影响冲裁件的断面质量、模具寿命和冲裁力的大小。

通常，冲裁软钢、铝合金、铜合金等材料时，模具间隙取板厚的 6%～8%；冲裁硬钢等材料时，模具间隙取板厚的 8%～12%。实际生产中，模具的间隙可通过查表获得。合理的间隙有相当大的变动范围，为 5%～25%，在保证冲裁件质量的前提下，应采用较大的间隙。

（3）凸、凹模刃口尺寸确定

设计冲孔模时，应先按冲孔件确定凸模刃口尺寸，即凸模刃口尺寸等于冲孔件图样尺寸；再以凸模刃口尺寸为基准，加上合理的间隙来确定凹模尺寸。

设计落料模时，应先按落料件尺寸确定凹模刃口尺寸，即凹模刃口尺寸等于落料件图样尺寸；再以凹模刃口尺寸为基准，减去合理的间隙来确定凸模尺寸。

冲模在工作中必然有磨损，落料件尺寸会随凹模刃口的磨损而增大，而冲孔件尺寸则随凸模的磨损而减小。为了能给凹模或凸模留出较大的磨损和再修复的空间，提高模具的使用寿命,落料时凹模刃口的尺寸应选取靠近落料件公差范围内的下极限尺寸;冲孔时,凸模刃口的尺寸应选取靠近孔的公差范围内的上极限尺寸。

（4）排样

落料前应在板料上合理布置零件位置,即进行排样,以提高材料利用率,如图 4-33 所示。为了获得较光洁的切口以减少坯料的毛刺和歪曲,应该用有接边的排样。只有对工件切口的精度要求不高时,为节省金属,才可应用无接边的排样法。

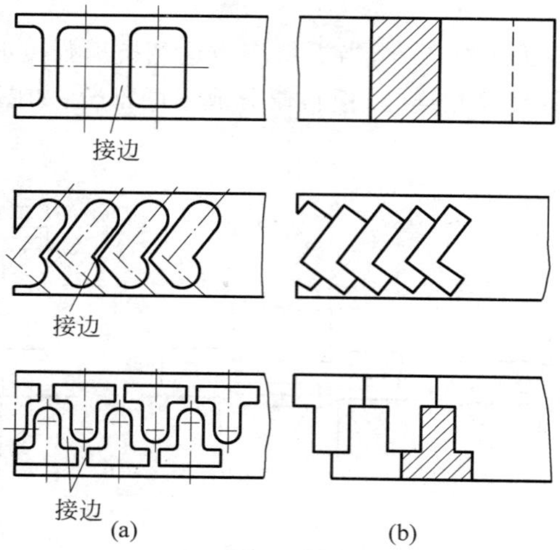

图 4-33　有接边和无接边排样

（a）有接边；（b）无接边

（5）修整

由于在落料和冲孔时凸、凹模之间有间隙,所以冲压零件的切口带有锥度,有的还有毛刺。因此为了提高零件的质量,对要求高的零件需增加修整工序。修整是指利用修整模将落料件的外缘或冲孔件的内缘刮去层薄的切屑,如图 4-34 所示。

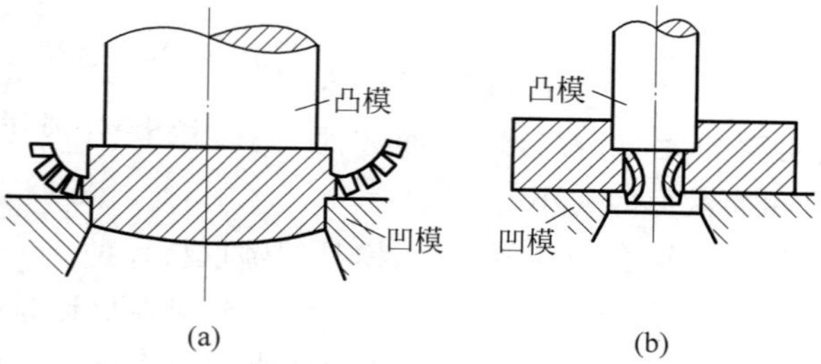

图 4-34　修整工序简图

（a）外缘修整；（b）内孔修整

（6）精密冲裁

普通冲裁得到的冲压件尺寸精度低、表面质量差,断面微带斜度,且光亮带宽度不大。当冲压件质量和精度要求高时,应采用精密冲裁以及半精或整修等工艺方法。

精密冲裁,简称精冲,如图 4-35 所示为采用带 V 形环强力压边的精冲工艺。

精冲可以获得表面质量高、精度高的冲裁件,这是目前提高冲裁件质量的有效方法。精冲是使材料在冲裁过程中处于三向压应力状态,抑制材料的断裂,使其在不出现剪裂纹的冲裁条件下以塑性变形的方式实现材料的分离。

用于精冲的材料塑性越好,效果越显著,如铝、黄铜、低碳钢和某些不锈钢等。且精冲材料以球化后的均匀细晶粒为佳,故精冲前还需根据零件的复杂程度和材料的性质进行软化处理。

精冲工艺目前在国内外均已有较大发展,有相当多的专用设备投入生产。当采用专用模具时,也可在普通压力机上实现精冲。

2. 变形工序

使坯料的一部分相对于另一部分产生位移而不破裂的工序称为变形工序,包括弯曲、拉深、成形、翻边、旋压等。

1) 弯曲

把平板毛坯、型材或管材等,弯曲成一定的曲率、一定的角度后形成一定形状零件的冲压工序,称为弯曲,如图 4-36 所示。弯曲过程中,坯料内侧受压,外侧受拉。

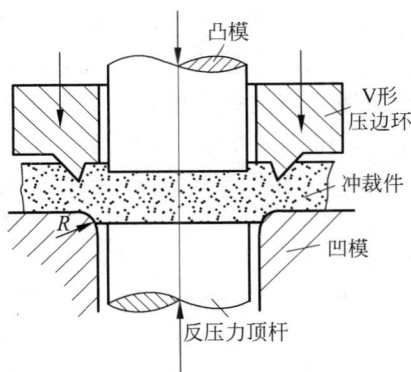

图 4-35 强力压边的精密冲裁

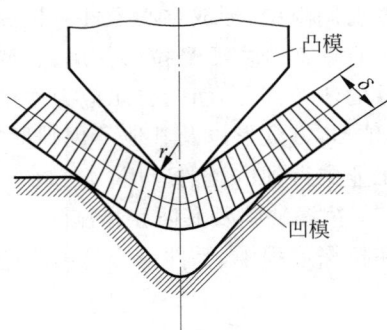

图 4-36 弯曲过程金属变形简图

当外侧拉应力超过坯料的抗拉强度时,就会发生破裂。为了防止破裂,需要限制最小弯曲半径 r_{min},$r_{min} = (0.25 \sim 1)\delta$,这里 δ 为金属的板料厚度。塑性好的材料,弯曲半径可小些。轧制板料具有各向异性,应尽量使坯料的纤维方向与弯折线垂直,如图 4-37(a) 所示;否则容易开裂,如图 4-37(b) 所示。

由于弯曲过程中有弹性变形,当外力去除后会使弯曲角度增大,即出现回弹现象。一般回弹角为 $0° \sim 10°$。为保证零件的尺寸精度,一般设计模具时其角度比零件角度小一个回弹角。

图 4-38 所示的工件就是采用活动凹模弯曲成形的。

2) 拉深

拉深也称拉延,是指利用模具使冲裁后得到的平面毛坯变成开口空心零件的冲压工艺方法。

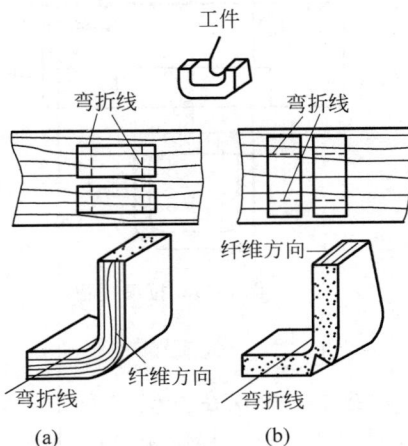

图 4-37 弯曲时的纤维方向

(a) 与弯折线垂直;(b) 与弯折线平行

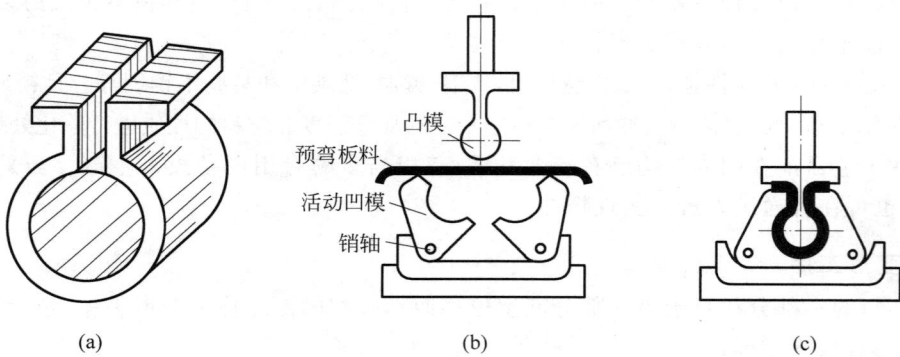

图 4-38 用活动凹模弯曲工件

（a）工件；（b）将预弯板料置于活动凹模上；（c）弯曲成形

（1）拉深过程

如图 4-39 所示，把直径为 D 的平板坯料放在凹模上，在凸模作用下，板料被拉入凸模和凹模的间隙中，形成空心零件。拉深件底部一般不变形，只起传递拉力的作用，厚度基本不变。直壁部分主要受拉力作用，有变薄现象，而直壁与底之间的过渡圆角被拉薄最严重。拉深件的法兰部分，切向受压应力作用，厚度有所增大。采用拉深方法可生产筒形、阶梯形、锥形、球形、方盒形以及其他不规则形状的薄壁零件。因此，拉深工艺在汽车、拖拉机、电器、仪表工业中得到广泛的应用。

（2）拉深缺陷及其防止措施

在拉深过程中，零件最容易出现的缺陷是拉穿、起皱，如图 4-40 所示。

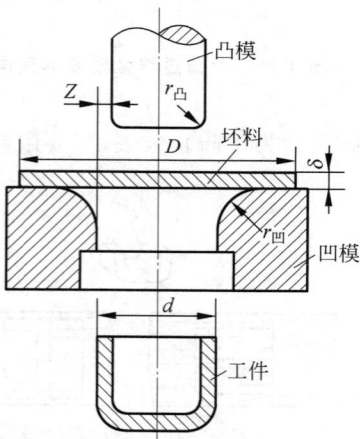

图 4-39 拉深过程

拉深

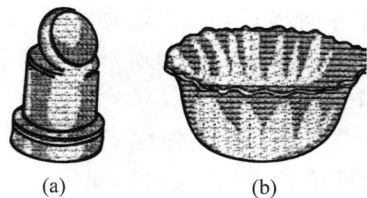

图 4-40 拉深缺陷

（a）拉穿；（b）起皱

拉穿主要出现在直壁与底之间的过渡圆角部位。为了防止拉穿，可采用以下措施。A. 设计合理的凸凹模圆角半径，拉深模的工作部分必须有合理的圆角，对于钢的拉深件，取 $r_凹 = 10\delta$，$r_凸 = (0.6 \sim 1) r_凹$。B. 选择适中的凸凹模间隙，间隙过小，模具与拉深件的摩擦力增大，易拉穿工件和擦伤工件表面，且会降低模具寿命；间隙过大，又容易使拉深件起皱，影响拉深件的尺寸精度,一般情况下取单边间隙 $Z=(1.1\sim1.2)\delta$。C.选择适当的拉深系数,拉深件的直径 d 与坯料直径 D 之比称为拉深系数,用 m 表示($m=d/D$),是衡量拉深变形程度的指标。一般情况下,m 不小于 $0.5\sim0.8$,坯料塑性差取上限,坯料塑性好则取下限。

如果拉深系数过小,不能一次拉深成形,则可采用多次拉深工艺,如图 4-41 所示。由于在多次拉深过程中会出现冷变形强化现象,所以在一两次拉深后,应安排再结晶退火处理以保证坯料具有足够的塑性。

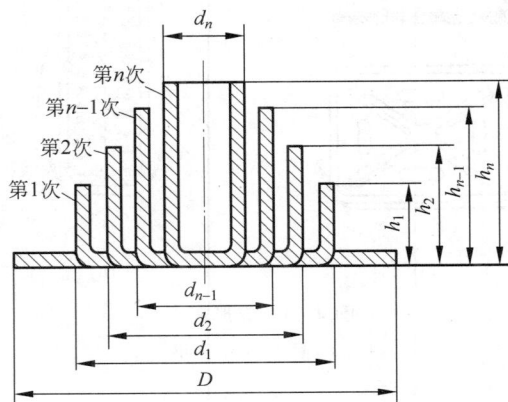

图 4-41　多次拉深工艺

起皱是指法兰部分(当毛坯相对厚度 δ/D 较小时)在切向力作用下导致坯料失稳而形成褶皱的现象。拉深过程中不允许出现起皱现象,为了防止起皱,可用压边圈把坯料压紧,如图 4-42 所示。

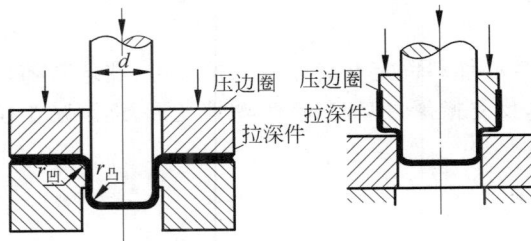

图 4-42　用压边圈拉深

📝 **知识链接**

　　火箭 3m 级贮箱箱底实现整体成形——火箭贮箱作为主体结构的关键部件,负责承载火箭的燃料。而贮箱箱底作为重要组成部分,承受着内压、轴压、振动和冲击等多重复杂载荷的作用。因此,贮箱箱底的制造对于火箭的整体可靠性至关重要。

　　2023 年 10 月 13 日,大型流体高压成形装备及 3m 级火箭整体箱底构件,由哈尔滨工业大学和中国航天科技集团有限公司联合打造的国内首条运载火箭 3m 级箱底批量产线,实现了第 100 件充液拉深整体箱底下线,从根本上攻克了大尺寸薄壁曲面构件整体成形中起皱和开裂并存的国际性难题,使我国火箭结构制造关键技术实现跨越式发展。

3）成形

它是指利用局部变形使坯料或半成品改变形状的工序,用于制造增加刚度的肋或增大半成品的部分内径等。图 4-43(a)所示是用橡胶压肋起伏,图 4-43(b)所示是用橡胶芯子来增加半成品的中间部分直径,即胀形。

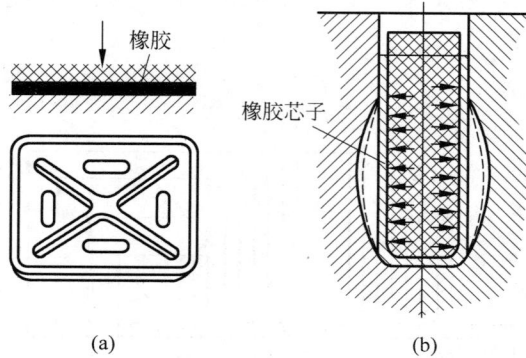

图 4-43 成形简图

(a)起伏;(b)胀形

4）翻边

翻边是指将制件的孔缘或外缘沿曲线翻成一定角度的工序。内孔翻边如图 4-44 所示。内孔翻边时的变形程度可用翻边系数 K_0 表示,$K_0 = d_0/d$,这里 d_0 为翻边前孔径尺寸,d 是翻边后孔径尺寸。对于镀锡铁皮,$K_0 = 0.65 \sim 0.7$,对于酸洗钢,$K_0 = 0.68 \sim 0.72$。如超过此值,就会使孔的边缘破裂。翻边模要有合适的凸圆角半径,一般取 $r_凸 = (4 \sim 9)\delta$(δ 为板厚)。

5）旋压

旋压是指将平板或空心坯料固定在旋压机的模具上,在坯料随机床主轴转动的同时,用旋轮或赶棒加压于坯料,反复擀碾,使坯料产生塑性变形,逐渐贴于模具上而成形,如图 4-45 所示。

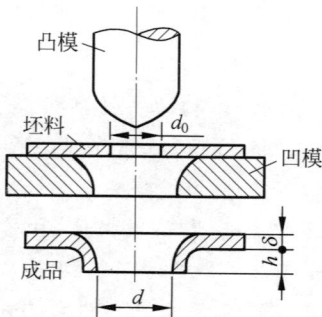

图 4-44 内孔翻边简图

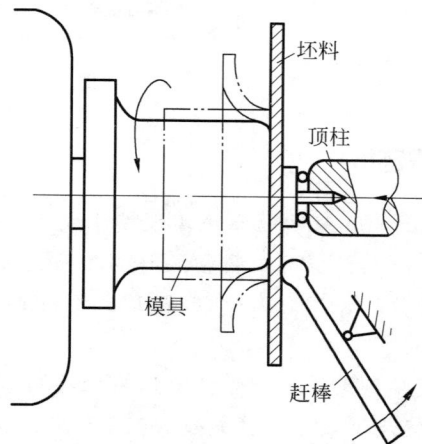

图 4-45 旋压工作原理

旋压工艺不需要专门设备,使用简单机床便可。因此旋压工艺装备费用低,较适合小批量生产。它也可在大批量生产中用来制造如灯的反射镜、碗形零件、钟形件、管(包括变径管)和车轮轮毂等,如要旋压大量轮毂类零件则可用金属模具。

零件的冲压工序,必须根据零件的形状和尺寸合理地选用,恰当安排顺序并选择允许的变形程度,才能完成一个零件的冲压过程。

4.3.3　冲压模具

冲压模具称为冲模,冲模结构合理与否,对冲压件质量、冲压生产的效率及模具寿命等都有很大影响。

冲模的结构类型很多,为了研究方便,可以按冲模的不同特征进行分类:按冲模完成的工序性质可分为落料模、冲孔模、切断模、弯曲模、拉深模等;按工序的组合方式可分为单工序的简单冲模,多工序的连续冲模、复合冲模等三大类。

1. 简单冲模

在一次冲程中,只完成一道冲压工序的冲模称为简单冲模,图 4-46 所示为落料用简单冲模的基本结构。

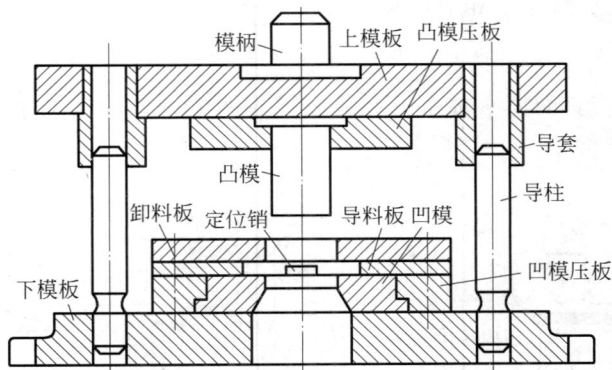

图 4-46　简单冲模

凹模用压板固定在下模板上,下模板用螺栓固定在冲床工作台上。凸模用压板固定在上模板上,上模板通过模柄固定在冲床滑块上,因此凸模可随滑块上下运动。为了保证凸模与凹模能更好地对准并保持它们之间的间隙,通常还采用导柱和导套的结构,以起导向作用。

操作时,条料在凹模上沿导料板之间送进,用定位销控制每次送进的距离,冲模每次工作后,夹在凸模上的条料在凸模回程时由卸料板将条料退下,然后条料继续送进。简单冲模的结构简单,成本低,但生产率较低。

2. 连续冲模

在一次冲程中,模具的不同部位同时完成两道或两道以上冲压工序的冲模,称为连续冲模,如图 4-47 所示。

图 4-47　连续冲模

（a）冲压前；（b）冲压时

左侧为落料模，右侧为冲孔模。在工作时，定位销对准预先冲好的定位孔，上模下降时，落料凸模进行落料，冲孔凸模进行冲孔。当上模回程时，卸料板从凸模上推下残料，这时再将条料向前送进，如此循环进行，每次送进距离由挡料销控制。连续冲模生产率高，易于自动化，但模具结构复杂，成本也相应增高。连续冲模广泛用于大批量生产中、小型冲压件。

3. 复合冲模

在一次冲程中，模具的同一部位上完成两道或两道以上冲压工序的冲模，称为复合冲模，如图 4-48 所示。

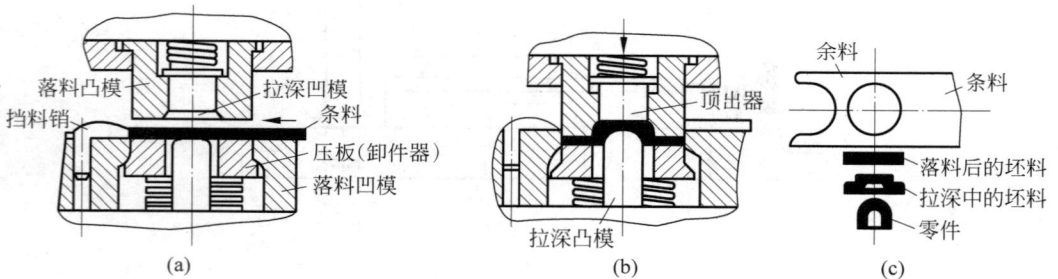

图 4-48　落料及拉深的复合冲模

（a）冲压前；（b）冲压时；（c）成形过程

复合冲模最突出的特点是模具中有一个凸凹模，凸凹模的外圆是落料凸模，内孔为拉深凹模。当滑块带着凸凹模下降时，条料首先在落料凸模和落料凹模中落料，然后由下模中的拉深凸模将坯料顶入拉深凹模中进行拉深。顶出器和卸料器在滑块回程时将拉深件推出模具。这样在一个冲程、同一位置上便可完成落料和拉深两道工序。由于模具制造复杂、成本高，故适合于产量大、精度高的冲压件。

4.3.4　冲压件的结构设计

在进行冲压件的结构设计时，不仅要保证其良好的使用性能，其还应具有良好的工艺性能，以保证冲压件质量、减少材料消耗、延长模具寿命、提高生产率和降低成本。

1. 对冲裁件的要求

1）零件外形力求简单、对称

零件应尽可能采用圆形、矩形等规则的形状，这样在排样时就有可能将废料降低到最小的程度，图 4-49（a）所示的结构比图 4-49（b）的好。

图 4-49　零件形状与排样

（a）材料利用率高；（b）材料利用率低

2）尽量避免槽与细长悬臂结构

图 4-50 所示落料件的长槽和细长悬臂结构，模具制造困难、寿命低。

3）冲孔及有关尺寸要求

如图 4-51 所示，圆孔直径不得小于板料厚；方孔边长不得小于板料厚度的 0.9，孔与孔、孔与边距不得小于板料厚；零件外缘或凹进的尺寸不得小于板料厚度的 1.5 倍。

图 4-50　不合理的落料件外形

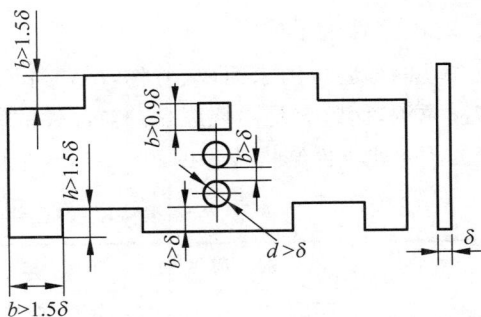

图 4-51　冲裁件尺寸与厚度的关系

4）转角处应设圆角

为避免由内应力集中而引起模具开裂，在落料或冲孔轮廓的转角处都应有一定的圆角半径。

2. 对弯曲件的要求

（1）为了防止弯裂，弯曲时应考虑纤维方向，并且注意弯曲半径不能小于材料弯曲半径最小许可值，见表 4-7。

（2）弯曲的平直部分不小于板厚的 2 倍，即 $H > 2\delta$，如图 4-52 所示。若设计要求 H 很短，则先适当增大 H，待弯曲结束后再切去多余的材料。

（3）弯曲带孔件时，为避免孔的变形，孔的边缘距弯曲中心应保证一定的距离，孔的位置应符合图 4-53 要求，其中 $L = (1.5 \sim 2)\delta$。

表 4-7 弯曲半径最小许可值

材　　料	退火或正火		加工硬化	
	弯曲轴线位置			
	垂直纤维	平行纤维	垂直纤维	平行纤维
08、10	0.5δ	1.0δ	1.0δ	1.5δ
20、30、45	0.8δ	1.5δ	1.5δ	2.5δ
黄铜、铝	0.3δ	0.45δ	0.5δ	1.0δ
硬铝	2.5δ	3.5δ	3.5δ	5.0δ

注：δ 为材料厚度。

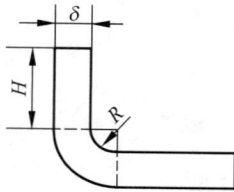

图 4-52　弯曲件的直边设计

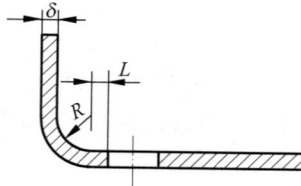

图 4-53　带孔的弯曲件

3. 对拉深件的要求

拉深件的形状应力求简单、对称，尽量避免直径小而深度过大，否则不仅需要多副模具进行多次拉深，而且容易出现废品。拉深件的底部与侧壁、凸缘与侧壁应有足够的圆角。

表 4-8 为冲压件结构改进的例子。

表 4-8　冲压件结构改进示例

序　号	改　进　前	改　进　后	说　　明
1			落料与冲孔轮廓应避免尖角
2			用窄料进行小半径弯曲，又不允许弯曲处增宽时，应先在弯曲处切口
3			局部切口压弯时，舌部应有斜度，否则难以从凹模退出

续表

序　号	改　进　前	改　进　后	说　明
4			底部弯曲时,应在交接处切槽或使弯曲线与直线移开,以免在交界处撕裂

注：表中 s 为切口深度。

延伸视界

　　进入 21 世纪以来,在航空、航天、汽车、能源和装备制造等行业国家重大需求的牵引下,我国塑性加工行业蓬勃发展,取得诸多举世瞩目的成绩。

　　在国家科技奖励网站统计的机械领域的科技进步奖和发明奖中,自 2000 年以来塑性加工行业共获得 61 项国家奖励,其中轧制类项目为 24 项,锻压类项目占 37 项,这说明锻压工艺与装备技术需求旺盛,技术进步发展显著。如轿车覆盖件精益成形技术提升汽车制造水平,高性能轻量化构件制造技术实现难变形材料构件规模化生产,高性能大规格铝型材挤压技术推动铝加工产业发展,多工位精锻净成形技术建成具国际竞争力生产线等。我国成功研制了超大型塑性加工装备,如哈尔滨工业大学的超大型曲面薄壁构件液压成形机、武汉理工大学的超大型环轧机、清华大学的超大型垂直挤压机及国产超大型航空铝合金厚板张力拉伸装备等。展望未来,塑性加工行业将朝着超大尺寸复杂构件、轻质耐高温材料构件成形技术发展,还需突破非理想材料塑性本构模型与高精度数值模拟,实现智能化塑性加工装备及生产线,以适应航空航天、汽车等行业对高性能构件的需求,推动中国制造业迈向更高水平。

资料来源：苑世剑.新世纪中国塑性加工行业的发展与展望[J].锻压技术,2018,43(7):12-14.

习题

4-1　选择题

1. 塑性成形过程中,能使材料产生较大变形且不易破裂的应力状态主要是(　　)。

　　A. 正应力　　　　　B. 拉应力　　　　　C. 压应力　　　　　D. 切应力

2. 下列铁碳合金中锻造性最好的是(　　)。

　　A. 低碳钢　　　　　B. 中碳钢　　　　　C. 高碳钢　　　　　D. 灰铸铁

3. 下列三种锻造方法中,锻件精度最高的是(　　)。

　　A. 自由锻　　　　　B. 胎模锻　　　　　C. 锤上模锻

4. 重要的大型锻件(如水轮机主轴)应该选用(　　)方法生产。

　　A. 自由锻　　　　　B. 曲柄压力机上模锻　　　　　C. 锤上模锻

5. 薄板弯曲件,若弯曲半径过小则会产生( )。

    A. 回弹严重   B. 起皱   C. 裂纹

6. 下列冲压工序中,凹凸模之间的间隙大于板料厚度的是( )。

    A. 拉深   B. 冲孔   C. 落料

7. 在拉深工艺中,为了防止零件起皱,通常会采取的措施是( )。

    A. 增加拉深次数   B. 减小拉深系数

    C. 使用压边圈   D. 提高拉深速度

8. 大批量生产外径为 $\phi50mm$、内径为 $\phi25mm$、厚为 2mm 的垫圈,为保证孔与外圆的同轴度应选用( )。

    A. 简单冲模   B. 连续冲模   C. 复合冲模

9. 设计冲孔凸模时,其凸模刃口尺寸应该是( )。

    A. 冲孔件孔的尺寸

    B. 冲孔件孔的尺寸 $+2Z$(Z 为单侧间隙)

    C. 冲孔件孔的尺寸 $-2Z$

    D. 冲孔件孔的尺寸 $-Z$

10. 设计落料凹模时,其凹模刃口尺寸应该是( )。

    A. 落料件孔的尺寸

    B. 落料件外缘的尺寸

    C. 落料件外缘的尺寸 $-2Z$(Z 为单侧间隙)

    D. 落料件外缘的尺寸 $+2Z$

11. 生产弯曲件时,应尽可能使弯曲线与板料纤维组织的方向( )。

    A. 平行   B. 垂直

    C. 呈 45°   D. 呈任意角度均可

4-2 加工硬化对工件性能及加工过程有什么影响?

4-3 纤维组织对金属材料有什么影响?纤维组织是削弱还是加强了金属力学性能?举例说明生产中如何合理利用纤维组织。

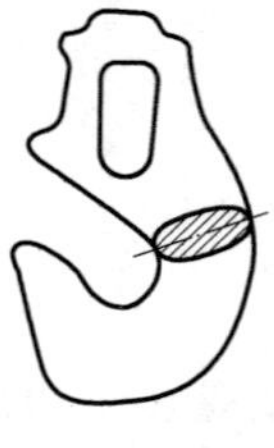

图 4-54 习题 4-4 图

4-4 如图 4-54 的钢制挂钩,拟用下述三种方法制造:①铸造;②锻造;③板料切割。试问用何种方法制得的挂钩承载最大?为什么?

4-5 某厂生产一直径 $\phi110mm$、高 20mm 的齿轮毛坯,现提出三种制坯方案:①用 $\phi110mm$ 的棒料直接下料高 20mm 而得毛坯;②用厚 20mm 的板料通过气割下料 $\phi110mm$ 而得毛坯;③用 $\phi90mm$ 棒料下料适当长度经镦粗后而得毛坯。请问何种方法为妥?述明理由。

4-6 冷变形和热变形有何区别?试述它们各自在生产上的应用。

4-7 铅在室温下的变形,钨在 950℃ 的变形都属于什么变形?请阐明理由。

4-8 钢丝在室温下反复折弯,会越变越硬,直至断裂;而铅丝在室温下反复折弯,则始终处于软态,请分析原因。

4-9 何谓金属的可锻性？影响可锻性的因素是什么？

4-10 碳钢的终锻温度一般选在 800℃ 左右,为什么？

4-11 材料的回弹现象对冲压生产有什么影响？

4-12 用弯曲模制造 V 形零件时,模具角度与工件角度关系如何？

4-13 工件拉深时为什么会起皱？为什么会拉穿？采取什么措施解决上述质量问题？

4-14 图 4-55 所示为厚 2mm 的 Q235A 钢板冲压件,应采用哪些基本工序冲压而成？

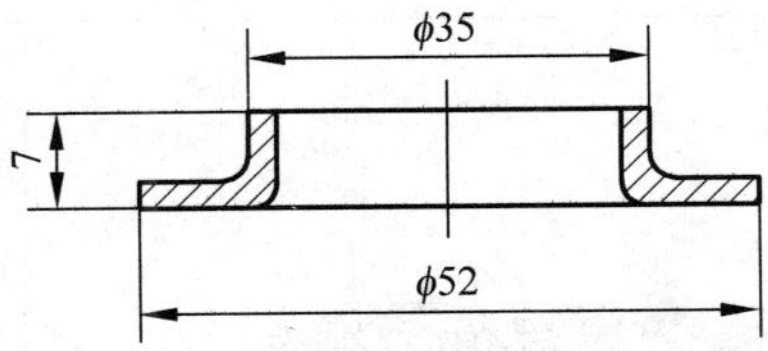

4-15 请为下列零件选择合理的塑性成形方法,并说明原因。

(1) 批量生产,厚 1mm 的铝板圆片制成桶形容器；

(2) 单件生产,大型发电机的转子轴毛坯；

(3) 批量生产,20CrMnTi 的拖拉机用齿轮毛坯；

(4) 批量生产,Q235A 制成的垫圈。

图 4-55 习题 4-14 图

第5章

焊 接 成 形

本章知识要点

知 识 要 点	学 习 目 标	相 关 知 识
焊接成形理论	理解焊接成形的基本理论,如焊接电弧的构成、接头的组织和性能、焊接应力与变形的成因及防止措施、焊接冶金与缺陷之间的关系	电弧的构成,焊接接头的组织和性能,焊接冶金反应,焊接应力与变形,焊接缺陷等
常用的焊接工艺	了解常用熔化焊、压力焊、钎焊工艺的焊接过程;掌握常用的焊接工艺的特点及应用范围,为设计和选择焊接工艺打基础	熔化焊(电弧焊、等离子弧焊),压力焊(电阻焊、摩擦焊);钎焊
金属材料的焊接	了解常用金属材料的焊接性,为焊接结构选择合理的材料	金属材料焊接性的评定方法,常用材料焊接性分析
焊接件的结构设计	了解常见的焊接接头形式,掌握焊接结构设计的基本原则	焊接结构材料的选择,焊接接头的工艺设计,焊缝的布置原则

案例导入

　　焊接制造过程是一个涉及多领域、多学科的复杂过程,其中方法、参数、工况等各因素之间呈现出强耦合的特性。数字化制造是由信息驱动并在所建立的数字信息特征量的空间实现产品的制造过程。从信息化、数字化的角度看,我国焊接制造能力提升的瓶颈突出表现为焊接工艺依赖于操作者的经验较多,焊接装备缺乏工艺知识库的有力支持,焊接工程的模拟仿真技术与工艺优化尚显脱节,焊接成形过程中对尺寸、性能、质量等参数缺乏实时检测手段,焊接生产环节协同能力较弱,致使产品制造过程及质量管理的信息量不足。在大数据、互联网、物联网、人工智能及工业机器人等新技术的高速发展与推动下,对数据、信息与知识的积累、分析、推理和传播的能力得到了前所未有的提高,把虚拟世界与实体世界联系在一起,数字化制造时代已经到来。这对于多年徘徊在转型与重构十字路口的中国焊接制造行业来说,既是一个历史性的生存挑战,又是一个前所未有的发展机遇。从传统的经验思维向数字思维转变,为焊接制造的信息化和数字化提供了强有力的支持,推动了焊接制造行业的转型升级。在可预见的未来,要靠我国焊接界的同仁一起开拓创新,去迎接这一全球化的工业进程。

　　资料来源:宋天虎.走向焊接制造的数字化[J].焊接技术,2016(5):15-17.

焊接是指通过加热或加压或两者并用,使被焊材料达到原子间的结合,形成永久性连接的工艺。它是现代机械制造中的关键技术之一,广泛应用于化工、造船、汽车制造、航空航天、电力、核电、家用电器等领域。焊接与机械连接、胶接等都属于常用的材料连接技术。

1．焊接方法的分类

根据焊接工艺特点的不同,将其分为熔化焊、压力焊和钎焊三大类。

(1)熔化焊:是指将工件待焊处连同填充金属局部加热至熔化状态,形成熔池,待其冷却结晶而成为一体的焊接方法。它适用于各种常用金属材料的焊接,是现代工业生产中最重要的焊接方法,电弧焊、等离子弧焊、激光焊等都属于熔化焊。

(2)压力焊:是指通过施加压力(或同时加热),使焊件结合面达到塑性变形或半熔化状态以完成的焊接方法,电阻焊、摩擦焊、扩散焊等都属于压力焊。

(3)钎焊:是指利用比母材(焊件材料)熔点低的金属材料作钎料,将焊件和钎料加热到高于钎料熔点、低于母材熔点的温度,利用液态钎料润湿母材,填充接头间隙并与母材相互扩散而实现连接焊件的方法,烙铁钎焊、火焰钎焊、感应钎焊等都属于钎焊。

常用的焊接方法及分类如图 5-1 所示。

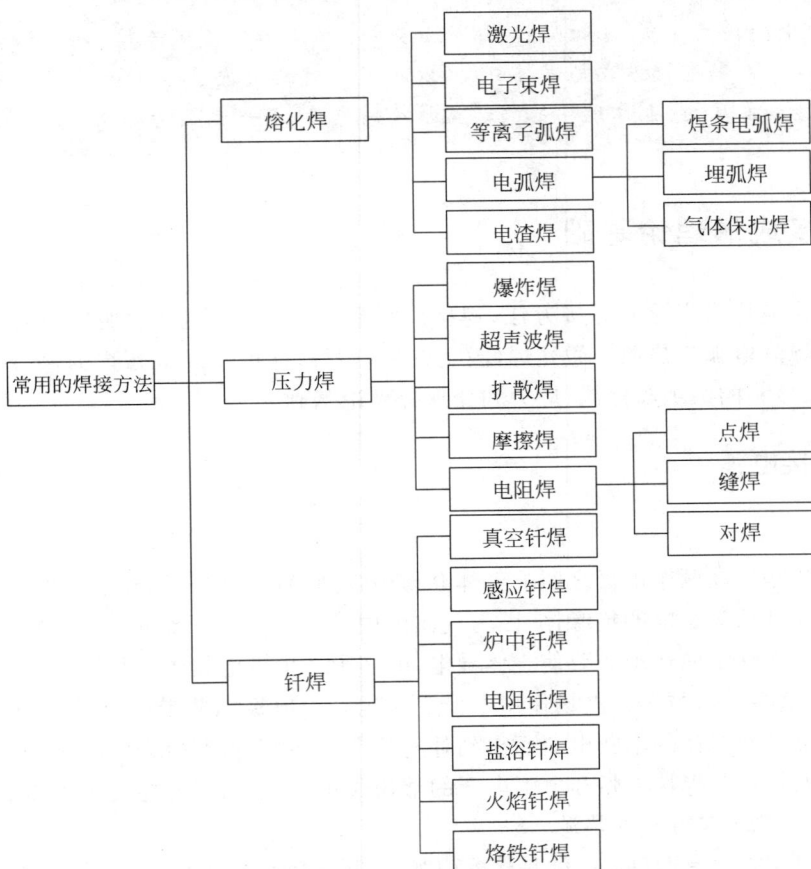

图 5-1　常用的焊接方法及分类

2. 焊接成形的特点

（1）可减轻构件质量，节约金属材料。用焊接代替铆接，可节约金属材料10％～20％。

（2）可简化复杂零件和大型零件的制造。在复杂的机器部件或大型金属结构的制造中，可通过化整为零，用小而简单的坯件拼焊而成，简化加工工艺。

（3）焊接接头力学性能高，适应性广。不同的焊接方法有不同的特点，满足同类、异类金属或部分非金属的焊接需求，还可制造成双金属结构，满足特殊行业的需求。

虽然焊接成形有很多优点，但是在应用中有很多不足，例如永久性不可拆卸的焊接结构，不利于零部件的更换和修理；焊接是不均匀的加热和冷却过程，焊接质量受力学因素和冶金条件影响较大，焊接结构件易产生应力和变形，影响结构的承载能力和使用寿命。

📝 知识链接

秦陵铜车马——2200年前，在我们国家大一统开端的时代，秦始皇集天下的人财物，打造出的精美极致的铜车马，是多学科交叉的集成，涵盖了当时最先进的冶金、铸造、焊接、机械等技术，汇集了秦代最顶尖技术和集体智慧，属于旷世之作。因为造型逼真、工艺精湛，被誉为中国的青铜之冠。两乘铜车马由6500多个零件组成，共有17种连接形式，其中插接式焊接、熔化焊接、镶嵌加钎焊、焊接加铜栓板连接、榫卯结合加焊接、双金属焊接等6种连接方式与焊接有关，说明了当时的工匠已经具备高超的焊接技能、相当的创造和发展力，也体现了他们精益求精的态度，令世人叹为观止。

5.1　焊接成形理论基础

熔化焊是应用最广泛的焊接方法，焊接时需要有一个能量集中、加热温度足够高的热源，比如电弧焊（电弧为热源）、激光焊（激光束为热源），这里仅以电弧焊为例分析焊接成形的焊接热源、接头的组织和性能、应力和变形等理论基础。

焊接电弧

5.1.1　焊接电弧

1. 定义

焊接电弧是指在两个电极之间的气体介质中强烈而持久的气体放电现象。

通常气体被认为是电的绝缘体，因为气体由中性分子或原子组成，不含带电粒子，在外电场作用下不能够定向运动。要使气体导电，就必须产生带电粒子，同时在两电极间加上一定的电压，使这些带电粒子在电场作用下作定向运动。电极间的带电粒子可以通过阴极的电子发射与电极间气体的不断电离而得到补充。电弧导电时，产生大量的热量，发出强烈的弧光。电弧的热量与焊接电弧和电弧电压的乘积成正比，电弧把电能转化为热能、机械能和光能，是所有电弧焊接方法的热源。

电弧的引燃方法有两种：一种是接触引弧，适用于熔化极焊接，如焊条电弧焊、埋弧焊、熔化极气体保护焊等；另一种是非接触引弧，适用于非熔化极焊接，如钨极氩弧焊。

1）接触引弧

焊接开始接通电源后,电极（焊条或焊丝）与工件直接短路接触,由于接触面积较小而接触电阻大,产生大量的电阻热,使端部被迅速熔化和汽化。电极离开工件瞬间,焊接电源的空载电压作用在电极和工件之间,阴极发射电子在电场作用下加速移向阳极。此时电极与工件之间充满了易电离的高温金属蒸气和保护气体,受到电子撞击和相互碰撞后迅速电离,带电粒子分别奔向两极,在电极表面放出大量的光和热,温度升高,焊接电弧即被引燃。接触引弧法简便易行,引燃电弧的可靠性高,但通常伴随少量飞溅的产生。

2）非接触引弧

采取非接触引弧有两项原因,一是不允许电极与工件接触,二是电极无法与工件接触。例如钨极氩弧焊中钨极与工件接触,会影响电子发射能力,影响端面尺寸和电弧稳定性,同时可能造成焊缝中的夹钨缺陷;引弧时电极与工件之间保持一定的距离,通过施加高电压在钨极和工件之间产生放电而引燃电弧。一般非接触引弧需要引弧器才能实现,例如采用高压脉冲引弧或高频振荡器引弧。

2. 电弧的结构

焊接电弧由阴极区、弧柱区和阳极区构成,如图 5-2 所示。要使电弧稳定燃烧,必须要提供并维持一定的电弧电压,同时要保证电弧空间的介质有足够的电离程度。

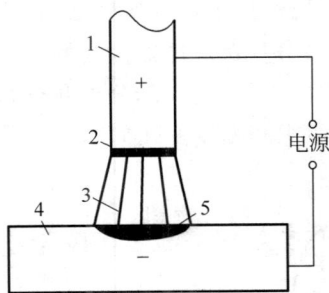

1—电极（焊条或焊丝）；2—阳极区；3—电弧；
4—工件；5—阴极区。

图 5-2 电弧的结构

（1）阴极区：紧靠阴极,长度约为 10^{-4} mm,主要是向弧柱区提供所需要的电子流,接收由弧柱区送来的正离子流。

（2）弧柱区：占电弧长度的绝大部分,从整体看,弧柱呈动态电中性,因此电子流和离子流通过弧柱时不受空间电荷电场的排斥作用,从而决定电弧放电具有大电流、低电压的特点（电压为几伏,电流可达上千安）。

（3）阳极区：紧靠阳极,长度约为 10^{-2} mm,主要接收由弧柱过来的电子流,并向弧柱区提供所需要的正离子流。

由于直流电弧两极的导电机理和产热特性各不相同,上述三个区的产热量不同,温度也有所不同。例如结构钢焊条焊接钢材时,阴极区平均温度为 2400K,阳极区平均温度为 2600K,弧柱中心区的温度最高,为 6000～8000K。

3. 电弧的极性

电弧的两极与焊接电源的连接方式称为电弧的极性。直流电弧焊接时,电源两极固定,因此电弧两极可以有两种方式与电源两极相连接。若焊件与焊机的正极相连,焊条或焊丝与负极相连,则称为直流正接;反之,则称为直流反接。

不同的接法对于焊接电弧的稳定性以及焊丝(条)和母材的熔化特性都有重要的影响。直流电弧极性的选择,通常可遵循以下原则:

对于非熔化极焊接,希望电极获得较少的热量,以减少电极的烧损;对于熔化极电弧焊接,则希望工件获得较大的热量以增加其熔深;在堆焊和薄板焊接时,则希望母材获得较少的热量,减少熔深以降低堆焊的稀释率和防止薄板烧穿。

交流电弧焊接时,电源极性交替变化,所以电弧的两极可与电源正负极任意连接。

5.1.2 焊接接头的组织和性能

在电弧焊过程中,焊接电弧对被焊工件局部进行加热,填充金属(焊条或焊丝)和母材金属共同熔化形成熔池,焊条(或焊丝)末端熔化成熔滴过渡到熔池当中,同时焊条药皮(或焊剂、保护气体)对熔池形成保护,随着电弧沿焊接方向的移动,熔池也随之移动,熔池尾部的液态金属的温度逐步降低,冷却结晶后形成焊缝。

在焊接过程中,焊缝附近的金属经历了从室温到高温,然后逐渐冷却到室温的热循环过程,相当于受到一次不同规范的热处理,对于焊接接头的组织和性能具有显著的影响。焊接接头包括焊缝区、熔合区和热影响区三部分,各部分的化学成分、金相组织和力学性能一般是不均匀的。低碳钢焊接接头的组织和温度变化如图 5-3 所示。

焊接接头

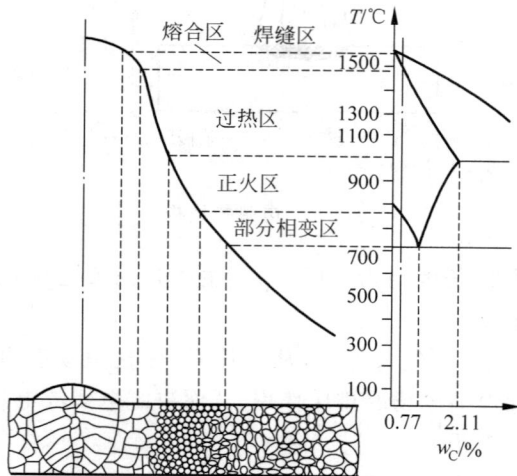

图 5-3 低碳钢焊接接头的组织和温度变化

1. 焊缝区

焊缝是由焊接熔池凝固形成的组织,焊缝金属的结晶是从熔池边界开始向中心长大,晶粒呈垂直于熔池边界的柱状晶,焊缝金属的化学成分取决于填充金属和母材金属。在实际生产中,根据焊接结构的特点,采用不同的焊接方法和焊接材料,可向焊缝金属中渗入一定量的有益合金元素,以改善焊缝金属的化学成分,从而提高焊缝区的性能。

2. 熔合区

熔合区指焊缝与母材金属的交界区,焊接过程中仅有部分母材金属熔化,因此又称为半熔化区。熔化的金属凝固成铸态组织,而未熔化的金属因加热温度过高而成为过热粗晶组织。在低碳钢接头中,熔合区的宽度很窄(0.1~1mm),但成分、组织不均匀,塑性、韧性较低,强度下降,常成为焊接裂纹和局部脆性破坏的发源地,严重影响整个焊接接头的性能。

3. 热影响区

热影响区是在焊接过程中,母材金属因受热的影响(但未熔化)而发生金相组织和力学性能变化的区域。在焊接热影响区中,距焊缝远近不同的部位其经历的焊接热循环不同,因而组织和性能的分布也不均匀。低碳钢的焊接热影响区通常由过热区、正火区和部分相变区等组成。

(1)过热区:加热温度在1100℃至固相线之间(1100~1490℃),由于金属被加热至高温状态,奥氏体晶粒急剧长大,冷却后的组织晶粒粗大,还可能出现魏氏体组织。因此,过热区金属的塑性、韧性很低,在焊接刚度大的结构或含碳量较高的易淬火钢时,有可能在此区产生裂纹。

(2)正火区:加热温度在Ac_3至1100℃之间(850~1100℃),属于正常的正火加热温度范围。在此温度下,母材金属中形成细小的奥氏体组织,冷却后获得均匀细小的组织,相当于热处理的正火组织。因此,正火区的力学性能一般较高。

(3)部分相变区:加热温度在Ac_1至Ac_3之间,此区是铁素体与奥氏体两相区,铁素体在此时粗化,且在随后冷却时不发生转变,故室温组织中晶粒大小不一。故该区的力学性能稍差。

从上述低碳钢焊接接头的分析可以看出,熔合区和过热区力学性能很差,易产生裂纹和局部脆性破坏,对整个焊接接头具有不利的影响,应采取一定措施使这二区的尺寸尽可能减小。一般来说,接头热影响区的大小及组织性能变化主要取决于焊接方法、焊接规范参数、接头形式和焊后冷却速度等因素。实际生产中,在保证接头质量的前提下,应尽量提高焊接速度并减少焊接电流,使热影响区变小。

焊接应力
与变形

5.1.3 焊接应力与变形

焊接应力与变形是影响焊接结构性能、安全可靠性和制造工艺性的重要因素。当焊件承受外力时,焊接应力与之叠加,可能造成局部区域应力过高,使焊件产生新的塑性变形,降低工件的承载能力,甚至还会引起焊接裂纹。焊接变形会使工件的尺寸和形状不符合技术要求,造成后续零部件的装配困难。矫正焊接变形浪费加工工时,变形严重时,焊件有可能无法矫正而直接报废,造成经济损失。因此需要研究焊接应力与变形的规律,了解其作用与影响,以便在焊接生产中对应力与变形进行预防和控制。

1. 焊接应力与变形产生的原因

在焊接过程中,对焊件不均匀地加热和冷却是产生焊接应力与变形的根本原因。

在熔化焊中,焊缝是靠一个移动的点热源(电弧或激光束等)来加热熔化,随后逐渐冷却结晶形成的。由于焊接接头区域受到不均匀的加热和冷却,周围的母材金属对接头的变形产生一定的刚性拘束,在加热时焊接接头不能够自由膨胀,冷却时也不能自由收缩,因此必然产生焊接应力与变形。通常把平行于焊缝的应力称为纵向应力,把垂直于焊缝的应力称为横向应力。图 5-4 为平板对接时的纵向焊接应力与变形的示意图(为了简化问题,假定整条焊缝是同时成形的)。

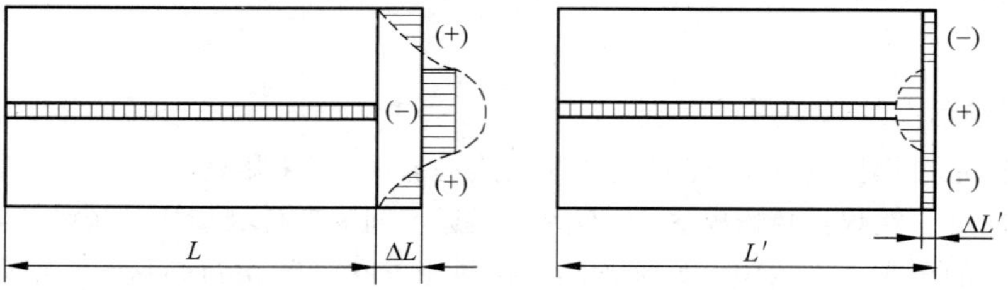

图 5-4 平板对接的纵向焊接应力与变形
(a) 加热过程;(b) 冷却过程

如图 5-4(a)所示,焊接加热时,在长度方向上焊件整体产生伸长变形 ΔL。被加热到高温的焊接接头区域因其自由伸长量受到两侧的低温母材金属的限制而出现压应力(-),当压应力超过屈服强度时产生压缩塑性变形。远离焊缝的母材金属则承受拉应力(+)。图中虚线表示平板各部分能自由伸长时可能产生的变形,实线表示平板实际伸长变形,实线与虚线之间的部分表示焊接接头产生的压缩变形,包括压缩弹性变形和压缩塑性变形。压缩塑性变形是产生焊接变形的根源。

如图 5-4(b)所示,焊后冷却时,如果能实现自由收缩,则焊接接头区域将缩短至虚线位置,而两侧的母材金属则缩短至焊前的长度 L。但是实际上这种自由收缩无法实现,使板材在整个长度上缩短了 $\Delta L'$,长度变成了 L'。焊接接头两侧的母材金属承受压应力(-),焊缝和近缝区承受拉应力(+)。

在焊接结构生产中,焊接应力与变形往往同时存在,又相互制约。当结构拘束度较小,焊接过程中能够比较自由地膨胀和收缩时,则焊接应力较小而焊接变形较大。反之,若结构拘束度较大或外加较大刚性拘束时,焊接过程中难以自由膨胀和收缩,则焊接变形较小而焊接应力较大。

焊接应力与变形会对结构的制造和使用带来不利的影响,因此在设计和制造焊接结构时应尽量减小焊接应力与变形。

2. 减小和消除焊接应力的措施

1) 焊前预热和焊后去应力退火

对焊件进行焊前预热及焊后去应力退火是减小结构焊接应力最有效的措施。

焊前将钢件预热到 350~400℃,然后进行焊接。通过预热可减小焊接区与周围金属的温度差,并降低焊缝区的冷却速度,使焊件各区域的膨胀和收缩量相对较均匀,从而减小焊接应力,同时还能在一定程度上使焊接变形减小,某框架零件的预热如图 5-5 所示。

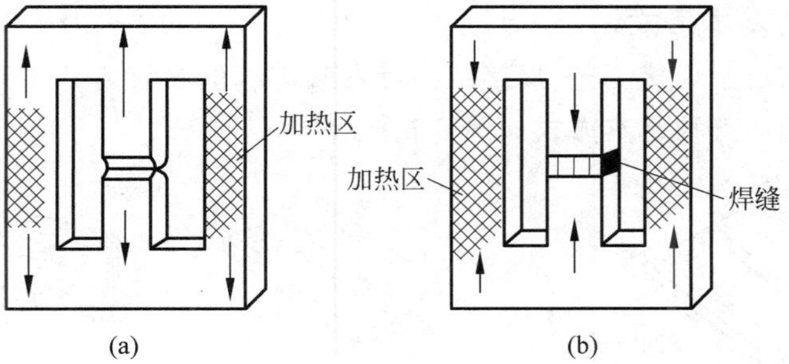

图 5-5　某框架零件预热示意图

(a) 加热；(b) 冷却

焊后去应力退火是对焊件整体或局部进行加热，对于钢制焊件通常加热到 550～650℃，保温一定时间，然后缓慢冷却至室温。一般焊件整体去应力退火可消除 80% 左右的焊接应力，局部去应力退火可以降低焊接结构内部应力的峰值，使焊接应力分布趋于平缓，从而部分消除焊接应力。

2）选择合理的焊接次序

采用合理的焊接次序，可以使焊缝冷却时收缩比较自由，不受较大的拘束，有利于减少焊接应力。例如，图 5-6(a) 中平板 Ⅰ、Ⅱ、Ⅲ 进行拼接时，应先焊短焊缝再焊长的直焊缝；图 5-6(b) 中，因先焊焊缝 1 而使焊缝 2 的拘束度增加，收缩不能自由进行，从而增大了构件的残余应力，甚至导致在焊缝交叉处产生裂纹。

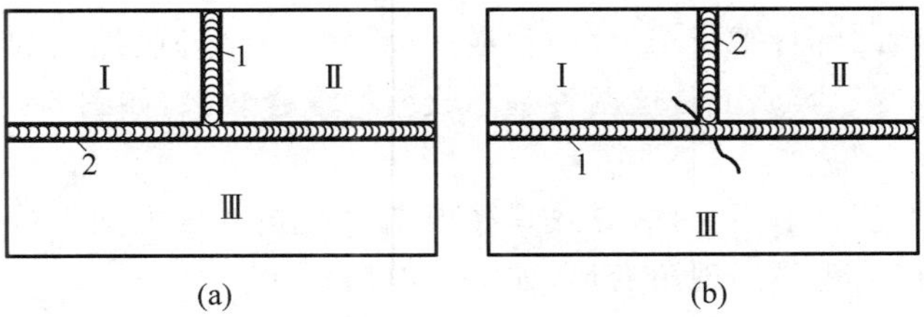

图 5-6　焊接次序对应力的影响

(a) 正确；(b) 错误

3）选择合理的工艺参数

正确选择焊接工艺参数，例如在电弧稳定燃烧、保证焊透的情况下，采用小电流、快速焊，能减小焊接时的热输入，有利于减小残余应力与变形。对于厚大焊件采用多层多道焊，也可有效减小焊接应力。

4）焊后锤击或碾压焊道、拉伸或振动工件

每焊完一道焊缝后，当焊缝仍处于高温时，用小锤对焊缝进行均匀适度的锤击，能使焊缝金属在高温塑性较好时得以延伸，补偿部分收缩，可极大地减小焊接应力和变形，以避免裂纹的产生。焊后碾压焊缝的作用效果与锤击类似，同样可达到减小应力和变形的目的。

焊后对工件进行拉伸可使焊缝伸长，有利于减少焊缝收缩所造成的残余应力，对塑性好的材料效果较好。在一定的频率下振动工件，也可以使其内部应力得到部分释放，一般适用于中、小型焊件。

3．焊接变形的基本形式

在实际生产中，由于焊接工艺、焊接结构特点和焊缝的布置方式不同，焊接变形的方式有很多种，焊接变形的五种基本方式如图 5-7 所示。

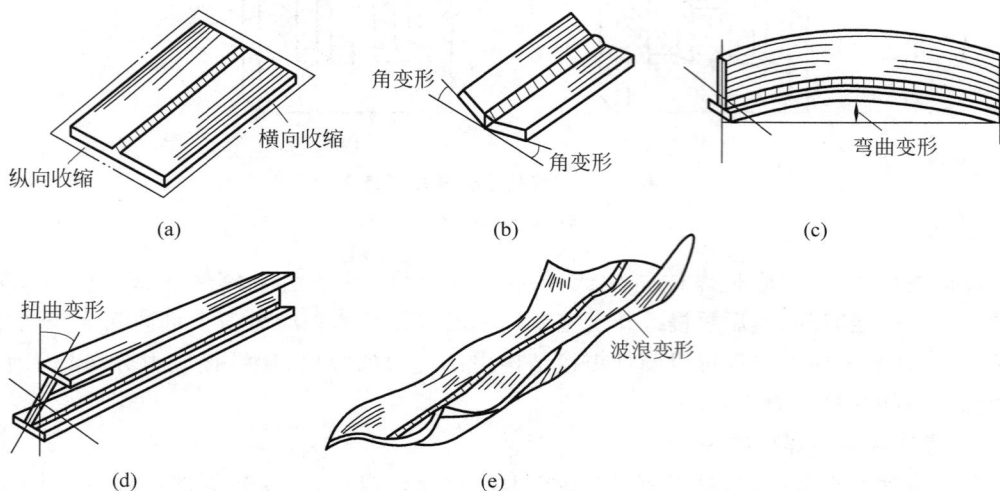

图 5-7　焊接变形的示意图

(a) 收缩变形；(b) 角变形；(c) 弯曲变形；(b) 扭曲变形；(e) 波浪变形

1）收缩变形

焊接后，焊件沿着纵向（平行于焊缝）和横向（垂直于焊缝）收缩引起工件整体尺寸的减小，其他形式的焊接变形实质上是这两种基本收缩的综合效果，如图 5-7(a) 所示。

2）角变形

由于焊缝截面形状上下不对称，导致焊缝横向收缩在厚度方向上分布不均匀。V 形坡口的对接接头和角接接头易出现角变形，如图 5-7(b) 所示。

3）弯曲变形

由于焊缝位置在焊接结构中布置不对称，焊缝的纵向收缩不对称引起工件向一侧弯曲，一般在焊接 T 形梁时易出现，如图 5-7(c) 所示。

4）扭曲变形

由于焊接工艺不合理或焊缝在构件横截面上布置不对称，焊接应力在工件上产生较大的扭矩而导致变形，如图 5-7(d) 所示。

5）波浪变形

由于焊缝收缩，薄板局部产生较大的压应力而失去稳定性，引起不规则的变形，如图 5-7(e) 所示。

4．减小和控制焊接变形的措施

焊接变形的存在改变了焊件的形状和尺寸，过大的变形量将使焊件报废，因此必须加以防止和消除。焊件的变形主要是由焊接应力引起，预防焊接应力的措施对防止焊接变形都是有效的。从控制焊接变形的角度出发，可以通过合理的结构设计和一些具体的工艺措施来减小和消除焊接变形。

1）反变形法

在焊接前，根据经验或结合理论分析，判断结构在焊后可能产生的变形大小和方向，在装配时预先使接头产生一个相反方向的变形，以抵消结构的正常焊接变形，如图 5-8 所示。

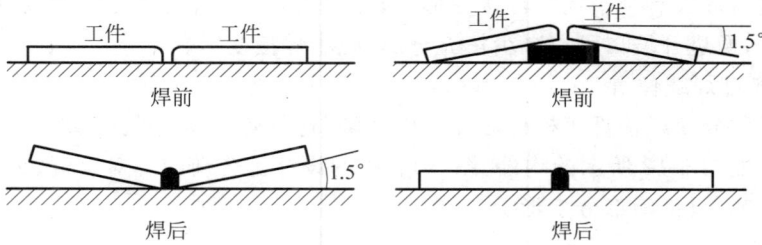

图 5-8　利用反变形控制焊接变形

2）刚性固定法

焊前刚性固定是指采用工装夹具或定位焊固定等方式控制焊接变形，在图 5-9 中，是用夹具刚性夹持法兰边缘，减少焊接变形。该方法能有效防止角变形和波浪变形，但不能完全消除焊后残余变形。焊前刚性固定会导致焊件内应力增大，对于塑性差的焊件应慎用。

3）合理选择焊接方法和焊接顺序

选用能量集中的焊接方法，例如等离子弧比普通电弧的能量集中，焊接时热输入小，可有效减少焊接变形。

焊接过程中通过合理设计焊接顺序，如图 5-10 所示，构件按图中 1、2、3、4 的顺序进行对称焊，可抵消部分变形。如图 5-11 所示的长直焊缝，可以用对称焊或者分段退焊，图中的箭头表示焊接方向，减少焊接变形。

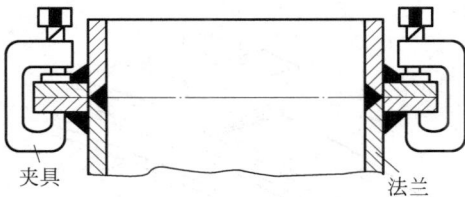

图 5-9　刚性固定防止法兰变形

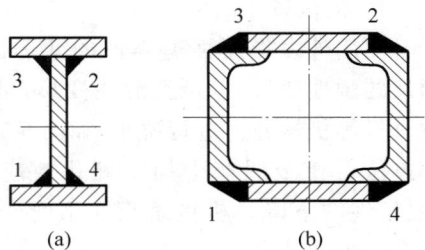

图 5-10　对称断面梁的焊接次序
（a）工字梁；（b）箱形结构

图 5-11　长直焊缝的对称焊和分段退焊
（a）对称焊；（b）分段退焊

4）合理选择焊缝尺寸

伴随焊缝尺寸的增大，焊接填充金属增多，焊接变形也会相应变大，因此在设计焊缝尺寸时，在保证结构承载能力的前提下尽量采用较小的焊缝尺寸。

合理的坡口形式有利于控制焊接变形，如受力较大的丁字接头和十字接头，在保证相同强度的前提下，通过开坡口可以减少填充金属，减小焊接变形。

5）合理安排焊缝位置

使焊缝对称分布或接近于构件截面的中性轴，这样焊后构件收缩所引起的变形大部分可相互抵消。如图 5-12 所示的构件，图（b）、（c）的设计是合理的。对称焊、分段焊和多层多道焊等焊接工艺，可抵消部分变形。

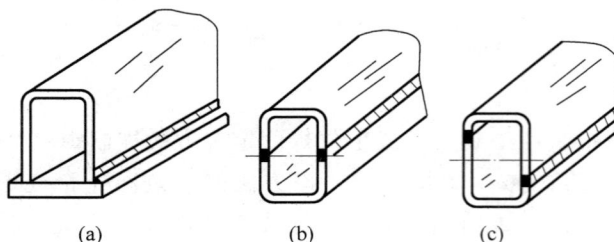

(a)　　　　　(b)　　　　　(c)

图 5-12　对称焊缝的设计

（a）不合理；（b）、（c）合理

5．常用矫正焊接变形的方法

构件的焊接变形过大，会使焊件的尺寸形状不符合要求，因此在实际生产中常需对焊接变形进行矫正，其实质是使焊接结构产生新的变形，以抵消在焊接过程中产生的变形。常用的方法有以下两种。

1）机械矫正法

利用外力作用强迫焊件的变形区使产生方向相反的塑性变形，以抵消焊接变形，可采用压力机、矫直机等机械外力进行矫正，如图 5-13 所示。但这种方法可使金属产生加工硬化效应，造成接头塑性、韧性的下降。机械矫正法适合于刚性好、塑性较好的焊件。

2）火焰加热矫正法

一般是利用氧-乙炔火焰对焊件上已产生伸长变形的部位加热，利用冷却时产生的收缩变形来矫正变形。加热区一般呈点状、三角形或条状，加热

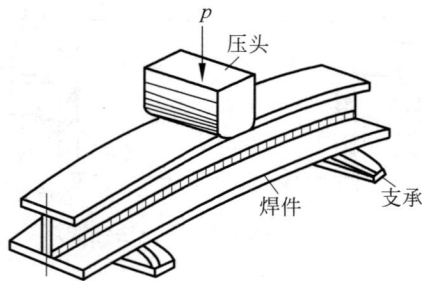

图 5-13　工字梁弯曲变形的矫正

机械矫正

时应防止热量过分集中。如图 5-14 所示的丁字梁，利用火焰在图示位置加热，冷却带来反向变形。不过，对火焰加热的位置、加热面积和加热温度的选择，需要有一定的实践经验和结构力学知识，否则可能增大原有的变形。火焰加热矫正主要用于低碳钢和部分低合金钢。

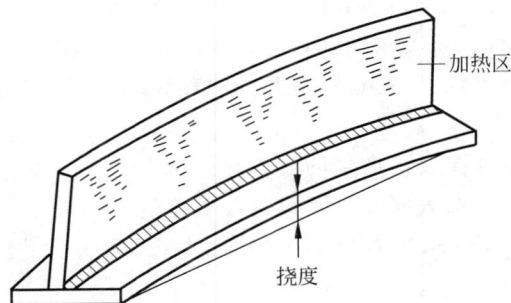

图 5-14　丁字梁弯曲变形的火焰矫正

5.1.4　焊接冶金与焊接缺陷

1. 焊接冶金过程

焊接冶金过程是指焊接区内熔化金属、液态熔渣和气体三者之间在电弧高温作用下发生的极其复杂的物理化学过程,其实质是熔池金属在焊接加热条件下的再熔炼过程,在金属熔池内部发生的金属氧化和还原、气体析出和溶解、杂质元素的去除等一系列冶金反应。焊接冶金过程对焊缝金属的化学成分、组织和性能、焊接缺陷(如气孔、夹渣和裂纹等)产生以及焊接电弧的稳定燃烧等都有很大的影响。它与一般金属冶炼有相似之处,又具有焊接过程自身的特点和规律。

1) 焊接冶金特点

(1) 冶金反应不充分,易产生焊接缺陷:金属熔池体积很小,熔池处于液态的时间很短(10s 左右),熔池中的冶金反应不充分,易造成焊缝金属的化学成分不均匀,常使气体和杂质来不及析出,易在焊缝金属中形成气孔、夹杂和偏析等焊接缺陷。

(2) 合金元素烧损,接头性能降低:由于熔池温度高,合金元素产生强烈蒸发,同时电弧区的气体分解成原子状态而活性增大,容易使熔池金属中的铁、锰、硅等元素氧化,造成这些合金元素的烧损,使焊缝金属的化学成分发生变化及力学性能下降。

2) 为保证焊缝质量可采取的措施

(1) 加强保护,减少有害元素进入熔池:主要措施是机械保护,使电弧空间的熔滴和熔池与空气隔绝,防止空气进入焊接区。另外应严格清理坡口及两侧的锈蚀、水、油污,烘干焊接材料等。

(2) 冶金处理:主要通过焊接材料中的合金化元素进行脱氧、脱硫、脱磷、去氢和渗合金,从而保证和调整焊缝金属的化学成分。

2. 焊接缺陷

焊接缺陷的存在是焊接结构失效的重要原因之一。按照国家标准《金属熔化焊接头缺陷分类及说明》(GB/T 6417.1—2005)的分类方法,焊接缺陷分为裂纹、孔穴、固体夹杂、未熔合及未焊透、形状和尺寸不良、其他缺陷,这里主要介绍常见的几种缺陷。

1) 裂纹

在焊接应力及其他致脆因素共同作用下,材料的原子结合遭到破坏,形成新界面而产生的缝隙称为焊接裂纹。它是在焊接、消除应力退火、工厂和工地的耐压试验过程中以及结构的使用过程中出现的，具有尖锐的缺口和长宽比大的特征，是降低焊接结构使用性能的最危险的焊接缺陷之一。根据裂纹产生条件，将其分为热裂纹、冷裂纹、再热裂纹、层状撕裂和应力腐蚀裂纹。

热裂纹一般是指在较高温度下产生的裂纹。大部分热裂纹是在固、液相线温度区间产生的，多数产生在焊缝中，贯穿表面并且断口是被氧化的。如图 5-15 所示，其产生的主要原因是焊缝中低熔点物质（如 FeS，熔点为 1193℃）的存在，削弱了晶粒间的联系，在应力的作用下产生了热裂纹。

冷裂纹一般是指在较低温度下产生的裂纹，是相对热裂纹而言的。对于低合金高强度钢来讲，此温度大约在马氏体转变温度附近。冷裂纹主要发生在中碳钢、高碳钢以及合金结构钢的焊接接头中，特别易于出现在焊接热影响区。如图 5-16 所示，其产生的主要原因是在上述区域产生淬火组织，在应力作用下引起晶粒内部的破裂。

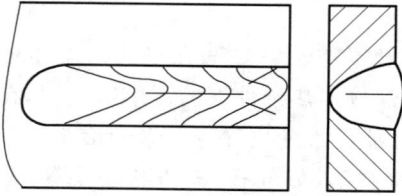

图 5-15　热裂纹分布示意图　　　图 5-16　冷裂纹分布示意图

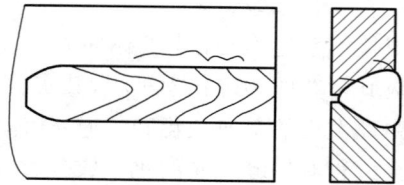

裂纹不但减少了接头的承载截面，还会带来严重的应力集中，导致构件破坏，因此在焊接结构中一经发现裂纹必须铲去重新焊接。

2）气孔

气孔是残留气体形成的孔穴。高温的液态熔池金属溶解了较多气体（如 N_2、H_2）或熔池内部冶金反应产生的气体（如 H_2O、CO），在熔池结晶过程中来不及逸出，就会形成气孔，如图 5-17 所示。气孔的存在减少了焊缝有效工作截面，降低了接头强度。穿透性气孔或连续性气孔会影响焊件的密封性。

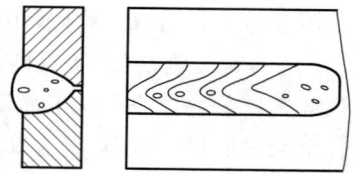

图 5-17　气孔示意图

气孔产生的原因主要是：焊接材料受潮；焊前工件坡口上的油、锈、氧化皮未清除干净；电弧过长等致使焊缝中溶入较多的气体；焊接电流过小或焊速过快，气体来不及逸出。

3）固体夹杂

固体夹杂是指焊缝中存在固体异物的现象，这种固体异物称为夹杂物。焊缝中有夹杂物存在时，不仅会降低焊缝金属的韧性，增加低温脆性，还会增加裂纹倾向。

常见的夹杂有以下两类。

（1）夹渣：由于焊接操作不良而在熔化金属内混入熔渣，使其残留下来，或者在多层焊时前一层焊道的焊渣清理不干净而残留到下层焊缝中，这种在焊缝中的渣的残留物称为夹渣。

（2）反应生成的新相：焊接氛围中的空气、氧化性气体以及熔池中的硫可以与熔化金属中的铁、锰、硅等反应生成微小的氧化物、氮化物和硫化物颗粒,弥散分布在焊缝金属中,成为夹杂物。

4) 未熔合及未焊透

熔焊时,焊缝金属与母材或焊缝金属各焊层之间未结合的部分称为未熔合,如图 5-18(a) 所示。单面焊接时,接头根部未完全焊透的现象称为未焊透,如图 5-18(b)和(c)所示。

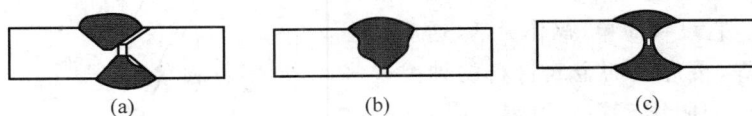

图 5-18　未熔合及未焊透示意图

(a) 未熔合；(b),(c) 未焊透

其产生的原因主要是焊接电流小、焊接速度过高,或者是坡口尺寸不合适,以及电弧中心线偏离焊缝等。在薄板焊接中,如果夹具对焊件背面的散热程度大,也会出现未焊透和未熔合,或背面一部分焊透、一部分未焊透的成形不均匀现象。

5) 咬边

在工件上沿焊缝边缘(在焊缝正面的称焊趾,反面的称焊根)所形成的沟槽或凹陷称为咬边,如图 5-19 所示,可能是连续的也可能是间断的。咬边属于形状和尺寸不良。电流过大、电弧拉得太长及焊枪的角度不当等均容易出现咬边。它减少了接头工作截面,而且在此处产生严重的应力集中。重要结构或动载荷的结构中,不允许出现咬边。

6) 焊瘤

熔化金属流到焊缝之外未熔化的工件上,堆积形成焊瘤,属于形状和尺寸不良,如图 5-20 所示。因为焊瘤与工件没有熔合,对静载强度无影响,但是会带来应力集中,使接头的动载承受能力降低。

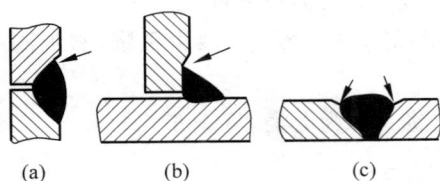

图 5-19　咬边

(a) 横焊缝的咬边；(b) 平角焊缝的咬边；

(c) 对接焊缝的咬边

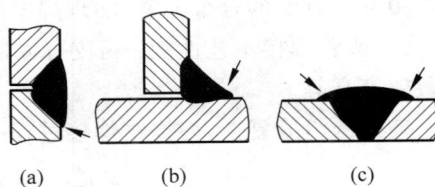

图 5-20　焊瘤

(a) 横焊缝的焊瘤；(b) 平角焊缝的焊瘤；

(c) 对接焊缝的焊瘤

5.2　焊接成形工艺

5.2.1　熔化焊

熔化焊是最重要的焊接工艺方法,是利用一定的热源,如电弧、激光、电子束等,这些热源能够产生足够高的热量,使焊件局部熔化形成熔池,随着热源移动,熔池金属冷却结晶形成焊缝。

1. 焊条电弧焊

焊条电弧焊是利用电弧产生的热量熔化局部母材和焊条的一种手工操作的焊接方法，如图 5-21 所示。

1）焊条电弧焊的特点及应用

在我国目前焊条电弧焊仍然是应用最广泛的焊接方法之一。它设备简单，操作灵活，适应性强，可进行全位置焊，可焊接的金属材料的种类较多，受施工场地条件的限制较小。但焊条电弧焊对焊工操作技术的要求高，焊接质量不稳定，厚工件、长焊缝焊接时生产率较低。焊条电弧焊一般用于单件小批生产，尤其是焊接短焊缝和不规则焊缝。

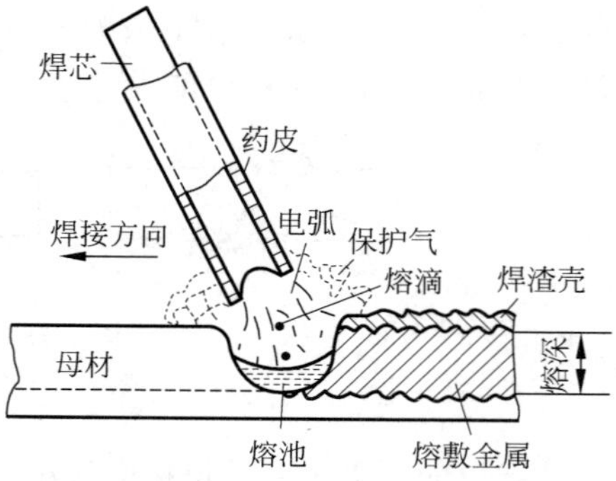

图 5-21　焊条电弧焊过程示意图

2）焊条的组成

（1）焊芯：是金属丝，焊芯金属占整个焊缝金属的 50%～70%。它的化学成分和非金属夹杂物的含量将直接影响焊缝质量，因此焊芯用的金属丝材料是根据国家标准，经过特殊冶炼而成的，这种焊接专用钢丝称为焊丝。

焊芯有两个作用：一是作为电极传导焊接电流，产生电弧；二是焊芯作为填充金属，与熔化的母材形成焊缝。

（2）药皮：指压涂在焊芯表面的涂料层，是决定焊缝金属质量的主要因素之一，其主要作用有以下三个方面。

A. 机械保护作用：利用药皮熔化放出的气体和形成的熔渣，机械隔离空气，防止有害气体侵入熔化金属。

B. 冶金处理作用：药皮通过各种冶金反应去除焊缝中的氧、氢、硫、磷等有害元素，向焊缝中补充有益的合金元素，实现焊缝的净化和合金化，从而提高焊缝性能。

C. 改善焊接工艺性能：药皮可以使电弧燃烧稳定，焊缝成形美观，减少飞溅，易脱渣和熔敷效率高等。

药皮的组成复杂，根据在焊接过程中所起的作用，将其分为七类，见表 5-1。

表 5-1　焊条药皮原料的种类及其作用

原料种类	原料名称	作用
稳弧剂	碳酸钾、碳酸钠、长石、大理石、钛白粉、钠水玻璃、钾水玻璃	改善引弧，提高电弧燃烧的稳定性
造气剂	淀粉、木屑、纤维素、大理石	产生一定量的气体，形成保护气氛，隔绝空气
造渣剂	大理石、氟石、菱苦土、长石、锰矿、钛铁矿、黄土、钛白粉、金红石	形成熔渣，覆盖在熔池表面，起机械保护和冶金处理的作用
脱氧剂	锰铁、硅铁、钛铁、铝粉、石墨	使焊缝金属脱氧，提高焊缝的力学性能
合金剂	锰铁、硅铁、钼铁、镍粉、铬粉	向焊缝渗入合金元素，提高其力学性能或使焊缝获得某些特殊性能
黏结剂	钾水玻璃、钠水玻璃	将各种药粉黏附在焊芯上
成形剂	云母、白泥、钛白粉	改善涂料的塑性和滑性，便于机器压涂药皮

3）焊条的种类

（1）按用途分为结构钢焊条、不锈钢焊条、堆焊焊条、铸铁焊条、铜及铜合金焊条、铝及铝合金焊条、镍及镍合金焊条、钼和铬钼耐热钢焊条、低温钢焊条、特殊用途焊条等。

（2）按药皮熔化后形成熔渣的化学性质分为酸性焊条和碱性焊条两类。

酸性焊条是指药皮中含有较多的 SiO_2、TiO_2、Fe_2O_3 等酸性氧化物且焊接熔渣为酸性的焊条，生成的保护气体主要为 H_2 和 CO，焊缝含氢量高，塑性、韧性较差，抗裂性低。但酸性焊条的工艺性能好，对工件上的铁锈、油污和水分不敏感，电弧燃烧稳定，焊缝成形好，使用方便，交、直流弧焊机均可使用，常用于一般焊接结构的焊接。

碱性焊条是指药皮中含有较多的 $CaCO_3$、CaF_2 等碱性氧化物且焊接熔渣为碱性的焊条，生成的保护气体主要为 CO_2 和 CO，合金元素过渡效果好，焊缝含氢量低，塑性、韧性好，抗裂性强。碱性焊条一般用于焊接重要结构，如锅炉、桥梁、船舶等，通常采用直流电源反极性焊接。但碱性焊条价格较高，且对工件上的铁锈、油污和水分较敏感，焊缝成形较差，在焊前焊条必须严格烘干（350～400℃，保温 2h）。它的工艺性能比酸性焊条差。

4）焊条的型号

型号是国家标准中规定的具有特定含义的符号。根据《非合金钢及细晶粒钢焊条》（GB/T 5117—2012）规定，结构钢焊条的型号是由字母"E"和四位数字组成。其中字母"E"表示焊条；前两位数字表示熔敷金属最小抗拉强度代号；第三、四位数字组合表示药皮类型、焊接位置和电流类型。

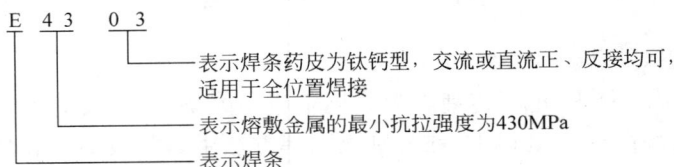

```
E 43 03
        └── 表示焊条药皮为钛钙型，交流或直流正、反接均可，适用于全位置焊接
     └──── 表示熔敷金属的最小抗拉强度为430MPa
  └─────── 表示焊条
```

5）焊条的选用原则

不同类型的焊条，适用范围各不相同，选择是否恰当将直接影响焊接质量、劳动生产率和产品成本。选择焊条时，首先根据焊件的化学成分、力学性能等要求来选定焊条的种类，再考虑焊接结构形状、受力情况、工作条件和焊接设备等方面来选定具体的型号，必要时还需要进行焊接性试验。同种材质进行焊接时，选择焊条主要考虑以下两个方面。

（1）根据母材的力学性能和化学成分选择。

焊接低碳钢和低合金钢时，一般要求焊缝金属与母材等强度，应选用熔敷金属抗拉强度等于或稍高于母材的焊条。焊接不锈钢、耐热钢等特殊性能钢时，一般要求焊缝成分与母材相同或者相近。在焊接刚性大、接头应力高、易产生裂纹的结构时，应考虑选用比母材强度低的焊条。

（2）根据焊接件的工作条件与结构特点选择。

如果焊件承受动载荷和冲击载荷，除满足强度要求外，还应选择冲击韧性和塑性较好的碱性焊条。当母材中碳、硫、磷等元素的含量偏高时，焊缝容易产生裂纹，应选用抗裂性能好的碱性焊条。如果构件受力不复杂、母材质量较好，则应尽量选用较经济的酸性焊条。

2. 埋弧焊

埋弧焊是一种电弧在焊剂层下燃烧进行焊接的方法。因为电弧的引燃、焊丝的送进和电弧沿焊缝的移动是由设备自动完成的,故又称埋弧自动焊。

埋弧焊过程如图 5-22 所示。首先,在焊件待焊处均匀堆敷足够的颗粒状焊剂;然后接通电源,在焊丝和焊件之间引燃电弧;自动送进焊丝并移动电弧实施焊接,熔池冷却结晶后形成焊缝。

埋弧焊

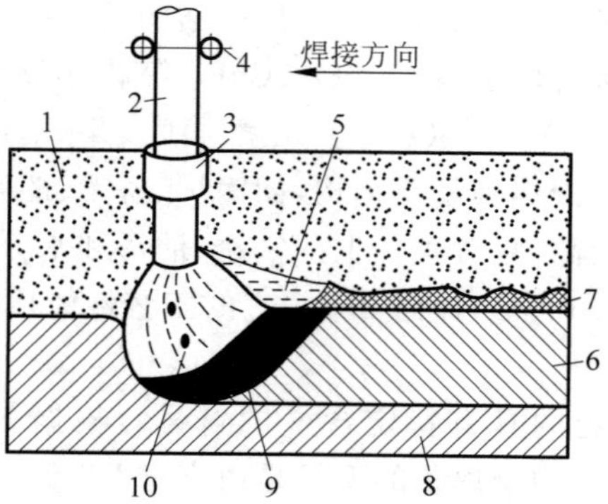

1—焊剂;2—焊丝;3—导电嘴;4—送丝系统;5—熔渣;
6—焊缝;7—渣壳;8—焊件;9—熔池;10—熔滴。

图 5-22　埋弧焊过程示意图

1) 埋弧焊的主要特点

(1) 生产效率高:首先,电弧掩埋在焊剂层下稳定燃烧,基本没有电弧辐射能量损失,电弧热的有效利用率高达 90% 以上,在各种电弧焊方法中是热效率最高的。其次,导电嘴接近电弧,焊丝电阻产热量少,可以在大电流、高电流密度下以很大的焊丝熔化速度进行焊接,比焊条电弧焊提高生产率 5～10 倍。

(2) 焊接金属的品质良好、稳定:对电弧区保护严密,空气污染少,熔池保持液态时间长,冶金反应比较充分,气体和杂质易于浮出,焊缝金属化学成分均匀。同时焊接参数可以自动控制调整,焊接过程自动进行。因此,焊接质量高且稳定,焊缝成形美观。

(3) 节约金属材料,劳动条件好:埋弧焊热量集中,熔深大,厚度在 20mm 以下的焊件可以不开坡口进行焊接,而且没有焊条头的浪费,减少了金属损耗,飞溅少,节省大量金属材料。熔渣隔离弧光,有利于焊接操作,利用机械化行走,劳动强度低,劳动条件得到很大改善。

(4) 埋弧焊的局限性:首先,焊接灵活性差。埋弧焊主要应用于平焊,而不能用于横焊、立焊、仰焊。其次,设备费用高,装配质量要求高,工艺装备复杂。

2) 埋弧焊的应用

埋弧焊在钢结构焊接中广泛应用,如船舶制造、锅炉压力容器、大型管道、桥梁、起重机械及冶金机械的制造中应用最为广泛。主要用于低碳钢、中碳钢、低合金结构钢、不锈钢、耐热钢及其复合钢材等各种钢板结构的长直焊缝和大直径环缝的焊接。

3）埋弧焊的焊剂、焊丝

（1）埋弧焊焊剂：是一种颗粒状物质，与焊条药皮的作用基本一样，在焊接过程中起稳弧、保护、脱氧、渗合金等作用。埋弧焊焊剂的分类方法很多，按制造方法，焊剂可分为以下几类。

A. 熔炼焊剂，是将原材料配好后在炉中加热熔化，随后注入水中或激冷板上使之粒化，经干燥过筛而成，用"HJ"表示，目前已广泛应用于一般碳钢和低合金结构钢的焊接。

B. 烧结焊剂，是将各种粉料按一定比例拌匀，加水玻璃制成湿料，在 $750\sim1000℃$ 下烧结，经破碎过筛制成。

C. 黏结焊剂，是将各种粉料按一定比例拌匀，加水玻璃制成湿料，将湿料制成一定尺寸的颗粒，经 $350\sim500℃$ 烘干制成。

为区分熔炼焊剂，将烧结焊剂和黏结焊剂统称为非熔炼焊剂，用"SJ"表示。

（2）焊丝：埋弧焊普遍使用实芯焊丝，直径通常为 $1.6\sim6.0\text{mm}$。目前已有碳素结构钢、合金结构钢、高合金钢和各种有色金属焊丝以及堆焊用的特殊合金焊丝。焊丝表面应当干净光滑，除不锈钢和有色金属外，各种低碳钢和低合金钢焊丝的表面最好镀铜，不仅防锈还可改善导电性能。焊丝与焊剂的选配，不仅要保证获得高质量的焊接接头，同时又要降低成本，具体的选择可参阅相关手册。

3. 非熔化极气体保护焊

非熔化极气体保护焊是指以难熔金属钨或其合金作为电极，利用钨极与工件之间产生的电弧热作为热源，加热并熔化工件和填充金属的一种电弧焊方法，如图 5-23 所示。国内常采用氩气作为保护，故又称为钨极氩弧焊。

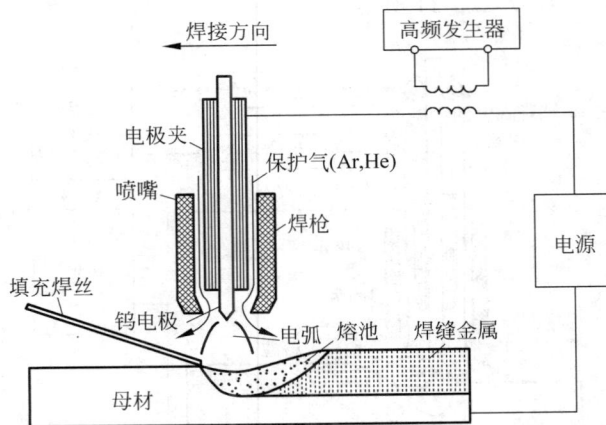

图 5-23　钨极氩弧焊过程示意图

1）钨极氩弧焊的特点

氩气是惰性气体，不溶于液态金属，也不与金属起化学反应，可保护电极和熔化金属不受空气氧化或元素烧损，是一种可靠的保护介质。

氩弧不易引燃。氩气的电离电压为 15.7V，比其他气体和一般金属的电离电压高，较难电离。受到引弧时钨极温度较低、钨的逸出功较高、非接触式引弧等因素的影响，钨极氩弧焊引弧困难，必须采用特殊的引弧装置。

　　氩气可使弧柱保持较高的温度,维持电弧燃烧不需要很高的电场强度,在所有气体中氩气的稳弧性最好。

　　钨极氩弧焊的特点如下所述。

　　(1)可焊的材料范围广:除了熔点很低的铅、锌难以焊接,大多数金属和合金都可进行钨极氩弧焊,特别适合于化学性质活泼的金属和合金的焊接。

　　(2)焊接变形和应力小,焊接性能优良:因为电弧受氩气流的冷却作用,电弧的热量集中,所以热影响区很窄,焊接变形和应力小。由于氩气保护性能优良,可获得高质量的焊缝。

　　(3)焊缝成形美观:添加金属不通过焊接电流,焊接过程中没有飞溅,成形美观。

　　(4)焊前清理要求严格:氩气在焊接过程中只起单纯的保护隔离作用,要求在焊前进行表面清洗、去油污、除锈和灰尘的杂质,室外操作需加防风措施。

　　(5)生产率较低,生产成本高:钨极承载电流的能力有限,过大的电流会引起钨棒的烧损,所以焊接速度较小,生产率较低;氩气的纯度要求 99.8% ,且设备复杂,焊接成本高。

　　(6)易于实现机械化:明弧便于操作,可全位置焊接,易于实现自动化和机械化。

　　2) 钨极氩弧焊的应用

　　钨极氩弧焊是焊接有色金属如铜、镁、铝、钛及合金等,难熔活性金属如钼、锆、铌等,特殊性能钢如不锈钢、耐热钢等的理想方法。一般只适合焊接厚度 6mm 以下的工件,或用于工件的打底焊。

4. 熔化极气体保护焊

　　以专用气体作为保护介质,以连续送进的焊丝与工件之间的电弧作为热源的电弧焊方法统称熔化极气体保护焊,如图 5-24 所示。

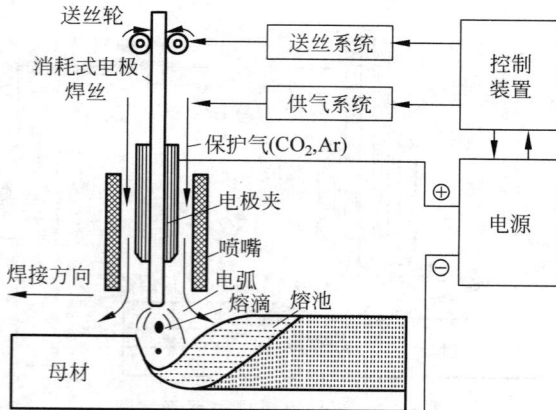

图 5-24　熔化极气体保护焊示意图

　　按气体介质不同,熔化极气体保护焊可分为 CO_2 气体保护焊、惰性气体保护焊等,下面分别进行介绍。

　　1) CO_2 气体保护焊

　　以 CO_2 气体作保护介质的熔化极气体保护焊,称为 CO_2 气体保护焊,简称 CO_2 焊。

（1）特点

A. 高效节能。可选择较粗焊丝和较大电流焊接中厚板，焊丝熔化速度快，熔敷率高，同时电弧加热集中，电弧挺度大，穿透力强，焊接熔深大，可以不开坡口或开小坡口，生产率比焊条电弧焊提高 1～3 倍。可选用细焊丝和较小电流焊接薄板，焊接线能量小，焊接变形小，焊接生产率很高。

与焊条电弧焊和钨极氩弧焊相比，对相同厚度、相同长度的焊缝进行焊接，CO_2 焊焊丝和母材的熔化效率更高，消耗的电能更低，是一种较好的节能焊接方法。

B. 焊接质量高，焊接成本低。CO_2 气体密度较大，保护效果良好。CO_2 焊是一种低氢型或超低氢型焊接方法，焊缝含氢量低，抗裂纹性好。与氩弧焊相比，CO_2 焊本身对油、锈、水分等不敏感，这是 CO_2 焊的一大优点。CO_2 价格便宜，CO_2 焊的材料成本只是焊条电弧焊和埋弧焊的 40%～50%。

C. 适用范围广，易于实现机械化。CO_2 焊适于各种空间位置，不受结构条件的制约。薄板可焊到 1mm 左右，厚板采取多层多道焊接，明弧焊接便于监视，有利于机械化操作。

D. CO_2 焊的不足：首先，CO_2 有氧化作用，高温下能分解成 CO 和 O_2，容易烧损合金元素，并且由于生成的 CO 密度小，体积急剧膨胀，导致金属飞溅较为严重，焊缝成形较为粗糙。其次，焊接烟雾较大，弧光强烈，如果控制或操作不当，容易产生 CO 气孔。

（2）应用

因为 CO_2 具有氧化性，因此不适于焊接高合金钢和有色金属，目前 CO_2 焊主要用于焊接低碳钢及低合金钢等黑色金属，CO_2 焊在我国造船、机车及车辆、工程机械等制造领域中获得了广泛应用，现在 CO_2 焊已成为钢铁材料焊接中不可缺少的一种焊接方法。

2）熔化极氩弧焊

以 Ar 作保护气体的熔化极气体保护焊，称为熔化极氩弧焊。

（1）特点

A. 可焊材料范围广。与焊条电弧焊、CO_2 焊、埋弧焊相比，熔化极氩弧焊可以焊接几乎所有的金属，这一点与钨极氩弧焊一致。

B. 焊接生产率高。与钨极氩弧焊相比，由于采用熔化极方式进行焊接，焊丝和电弧的电流密度大，焊丝熔化速度快，对母材的熔敷效率高，母材熔深和焊接变形都好于钨极氩弧焊。

C. 成形美观。与 CO_2 焊相比，熔化极氩弧焊电弧状态稳定，熔滴过渡平稳，几乎不产生飞溅，熔深大。

D. 保护效果好。由于惰性气体本质上不与熔化金属发生冶金反应，保护效果好，在电极焊丝中不需要加入特殊的脱氧剂。

E. 熔化极氩弧焊的不足：焊接成本比 CO_2 焊高，焊接生产率也低于 CO_2 焊；焊接准备工作要求严格；设备较复杂，成本较高；厚板焊接中的封底焊焊缝成形不如钨极氩弧焊好。

（2）应用

主要用于焊接有色金属、不锈钢、耐热钢和高强度合金钢等，适合焊接厚度在 25mm 以下的工件。

📝 **知识链接**

> 大国工匠高凤林,中国航天科技集团第一研究院首席技能专家,火箭"心脏"焊接第一人。发动机是火箭的"心脏",焊接技术则是发动机最核心的制造技术,影响着火箭发射成败。他用钨极氩弧焊焊接火箭发动机上的喷管,喷管的壁厚是0.33mm,焊点的宽度0.16mm,而且完成一个焊点的时间误差只有0.1s,他需要进行3万次的操作,累计的焊缝长度近900m。毫米级的焊接宽度、毫秒级的焊接时间,是对焊工的极限挑战。高凤林扎根一线40多年,攻克了多项火箭发动机焊接技术世界级难关,填补了我国相关技术的空白,为探月、探火、空间站建设等国家重大任务的顺利实施做出了突出贡献。"像火箭一样燃烧自己,靠的是匠心,成的是工匠。"高凤林以精湛的技艺和报国之心,"焊"就不凡。

5. 等离子弧焊

等离子弧焊是指利用等离子弧作为焊接热源的电弧焊方法,是在钨极氩弧焊的基础上发展起来的一种新型焊接方法。它在很大程度上填补了钨极氩弧焊的不足,等离子弧也是一种气体放电现象,是电弧的一种特殊形式,等离子弧焊的过程如图5-25所示。

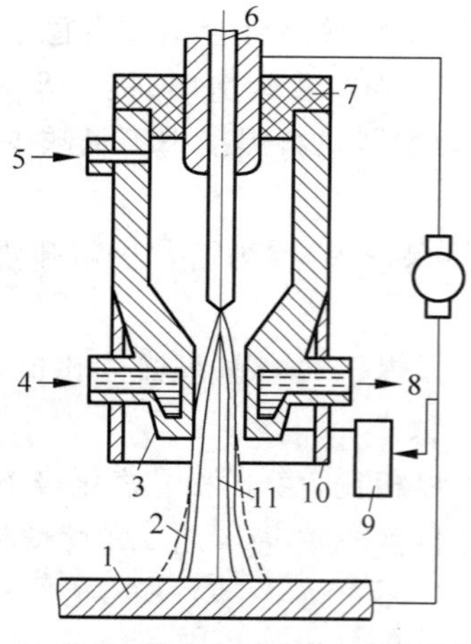

1—工件;2—保护气体(He, Ar);3—水冷喷嘴;4—进水;
5—气体;6—电极;7—陶瓷垫圈;8—出水;9—高频振荡器;
10—同轴喷嘴;11—等离子弧。

图 5-25　等离子弧焊示意图

等离子弧焊所用电极主要是钨、铈钨合金,焊接时一般采用直流正接,钨极与工件间加高压,经高频振荡器的激发,气体电离形成电弧,电弧通过细孔喷嘴时,弧柱截面缩小,产生机械压缩效应。

向喷嘴内通入高速保护气流(如氩气、氮气等),冷气流均匀地包围着电弧,使弧柱外围受到强烈冷却,于是弧柱截面进一步缩小,产生了热压缩效应。

带电离子在弧柱中的运动可看成无数根平行的通电"导体",其自身磁场所产生的电磁力使这些"导体"互相吸引靠拢,电弧受到进一步压缩,这种作用称为电磁压缩效应。

以上三种压缩效应作用在弧柱上,使弧柱被压缩得很细,电流密度极大提高,能量高度集中,弧柱区内的气体完全电离,从而获得等离子弧。等离子弧的温度高,能量密度大,能够用于焊接和切割。

等离子弧焊具有以下特点。

(1) 生产率高:弧柱温度高,能量密度大,加热集中,熔透能力强,在一定厚度范围内,工件在不开坡口、不留间隙情况下,可以实现单面焊双面成形。

(2) 焊接变形小:焊缝深宽比大,热影响区窄,变形小,适合焊接热敏感性强的材料。

(3) 适合薄板焊接:焊接电流调节范围大,当电流小到 0.1A 时,电弧仍能稳定燃烧,保持很好的稳定性,可用于焊接超薄件。

(4) 电源及电气控制线路较复杂:设备费用为钨极氩弧焊的 2~5 倍,工艺参数的调节匹配较复杂,喷嘴的使用寿命短,适合在室内焊接。

等离子弧焊适合于焊接难熔金属、易氧化金属、热敏感性强材料等,主要应用于化工、原子能、精密仪器仪表、火箭、航空和空间技术中。

6. 真空电子束焊

真空电子束焊是指利用在真空中高速运动着的电子束流轰击工件,由动能转化为热能进行熔化焊接的方法。

图 5-26 为真空电子束焊示意图。焊接时电子枪的阴极通电被加热至高温,发射出大量的电子,这些热发射电子在阴极和阳极之间的强电场作用下被加速。高速运动的电子经过聚焦装置后形成能量密度很高的电子束流。以极大的速度撞击被焊工件表面,电子的动能大部分转化为热能,使焊件被轰击部位的温度迅速升高、产生熔化,随着焊件的不断移动便可形成连续致密的焊缝。为了能对焊件的不同部位进行焊接,可利用焊机中的磁偏转装置调节电子束的方向。

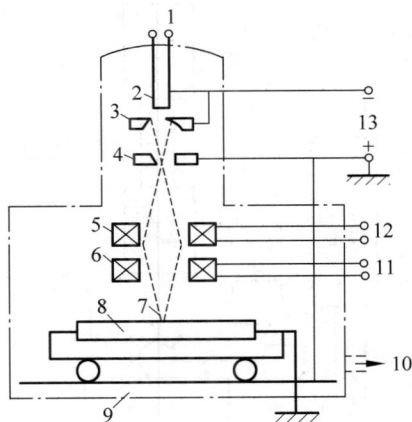

1—交流电源;2—灯丝;3—阴极;4—阳极;5—聚焦透镜;
6—偏转装置;7—电子束;8—焊件;9—真空室;
10—排气装置;11,12—直流电源;13—直流高压电源。

图 5-26 真空电子束焊示意图

电子束焊具有以下特点。

(1) 焊接质量高:电子束焊接时,真空对焊缝具有良好的保护作用,焊缝纯净度高,尤其适合于钛及钛合金等活性材料的焊接；电子束能量高度集中，熔化和凝固过程快，提高了焊接速度，能最大限度地避免晶粒长大，改善接头性能，减少合金元素的烧损。

（2）工艺适应性强：焊接参数易于精确调节，对焊接结构有广泛的适应性，能最大限度地满足焊接各种金属及合金的需要。还可调整阴极加热功率、加速电压、焦点直径、电子束脉冲频率等，使热源对焊件的加热温度与范围得到预期的结果。

（3）焊件变形小：焊接时热量集中，使焊件的热影响区减小，焊后几乎不产生变形，可作为精密加工工件最后连接工序。焊缝深宽比可达 60∶1，远大于一般弧焊的 1.5∶1，可一次焊透 0.1～300mm 厚度的不锈钢板。

（4）设备比较复杂：投资和运行费用昂贵，且焊件尺寸受真空室容积限制。

（5）焊前对焊件的清理和装配要求严格：由于上述特点，电子束焊目前主要用于钨、钼等难熔金属，铌、锆、钛、铝、镁等活性金属，异种钢及航天、核电制品中某些精度要求高的构件的焊接。

7. 激光焊

激光焊是指利用聚焦的高能量密度激光束轰击焊件所产生的热量进行焊接的方法。激光是一种单色性好、方向性强及亮度高的光束，聚焦后的激光束能量密度极高，可在空气中传输相当远的距离，而不发生严重的功率衰减。激光束在正常的金属加工操作中不会产生 X 射线。不过，激光束会被工件表面显著反射，妨碍能量向工件的传输，从而会影响焊接和切割的正常进行。

激光焊设备的结构框图如图 5-27 所示。激光器受激产生方向性极强的激光束，通过聚焦系统聚焦，使其能量密度进一步提高。当把激光束调焦到焊件上时，焊件材料吸收光能，将其转换成热能，在焦点附近产生高温使被焊金属局部瞬间熔化，随着激光与焊件之间的相对移动，结晶后形成焊接接头。

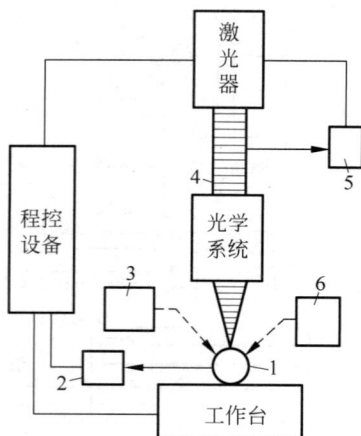

1—焊件；2,5—信号器；3—观测瞄准器；4—激光束；6—辅助能源。

图 5-27　激光焊示意图

激光焊具有以下特点。

（1）能量密度大：温度高，焊接速度快，热影响区小，焊缝质量好。可进行精密零件、热敏感性材料的焊接,在电子工业和仪表工业中应用广泛。

（2）灵活性大:激光焊接时,激光装置不需要与被焊工件接触,激光束能用偏转棱镜或通过光导纤维引导到焊件上进行焊接。激光还可以穿过透明材料进行焊接,如真空管中电极的焊接。可直接焊接绝缘材料,容易实现异种金属的焊接,甚至能实现金属与非金属的焊接。

（3）焊接速度快,焊接生产率高:不需要真空环境和气体保护,被焊材料不易氧化。

（4）焊接设备复杂,投资较大:材料焊接性受到自身对激光束波长的吸收率及沸点等因素的影响,对激光束波长吸收率低和含有大量低沸点元素的材料一般不宜采用。

激光焊接已广泛用于汽车工业、机械工业、航空航天、电子工业等领域,如微型、精密焊件和热敏感材料的焊件的焊接。激光焊不仅可以焊接金属,也可用于陶瓷、玻璃、复合材料等非金属材料的焊接。

5.2.2 压力焊

压力焊是通过对焊件施加一定的压力实现焊接的,加压可以使工件紧密接触,促进原子的扩散,不需要填充金属,加热或不加热完成焊接。下面介绍电阻焊和摩擦焊工艺。

1. 电阻焊

电阻焊是压力焊中应用最广的一类焊接方法,利用电流通过焊件接头的接触面及邻近区域产生的电阻热,将焊件连接处局部加热到熔化或塑性状态,并在压力作用下实现连接的一种压力焊方法。电阻焊的主要优点是接头可靠,机械化和自动化水平高,生产率高,变形小,生产成本低。但电阻焊的缺点是设备复杂,维修难,电容量大,对电网冲击严重等。电阻焊种类很多,常用的有点焊、缝焊、对焊三种。

1）点焊

将焊件装配成搭接接头,并压紧在两极之间,利用电阻热熔化母材金属形成焊点的焊接方法称为点焊。点焊的焊接过程如图5-28所示。

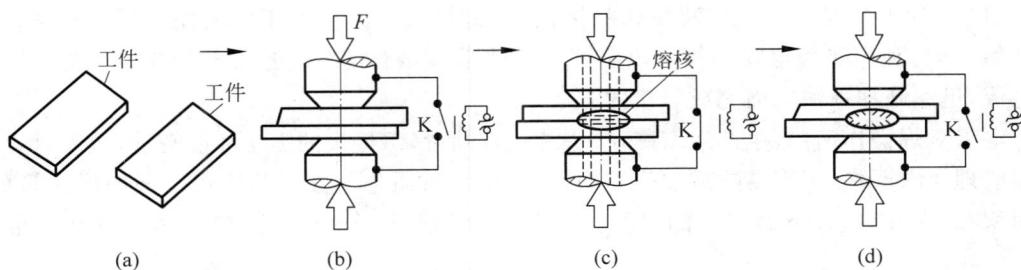

图 5-28 点焊的焊接过程
（a）工件；（b）加压；（c）通电；（d）断电

首先将清理好的焊件叠合,置于两电极之间并加压,使待焊部位紧密接触,然后通电使其受热熔化而形成熔核,周围金属则呈塑性状态,在压力作用下形成一个封闭的包围熔核的塑性金属环。断电后保持压力,使熔核在压力下冷却结晶,形成焊点。

点焊主要用于4mm以下的薄板结构和钢筋构件,可焊接低碳钢、低合金钢、不锈钢及铝合金等,广泛应用于汽车制造业、航空航天、电子器件和日常生活用品等领域。

2）缝焊

将工件装配成搭接或对接接头，并置于两滚轮电极之间，滚轮对工件加压并转动，连续或断续送电，形成一条连续焊缝的电阻焊方法称为缝焊，如图 5-29 所示。

缝焊过程与电阻点焊相似，只是用圆盘形电极代替了点焊时用的柱状电极。焊接时，在滚轮电极中通电，依靠滚轮电极压紧焊件并滚动，带动焊件向前移动，在工件上形成一条由许多焊点相互重叠而成的连续焊缝，缝焊工件不仅表面光滑平整，而且焊缝具有较高的强度和气密性。

缝焊主要用于焊接厚度在 3mm 以下、有密封性要求的薄壁容器，可用于低碳钢、合金结构钢、不锈钢、铝及其合金等材料的焊接，广泛应用于汽车、飞机、家用电器制造业中。

3）对焊

对焊是将两个被焊工件装配成对接接头，使工件沿整个接触面焊合在一起的电阻焊工艺，如图 5-30 所示。按工艺过程的不同，可分为电阻对焊和闪光对焊。

缝焊

电阻对焊

闪光对焊

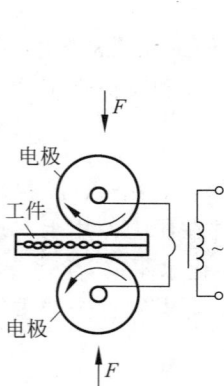

图 5-29 缝焊的焊接过程

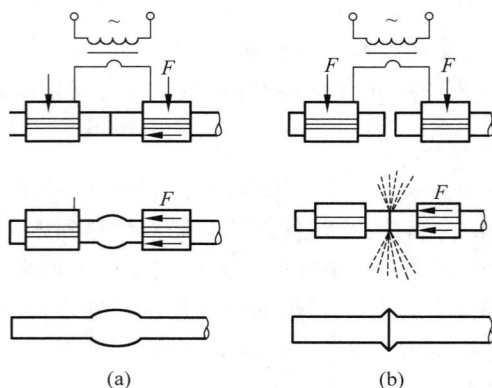

(a) (b)

图 5-30 对焊的焊接过程

（a）电阻对焊；（b）闪光对焊

（1）电阻对焊是指将工件装配成对接接头，施加预压力使两工件的端面紧密接触；然后开始通电，利用接触电阻和焊件电阻产生的热量使接触部分迅速加热至塑性状态；再切断电流，迅速施加顶锻力而完成焊接的方法。

电阻对焊操作简单，生产效率高，接头外形较圆滑，但接头的力学性能较低，焊前对焊件表面清理要求严格，否则易造成加热不均匀，降低接头质量。该工艺适用于截面形状简单、截面积在 $250mm^2$ 以下的工件的对接，可焊接碳素钢、铝合金、不锈钢等塑性较好的金属材料。

（2）闪光对焊是指将工件装配成对接接头，接通电源，工件两端面逐渐靠近达到局部接触，利用电阻热加热这些接触点发出闪光，端面金属迅速熔化，直至端部在一定深度范围内达到预定温度时，迅速施加顶锻力而完成焊接的方法。

闪光对焊接头质量高，焊接适应性强，焊前对焊件端面的清理要求不严，但金属损耗多，焊后有毛刺，设备也较复杂。该工艺适用于重要零件和结构的焊接，可焊接碳素钢、合金钢、不锈钢、有色金属等，也可用于异种金属如铜-钢、铝-钢、铝-铜的焊接。

📝 **知识链接**

> 　　中国高铁在短短几十年间缔造了举世瞩目的辉煌成就。它以惊人的速度纵横驰骋于华夏大地,运营里程占据世界高铁总里程的大半壁江山。中国高铁促进区域经济协同发展,向世界展示了中国科技实力与工业制造水平。一列八节车厢高铁机车质量在 460t 以上,高铁时速超过 300km,车轮跟轨道的接触面积只有 100 多平方毫米。如果轨道上有 0.1mm 的凸起,则轨道和车轮产生的冲击力是 7t,这个力量对于高速行驶的列车是相当危险的。因此高铁车轨是没有接缝的,要求轨道绝对平整。在无缝钢轨的拼接过程中,闪光对焊技术发挥着关键作用,有力保障了列车行驶的平稳性与安全性。

2. 摩擦焊

摩擦焊是指利用焊件接触面之间相对摩擦产生的热量使端面达到热塑性状态迅速顶锻,在压力作用下完成焊接的一种压力焊方法。

1) 摩擦焊的焊接过程

摩擦焊的焊接过程如图 5-31 所示。

将工件夹持在旋转夹头和移动夹头上,旋转夹头作高速旋转,移动夹头作轴向移动,使两工件端面相互接触,并施加一定的轴向压力,依靠接触面相对摩擦而产生热量,使接触面金属迅速加热到热塑性状态。当达到一定的变形量后,立即停止工件的转动,对接头施加较大的轴向顶锻力,将压力保持一段时间后,松开两个夹头,取出焊件,全部焊接过程结束。

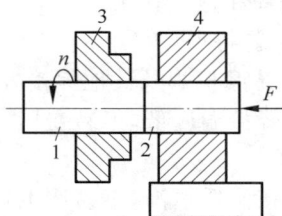

1,2—工件;3—旋转夹头;4—移动夹头。

图 5-31　摩擦焊示意图

2) 摩擦焊的特点

(1) 接头质量高且稳定:焊接部位在焊前不需要进行特殊清理,焊件尺寸精度高,焊接温度低于焊件的熔点,焊件表面不易氧化,不易产生夹渣、气孔等缺陷。

(2) 生产效率高,成本低:焊接操作简单,劳动条件好,易于实现机械化和自动化,设备简单,能耗低,成本低。

(3) 可焊金属范围广:同种金属、异种金属甚至复合材料均可焊成一体,如钢和紫铜、钢和铝、钢和黄铜等的焊接。

3) 应用

摩擦焊主要用于焊接圆形截面的棒材或管材,由于摩擦焊设备一次投资较大,适用于大批量生产,在汽车、锅炉、电力、金属切削刀具等工业部门中已得到广泛应用。

3. 搅拌摩擦焊

搅拌摩擦焊是一种利用高速旋转的搅拌头与工件摩擦产生热量,促使工件的局部区域进入塑性状态,在搅拌头的压力下形成致密焊缝的焊接方法,其焊接过程如图 5-32 所示。搅拌摩擦焊的施焊工具是搅拌头,搅拌头轴肩即搅拌头与工件表面接触的肩台部分,搅拌针是搅拌头插入工件的部分。

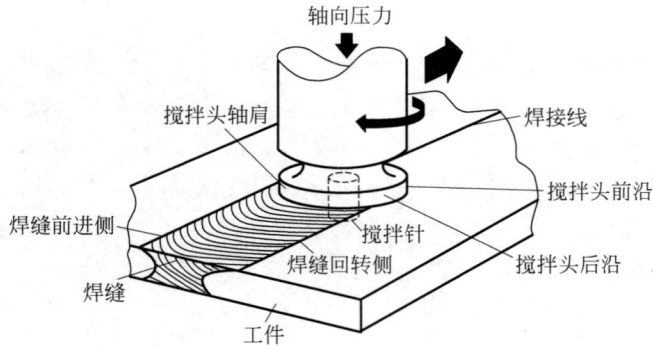

图 5-32　搅拌摩擦焊示意图

1）搅拌摩擦焊的工艺过程

在焊接过程中,搅拌头高速旋转并插入被焊工件的接缝处。搅拌头与工件材料之间产生的摩擦热使材料软化达到热塑化状态,同时搅拌头沿着接缝向前移动,热塑化的金属材料从搅拌头的前沿向后沿转移,并且在搅拌头轴肩与工件表层的摩擦产热和压力共同作用下,形成致密固相连接接头。

2）工艺特点

与传统摩擦焊及其他焊接方法相比,搅拌摩擦焊的特点主要表现在以下几个方面。

（1）焊接温度低,不易变形:这对于较薄铝合金结构的焊接极为有利,也是熔焊方法难以做到的。

（2）接头质量高,不易产生缺陷:焊缝是在塑性状态下受挤压完成的,属于固相连接,不产生类似熔焊接头的铸造组织缺陷,接头力学性能好,如疲劳、拉伸、弯曲强度等。

（3）生产成本较低,不用填充材料:焊接过程中的摩擦和搅拌可以有效去除焊件表面的氧化膜及附着杂质,减少了清理步骤。厚焊件不用加工坡口,焊后无余高,不需要保护气体、焊条和焊丝等填充材料。

（4）操作简单,易于实现自动化:能进行全位置焊接,焊接过程中不产生烟尘、辐射、飞溅、噪声及弧光等有害物质,是一种环保型焊接方法。

但是搅拌摩擦焊也有其局限性,例如,不同的结构需要不同的工装夹具,设备的灵活性较差;焊接时的机械力较大,需要焊接设备具有很好的刚性;焊缝背面需要加垫板,在封闭结构中垫板不易取出等。

搅拌摩擦焊在飞机、机车车辆和船舶制造中已经得到应用,主要用于铝合金、镁合金、钛合金、铜合金以及铝基复合材料等材料焊接。

5.2.3　钎焊

钎焊是指用熔点比母材低的钎料,在低于母材熔点、高于钎料熔点的温度下,通过液态钎料的润湿、毛细作用和扩散等作用,填充接头间隙并与母材相互扩散,实现连接焊件的焊接方法。

1. 钎焊接头形成过程

钎焊过程如图 5-33 所示。首先清理被焊工件的表面,采用搭接的形式将其装配在一起,在接头间隙附近或间隙内放置钎料,加热到钎料熔化温度,如图 5-33(a)所示;液态钎料借助毛细流动作用,填充接头间隙,如图 5-33(b)所示;钎料与焊件金属相互扩散,随后冷却结晶而实现连接,形成钎焊接头,如图 5-33(c)所示。

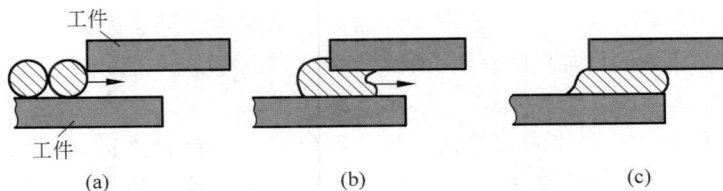

图 5-33 钎焊过程示意图

(a) 放置钎料;(b) 钎料润湿扩散;(c) 填满间隙

钎焊的加热方法有很多种,常用的加热方法有烙铁加热、火焰加热、电阻加热、炉中加热和高频加热等。钎焊接头的质量在很大程度上取决于钎料。根据钎料熔点的高低不同,钎焊可以分为软钎焊和硬钎焊两种。

软钎焊所用钎料的熔点低于 450℃,如锡铅钎料,接头的强度较低,一般不超过 70MPa。用于受力不大或工作温度较低的工件的焊接,如仪表、电器零件、电机以及导线焊接。

硬钎焊所用的钎料熔点高于 450℃,如铜基、铝基、银基及镍基钎料,接头的强度较高,在 200MPa 以上。用于受力较大或工作温度较高的工件的焊接,如硬质合金刀具、钻探钻头、换热器、自行车架、导管、滤网等的焊接。

2. 钎焊的特点

(1) 加热温度低,母材组织和力学性能变化小,焊件变形小,工件尺寸精确。

(2) 钎焊材料不受限制,生产率高,可以焊接同种或异种金属,可以同时焊接多道焊缝。

(3) 钎焊设备大多简单,易于实现生产过程自动化。

(4) 接头强度较低,尤其动载强度低。

5.3 常用金属材料的焊接

5.3.1 金属材料的焊接性

1. 金属材料焊接性的概念

金属材料焊接性是指材料对焊接加工的适应性,即在一定的焊接工艺条件下获得优质焊接接头的难易程度。焊接性好,则容易获得合格的焊接接头。金属材料焊接性受到焊接方法、焊接材料、焊接工艺参数和结构形式等因素的影响。

焊接性包括两个方面:一是结合性能,即在一定工艺条件下,材料形成焊接缺陷的可能性,尤其是指出现裂纹的可能性;二是使用性能,即在一定工艺条件下,焊接接头在使用中的可靠性,包括力学性能、耐热性、耐磨性等。焊接性是一个相对的概念,同一种被焊材料,采用不同的焊接方法、焊接材料及焊接工艺措施,其焊接性往往表现出很大差异。

2. 焊接性的评定方法

根据目前的焊接技术发展水平,工业生产中的金属材料绝大多数具有一定的焊接性,只是在一定的焊接工艺条件下进行焊接的难易程度不同。因此,了解和评定材料的焊接性是进行结构设计及合理制定焊接工艺的重要依据。评定金属焊接性一般是通过焊前间接评估法或用直接焊接试验法,下面简单介绍几种常用的间接评定焊接性的方法。

1) 碳当量法

金属材料的化学成分是影响焊接性的最主要因素。对钢材来讲,碳含量对焊接性影响最大,设其系数为 1,将其他元素的作用按照相当于若干含碳量的作用折合并相加,即材料的碳当量。碳当量法是评价钢材焊接性最简便的方法。

国际焊接学会推荐的碳钢和低合金结构钢的碳当量公式为

$$C_{eq} = \left(C + \frac{Mn}{6} + \frac{Cr+Mo+V}{5} + \frac{Ni+Cu}{15} \right) (\%)$$

其中,各元素符号表示该元素在钢中含量的百分数。试验表明,碳当量越高,其淬硬倾向越大,冷裂敏感性越大,焊接性越差。

$C_{eq} < 0.4\%$ 时,钢材塑性良好,钢材淬硬和冷裂倾向较小,焊接性优良,一般不必采取工艺措施即可获得优质接头。

$C_{eq} = 0.4\% \sim 0.6\%$ 时,钢材塑性一般,淬硬及冷裂倾向随 C_{eq} 的增加而增大,焊接性下降。焊前需预热,焊后缓慢冷却,以防止裂纹的产生。

$C_{eq} > 0.6\%$ 时,钢材塑性较低,淬硬和冷裂倾向严重,焊接性很差。焊前需高温预热,焊接时要采取减少焊接应力和防止开裂的工艺措施,焊后要进行适当的热处理,才能保证焊接接头质量。

由于碳当量法仅考虑了钢材的化学成分,忽略了焊件板厚、结构、焊缝氢含量、残余应力等其他影响焊接性的因素,所以评定结果较为粗略。

2) 冷裂纹敏感指数法

该方法考虑了合金元素的含量、板厚及含氢量对焊接性的影响,使计算结果更准确。冷裂纹敏感指数越大,则产生冷裂纹的可能性越大,焊接性越差。

冷裂纹敏感指数 Pc 可用下式计算:

$$Pc = \left(C + \frac{Si}{30} + \frac{Mn}{20} + \frac{Cu}{20} + \frac{Ni}{60} + \frac{Cr}{20} + \frac{Mo}{15} + \frac{V}{10} + 5B + \frac{h}{600} + \frac{H}{60} \right) (\%)$$

其中,h 为板厚(mm);H 为焊缝金属扩散氢含量(mL/100g)。

碳当量法和冷裂纹敏感指数法中的元素含量取成分范围的上限,上述公式只能作为分析时的一种估算,最终防止裂纹的条件必须通过直接裂纹试验或模拟试验来确定。

5.3.2 常用金属材料的焊接

1. 碳素钢的焊接

1) 低碳钢的焊接

低碳钢的含碳量小于 0.25%,焊接性良好,焊接时一般不需要采取特殊的工艺措施,都能获得优质焊接接头。只有厚大结构件在低温下焊接时才应考虑焊前预热,例如 20mm 以下板厚、温度低于 $-10℃$，或板厚大于 $50mm$、温度低于 $0℃$，应预热 $100\sim150℃$。

　　低碳钢结构件焊接材料的选择应根据母材强度等级和工作条件，表 5-2 为焊接低碳钢常用的焊接材料。

表 5-2　焊接低碳钢常用的焊接材料

钢　　号	焊 条 型 号		焊 丝 与 焊 剂		
	一般结构	焊接动载荷、复杂和厚板结构，重要受压容器以及低温下焊接	焊丝牌号	焊剂牌号	焊丝—焊剂
Q235	E4313, E4303, E4301, E4320, E4311	E4316,E4315(E5016,E5015)	H08A	HJ430,HJ431	H081—HJ401
Q275	E5016, E5015	E5016,E5015	H08MnA		
08,10,15,20	E4303, E4301, E4320, E4311	E4316,E4315(E5016,E5015)	H08A, H08MnA	HJ430, HJ431, HJ330	H08A— HJ401 H10Mn2— HJ301
25,30	E4316, E4315	E5016,E5015	H08MnA, H10Mn2		
20g,22g	E4303, E4301	E4316,E4315(E5016,E5015)	H08MnA, H08MnSi, H10Mn2		
20R	E4303, E4301	E4316,E4315(E5016,E5015)	H08MnA		

　　2) 中碳钢的焊接

　　中碳钢的含碳量为 $0.30\%\sim0.60\%$，碳当量较高，焊接性较差。焊接时，热影响区组织淬硬倾向增大，较易出现裂纹和气孔，可采取以下工艺措施。

　　(1) 焊前预热，焊后缓冷：减小焊接应力，避免淬硬组织的出现，有效防止焊接裂纹的产生。例如 45 钢焊前预热 $150\sim250℃$，厚大件预热温度应更高些。进行多层焊时，层间温度不能过低。焊后缓冷，并进行 $600\sim650℃$ 去应力退火，就可以消除焊接应力。

　　(2) 尽量选用碱性低氢型焊条：减少合金元素烧损，焊缝具有较强的抗裂能力，能有效防止焊接裂纹的产生。

　　(3) 采用细焊丝：小电流、开坡口多层焊，可减少含碳量高的母材金属过多熔入焊缝而导致的碳含量升高。

　　中碳钢常用焊条电弧焊进行焊接，常用的焊条、预热和去应力退火的温度见表 5-3。

　　3) 高碳钢的焊接

　　高碳钢的含碳量在 0.60% 以上，淬硬倾向更大，易出现各种裂纹和气孔，焊接性更差，一般不用来制作焊接结构，只用于破损机件的焊补。高碳钢常用的焊接方法是焊条电弧焊，焊条选用碱性低氢型焊条，预热至 $250\sim350℃$，焊后缓冷，并立即进行 $650℃$ 以上去应力退火,以消除应力。

表 5-3　中碳钢常用焊条、预热和去应力退火的温度

钢　号	母材 w_C/%	焊接性	选用焊条牌号		预热温度/℃	高温回火温度/℃
			不要求强度或不要求等强度	要求等强度		
30	0.27～0.35	较好	E4316,E4315	E5016,E5015	>100	600～650
35 ZG270-500	0.30～0.40	较好	E4303,E4301 E4316,E4315	E5016,E5015	>150	600～650
45 ZG310-570	0.42～0.52	较差	E4303,E4301,E4316 E4315,E5016,E5015	E5016,E5015	>250	600～650
55 ZG340-640	0.52～0.62	较差	E4303,E4301,E4316 E4315,E5016,E5015	E5016,E5015	—	—

2. 低合金结构钢的焊接

焊接生产中大量应用的低合金结构钢主要是低合金高强度结构钢,按屈服强度从低到高分为 Q355、Q390、Q420、Q460 等级别,主要用于制造压力容器、锅炉、桥梁、船舶、车辆、起重机和工程机械等,常采用焊条电弧焊、CO_2 气体保护焊和埋弧自动焊。由于化学成分不同,焊接性也存在一定差距。

一般强度级别较低的低合金结构钢,如 Q355 的焊接性能良好,在常温下焊接时,不用复杂的工艺措施就可获得优质的焊接接头。只有在低温或结构厚度大、刚性大的条件下进行焊接时,需要焊前进行 100～150℃预热。

强度级别大于 Q390 低合金结构钢,由于合金元素含量较多,碳当量较高,淬硬及冷裂倾向大,焊接性差。因此在焊接时应合理选择焊接材料(如选用低氢型焊条),清除坡口及两侧各 20mm 范围内的铁锈、水和油污,焊前预热,采用合理的焊接顺序和焊后去应力热处理等严格的工艺措施,以确保焊接接头的质量。

常用低合金高强度钢及其焊接材料的选择见表 5-4。

表 5-4　常用低合金高强度钢焊接材料选用示例

钢材牌号	焊条电弧焊	埋弧焊		CO_2 气体保护焊
	焊条型号	焊丝牌号	焊剂牌号	焊丝牌号
Q355	E50××型	不开坡口对接：H08A	HJ431	H08Mn2SiA
		中厚板开坡口对接：H08MnA,H10Mn2,H10MnSi		
		厚板深坡口：H10Mn2	HJ350	
Q390	E50××型 E50××-G型	不开坡口对接：H08MnA	HJ431	H08Mn2SiA
		中厚板开坡口对接：H08Mn2Si,H10Mn2,H10MnSi		
		厚板深坡口：H08MnMoA	HJ350 HJ250	

续表

钢材牌号	焊条电弧焊	埋弧焊		CO$_2$ 气体保护焊
	焊条型号	焊丝牌号	焊剂牌号	焊丝牌号
Q420	E60××型	H08MnMoA，H08MnVTiA	HJ431 HJ350	—
Q460	E60××型 E70××型	H08Mn2MoA H08Mn2MoVA	HJ350 HJ250	—

3. 不锈钢的焊接

目前工业生产中应用的不锈钢,按其组织形态分为奥氏体不锈钢、马氏体不锈钢和铁素体不锈钢三大类。不锈钢焊接时,焊条或焊丝等焊接材料的选择,要保证焊缝金属的化学成分与母材相同或相近,以使焊缝金属在力学性能上与母材较好地匹配。

奥氏体不锈钢是应用最广泛的不锈钢,虽然 Cr、Ni 含量较高,但含碳量低,其焊接性良好,在焊接过程中一般不用采取特殊的工艺措施。可以采用焊条电弧焊、埋弧焊和氩弧焊进行焊接。这类钢焊接的主要问题是晶间腐蚀和热裂纹,需要采取冶金措施和工艺措施防止。

马氏体不锈钢的焊接性较差,在空冷条件下焊缝为马氏体组织,具有强烈的淬硬倾向,易形成冷裂纹。含碳量越高,焊接性越差,一般采用焊条电弧焊和氩弧焊进行焊接,焊前应预热到 200～400℃,焊后要及时进行热处理,以防止接头中产生冷裂纹。

铁素体不锈钢焊接主要问题是,热影响区中的铁素体晶粒易过热粗化,使焊接接头的塑性和韧性急剧下降甚至开裂。一般采用焊条电弧焊和氩弧焊,为了防止过热脆化,焊前预热温度应控制在 150℃ 以内,并采用小电流、快速焊等工艺措施,以减少熔池金属在高温的停留时间,降低晶粒长大倾向。

4. 铸铁的补焊

铸铁的碳质量分数大于 2.11%,含硫、磷等杂质较多,塑性很低,其焊接性很差,一般都不考虑直接用于制造焊接结构。但铸铁具有成本低、铸造性能好、切削性能优良等性能特点,在机械制造业中应用广泛。铸铁件在使用过程中发生的局部损坏或断裂,以及在生产中出现的铸造缺陷,可采用焊接方法修复,具有很大的经济效益。因此,铸铁的焊接主要是焊补。

铸铁在焊补时存在的主要问题是焊接接头易生成白口组织和淬硬组织,难以机加工;铸铁强度低,塑性差,焊接接头易出现裂纹;焊接时易生成 CO 和 CO$_2$ 气体,由于冷却速度快,熔池中的气体来不及逸出将形成气孔。

根据焊接前是否进行预热,铸铁的焊补工艺可分为热焊法与冷焊法两大类。

1) 热焊法

热焊法是指在焊前对焊件整体或局部加热到 600～700℃,在焊接过程中温度不应低于 400℃,焊后缓慢冷却的焊接方法。热焊法可在很大程度上防止焊件产生白口组织和裂纹,补焊质量较好,焊后可进行机加工。但其工艺复杂,生产率低,成本相对较高,而且高温操作的劳动条件较差。

热焊法一般用于焊后要求切削加工、形状相对复杂的重要铸件,如汽车的缸体、缸盖和机床导轨等。焊接方法一般采用气焊或焊条电弧焊,气体火焰可以用于预热工件和焊后缓冷。焊条电弧焊时,通常采用碳、硅含量较低的灰铸铁焊条和铁基球墨铸铁焊条。

2)冷焊法

冷焊法是指焊前工件不预热(或局部预热至 $300\sim400℃$,称半热焊),焊后缓冷的焊补方法。常用的焊补方法是焊条电弧焊,主要依靠焊条本身来调整焊缝的化学成分以提高接头塑性,防止或减少裂纹和白口组织的产生。

冷焊时常采取如小电流、短弧焊、分段焊以及焊后轻锤焊缝以松弛应力等工艺措施,可在一定程度上防止焊后开裂。与热焊法相比,冷焊法生产率高、成本低、劳动条件好,但焊接部位难以进行切削加工。实际生产中,冷焊法多用于补焊质量要求不高的铸件,或用于焊后不要求切削加工的铸件。冷焊常用的焊条有低碳钢碱性焊条、高钒铸铁焊条等。

5. 铝及铝合金的焊接

工业上经常需要焊接的铝及铝合金主要有工业纯铝、不能热处理强化的铝合金(铝锰合金、铝镁合金)和能热处理强化的铝合金(铝铜镁合金、铝锌镁合金等)。

铝及铝合金焊接的主要问题如下所述。

(1)易形成气孔:铝在液态时极易吸收大量的氢气,而固态时几乎不溶解氢,绝大多数溶于液态铝中的氢在熔池结晶时要逸出,如来不及逸出则留在焊缝中形成气孔。

(2)易形成热裂纹:因为铝及铝合金的线膨胀系数和导热系数大,焊接时易产生较大的内应力,而其高温强度低,导致热裂纹。

(3)易氧化:因为铝和氧的亲和力很大,极易氧化生成 Al_2O_3 薄膜,其熔点为 $2050℃$,组织致密,远高于铝的熔点,不易浮出熔池,从而形成夹杂。

铝及铝合金的常用焊接方法中目前以氩弧焊应用最广,氩弧焊不仅有良好的保护作用,且有阴极破碎作用,可去除 Al_2O_3 膜,使铝及铝合金焊缝能很好地熔合,达到提高焊接质量的目的,常用于焊接质量要求高的焊件。氩弧焊所用的焊丝成分应与焊件成分相同或相近,确保焊缝的力学性能与母材相近。

另外,电阻焊(点焊和缝焊)、钎焊和气焊的应用也较多,无论采用哪种焊接方法来焊接铝及铝合金,焊前都必须清理焊件接头处和焊丝表面的氧化膜及油污等,焊后也要对焊件进行清理,以防腐蚀。

6. 铜及铜合金的焊接

铜及铜合金的焊接性较低碳钢差,焊接时容易出现以下问题。

(1)难熔合:铜及铜合金的导热系数大,焊接时热量易传导出去,导致母材和填充金属难以融合。

(2)易变形开裂:铜及铜合金的线膨胀系数大,焊接时易产生较大的焊接应力而变形甚至开裂。铜易氧化形成低熔点的共晶体分布在晶界上,产生热裂纹。

(3)易形成气孔:铜在液态时能溶解大量的氢气,凝固时,溶解度急剧下降,氢来不及析出而形成气孔。

铜及铜合金的焊接常用氩弧焊、气焊、焊条电弧焊和钎焊等方法,以氩弧焊的焊接质量最好。焊接纯铜、青铜主要采用氩弧焊。因为惰性气体可有效地保护熔池不被氧化,且热量集中而能保证焊透,不仅能获得优质焊缝,还有利减少焊接变形。

铜及铜合金在焊前应严格清理焊件,以减少氢的来源。同时焊前应预热,以弥补热传导损失。焊后锤击焊缝及进行完全退火,以细化晶粒和提高焊接质量。

5.4　焊接件的结构设计

在设计焊接结构时,既要保证使用性能的要求,如形状尺寸、工作条件、技术要求及有关的国家标准,还必须注意结构的工艺性能,如结构的选材、焊接方法的选择、焊接接头的形式及加工工艺性等方面的内容,达到工艺简单、质量优良、生产率高、成本低的目的。

5.4.1　焊接结构材料的选择

选择焊接结构材料时,应综合考虑材料的力学性能和焊接性。

(1) 在满足使用性能的前提下,优先选择焊接性好的材料:各种常用金属材料的焊接性见表 5-5,低碳钢和碳当量较低的低合金钢其焊接性良好,在设计焊接结构时可优先选用。

表 5-5　常用金属材料的焊接性

金属材料	焊接工艺									
	气焊	焊条电弧焊	埋弧焊	CO_2 气体保护焊	氩弧焊	电子束焊	点焊、缝焊	对焊	摩擦焊	钎焊
低碳钢	A	A	A	A	A	A	A	A	A	A
中碳钢	A	A	B	B	A	A	B	A	A	A
低合金结构钢	B	A	A	A	A	A	B	A	A	A
不锈钢	A	A	B	B	A	A	A	A	A	A
耐热钢	B	A	B	C	A	A	B	C	D	A
铸钢	A	A	A	A	A	A	E	B	B	B
铸铁	B	B	C	C	B	E	E	D	D	B
铜及其合金	B	B	C	C	A	B	D	D	A	A
铝及其合金	B	C	C	C	A	A	A	A	B	C
钛及其合金	D	D	D	D	A	A	B~C	C	D	B

注:A—焊接性良好;B—焊接性较好;C—焊接性一般;D—焊接性较差;E—不常用。

(2) 焊接结构优先选用型材,尽量减少焊缝数量:设计焊接结构时选用型材和管材,如工字钢、槽钢、角钢和钢管等型材,可以减少焊缝数量,简化焊接工艺。对于形状较复杂的部分,可以选择用铸件、锻件、冲压件等进行焊接,这样有助于保证焊接质量。

5.4.2　焊接方法的选择

焊接方法有各自的特点和应用范围,选择焊接方法时应考虑材料的焊接性、焊件结构的形状、焊缝长度、生产批量及产品质量要求等因素,在综合分析焊件质量、经济性和工艺性之后,确定最适宜的焊接方法。选用的原则应是在保证产品质量的前提下,优先选择常用的焊接方法。若生产批量大,则还必须考虑尽量提高生产率和降低成本。

5.4.3　焊接接头的工艺设计

焊接接头是整个结构传递和承受载荷的重要部分,它的性能直接关系到焊接结构的可靠性。接头的工艺设计包括焊接接头形式设计、坡口形式设计等。

1. 接头形式的选择与设计

设计接头形式时,主要考虑焊件的结构形状和板厚、接头使用性能等因素。焊接接头的基本形式有对接接头、搭接接头、角接接头、T 形接头等,如图 5-34 所示。

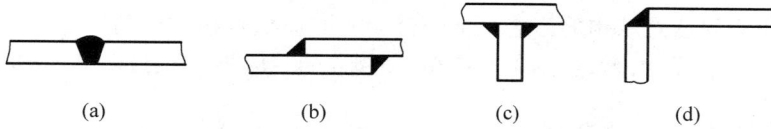

图 5-34　焊接接头的形式
(a) 对接接头;(b) 搭接接头;(c) T 形接头;(d) 角接接头

其中对接接头受力简单、均匀,应力集中较小,易于保证焊接质量。静载和疲劳强度较高,对下料尺寸和装配精度要求高,是应用较多的结构。一般在锅炉和压力容器等结构的受力焊缝常采用对接接头。搭接接头的两工件不在一个平面上,应力分布不均匀,接头处产生附加弯矩,降低了疲劳强度,对下料尺寸和装配精度要求不高。因为接头处部分重叠,增大了结合面,增大了承载能力。一般在房屋架、桥梁、起重机吊臂等桁架结构中常采用搭接接头。角接接头和 T 形接头受力较复杂,在接头呈直角或一定角度连接时,会采用这两种接头。

2. 坡口的设计

为了保证焊透,根据设计或工艺需要,将焊件的待焊部位加工成一定形状的沟槽,称为坡口。

不同的焊接方法,坡口角度和装配尺寸不同,应按国家标准执行。两个焊接件的厚度相同时,常用的对接接头坡口形式有 I 形坡口、V 形坡口、U 形坡口、X 形坡口和双 U 形坡口等。除此之外,还有由两种或两种以上基本型坡口组合而成的坡口,需要时可查阅国家标准推荐的坡口。钢材焊条电弧焊对接接头的部分坡口形式和尺寸见表 5-6。

表 5-6　焊条电弧焊对接接头的部分坡口形式(摘自 GB/T 985.1—2008)

焊接形式	母材厚度 t	坡口形式	截面示意图	坡口角度 α,β	间隙 b	钝边 c	焊缝示意图
单面对接焊缝	$t \leqslant 4$	I 形坡口		—	$\approx t$	—	
	$3 < t \leqslant 10$	V 形坡口		$40° \leqslant \alpha \leqslant 60°$	$\leqslant 4$	$\leqslant 2$	
	$5 \leqslant t \leqslant 40$	V 形坡口(带钝边)		$\alpha \approx 60°$	$1 \leqslant b \leqslant 4$	$2 \leqslant c \leqslant 4$	
	$t > 12$	U 形坡口		$8° \leqslant \beta \leqslant 12°$	$\leqslant 4$	$\leqslant 3$	

续表

焊接形式	母材厚度 t	坡口形式	截面示意图	坡口角度 α,β	间隙 b	钝边 c	焊缝示意图
双面对接焊缝	$t \leqslant 8$	I 形坡口		—	$\approx t/2$	—	
	$3 \leqslant t \leqslant 40$	V 形坡口		$\alpha \approx 60°$	$\leqslant 3$	$\leqslant 2$	
	$t > 10$	V 形坡口（带钝边）		$\alpha \approx 60°$	$1 \leqslant b \leqslant 3$	$2 \leqslant c \leqslant 4$	
	$t > 10$	双 V 形坡口		$\alpha \approx 60°$	$1 \leqslant b \leqslant 3$	$\leqslant 2$	
	$t \geqslant 30$	双 U 形坡口		$8° \leqslant \beta \leqslant 12°$	$\leqslant 3$	≈ 3	

　　厚度相差较大的金属板材进行焊接,接头处易形成应力集中和缺陷。焊接结构尽量采用等厚度的材料,以便获得优质的焊接接头。不同厚度的板材对接时厚度差范围见表 5-7,超出此范围,应在较厚的板上加工出单面或双面过渡段,如图 5-35 所示。

表 5-7　两板对接时的厚度差范围　　　　　单位:mm

较薄板的厚度	2~5	6~8	9~11	$\geqslant 12$
允许厚度差 $\delta_1 - \delta$	1	2	3	4

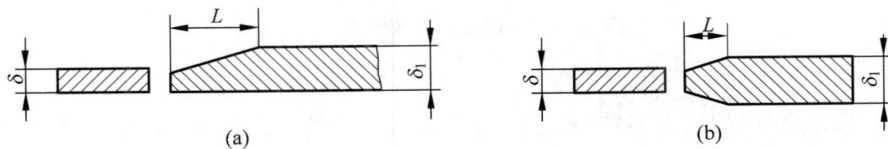

图 5-35　不同板厚的金属材料对接的过渡形式

(a) $L \geqslant 5(\delta_1 - \delta)$; (b) $L \geqslant 2.5(\delta_1 - \delta)$

　　焊接接头设计应根据结构形状及强度要求、工件厚度、可焊到性、焊接变形、坡口加工难易程度等因素综合考虑。

5.4.4　焊缝的布置

焊缝布置是否合理,是焊接结构设计的关键,其与产品的质量、成本、生产率以及工人的劳动强度都有密切关系。焊缝的布置一般遵循以下原则。

(1) 焊缝布置尽可能分散:熔化焊的焊缝交叉或密集,造成金属局部热量过分集中,热影响区变大,性能变差,应力增大。因此两条焊缝的间距一般要求大于 3 倍板厚,且不小于 100mm,如图 5-36 所示。

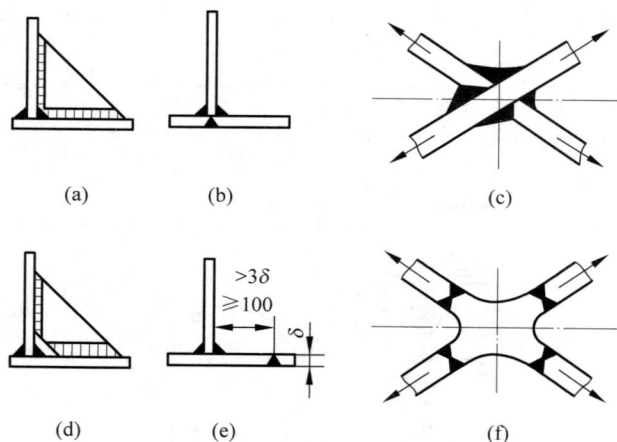

图 5-36　焊缝布置的设计
(a)~(c) 不合理;(d)~(f) 合理

(2) 焊缝应尽可能对称分布:焊缝对称分布,产生的变形部分互相抵消,减少焊后的总变形量。

(3) 焊缝应尽量避开最大应力区和应力集中区:受力较大、结构较复杂的焊接构件,焊缝不应布置在最大应力处。如图 5-37(a)所示大跨度的焊接钢梁,梁的中间为由外载荷引起的最大应力区,应改成图 5-37(b)所示的结构。

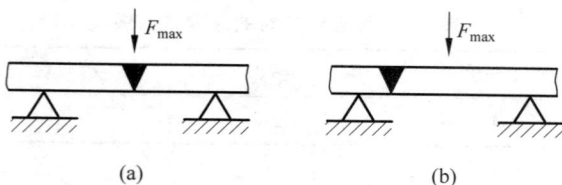

图 5-37　焊缝应避开最大应力处
(a) 不合理;(b) 合理

对于 5-38(a)所示的压力容器,焊缝应避开应力集中的转角位置,可将焊缝布置在直壁段上,从而改善焊缝的受力状况,如图 5-38(b)所示。

(4) 焊缝应尽量避开机械加工表面:有些焊接构件需先机械加工后焊接,为了使已加工表面的加工精度不受影响,应使焊缝尽量避开(或远离)已加工面,图 5-39(a)和(b)所示的结构,显然不如图 5-39(c)和(d)所示的结构容易保证质量。

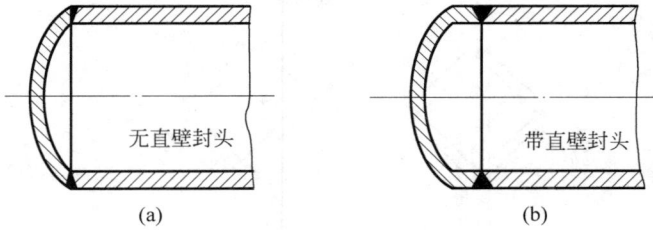

图 5-38 凸形封头的焊缝位置

（a）不合理；（b）合理

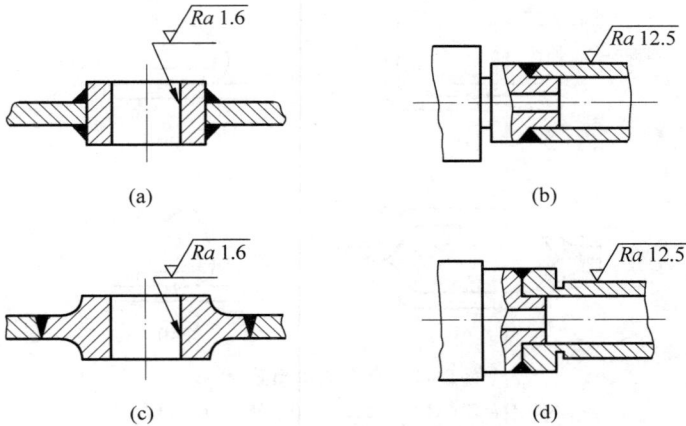

图 5-39 焊缝远离机械加工面的设计

（a）不合理；（b）不合理；（c）合理；（d）合理

（5）焊缝位置应便于操作：设计的焊接结构应保证焊接操作方便，例如焊条电弧焊结构要能伸入焊条，如图 5-40 所示；埋弧焊结构件要考虑接头处施焊时能存放焊剂，如图 5-41 所示；点焊要考虑电极能否伸入，如图 5-42 所示。

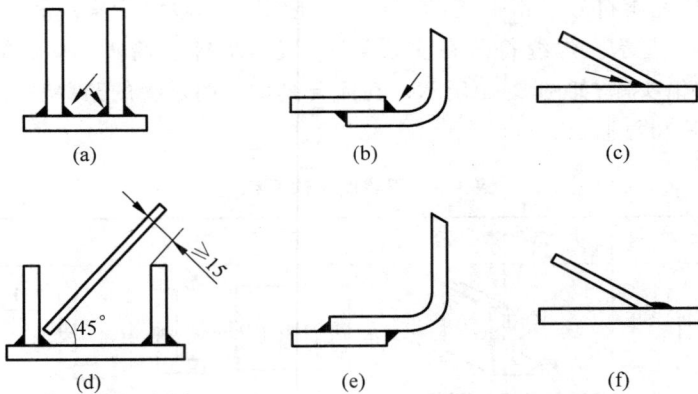

图 5-40 焊条电弧焊的焊缝设计

（a）～（c）不合理；（d）～（f）合理

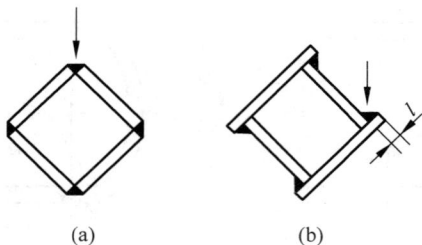

图 5-41　埋弧焊的焊缝设计
（a）不合理；（b）合理

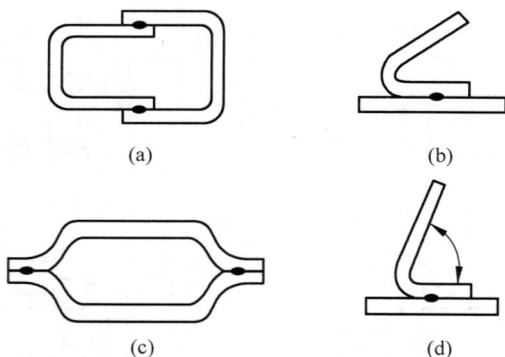

图 5-42　点焊的焊缝设计
（a）不合理；（b）不合理；（c）合理；（d）合理

5.4.5　焊接结构工艺图

　　焊接结构工艺图是指根据《焊缝符号表示法》(GB/T 324—2008)中规定的有关焊缝的图形、符号、画法、标注等表达设计人员关于焊缝的设计思想，用来指导焊接结构制造的一种工程图样。

　　在技术图样上需要表示焊缝时，可以用图示法或用焊缝符号，为了简化，在图样上标注焊缝时通常只采用基本符号和指引线，见表 5-8。指引线一般由箭头线和基准线（实线和虚线）组成，如图 5-43 所示。焊缝符号在实线侧时，表示焊缝在箭头侧；焊缝符号在虚线侧时，表示焊缝在非箭头侧，如图 5-44 所示。在需要具体说明焊缝的某些特征时，可参考国家标准标注补充符号和数据等。

表 5-8　焊缝图示法及标注

名　称	基本符号	示意图	图示法	标注方法
I 形焊缝	‖			
V 形焊缝	∨			

表 5-9 前的续表

名　称	基本符号	示　意　图	图　示　法	标 注 方 法
角焊缝	◿			
点焊缝	○			

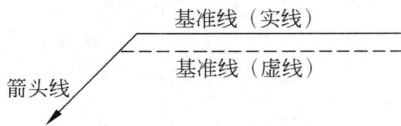

图 5-43　焊缝的指引线

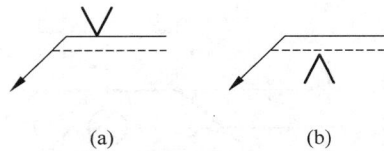

图 5-44　焊缝位置的不同表示方式
（a）焊缝在箭头侧；（b）焊缝在非箭头侧

常见焊缝符号的标注示例见表 5-9。

表 5-9　常见焊缝符号的标注示例

接头形式	焊缝形式及尺寸	标 注 示 例	说　　明
对接接头			表示板厚 10mm，对接间隙 2mm，坡口角度 60°，4 条焊缝，每条焊缝长 100mm，12 代表采用埋弧焊
角接头			表示双面焊缝，上面为单边 V 形焊缝，下面为角焊缝，c 表示钝边高度，β 表示坡口的角度，b 表示根部间隙，K 表示焊脚尺寸
搭接			○表示点焊缝，熔核直径为 d，共 n 个焊点，焊点间距为 e，L 是确定第一个起始焊点中心位置的定位尺寸
			⊏表示三面焊接；◿表示单面角焊缝；K 表示焊角尺寸

续表

接 头 形 式	焊缝形式及尺寸	标 注 示 例	说　明
T 形接头			⚑ 表示在现场装配时进行焊接； ▷ 表示双面角焊缝，焊角尺寸 为 4mm

图 5-45 为吊装架结构图，由立板、平板、吊耳和圆板组焊而成，所用材质为 Q235A，采用 CO_2 气体保护焊。

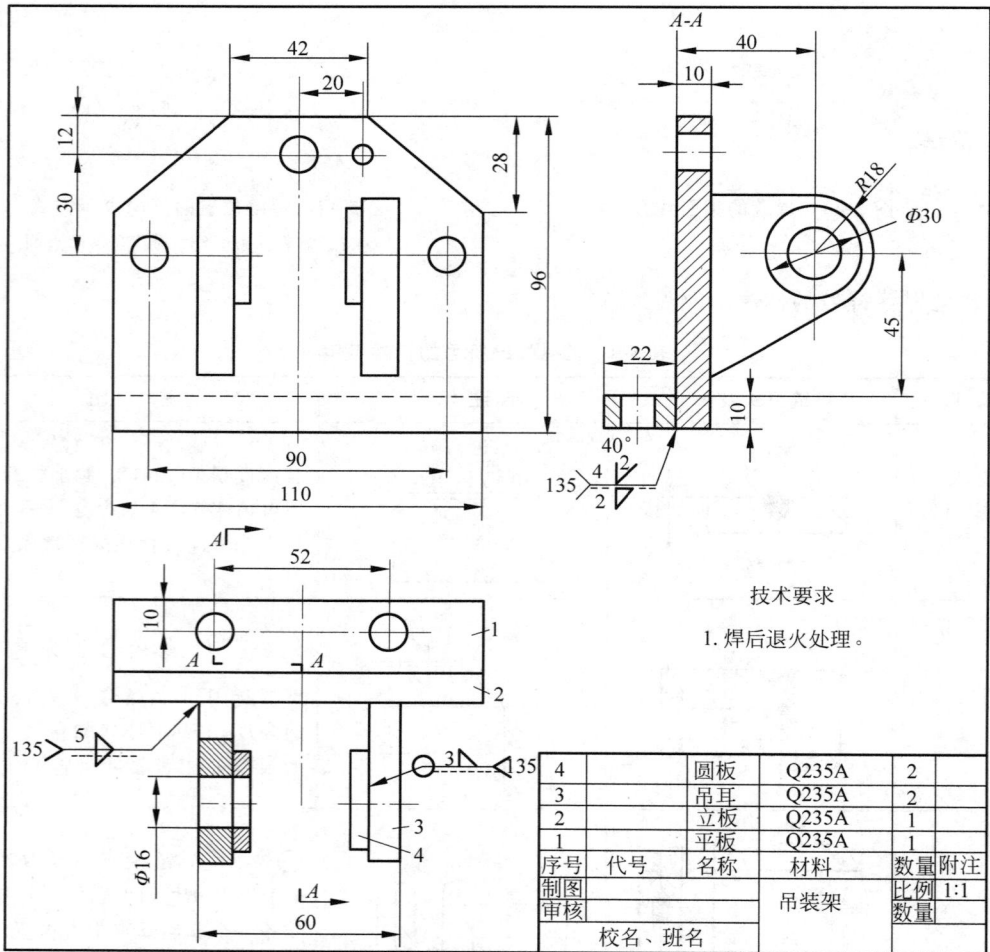

图 5-45　吊装架结构图

图中，$\underset{135}{\underline{\diagdown}} \dfrac{4}{2} \diagup^{40°}_{} \diagup$ 表示立板和平板之间的正面焊缝开 Y 形坡口，坡口角度 40°，钝边 4mm，间隙 2mm，背面焊缝为单面角焊缝，焊角尺寸为 2mm，135 代表焊接方法为 CO_2 气体

保护焊。

135 ⟩⎯⟨ $\frac{5}{}$ ⎯⟨ ↗ 表示立板和吊耳之间的焊缝的焊角尺寸为 5mm 的双面角焊缝,焊接方法为 CO_2 气体保护焊。

延伸视界

　　随着人们对装备性能和环保的追求,人们在追求装备性能的同时也开始注意其对环境造成的影响。高强钢的使用提高了构件的强度及其他力学性能,降低了钢材的用量,实现了轻量化,已经广泛应用于工程机械、海洋结构、建筑结构和军用机械装备中。但高强钢焊接接头的疲劳性能并不随着钢材强度升高而提高,因此提高焊接接头的疲劳寿命对于高强钢的应用具有重要意义。国内外相关研究发现,提高高强钢焊接接头疲劳寿命的方法主要有以下几种:基于焊缝几何形貌的改进,降低应力集中系数减缓疲劳裂纹的萌生,如 TIG 熔修、激光熔修、喷涂沉积、仿形加工和打磨等方法,其中 TIG 熔修、激光熔修、喷涂沉积对残余应力状态有所调整,共同改善接头疲劳寿命;基于焊缝表面残余应力状态调整,以引入残余压应力减缓裂纹扩展速度,如 PWHT、HFMI、LSP、滚压和搅拌摩擦等方法,这些方法除了调整残余应力,还会提高接头表面硬度和细化表层晶粒,从而阻碍疲劳裂纹萌生。

　　目前,这些方法已经得到工业界的广泛认可,但还存在着一定局限性。如由于高强钢焊接接头强度较高,传统的锤击和滚压在使用时对处理设备要求较高;使用 TIG 熔修、激光熔修和 FSP 对接头进行处理工艺不当时会造成表面粗糙度增加,对疲劳寿命提高不利等。

　　资料来源:马景平,曹睿,周鑫.高强钢焊接接头疲劳寿命的提高方法进展[J].焊接学报,2024,45(10):115-128.

延伸视界——高强钢焊接接头疲劳寿命的提高方法进展

习题

5-1　选择题

1. 焊接残余应力可以采取(　　)消除。
　　A. 扩散退火　　　　B. 固溶处理　　　　C. 去应力退火　　　　D. 淬火

2. 在熔化焊的焊接接头中,(　　)性能最差。
　　A. 焊缝金属　　　　B. 熔合区　　　　C. 热影响区　　　　D. 正火区

3. 常用的焊接方法可分为三大类,即熔化焊、钎焊和(　　)。
　　A. 电弧焊　　　　B. 电阻焊　　　　C. 压力焊　　　　D. 气体保护焊

4. 在焊接性估算中,(　　)的钢材焊接性比较好。
　　A. 碳含量高,合金元素含量低　　　　B. 碳含量中,合金元素含量中
　　C. 碳含量低,合金元素含量高　　　　D. 碳含量低,合金元素含量低

5. 硬质合金车刀刀头与刀体的焊接采用(　　)。
　　A. 埋弧自动焊　　　　B. 钎焊　　　　C. 缝焊　　　　D. 氩弧焊

6. 大批量生产铝、镁、钛等有色金属焊接件时,可选用(　　)。

　　A. 气焊　　　　　B. CO$_2$ 气体保护焊　C. 氩弧焊　　　　　D. 焊条电弧焊

7. 以下选项中,(　　)跟焊条药皮有直接关系。

　　A. 导电、引燃电弧　　　　　　　　B. 冶金处理

　　C. 机械保护作用　　　　　　　　　D. 改善焊接工艺性

8. 对于重要结构以及承受冲击载荷或在低温下工作的结构,焊接时需采用碱性焊条,原因是碱性焊条的(　　)。

　　A. 焊缝抗裂性好　　B. 焊缝冲击韧度好　　C. 焊缝含氢量低　　D. A、B 和 C

9. 气体保护焊的焊接热影响区一般都比焊条电弧焊的小,原因是(　　)。

　　A. 保护气体保护效果好　　　　　　B. 焊接电流小

　　C. 保护气体对电弧有压缩作用　　　D. 焊接电弧热量少

10. 金属的焊接性不是一成不变的,同一种金属材料采用不同的焊接方法、焊接材料,其焊接性可能有很大差别。(　　)

　　A. 正确　　　　　B. 错误

11. 薄板焊接时容易产生的变形是(　　)。

　　A. 角变形　　　　　B. 弯曲变形　　　　C. 波浪变形

12. 焊接时一般要对被焊区域进行保护,当焊接低碳钢时,为下列焊接方法配上相应的保护措施:

焊条电弧焊(　　),埋弧焊(　　),氩弧焊(　　),闪光对焊(　　),钎焊(　　)。

　　A. 气渣联合保护　　B. 渣保护　　　　C. 气体保护　　　　D. 钎剂保护

　　E. 不采取保护措施

5-2　名词解释:(1)焊接;(2)焊接电弧;(3)热影响区;(4)焊接性。

5-3　常用电弧的引燃方法有哪些?

5-4　电弧焊的冶金特点有哪些? 如何保证焊缝质量?

5-5　常见的焊接缺陷有哪些?

5-6　焊接应力的产生原因是什么? 消除焊接应力的方法有哪些?

5-7　厚件多层焊时,为什么有时要用小锤对红热状态的焊缝进行敲击?

5-8　焊接变形的基本形式有哪些? 焊后如何矫正焊接变形?

5-9　简述焊条的组成及各部分的作用。

5-10　试从焊接质量、生产率、焊接材料、成本和应用范围等方面,比较下列焊接方法:

(1)焊条电弧焊;(2)埋弧焊;(3)氩弧焊;(4)CO$_2$ 气体保护焊。

5-11　厚薄不同的钢板搭接,是否可以进行电阻点焊? 点焊对工件厚度有何要求?

5-12　钎焊和熔焊实质差别是什么? 钎焊主要适用范围有哪些?

5-13　用下列板材制成圆筒形低压容器,试选择焊接方法和焊接材料。

(1) Q235 钢板,厚 20mm,批量生产;

(2) 20 钢板,厚 2mm,批量生产;

(3) 铝合金板,厚 20mm,单件生产;

(4) 不锈钢板,厚 10mm,小批生产。

5-14   为什么铸铁焊接比低碳钢焊接困难得多?

5-15   为防止低合金高强钢焊后产生冷裂纹,应采取哪些措施?

5-16   电阻对焊和闪光对焊的焊接过程有何不同? 焊接质量有何差异?

5-17   设计焊接结构时,焊缝布置应考虑哪些因素?

5-18   图 5-46 所示的焊接结构,其焊缝布置是否合理? 如不合理,请加以改正。

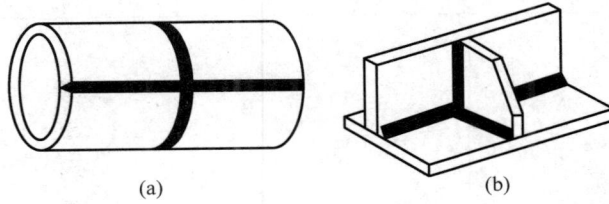

(a)   (b)

图 5-46   习题 5-18 图

第6章

金属增材制造

本章知识要点

知 识 要 点	学 习 目 标	相 关 知 识
增材制造基本原理	掌握金属增材制造的基本原理,熟悉金属增材制造的工艺流程和特点	增材制造的基本原理、工艺流程、特点
金属增材制造工艺	了解不同金属增材制造工艺的基本原理和工艺特点	选区激光烧结工艺,选区激光熔化工艺,激光近净成形工艺,电弧增材制造工艺,电子束选区熔化工艺
金属增材制造工艺的发展趋势	熟悉增材制造技术的优势与局限性,了解发展趋势	开发系列化的成形材料,探索多材料和多功能的增材制造技术,提升成形件的精度等

案例导入

　　随着民用飞机的大型化发展,结构越来越复杂,承受的载荷也越来越大,同时对经济性和环保性的要求也不断提高。在保证安全性的前提下,如何减轻结构重量一直是飞机设计人员的关键研究目标。增材制造技术能够实现复杂精密零件的近净成形,与优化设计技术相结合,为民用航空工业实现结构轻量化、快速设计验证、小批量零部件快速制造及快速客户响应等关键技术应用带来了一种全新思路,是一种具有革命性意义的新兴技术。增材制造技术因具有制造周期短、材料利用率高、可成形复杂轻量化一体化结构等优势,在国内外航空航天领域得到了迅速发展。增材制造件在军用飞机领域已获得多个型号的装机应用。中国航空制造技术研究院对电子束熔丝沉积技术进行了深入研究,并于2012年将采用电子束熔丝沉积快速制造技术制造的钛合金结构件实现装机应用。

　　为达成增材制造在民用飞机上的应用,首先应获得致密无缺陷的零部件,保证产品质量的一致性。但原材料、打印设备和工艺参数等因素不稳定,一定程度上会导致增材制造零件产品质量和力学性能的分散性。相比铸件、锻件,增材制造零件往往具有形状复杂、缺陷特殊、成形件表面粗糙、材质不均匀和各向异性明显等特点,这使增材制造零件的质量控制面临一定的挑战。随着民用航空领域对增材制造材料、工艺和零部件的适航审查与认证探索研究,增材制造与优化设计深度融合发展,该技术在飞机结构的大型整体化、构型拓扑化、梯度复合化和结构功能一体化应用等方面前景广阔。

　　资料来源:司瑞,陈勇.民用飞机增材制造技术应用发展趋势[J].航空学报,2024,45(5):529677.

增材制造（additive manufacturing，AM）是指采用材料逐渐累加的方法制造实体零件的技术。它不同于传统铸造、锻造和焊接等成形工艺，也不同于车削、铣削、磨削等切削加工工艺，增材制造是基于离散堆积原理的"自下而上"的制造过程。

增材制造技术最早可以追溯到 19 世纪，J. E. Blanther 在专利中提出用堆叠系列蜡片的方法来制作三维地貌图的地图模型。20 世纪 90 年代至今，随着激光光源、自动化控制、3D 绘图软件等相关技术的高速发展，很多新型的增材制造技术应运而生，如 3D 打印技术、光固化技术、固体熔融沉积技术、电弧增材制造技术、激光烧结技术、电子束熔化技术等。这些新技术在航空航天、医疗、兵器、能源动力、汽车、教育等领域具有广阔的应用前景。按成形材料分类，增材制造工艺可分为金属材料成形、无机非金属材料成形、高分子材料及生物材料成形等，本章主要介绍金属增材制造工艺。

6.1　增材制造基本原理

1. 基本原理

增材制造技术包含多种工艺方法，它们的基本原理都相同。增材制造的基本原理如图 6-1 所示。首先设计出所需产品或零件的计算机三维模型（如计算机辅助设计（CAD）模型）；其次根据工艺要求，按照一定的规则将该模型离散为一系列有序的二维单元，一般在 Z 向将其按一定厚度进行离散（也称为分层），把原来的三维 CAD 模型变成一系列的二维层片；再次根据每个层片的轮廓信息进行工艺规划，选择合适的加工参数，自动生成数控代码；最后由成形系统接收控制指令，将一系列层片自动成形并将它们连接起来，得到一个三维物理实体。

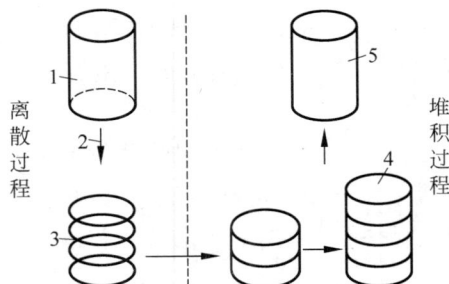

1—CAD三维模型；2—Z轴向分层；3—分层数据文件；
4—堆积、加工；5—后处理。

图 6-1　增材制造基本原理示意图

2. 工艺流程

增材制造技术的工艺流程包括前处理、材料堆积加工和后处理三个阶段。

1）前处理阶段

这一阶段的主要工作是获取三维造型的数据源，并对数据模型进行分层处理。

（1）三维数字建模：数字化模型是增材制造的第一步。首先使用 CAD 软件创建物体的三维数字模型，可以直接构建，或者通过扫描现有物体来获取。

（2）切片处理：使用切片软件将三维模型分解为若干二维切片，这些切片是二维平面的几何图形，代表在增材制造过程中每一层需要添加的材料区域。切片的厚度可以根据增材制造设备的精度进行调整。较小的切片厚度能够提高成形精度，但制造时间会增加，效率会降低；而较大的切片厚度能够提高生产效率，但可能会影响最终成品的精度。

（3）成形路径规划：根据切片的几何信息，增材制造设备会生成制造路径，确定如何逐层添加材料。这里还需要注意设计支撑结构，因为有些复杂几何结构（例如悬空部分）在成形过程中需要支撑来保持其形状的准确性。分层完成后得到一个由层片累积起来的模型文件，存储为增材制造设备所能识别的格式。

2）材料堆积加工

实际的增材制造是通过增材设备按照设定的路径逐层堆积材料完成的。打开设备启动控制软件，读入前处理阶段生产的层片数据文件，在计算机控制下相应的成形头（激光头或喷头）按各截面信息作扫描运动，在工作台上一层一层地堆积材料，各层之间粘接，最终得到产品。

3）后处理阶段

增材制造的零件成形后，通常需要进行一些后处理操作。常见的后处理步骤包括去除支撑结构、热处理、表面处理、精密加工等。通过后处理可以进一步提高零件的力学性能、尺寸精度和表面质量。

3. 增材制造的特点

1）适合复杂结构的快速制造

对于传统制造而言，产品的形状越复杂，可能需要多道工序、复杂的模具或者特殊的加工工艺才能实现，制造成本就越高。对增材制造来说，如果两个零件的体积相近，则在时间和材料消耗上不会因为形状复杂程度而产生巨大差异。增材制造无需工具、模具，直接在数字模型驱动下采用特定材料堆积出来，可显著缩短产品的开发与试制周期。

2）适合个性化定制

传统制造方法加工不同零件时，一般需要不同的设备和专用工装协同完成，而同一台增材制造设备只需要不同的三维数模和新的原材料就可以制造出形状和材质不同的零件，在快速生产和灵活性方面极具优势，可以满足个性化的需求。

3）材料的利用率高

传统的金属加工工艺（如切削加工）会产生大量的废料。例如，在锻造一个金属零件毛坯后，需要通过切削加工来获得最终的形状。而金属增材制造是一种近净成形技术，材料主要用于构建零件本身，只有少量的支撑结构材料可能会被浪费。这对于一些昂贵的金属材料（如钛合金、镍基合金等），具有显著的成本优势和资源节约效益。

4）面临一些挑战

金属增材制造技术存在残余应力、裂纹以及较高的孔隙率等内部缺陷，加工效率相对较低、加工成本整体较高等问题，随着技术的不断进步和成本的逐渐降低，金属增材制造有望在更多领域得到广泛应用和发展。

金属增材制造技术热源有激光、电弧和电子束三类，本章分别对选区激光熔化、选区激光烧结、激光近净成形、电弧增材制造、电子束选区熔化等工艺展开介绍。

知识链接

电弧增材制造水轮机转轮——2023 年 5 月 16 日,东方电机有限公司成功下线国内首台 150MW 级大型冲击式水轮机转轮,这在我国水电装备制造领域具有里程碑意义,同年 6 月 7 日在四川省雅安市成功实现工程应用。它的核心技术填补了多项国内技术空白,采用机器人电弧增材制造技术,3 台机器人历时 40 余天协同作业,完成 2700kg 金属增材。这一技术突破了转轮锻件制造难题,降低了锻件厚度和锻坯制造难度,减少了后期机械加工量。该转轮的成功研制有力证明了东方电机在冲击式水电机组研发制造方面的能力和水平,为我国更好地开发利用西南地区丰富的水电资源提供了重要支撑,有助于保障国家能源安全,为我国迈向绿色低碳的能源发展新时代注入了强劲动力。

6.2 金属增材制造工艺

6.2.1 选区激光烧结工艺

选区激光烧结(selective laser sintering,SLS),又称为选择性激光烧结,是利用激光分层烧结金属粉末,并使烧结成形的固化层在计算机的控制下层层堆积成形。它能够使高熔点金属直接烧结成形为金属零件,完成传统切削加工方法难以制造出的高强度零件的成形,尤其适合于航天器件、飞机发动机零件等的制造。

1. 成形原理

选区激光烧结基本原理如图 6-2 所示,根据前处理阶段生成的三维模型各层切片的信息,生成激光扫描系统的数控运动指令,铺料器将一层粉末材料平铺在工作台上,用铺粉辊将粉末滚平和压实,激光器开始选择性地烧结粉末表面,使粉末颗粒之间相互黏结,固化形成一层。之后,工作台下降一层的厚度,继续在上面铺上一层均匀密实的粉末,进行新一层

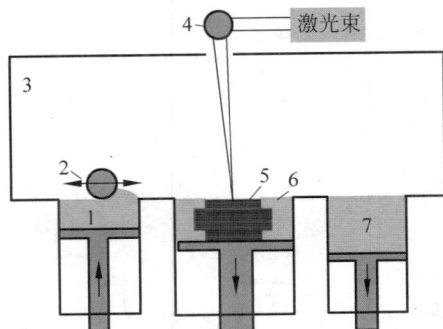

1—送料桶;2—铺粉辊;3—控温工作室;4—激光扫描器;
5—成形工件;6—工作平台;7—多余粉末收集桶。

图 6-2 选区激光烧结基本原理图

截面的烧结,如此反复,直至整个零件层层堆积成形。激光加热过程不完全熔化粉末,而是通过精确控制激光扫描的工艺参数,使粉末颗粒之间发生黏结。在成形过程中,未经烧结的粉末对模型的空腔和悬臂部分起支撑作用,因此不必另行设计支撑工艺结构。

2. 工艺特点

(1)材料多样性:可以处理多种材料,理论上任何加热后能够形成原子间黏结的粉末材料都可以作为选择性激光烧结的材料。

(2)无需支撑结构,材料利用率高:未烧结粉末可以为成形的结构提供支撑,因此在制造复杂几何形状时无需额外的支撑结构,减少了后续去支撑的过程,且未烧结的粉末可回收。

(3)金属工件表面粗糙:原材料是粉状的,由材料粉层经过加热熔化实现逐层烧结,成形后的零件表面是粉粒状的,可能需要进行后处理以提高其表面光洁度。

(4)需要比较复杂的辅助工艺:比如长时间的预处理(加热)、成品表面的粉末处理以及后处理等。

3. 应用

直接烧结金属模具,用作注塑、压铸、挤塑成形模具及钣金成形模。

6.2.2 选区激光熔化工艺

选区激光熔化(selective laser melting,SLM)是一种基于金属粉末材料的激光增材制造技术。其原理是利用高能激光束逐层扫描并熔化金属粉末,在其冷却后形成致密的三维实体。该技术是源于选区激光烧结技术,并在其基础上发展起来的,二者的基本原理是一致的,在航空航天、汽车工业和医疗器械领域有着广泛的应用。

1. 成形原理

选区激光熔化的基本原理如图 6-3 所示,将金属粉末均匀地铺展在工作平台上形成薄薄的一层,厚度通常在 $20\sim100\mu m$。高能激光束根据前处理阶段预先设定的路径,选择性地扫描粉末表面将其熔化。激光束的能量密度和移动速度是控制熔化过程的关键参数,直

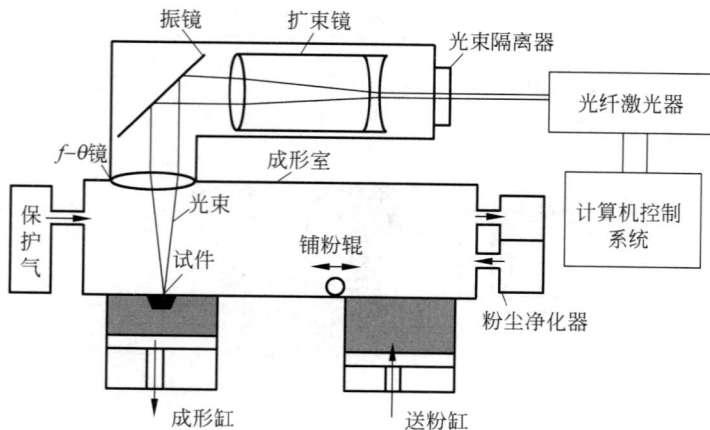

图 6-3 选区激光熔化基本原理图

接影响零件的最终质量。熔化的粉末在激光离开后迅速冷却并凝固成层。完成一层成形后,工作平台会下降一个固定的层厚,然后再次铺上一层新的粉末,激光继续扫描并熔化新一层粉末。这一过程不断循环,直至整个零件成形完成。可见,它与激光烧结技术不同的是,采用大功率激光器将铺层金属粉末直接熔化来进行金属构件的增材成形。

2. 工艺特点

(1) 适合各种复杂形状的工件:选区激光熔化技术适合制作内部通道、网格结构和曲面等传统加工方法难以实现的复杂结构零件。能够实现一体化生产,减少零件之间的连接需求,从而提高整体结构的强度和可靠性。例如,在航空航天领域,涡轮叶片的设计通常涉及复杂的冷却通道,这些通道能够显著提高涡轮的效率。

(2) 成形材料广泛:能够成形多种金属材料,包括钛合金、不锈钢、铝合金、镍基合金等。钛合金因其优异的强度重量比和耐腐蚀性,常用于航空航天和医疗植入物中。铝合金由于其轻便且易于加工,适合用于汽车工业中的轻量化设计。

(3) 致密度高:该技术能够将金属粉末完全熔化,最终成形的零件具有接近100%的致密度,高致密度使得金属零件在力学性能上表现优异,能够承受更高的负载和压力。例如,在航空航天应用中,部件需要在高温和高压环境下正常工作,因此高致密度的材料能够提供更好的机械强度和疲劳耐受性。这不仅提高了零件的性能,也延长了其使用寿命。

(4) 存在的问题:受激光器的功率和扫描振镜偏转角度的限制,成形零件的尺寸有限。激光熔化过程中的高温梯度和快速冷却过程容易导致内部应力和变形。另外,设备的运行成本较高。

3. 应用

可用于个性化医用植入体、航空航天、汽车、家电等领域。

6.2.3　激光近净成形工艺

激光近净成形(laser engineered net shaping,LENS)是一种利用高能激光束将同轴送进的粉末材料快速熔化凝固,逐层堆积,最后得到近净成形的零件实体的增材制造技术。与其他增材制造技术相比,该技术更适合制造大型金属部件,且在材料利用率和生产效率方面具有明显的优势。

1. 工作原理

激光近净成形原理如图 6-4 所示。

基于一般增材制造原理,激光束和送粉喷嘴在数控系统控制下按照二维轮廓数据信息生成的路径,利用激光束扫描加热,在基体上形成熔池,送粉喷嘴将金属粉末同步送入熔池中,快速熔化沉积在基体表面凝固后形成沉积层,层层叠加沉积形成零件实体。

2. 工艺特点

(1) 可加工的材料广泛,材料利用率高:它能够处理多种金属材料,包括铝合金、钛合金、镍基合金等,适

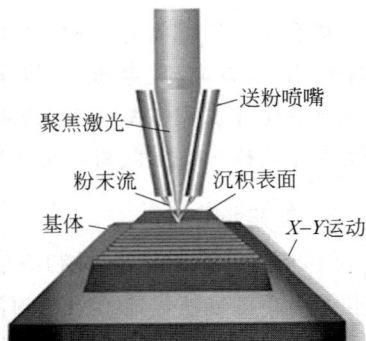

图 6-4　激光近净成形工作原理

应不同领域的需求。通过激光直接熔化和沉积金属材料,材料利用率接近 100%。

（2）成形尺寸不受限制,适用于大型结构件的生产:通过精确的机械臂控制,可制造出大尺寸的金属零件,如航空器的机身、发动机外壳和汽车的结构部件等,可以实现对损伤零件的快速修复。

（3）成形组织均匀,具有良好的力学性能。

（4）存在的问题:工件在成形过程中容易受到热应力的影响,导致变形或开裂。成形效率较低,表面质量较为粗糙,需要后处理,才能保证最终的尺寸精度和表面光洁度。

3. 应用

用于生产航空航天、船舶、机械、动力等领域中大型复杂整体构件的制造。

6.2.4 电弧增材制造工艺

电弧增材制造(wire arc additive manufacturing,WAAM)是以电弧为热源,将金属丝熔化后采用逐层堆焊的方式制造金属实体零件,该技术是基于氩弧焊技术发展起来的,是一种高效、低成本的金属增材制造方法。

1. 工作原理

电弧增材制造原理如图 6-5 所示。

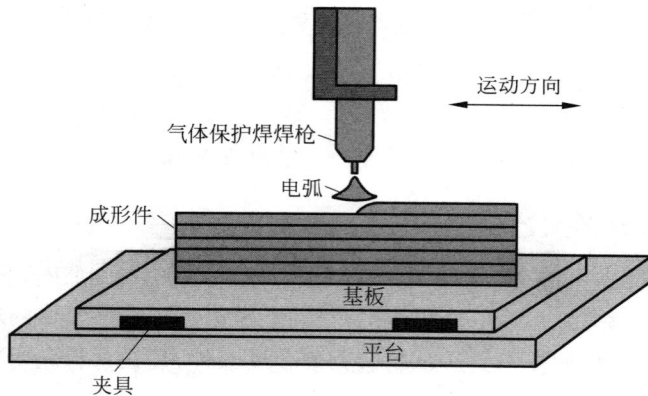

图 6-5 电弧增材制造的工作原理

基于一般增材制造原理,选择合适的基板材料,并将其固定在工作平台上,根据材料和零件要求,设置电流、电压、焊接速度、送丝速度等工艺参数。启动电弧增材制造设备,使金属丝材熔化并沉积在基板上,按照预定的路径逐层堆积,形成零件的形状。后处理阶段包括去除支撑结构、热处理、机械加工等,以获得最终所需的零件性能和尺寸精度。

2. 工艺特点

（1）成本低:电弧增材制造技术相较于选区激光熔化和电子束增材制造,具有明显的成本优势。首先所需的设备相对简单,电弧焊接设备的成本远低于激光和电子束设备。电弧增材使用金属丝作为原材料,而金属丝比金属粉末的价格通常较低。

（2）生产效率高,适合制造大型零件:相较于选择性激光熔化和电子束增材制造等技术,电弧增材是在开放的成形环境中进行的,在处理大型结构件方面的成形效率更高,能够迅速建立起较大体积的金属组件。

（3）存在的问题:电弧的热流密度低、加热半径大,作为热源在成形过程中需要往复移动,成形过程的稳定性控制是获得某种三维形状的关键。电弧增材件的精度和表面质量相对较低,且热应力可能会导致零件的变形,特别是在制造较厚的零件时,需要进行进一步的热处理以消除残余应力。

3. 应用

电弧增材技术在航空航天、船舶和能源领域具有广泛应用。例如,用于制造飞机的框架、船舶的结构件和大型机械设备的零部件,还可以用于修复大型零件,特别是那些传统方法难以加工的复杂结构。

6.2.5 电子束选区熔化工艺

电子束选区熔化(selective electron beam melting,SEBM)是指利用高能电子束在计算机的控制下按零件截面轮廓信息有选择性地熔化金属粉末,并层层堆积,直至整个零件全部完成,最后去除多余粉末而得到最终三维产品的增材制造技术。主要优势在于其高能量密度和快速的成形能力,且适用于高熔点金属材料的复杂零件的制造。

1. 工作原理

电子束选区熔化原理如图 6-6 所示。其基于一般增材制造原理,在真空箱内以电子束为能量源,电子束由计算机控制在电磁偏转线圈的作用下,根据零件各层截面的 CAD 数据有选择地对预先铺好在工作台上的粉末层进行扫描熔化,未被熔化的粉末仍呈松散状,可作为支撑。一层加工完成后,工作台下降一个层厚的高度,再进行下一层铺粉和熔化,同时新熔化层与前一层熔合为一体。重复上述过程直到零件加工完后从真空箱中取出,用高压空气吹出松散粉末,得到三维零件。

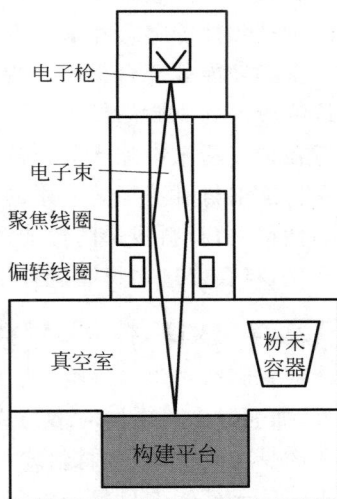

图 6-6 电子束选区熔化工作原理

2. 工艺特点

（1）成形件的致密度高:电子束的能量密度比激光束高,能够更快速地熔化金属材料,比选区激光熔化成形件的致密度高,特别适用于大尺寸复杂零件的高效制造。

（2）电子束能量利用率高,适用于高熔点材料成形:通过高能量的电子束能够有效熔化高熔点材料,比如钛合金、镍基合金等,确保它们的物理和化学性质在成形过程中保持稳定。

（3）产品成分纯净,性能有保证:电子束选区熔化在真空环境下进行,有助于减少金属材料在熔化过程中的氧化和污染。真空环境不仅可以防止氧气和水分对熔融金属的影响,还能避免杂质的引入,从而提高成形零件的力学性能和表面质量。

（4）存在的问题:最大的不足在于设备复杂且成本较高,如电子束的控制和真空环境的维持等。虽然电子束选区熔化技术适用于大尺寸零件的制造,但其成形精度相对较低,通常需要进行后续加工以满足最终的尺寸精度和表面质量要求。

3. 应用

电子束选区熔化多用于航空航天领域复杂结构件、医疗领域定制的钛合金植入体以及汽车领域变速箱体等复杂结构件的制造等，如飞机的机身部件、卫星的结构支架和涡轮发动机的关键部件等。

6.3 金属增材制造工艺的发展趋势

增材制造作为制造业中的重要技术革新，近年来的迅猛发展为其未来的应用和市场拓展奠定了坚实基础。从航空航天到医疗器械，从汽车制造到消费品，增材制造不仅实现了生产模式的转变，还为各个行业的产品设计、生产流程乃至整个供应链带来了深远的影响。随着技术的不断成熟和应用的不断拓展，增材制造在未来将呈现出以下几个重要的发展趋势。

1. 开发系列化、标准化的成形材料

增材制造技术的发展离不开新型材料的开发和新设备的研制。当前，增材制造所使用的材料有特定的物理和力学性能，适合不同的应用场景。随着材料科学的进步，增材制造材料的种类和性能将会显著提升。例如，为应对更严苛的应用环境，需要开发更多高性能的金属合金和功能性复合材料。智能材料也可能会应用于增材制造中，使得增材结构件具备感知或响应外部刺激的能力，通过对材料成分的精细控制来实现特定的力学或热性能。例如，通过在金属粉末中加入陶瓷微粒，可以显著提高增材制造零件的硬度和耐磨性能。

目前增材制造工艺使用的材料大部分是由各设备制造商单独提供的，不同厂家的材料通用性很差，材料成形的性能还不理想，因此开发性能优良的专用成形材料，并使其系列化、标准化，将会促进增材制造技术的快速健康发展。

2. 学科交叉，探索多材料和多功能的增材制造技术

随着制造技术与生物、信息、材料学科的交叉融合，未来的增材技术应用领域将会不断扩大，如通过多材料同时参与成形，则可以制造出具有不同区域功能的复合结构。例如，在电子产品的制造中，多材料增材能够实现导电材料与绝缘材料的同时成形，从而直接制造出集成电路元件。多材料增材制造技术的突破，将使具有结构和功能一体化的复杂零件得以实现。例如，通过同时加工刚性材料和柔性材料，可以制造出仿生关节或具备柔性运动能力的零件。此外，多功能制造技术还将促进增材制造在机器人、电子产品以及智能家居等领域的应用。

3. 提升增材制造的速度和精度

增材制造技术的制造速度和成形精度一直是影响其大规模应用的重要因素。当前金属增材制造在成形速度方面较传统制造方法仍存在一定的差距，尤其是在制造大型结构件时，耗时较长。随着设备硬件的改进以及软件控制系统的优化，增材制造的成形速度将显著提高。例如，新的激光系统、多激光束并行加工技术以及优化的扫描路径规划都将帮助提升增材制造的效率。在精度方面，未来的增材制造设备将逐渐实现更高的分辨率，以满足对高精度零件的需求。激光光斑的精细控制、多层切片策略的改进以及先进的反馈控制系统，使增材制造在微米级乃至纳米级别上进行加工成为可能，将使增材制造在微电子器件、精密仪器

以及高端医疗器械领域的应用前景更加广阔。

4. 推进增材制造与智能制造的融合

随着工业4.0的推进,增材制造与智能制造技术的融合正在成为一个重要的发展趋势。增材制造本身是一种高度数字化的制造技术,具有灵活、可定制的特点,非常适合与物联网、大数据、人工智能等智能制造技术结合使用。通过融合这些技术,增材制造可以实现全流程的智能化,从产品设计到生产再到质量检测,每一个环节都可以由智能系统自动优化。例如,利用人工智能技术,可以对增材制造过程中的参数进行自适应优化,以提高零件质量和制造效率。借助于物联网,增材制造设备能够实时监控生产状态,并将数据反馈到中央系统进行分析,以便对生产过程进行远程控制和管理,这样将极大地提高生产效率,降低成本,并使制造过程更加绿色环保。

5. 驱动供应链简化及行业应急能力进阶

传统制造的供应链往往是复杂且全球化的,涉及大量的材料采购、零部件加工、运输和库存管理。增材制造通过本地化生产来减少对外部供应商的依赖,例如,在需要某个特定零件时,可以通过增材制造直接在厂内进行生产,而不需要等待从遥远的供应商处运输。这样不仅降低了运输成本,还缩短了生产的响应时间,能够显著简化供应链。增材制造技术可以帮助一些企业实现按需制造和零库存管理的目标。例如,在远离供应链的偏远地区或航行中的舰船上,增材制造设备可以根据需求直接制造出所需的零件,以满足紧急维修的需要。这种按需生产、去中心化的制造模式,不仅提高了供应链的灵活性,也使得各行业在面对供应链中断等紧急情况时具有更强的应对能力。

6. 为制造业可持续发展和变革注入新动力

与传统制造方式相比,增材制造能够显著减少材料浪费,通过优化设计使零件轻量化,这在航空航天和汽车领域有助于减少能源消耗和碳排放。增材制造还将与回收再利用技术相结合。例如,废弃的金属零件可以被回收,再制成粉末用于增材制造,这种循环利用方式将大幅降低材料成本并减少对环境的影响。增材制造的按需生产特性也减少了过度生产和库存积压,进一步降低了制造业对环境的负担。

增材制造的未来充满了可能性,随着技术的不断进步和应用场景的不断扩展,它将为各个行业带来更多的创新和变革。从材料科学的突破到多材料和多功能技术,从智能制造的深度融合到简化供应链的优势,增材制造不仅是一种制造方式的革新,更是推动工业生产向高效、定制、环保方向发展的重要驱动力,成为未来制造业不可或缺的重要组成部分。

> **延伸视界**
>
> 近年来,作为先进制造技术的代表,增材制造技术得到迅猛发展,这主要得益于低成本且稳定的工业激光器、高性能计算机软硬件与粉末制备技术等。与传统的制造工艺相比,增材制造能够实现复杂结构金属部件的近净成形。然而,增材制造具有冷却速度快、温度梯度大、非平衡凝固与往复热循环历史等特点,使得材料的组织结构与平衡态显著不同,容易存在孔洞、残余拉应力、各向异性等缺陷,极大地限制了增材制造的进一步应用。

延伸视界——金属增材制造质量控制及复合制造技术研究现状

　　复合增材制造技术是将传统制造方法与增材制造有机结合,充分发挥传统制造工艺在性能调控与尺寸精度等方面的优势,抑制单纯增材制造引起的各类缺陷,获得高质量、无缺陷的增材制造部件。复合增材制造技术的意义在于改变人们将增材制造视作直接面向最终产品快速成形的固有理念,促进其与等材/减材制造工艺相融合。目前,金属复合增材制造尚处于起步阶段,仍需在增材制造专用材料成分体系开发、金属复合增材制造装备智能化、金属复合增材制造性能协同调控等方面寻求突破,深入探讨复合增材制造技术针对不同类型缺陷的适用性原理与方法,进而展望增材制造在未来的多元化发展方向与广阔前景,以期为制造业的高质量发展贡献更多力量。

　　资料来源:刘倩,卢秉恒. 金属增材制造质量控制及复合制造技术研究现状[J]. 材料导报,2024,38(9):22100064.

习题

6-1　选择题

1. 增材制造成形的基本原理是(　　　)。
   - A. 通过逐层堆积材料构建三维物体
   - B. 通过模具压制成形
   - C. 通过切削材料得到所需形状
   - D. 通过化学反应生成零件

2. 以下(　　　)制造技术适用于高精度金属零件的制造。
   - A. 电弧增材
   - B. 选区激光熔化
   - C. 注塑成型
   - D. 传统铸造技术

3. 激光近净成形的主要优点是(　　　)。
   - A. 可以制造大尺寸的金属部件
   - B. 能够快速成形高温合金零件
   - C. 制造成本较低
   - D. 可用于批量塑料产品的生产

4. 电弧增材使用(　　　)材料作为原料。
   - A. 塑料粉末
   - B. 金属丝
   - C. 液态金属
   - D. 金属颗粒

5. 电子束选区增材适用于(　　　)材料的成形。
   - A. 低熔点金属
   - B. 高熔点金属
   - C. 热塑性塑料
   - D. 陶瓷材料

6-2　简述增材制造成形的基本原理。

6-3　选区激光熔化技术的工作原理是什么?并说明其主要应用领域。

6-4　激光近净成形与其他增材制造技术相比有哪些主要优势?

6-5　金属增材制造技术的瓶颈是什么?

6-6　某船舶制造公司采用电弧增材制造技术制造某大型金属部件。通过电弧增材制造技术,零件的生产周期从原来的数周缩短至数天,同时生产成本显著降低。结合增材制造的特点,分析电弧增材制造技术在船舶制造中的应用优势,并讨论其可能带来的挑战。

第7章

金属切削基础知识

本章知识要点

知 识 要 点	学 习 目 标	相 关 知 识
切削运动与切削要素	了解切削运动、切削用量及切削层参数的基本概念	零件表面的形成及切削运动,切削要素
刀具	熟悉刀具材料的种类及用途,掌握刀具基本角度的定义、变化规律及选择原则	刀具材料,刀具几何角度(静止参考系、车刀标注角度的作用及选择等)
切削过程中的物理现象	掌握金属切削过程中力、热等物理现象的变化规律,了解刀具磨损规律及刀具寿命	切屑的形成及种类,积屑瘤,切削力和切削功率,刀具的磨损
切削加工技术经济分析	了解切削加工主要技术经济指标,掌握切削用量的选用原则,熟悉常用材料的切削加工性能	切削加工主要技术经济指标,切削用量的合理选择,材料的切削加工性
金属切削机床基础知识	了解金属切削机床的分类及编号,熟悉常见机床传动的原理	机床的分类及型号,机床的传动

案例导入

　　钛合金材料具有比强度高、耐蚀性和耐热性好等性能优势,被广泛应用于航空航天、武器装备等国防工业以及石油化工、生物医疗等民用领域。由于钛合金具有热导率低、高温化学活性高和弹性模量小等特点,在切削加工过程中存在切削温度高、切削变形和冷硬现象严重及易粘刀等现象,导致刀具易磨损且表面加工质量差,使钛合金成为典型的难加工材料。同时,钛合金构件常用的轻量化设计特点使材料去除量大,目前钛合金加工时采用的低切削用量,严重制约了生产效率的提升,造成制造成本的升高。

　　作为切削加工工艺研究体系中的核心要素,刀具技术的发展为切削加工技术带来新的变革。设计与优选切削刀具是实现钛合金高质高效加工的关键要素,通过钛合金与刀具材料的力学性能和理化性能的匹配性分析,设计与优选适于钛合金高质高效加工的刀具材料体系;在刀具结构设计方面,根据钛合金加工工艺特点和技术要求,开发钛合金加工特殊刃型刀具、整体超硬材料及密齿结构刀具等,可以实现其高效率切除与高表面质量加工;开发刀具加工状态监控技术并建立切削加工数据库,实现加工过程状态监控和工艺参数的智能推送等功能,助推智能制造的发展和工程化应用,为研制钛合金加工的新刀具和提高刀具寿命与加工质量提供解决思路。

　　资料来源:王兵,刘战强,梁晓亮,等.钛合金高质高效切削加工刀具技术[J].金属加工冷加工,2022(3):1-5,13.

切削加工是指利用切削刀具从工件毛坯上切除多余的材料，使其达到要求的尺寸精度、形状精度、位置精度和表面质量的加工方法。在现代机械制造中，除少数零件采用精密铸造、精密锻造，以及粉末冶金和工程塑料压制等方法直接获得，绝大多数的零件都要通过切削加工获得，以保证零件的精度和表面质量要求。因此，切削加工在机械制造中占有十分重要的地位。切削加工可分为钳工和机械加工两部分。

1. 钳工

钳工一般是指在钳台上以手工工具为主，对工件进行各种加工的方法。钳工的主要内容有划线、打样、冲眼、锯削、錾削、锉削、刮研、配研、钻孔、铰孔、攻螺纹、套螺纹等。此外，机械装配和修理也属钳工范围。随着工业技术的不断发展，一些钳工的工作已被机械加工所替代，机械装配也在一定范围内不同程度地实现了机械化、自动化，但是钳工作为切削加工的一部分仍是不可缺少的，并在机械制造中占有特殊的地位。

2. 机械加工

机械加工是指通过工人操作机床进行的切削加工，其主要方式包括车削、刨削、钻削、镗削、铣削、磨削和齿轮加工等。

7.1 切削运动与切削要素

7.1.1 零件表面的形成及切削运动

各种机器零件的形状虽多，但分析起来，主要由外圆面、内圆面（孔）、平面、成形面及沟槽等组成。因此，只要能对这几种表面进行加工，就几乎能完成所有机器零件的加工。

外圆面、内圆面（孔）是以某一直线为母线，以圆为轨迹作旋转运动时所形成的表面。

平面是以一直线为母线，以另一直线为轨迹作平移运动时所形成的表面。

成形面是以曲线为母线，以圆或直线为轨迹作旋转或平移运动时所形成的表面。

零件的不同表面，分别由相应的加工方法获得，而这些加工方法是通过零件与不同的切削刀具之间的相对运动进行的。刀具与零件之间的相对运动称为切削运动。图 7-1 所示为不同表面的典型切削加工方法及切削运动。

切削运动包括主运动和进给运动两种。

（1）主运动：使刀具和工件之间产生相对运动，促使刀具前刀面接近工件而实现切削。它的速度最快、消耗功率最大，是进行切削的最基本、最主要的运动，如图 7-1 Ⅰ所示。

（2）进给运动：在切削过程中，为了使新的金属层连续投入切削，从而切出工件全部加工表面所需要的运动，如图 7-1 Ⅱ所示。

普通机床的主运动一般只有一个，而进给运动可以有一个或多个。主运动可以是旋转运动，也可以是直线运动；可以是连续运动，也可以是间歇运动。主运动和进给运动可以同时进行，也可以交替进行。

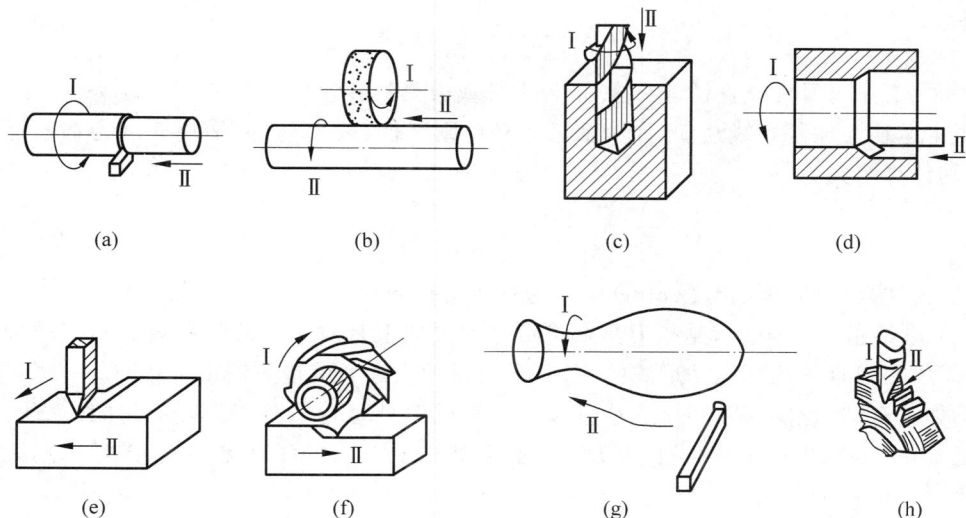

Ⅰ—主运动；Ⅱ—进给运动。

图 7-1　零件不同表面加工时的切削运动

（a）车外圆；（b）磨外圆；（c）钻孔；（d）车床上镗孔；（e）刨平面；（f）铣平面；（g）车成形面；（h）铣齿

7.1.2　切削要素

切削要素包括切削用量和切削层参数。

在切削过程中，零件上形成了以下三个表面，如图 7-2 所示。

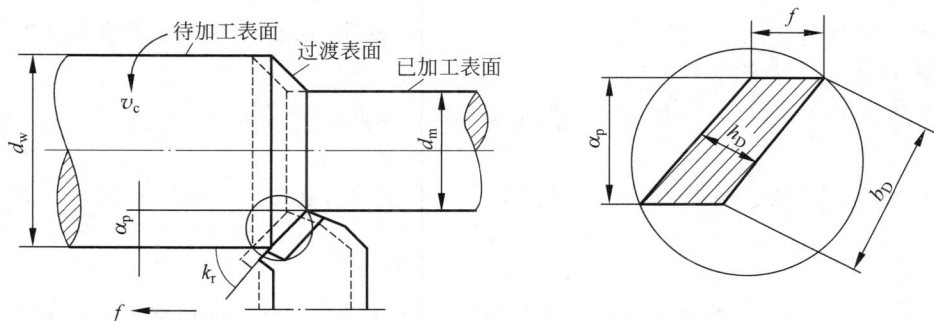

图 7-2　车外圆的切削要素

待加工表面：工件上有待被切除的表面。

过渡表面：工件上正在被切除的表面。

已加工表面：工件上经刀具切削后形成的表面。

1. 切削用量

在一般的切削加工中，切削用量包括切削速度、进给量和切削深度。

（1）切削速度 v_c：主运动的线速度称为切削速度，即在单位时间内，工件和刀具沿主运动方向的相对位移。若主运动为旋转运动，则切削速度一般取其最大线速度。其计算公式为

$$v_c = \frac{\pi d n}{1000 \times 60} (\text{m/s}) \tag{7-1}$$

其中，d 为工件或刀具的直径（mm）；n 为工件或刀具的转速（r/min）。

当主运动为往复直线运动（如刨削运动）时，则工件（或刀具）的平均速度为切削运动的速度，其计算公式为

$$v_c = \frac{2 L n_r}{1000 \times 60} (\text{m/s}) \tag{7-2}$$

其中，L 为往复运动行程长度（mm）；n_r 为主运动每分钟往复次数（str/min）。

（2）进给量 f：进给量是指刀具在进给运动方向上相对工件的位移量。不同的加工方法，由于所用刀具和切削运动形式的不同，进给量的表述和度量方法也不相同。

例如在车削、镗削、钻削时，进给量表示工件或刀具每转一转，刀具或工件移动的距离，单位是 mm/r；在牛头刨床（龙门刨）切削时，是指刀具（工件）每往复一次，工件（刀具）移动的距离，单位是 mm/str。

（3）切削深度（也称背吃刀量）α_p：切削深度是指待加工表面和已加工表面间的垂直距离，单位是 mm。在车削外圆时，

$$\alpha_p = \frac{d_w - d_m}{2} (\text{mm}) \tag{7-3}$$

其中，d_w、d_m 分别为待加工表面和已加工表面的直径（mm）。

2. 切削层参数

切削层是指零件上正被切削刃切削的一层材料，即零件转一转，主切削刃移动一个进给量 f 所切除的材料层，如图 7-2 所示。

切削层参数对切削过程中切削力的大小、刀具的载荷和磨损、零件加工的表面质量和生产率都有决定性的影响。

（1）切削厚度 h_D：是指垂直于工件过渡表面测量的切削层横截面尺寸，即

$$h_D = f \sin k_r (\text{mm}) \tag{7-4}$$

（2）切削宽度 b_D：是指平行于工件过渡表面测量的切削层横截面尺寸，即

$$b_D = \frac{\alpha_p}{\sin k_r} (\text{mm}) \tag{7-5}$$

（3）切削面积 A_D：是指工件被切的金属层沿垂直于主运动方向所截取的横截面积，即

$$A_D = h_D b_D = f \alpha_p (\text{mm}^2) \tag{7-6}$$

7.2　刀具

在切削加工中，影响加工效率的三个主要因素是机床、刀具和工件。切削时，刀具的切削部分直接担负着切削工作。由于工件材料都具有一定的强度、硬度和塑性，且对工件本身的几何形状、尺寸大小和表面粗糙度都有一定的要求，因此，刀具切削部分的材料必须具有一定的力学性能和工艺性能，才能胜任工作。

7.2.1　刀具材料

1. 刀具材料应具备的性能

刀具材料一般是指切削部分的材料。金属切削过程中,刀具切削部分承受很大的切削力和剧烈摩擦,且产生很高的切削温度。在断续切削时,刀具会受到冲击和产生振动,引起切削温度的波动。因此,对刀具材料的性能有以下几点要求。

(1) 高的硬度和耐磨性:刀具材料的硬度必须大于工件材料的硬度,否则就不能从工件表面切去切屑。在常温下,刀具材料的硬度一般要求在 60HRC 以上。耐磨性是指材料抵抗磨损的能力。通常,刀具材料的硬度越高耐磨性就越好。

(2) 足够的强度和韧性:为了使刀具在切削力、冲击载荷的振动作用下不致破坏,刀具材料必须具有足够的强度和韧性。

(3) 高的耐热性:是指刀具材料在高温条件下仍能保持其硬度、耐磨性、强度和韧性的能力,也称热硬性。它是评定刀具材料的主要性能。

(4) 良好的工艺性:为便于刀具制造,刀具材料应具有良好的可加工性、较好的热处理性和较好的焊接性。

(5) 经济性:在满足切削加工条件要求的前提下,应尽量选择原材料丰富、价格低廉的刀具材料。

2. 常用的刀具材料

在切削加工中常用的刀具材料有碳素工具钢、合金工具钢、高速钢、硬质合金及陶瓷材料等,其基本性能见表 7-1。

表 7-1　常用刀具材料的基本性能

刀具材料	代表牌号	硬度 HRA (HRC)	抗弯强度 σ_b/GPa	冲击韧度 a_K/(kJ/m²)	耐热性/℃	切削速度之比
碳素工具钢	T10A	81~83(60~64)	2.45~2.75	—	≈200	0.2~0.4
合金工具钢	9SiCr	81~83.5(60~64)	2.45~2.75	—	200~300	0.5~0.6
高速钢	W18Cr4V	82~87(62~69)	2.94~3.33	176~314	540~650	1.0
	W6Mo5Cr4V2Al	(67~69)	2.84~3.82	225~294	540~650	
硬质合金	K01(YG3)	≥92.3	≥1.35	19.2~39.2	≈900	≈4
	K20(YG6)	≥91.0	≥1.55		800~900	
	K30(YG8)	≥89.5	≥1.65		≈800	
	P01(YT30)	≥92.3	≥0.07	2.9~6.8	≈1000	≈4.4
	P10(YT15)	≥91.7	≥1.20		900~1000	
	P30(YT5)	≥90.2	≥1.55		≈900	
陶瓷	Al₂O₃ 系 LT35	93.5~94.5	0.9~1.1	—	>1200	≈10
	Si₃N₄ 系 HDM2	≈93	≈0.98			

注:硬质合金牌号中括号外为 GB/T 18376.1—2008 规定的牌号,括号内为 YS/T 400—1994 规定的牌号。

目前生产中应用最广的刀具材料是高速钢和硬质合金,而陶瓷刀具主要用于精加工。

1) 碳素工具钢与合金工具钢

碳素工具钢是指碳的质量分数较高的优质钢,碳的质量分数为 0.7%~1.2%,如 T10A 等。淬火后硬度较高、价廉,但耐热性较差。在碳素工具钢中加入少量的 Cr、W、Mn、Si 等元素,形成合金工具钢,如 9SiCr 等,可适当减少热处理变形和提高耐热性。由于这两种刀具材料的耐热性较低,常用来制造一些切削速度不高的手工工具,如锉刀、锯条、铰刀等,较少用于制造其他刀具。

2) 高速钢

高速钢是指含 W、Cr、V 等合金元素较多的合金工具钢。它的耐热性、硬度和耐磨性虽低于硬质合金,但强度和韧性却高于硬质合金,工艺性较硬质合金好,而且价格也比硬质合金低。普通高速钢(如 W18Cr4V),是国内使用最为普遍的刀具材料,广泛用于制造形状较为复杂的各种刀具,如麻花钻、铣刀、拉刀、齿轮刀具和其他成形刀具等。

3) 硬质合金

硬质合金是指以高硬度、高熔点的金属碳化物(如 WC、TiC 等)作基体,以金属 Co、Mo 等作黏结剂,通过粉末冶金方法制成的一种合金。它的硬度高、耐磨性好、耐热性高,允许的切削速度是高速钢的 5~10 倍。但其强度和韧性均较高速钢低,工艺性也不如高速钢。因此,硬质合金常制成各种形式的刀片,焊接或机械夹固在车刀、刨刀、端铣刀等的刀柄(刀体)上使用。

4) 陶瓷材料

陶瓷材料的主要成分是 Al_2O_3,陶瓷刀片的硬度高,耐磨性好,耐热性高,允许用较高的切削速度,但陶瓷材料性脆、怕冲击,切削时容易崩刃,陶瓷刀具主要用于精加工。又由于 Al_2O_3 的价格低廉,原料丰富,因此很有发展前途。

📝 **知识链接**

> 高速钢——1900 年,高速钢在巴黎技术展览会上首次亮相,因其切削速度远超高碳钢,故而得名"高速"。最初为钨系高速钢,典型代表是 W18Cr4V,第二次世界大战后发展了钼系高速钢。到了 20 世纪中期以后,为了提高高速钢的红硬性、耐磨性和其他力学性能,研究人员开始探索不同的合金化路径。中国是最早研究并应用含铝高速钢的国家之一,在 20 世纪 60 年代末期至 70 年代初期,中国研制出了含铝高速钢 W6Mo5Cr4V2Al,在不使用钴的情况下达到良好的性能指标,降低了成本的同时,提高了性价比。高速钢应用历史悠久,至今仍是主要的切削刀具材料之一。

7.2.2 刀具几何角度

在切削加工中,经常遇到各种各样的刀具,如车刀、刨刀、钻头、铰刀、拉刀等。这些刀具虽名目繁多,结构繁简不一,但切削部分的结构要素和几何角度有许多相同的特征,下面从车刀入手进行分析和研究。

1. 车刀的切削部分

如图 7-3 所示,车刀的切削部分由三个刀面、两个刀刃和一个刀尖组成,简称"三面、两刃、一尖"。

（1）前刀面：切屑流出所经过的表面。

（2）主后刀面：与工件过渡表面相对的表面。

（3）副后刀面：与工件已加工表面相对的表面。

（4）主切削刃：前刀面与主后刀面的交线，担负着主要的切削工作。

（5）副切削刃：前刀面与副后刀面的交线，一般仅有微量的切削。

（6）刀尖：主、副切削刃的交点。

由于车刀刀尖体积小，强度和散热条件差，易磨损，所以刀尖是最薄弱的地方。为了增加刀尖强度，提高刀具耐用度以及减少已加工表面的粗糙度，常磨成圆弧形或直线形的过渡刃。

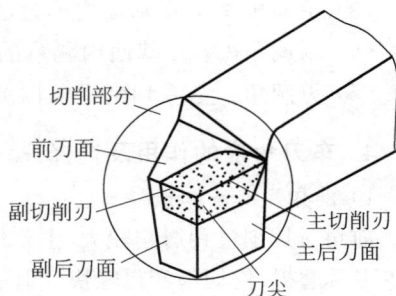

图 7-3　车刀切削部分的组成

2. 刀具的静止参考系

刀具必须具有一定的切削角度，才能实现从工件上切除材料。切削角度决定了刀具切削部分各表面之间的相对位置。为此，引入了三个在空间相互垂直的参考平面构成静止参考系，如图 7-4 所示。

（1）基面：通过主切削刃上某一点，并与该点假定的主运动方向垂直的平面，以 P_r 表示。

（2）切削平面：通过主切削刃上某一点，与主切削刃相切并垂直于该点基面的平面，主切削平面以 P_s 表示。

（3）正交平面：通过主切削刃上某一点，同时垂直于该点基面和切削平面的平面，以 P_o 表示。

3. 车刀的标注角度

车刀的标注角度是指刀具设计图样上标注出的角度，主要标注角度有前角、后角、主偏角、副偏角和刃倾角，如图 7-5 所示。

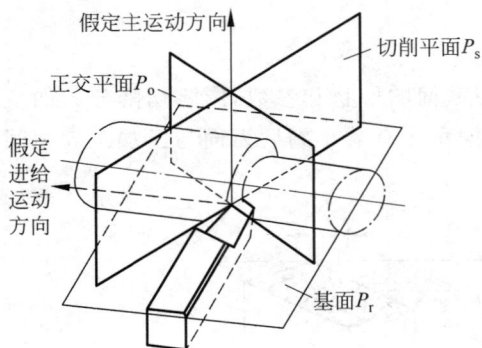

图 7-4　刀具静止参考系的平面

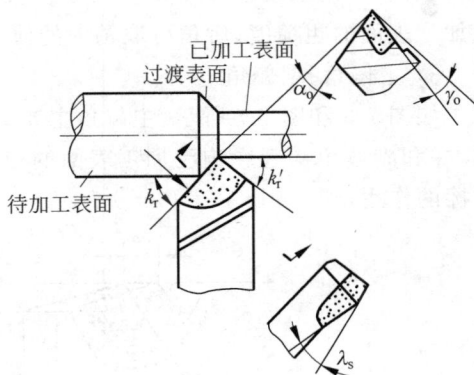

图 7-5　车刀的主要角度

（1）前角 γ_o：在正交平面中测量的前刀面与基面之间的夹角。

（2）后角 α_o：在正交平面中测量的主后刀面与切削平面之间的夹角。

（3）主偏角 k_r：在基面内测量的主切削刃在基面上的投影与进给运动方向的夹角。

（4）副偏角 k_r'：在基面内测量的副切削刃在基面上的投影与进给运动反方向的夹角。

（5）刃倾角 λ_s：在切削平面内测量的主切削刃与基面间的夹角。

4．车刀角度的作用及选择

1）前角

前角对切削过程影响较大，主要作用是使切削刃锋利，减少切屑变形、切削力和切削温度，减少刀具磨损，使切削变得轻快。但前角过大，则刀具散热体积减小、刀头强度降低，影响刀具使用寿命。前角大小与工件材料、加工性质和刀具材料有关，选择前角主要依据以下原则。

（1）工件材料：工件材料的强度和硬度越大，则产生的切削力越大，切削热越多，为使刀具有足够的强度和散热体积，防止崩刃和磨损，应采用小前角，反之，前角应大些；切削塑性材料时，为减小切削变形，降低切削温度，应选用较大的前角；切削脆性材料，由于形成崩碎切屑，切削变形小，所以增大前角的作用不明显，而这时切削力集中作用在切削刃附近且伴有一定程度的冲击振动，因此为保证刀具具有足够的强度，防止崩刃，应选用较小的前角。

（2）加工性质：粗加工时，特别是断续切削，不仅切削力大，切削热多，且承受冲击载荷，为保证刀具有足够的强度和散热体积，应选用较小的前角。精加工时，为了获得较高的表面质量，一般应取较大的前角。

（3）刀具材料：刀具材料的抗弯强度和冲击韧性较低时，应选用较小的前角。刀具材料的韧性较好时，前角可取较大值。例如高速钢刀具比硬质合金刀具的合理前角大 $5° \sim 10°$，陶瓷刀具的合理前角应选得比硬质合金刀具更小些。

2）后角

后角的主要作用是减少主后刀面与工件之间的摩擦，并配合前角来改变切削刃的锋利程度和强度。后角大，则摩擦小，切削刃锋利。但后角过大，会降低刀具强度，散热条件变差，加速刀具磨损。反之，后角过小，虽切削刃强度增加，散热条件变好，但摩擦加剧。

后角的大小常根据加工的种类和性质来选择。例如，粗加工或工件材料较硬时，要求切削刃强固，后角取较小值，$\alpha_o = 6° \sim 8°$。反之，对切削刃强度要求不高，主要希望减小摩擦和已加工表面的粗糙度，后角可取稍大的值，$\alpha_o = 8° \sim 12°$。

3）主偏角、副偏角

如图 7-6 和图 7-7 所示，主偏角主要影响切削层截面的形状和参数，影响切削分力的变化，并和副偏角一起影响已加工表面的粗糙度；副偏角还有减小副后刀面与已加工表面间摩擦的作用。

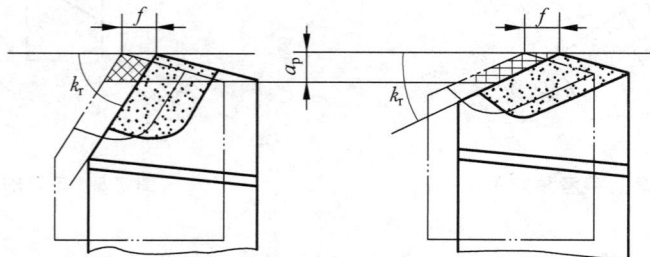

图 7-6　主偏角对切削层参数的影响

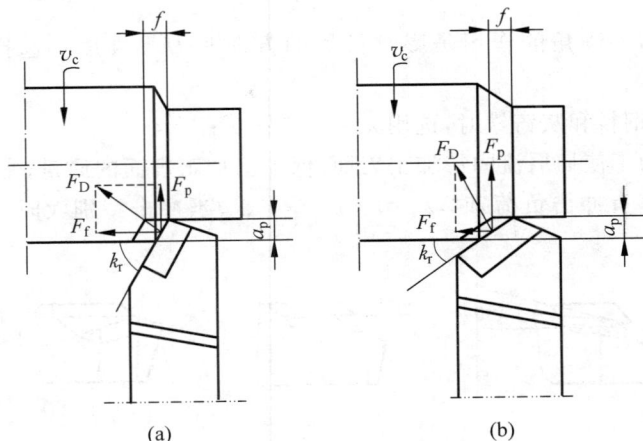

图 7-7　主偏角对背向力的影响

(a) $k_r=60°$; (b) $k_r=30°$

由图 7-6 知,当切削深度和进给量一定时,主偏角越小,则切削层公称宽度越大,而公称厚度越小,即切下宽而薄的切屑。这时,主切削刃单位长度上的负荷较小,并且散热条件较好,有利于刀具耐用度的提高。

如图 7-8 所示,为主、副偏角对加工表面残留面积的影响,可以看出,当主、副偏角减小时,已加工表面残留面积的高度 h_c 也减小,减小了表面粗糙度,并改善了刀尖强度和散热条件,有利于提高刀具耐用度。但是,当主偏角减小时,背向力将增大,容易引起振动。因此,当工艺系统刚性较差时,应选用较大的主偏角。例如车削细长轴时,可选取 $k_r=75°\sim93°$。

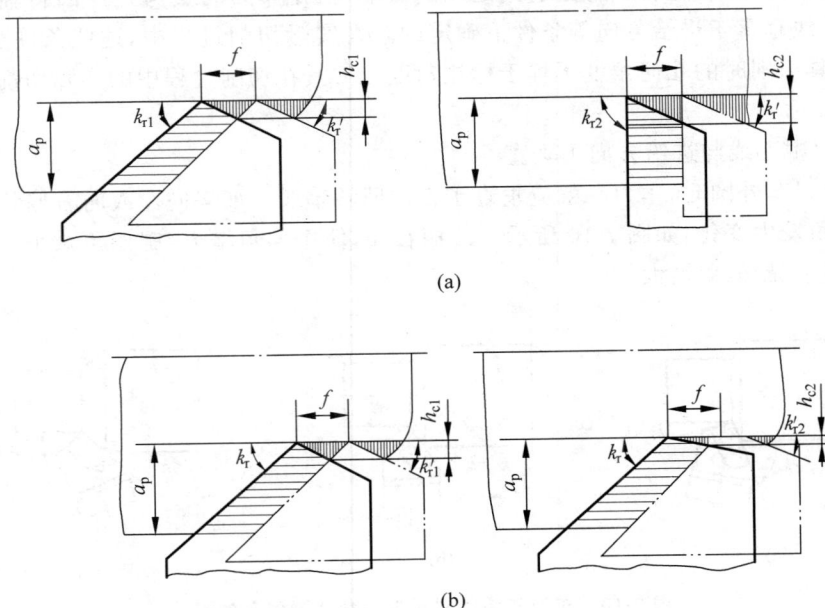

(a)

(b)

图 7-8　主、副偏角对加工表面残留面积的影响

(a) 主偏角对残留面积的影响($k_{r1}<k_{r2}$); (b) 副偏角对残留面积的影响($k'_{r1}>k'_{r2}$)

4）刃倾角

如图 7-9 所示，刃倾角的作用是影响排屑的方向和刀具强度。选择刃倾角的主要原则是：

（1）粗车一般钢料和灰铸铁时，选用 $\lambda_s = -5° \sim 0°$；

（2）精车时，为了使切屑流向待加工表面，保证已加工表面的质量，常选用 $\lambda_s = 0° \sim 5°$；

（3）断续切削（有冲击负荷）时，$\lambda_s = -15° \sim -5°$，当冲击特别大时，可取 $\lambda_s = -45° \sim -30°$。

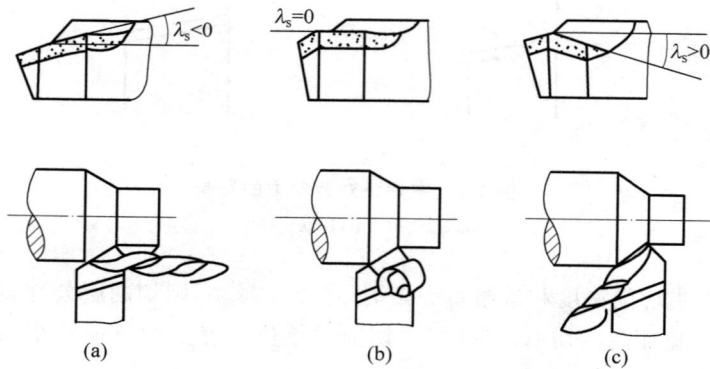

图 7-9　刃倾角对排屑方向的影响

(a) $\lambda_s < 0$；(b) $\lambda_s = 0$；(c) $\lambda_s > 0$

5. 车刀的工作角度

车刀的标注角度，是在不考虑进给运动的影响、假定车刀刀尖与工件回转轴线等高，以及刀柄中心线垂直于进给方向等条件下确定的。在实际切削过程中，这些条件往往会发生变化，使刀具切削时的几何角度不等于标注角度。刀具在切削过程中的实际切削角度，称为工作角度。

1）车刀中心线与进给方向不垂直

安装车刀车外圆时，车刀一般应垂直于工件回转轴线。如果向左或向右偏装车刀，则将使主、副偏角发生变化，如图 7-10 所示。刀柄右偏，使主偏角增大，副偏角减小；刀柄左偏，使主偏角减小，副偏角增大。

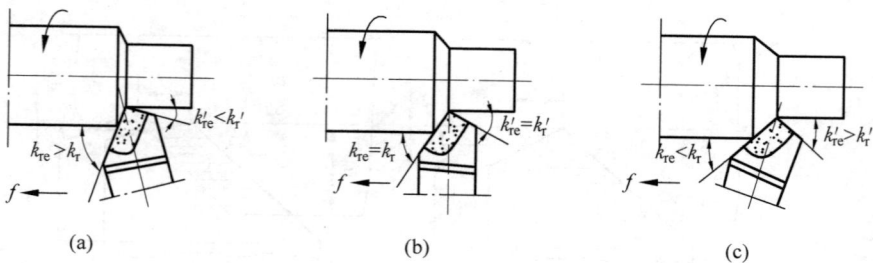

图 7-10　车刀安装偏斜对主偏角和副偏角的影响

(a) 偏右；(b) 垂直；(c) 偏左

2）刀尖与工件中心线不等高

如果刀尖安装与工件回转轴线不等高,则切削平面和基面的位置会发生变化,如图 7-11 所示。如果刀尖高于工件回转轴线,则使前角增大,后角减小,如图 7-11(a)所示；如果刀尖低于工件回转轴线,则使前角减小,后角增大,如图 7-11(c)所示。

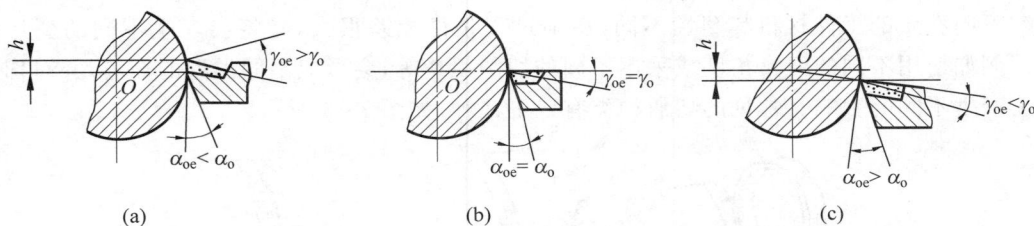

图 7-11　车刀安装高度对前角和后角的影响

（a）刀尖高于工件轴线；（b）刀尖与工件轴线等高；（c）刀尖低于工件轴线

7.3　切削过程中的物理现象

切削过程就是利用刀具从工件上切下切屑的过程。研究金属切削过程,就是研究刀具从工件表面切除金属层,使之成为已加工表面的过程,也就是切屑形成的过程。在切屑形成的过程中出现了许多复杂的物理现象,如金属的变形、积屑瘤的形成与消失、切削力、切削热和刀具磨损等。了解这些现象的实质及变化规律,对于合理使用机床和刀具、保证加工质量、提高生产率和降低加工成本等都具有重要意义。

7.3.1　切屑的形成及种类

1. 切屑的形成过程

金属的切削过程与挤压过程很相似,金属变形是切削过程的基本问题。以缓慢的速度切削塑性金属时,切屑的形成过程如图 7-12 所示。金属材料在刀具前刀面的推挤下产生弹性变形。刀具继续前进,切削层金属剪应力随之增加。当刀具前进到某一位置,剪应力达到被切金属的屈服点时,切削层金属开始产生塑性变形,即产生剪切滑移。OA 左侧金属处于弹性变形状态,称 OA 为始滑移面。随着刀具的继续推进,原来处于始滑移面 OA 上的

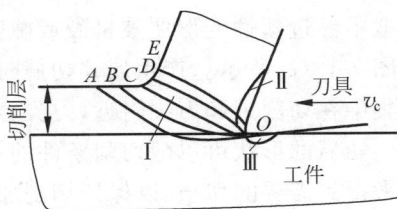

图 7-12　切屑的形成及切削变形区

金属不断向刀具靠拢,应力和应变也继续增大。在终滑移面 OE 上,应力和变形达到最大值。此时切削层金属越过 OE 面,沿剪切面与工件母体分离,即切屑沿着前刀面排出,完成切离阶段。

一般来说,塑性金属的切削过程经历了弹性变形、塑性变形、挤裂和切离四个阶段。

切削塑性金属材料时,在刀具与工件接触的区域有三个变形区,$OAEO$ 之间的区域 Ⅰ 为第一变形区,也称"基本变形区"。此区域是切削层金属产生剪切滑移和大量塑性变形的区域,常用它来说明切削过程的变形情况。区域 Ⅱ 为第二变形区,是切屑与前刀面摩擦区,

也称"摩擦变形区"。此区域对积屑瘤的形成和刀具前刀面的磨损有很大影响。区域Ⅲ称为第三变形区,是工件已加工表面与后刀面接触的区域,也称"加工表面变形区"。此区域对工件表面的加工硬化、残余应力和刀具后刀面的磨损有很大影响。

2. 切屑的种类

不同性质的工件材料其塑性不同,切削过程条件相差很大,必将会产生不同的变形情况。例如使用不同的刀具角度或采用不同的切削用量等,会形成不同类型的切屑,并对切削加工产生不同的影响。常见的切屑种类有以下几种,如图 7-13 所示。

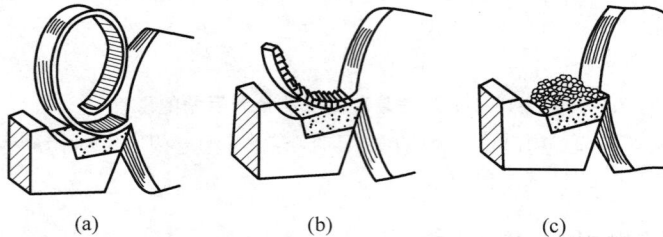

图 7-13　切屑的种类
(a) 带状切屑;(b) 节状切屑;(c) 崩碎切屑

(1) 带状切屑:当用大前角的刀具、较高的切削速度和较小的进给量切削塑性材料时,容易得到带状切屑,如图 7-13(a)所示。形成带状切屑时,切屑的形成只经过弹性变形、塑性变形、切离三个阶段;切削力比较平稳,加工表面质量较好;但切屑连续不断,易缠绕,不太安全,同时也容易划伤已加工表面,因此必须采取断屑、排屑措施。

(2) 节状切屑:当刀具前角较小、采用较低的切削速度和较大的进给量对中等硬度的钢材料进行粗加工时,容易得到节状切屑,如图 7-13(b)所示。形成这种切屑时,切屑经过弹性变形、塑性变形、挤裂和切断四个阶段,是典型的切削过程。由于切削力波动较大,工件表面质量较差。

(3) 崩碎切屑:在切削铸铁、铸造黄铜等脆性材料时,切削层金属发生弹性变形以后,一般不经过塑性变形便被挤裂或脆断,突然崩落,形成不规则的碎块切屑片,称为崩碎切屑,如图 7-13(c)所示。产生崩碎切屑时,切削力变化较大,容易产生振动、冲击,切削热和切削力集中在切削刃和刀尖附近,刀尖容易磨损,从而影响表面质量。

切屑的形状可以随切削条件的不同而改变。在生产中,常根据具体情况采取不同的措施来得到需要的切屑,以保证切削加工的顺利进行。例如,加大前角、提高切削速度或减小进给量,可将节状切屑变为带状切屑,使加工表面较为光整。

3. 切屑的变形

经过塑性变形的切屑,其厚度 h_{ch} 通常大于工件切削层的厚度 h_D,而长度 l_{ch} 却小于切削层长度 l_D,如图 7-14 所示,这种现象称为切屑收缩。切屑厚度与切削层厚度之比称为切屑厚度压缩比,以 Λ_h 表示。由定义可知,

$$\Lambda_h = \frac{h_{ch}}{h_D} \tag{7-7}$$

一般情况下,$\Lambda_h > 1$。切屑厚度压缩比的大小能直观地反映切屑的变形程度,对切削力、切

削温度和表面粗糙度有重要影响。在其他条件不变时,Λ_h越大,表示切屑越厚且短,切屑变形就越大,则切削力越大,切削温度越高,已加工表面也越粗糙。因此,在加工过程中,可根据具体情况,采取相应措施,减小切屑变形程度,改善切削过程。例如,切削前对工件进行适当的热处理,以降低材料的塑性,使变形减小;切削时增大前角以减小变形等。

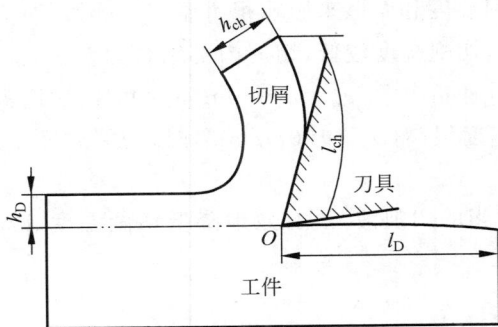

图 7-14 切屑变形程度

7.3.2 积屑瘤

在一定的切削速度下切削塑性材料时,在刀具前刀面常黏结着一小块很硬的金属,这块金属称为积屑瘤,如图 7-15 所示。

1. 积屑瘤的形成

当切屑沿刀具的前刀面流出时,在一定的温度与压力作用下,与前刀面接触的切屑底层受到很大的摩擦阻力,致使这一层金属的流出速度减慢,形成一层很薄的"滞流层"。当前刀面对滞流层的摩擦阻力超过切屑材料的内部结合力时,就会有一部分金属黏附在切削刃附近,形成积屑瘤。

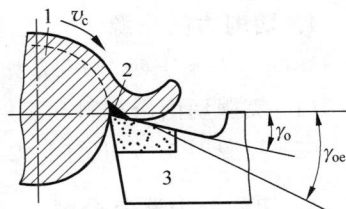

1—工件;2—积屑瘤;3—车刀。

图 7-15 车刀上的积屑瘤

积屑瘤形成后不断长大,长到一定高度后因不能承受切削力而破裂脱落。因此,积屑瘤是一个反复长大、脱落的动态形成过程。

2. 积屑瘤对切削过程的影响

(1)增大刀具实际前角:积屑瘤使刀具实际前角增大,减小了切屑变形,降低了切削力,使切削轻快。所以,粗加工时希望产生积屑瘤。

(2)影响工件表面质量和尺寸精度:但是,积屑瘤的顶端伸出切削刃之外,而且在不断地产生和脱落,使切削层厚度不断变化,影响尺寸精度。此外,还会导致切削力的变化,引起振动,并会有一些积屑瘤碎片黏附在工件已加工表面上,使表面变得粗糙。因此,精加工时应尽量避免积屑瘤的产生。

3. 积屑瘤的控制

影响积屑瘤形成的主要因素有工件材料的力学性能、切削速度和冷却润滑条件等。

(1)工件材料的力学性能:在工件材料的力学性能中,影响积屑瘤形成的主要因素是塑性。塑性越大,越容易形成积屑瘤。例如,加工低碳钢、中碳钢、铝合金等材料时容易产生积屑瘤。若要避免积屑瘤,可将工件材料进行正火或调质处理,以提高其强度和硬度,降低塑性。

（2）切削速度：在对某些工件材料进行切削时,切削速度是影响积屑瘤形成的主要因素。切削速度是通过切削温度和摩擦来影响积屑瘤的。例如,加工中碳钢工件时,当切削速度很低($v_c < 5\text{m/min}$)时,切削温度较低,切屑内部结合力较大,前刀面与切屑间的摩擦小,积屑瘤不易形成;当切削速度增大($v_c = 5\sim50\text{m/min}$)时,切削温度升高,摩擦加大,则易于形成积屑瘤;当切削速度很高($v_c > 100\text{m/min}$)时,切屑底面金属呈微熔状态,减少了摩擦,因此不会产生积屑瘤。

（3）切削液：选用适当的切削液,可有效地降低切削温度,减少摩擦,也是减少或避免积屑瘤的重要措施之一。

7.3.3　切削力和切削功率

金属切削时,刀具切入工件使被切金属层发生变形成为切屑所需的力称为切削力。在切削过程中,切削力会影响零件的加工精度、表面粗糙度和生产率,也是设计和使用机床、刀具、夹具的重要依据。因此,研究切削力的规律,对于分析生产过程和解决金属切削加工中的工艺问题具有重要意义。

1．切削力的来源
切削力来源于两个方面,如图 7-16 所示。
（1）克服切削层材料和工件表层材料对弹性变形、塑性变形的抗力。
（2）克服刀具与切屑间、刀具与工件表面间摩擦阻力所需的力。

2．切削合力及其分解
实际加工时,总切削力的方向和大小都不易直接测定,也没有直接测定的必要。为了适应设计和工艺分析的需要,一般不是直接研究总切削力,而是研究它在一定方向上的分力。以车削外圆为例,总切削力 F 一般常分解为以下三个互相垂直的分力,如图 7-17 所示。

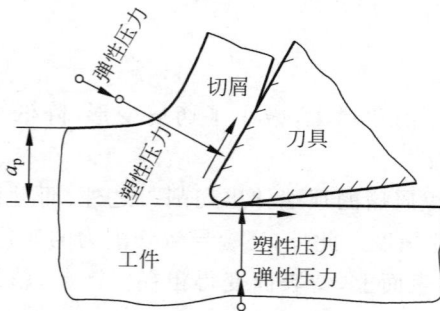

图 7-16　切削力的来源

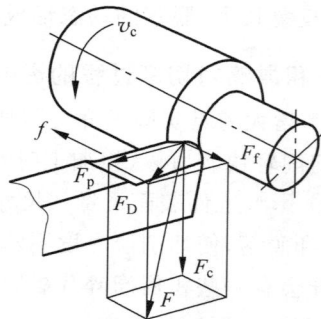

图 7-17　切削合力与分力

（1）主切削力 F_c：又称切向力,它垂直于基面,与切削速度方向一致。F_c 消耗的功率最多,占机床总功率的 90% 以上,是计算机床动力、主传动系统零件和刀具强度及刚度的主要依据,也是选择刀具几何形状和切削用量的依据。F_c 过大时,可能使刀具损坏或使机床发生"闷车"现象。

(2) 进给力 F_f:又称轴向力或走刀抗力,它作用在机床的走刀机构上,与刀具纵向进给方向平行。是设计和校验进给机构强度的依据,其所消耗功率仅占机床总功率的 1% 左右。

(3) 背向力 F_p:又称切深抗力或径向力,它作用在基面内,与刀具纵向进给方向垂直。它作用在机床、工件刚性较弱的方向上,容易使刀架后移以及工件弯曲变形,甚至可能产生振动,影响工件的加工精度,如图 7-18 所示。因此,车削细长轴时,常采用主偏角为 90° 的车刀,就是为了减小或消除 F_p 的影响。

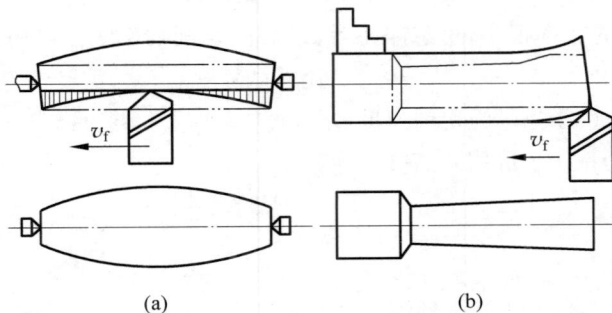

图 7-18 背向力对加工的影响
(a) 双顶尖装夹;(b) 卡盘装夹

三个切削分力互相垂直,并与总切削力 F 有如下关系:

$$F = \sqrt{F_c^2 + F_f^2 + F_p^2} \tag{7-8}$$

各切削分力可通过测力仪直接测出,也可运用建立在实验基础上的经验公式来计算。

3. 影响切削力的主要因素

1) 工件材料

工件材料的强度和硬度较高时,由弹性变形和塑性变形产生的切削力就比较大,反之,切削力就小。切削力的大小也与材料的塑性和韧性有关。塑性大的材料在切削过程中产生的塑性变形较大,而且切屑与前刀面之间的摩擦系数较大,接触区较长,故切削力较大;韧性高的材料其发生变形或破坏时所消耗的能量较多,故切削力也较大。

切削脆性材料时,被切削材料的塑性变形以及它与前刀面的摩擦系数都比较小,故其切削力相对较小。

2) 切削用量

切削用量中切削深度对切削力影响最大。当切削深度和进给量增加时,切削面积成比例增加,但两者的影响程度不同。

当切削深度增加一倍时,切削宽度增加一倍。切削层沿宽度方向的变形是均匀一致的,所以整个切削面积的变形也成比例增加,切削力就增加一倍。而进给量增加一倍时,切削厚度增加一倍,切屑沿厚度方向的变形是不均匀的。切屑底层变形最严重,靠近切屑上层则逐渐减小,这样整个切削面积虽然增加了一倍,严重变形的切屑底层并未增加,所以平均变形量并未增加一倍,切削力只增加 68%~86%。

切削速度主要是通过对积屑瘤的影响使切削力变化。当用硬质合金车刀高速切削时,总的趋势是随着切削速度的增加切削力有所降低。

3）刀具角度

前角对切削力影响较大。当前角增加时，切屑流出容易，变形减小，因此切削力降低；主偏角对切削力影响较小，但主偏角的变化对背向分力和进给分力有较大的影响。

除以上因素外，刀具材料、刀具磨损和冷却润滑条件等因素都与切削变形及摩擦有关，所以对切削力也有一定影响。

4. 切削功率

切削功率 P_m 应是三个切削分力消耗功率的总和。但在车削外圆时，F_p 所消耗的功率等于零。F_f 所消耗的功率很小，可忽略不计。因此，切削功率 P_m 可用式(7-9)计算：

$$P_m = 10^{-3} F_c v_c \tag{7-9}$$

其中，F_c 为主切削力(N)；v_c 为切削速度(m/s)。

机床电动机的功率 P_E 可用式(7-10)计算：

$$P_E = \frac{P_m}{\eta} \tag{7-10}$$

其中，η 为机床传动效率，一般取 $0.75 \sim 0.85$。

7.3.4 切削热和切削温度

切削热是切削过程的重要物理现象之一。它直接关系到刀具的磨损和耐用度，因而限制了切削速度的提高。在精加工时，它还会影响工件的加工精度和表面质量。因此，了解切削热的产生和切削温度的变化规律，对进一步提高刀具耐用度，提高生产效率，保证加工质量是十分重要的。

1. 切削热的产生与传出

切削过程中所消耗的功，绝大部分都转变成切削热。切削热的来源主要有三个方面，如图 7-19 所示。

（1）切屑变形所产生的热量，是切削热的主要来源（第Ⅰ变形区）。

（2）切屑与刀具前刀面的摩擦所产生的热量（第Ⅱ变形区）。

（3）工件与刀具后刀面的摩擦所产生的热量（第Ⅲ变形区）。

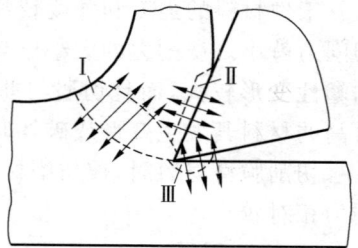

图 7-19 切削热的来源

切削热通过切屑、工件、刀具和周围介质传散。各部分传散的比例取决于工件材料、切削速度、刀具材料及角度、加工方式，以及是否使用切削液等。例如，用高速钢车刀及与之相适应的切削速度切削钢材时，切削热的 $50\% \sim 86\%$ 由切屑带走，$10\% \sim 40\%$ 传入工件，$3\% \sim 9\%$ 传入刀具，1% 左右的热传入周围介质。

传入工件的热量，可能使工件产生变形，产生形状和尺寸误差。传入刀具的热量虽然不是很多，但由于刀具切削部分体积很小，因此刀具的温度可达到很高（高速切削时可达到 $1000℃$ 以上），温度升高以后，会加速刀具的磨损。

2．切削温度及其影响因素

切削温度一般是指切屑、工件和刀具接触面上的平均温度。切削温度的高低，一方面取决于切削热的产生情况；另一方面取决于切削热的传散情况。影响切削温度的主要因素有工件材料、切削用量、刀具角度及切削液等。

1）工件材料

工件材料的强度、硬度越高，切削力和切削功率越大，产生的切削热越多，切削温度也越高。对于同一种材料，其热处理状态不同，切削温度也不相同。如 45 钢，在正火状态、调质状态和淬火状态下的切削温度相差悬殊。在其他切削条件相同的情况下，如果工件材料的导热性好，则可使切削温度降低。切削脆性材料时，由于塑性变形很小，崩碎切屑与刀具前刀面的摩擦也小，产生的热量较小。因此，切削脆性金属的切削温度一般也都比较低。切削有色金属时，由于其强度、硬度较低，产生的热量较少，以及其导热性较好，因此切削温度较低，所以一般可采用较高的切削速度。

2）切削用量

切削速度增加，消耗的功率增加，热量也明显增加。但切削速度增加，切屑流出的速度也增加，切削层金属塑性变形所产生的热量，大部分来不及传到刀具和工件上就被切屑带走，所以使刀具温度升高不多。当切削速度提高一倍时，切削温度提高 20%～30%。

当进给量增大时，单位时间的金属切削量也增加，切削温度升高。但进给量增大时，切屑的平均变形减小，而且切屑与前刀面的接触面积增加，改善了散热条件，所以当进给量增加一倍时，切削温度大约只升高 10%。

当切削深度增加时，切削热增加。但由于刀刃工作长度也相应增加，因此改善了散热条件。所以当切削深度增加一倍时，切削温度大约只升高 3%。

由此可见，切削用量中切削速度对切削温度的影响最大，进给量次之，切削深度最小。因此，从降低切削温度、提高刀具耐用度的角度来看，在选择切削用量时，应优先考虑采用大的切削深度，合适的进给量，最后确定合理的切削速度。

3）刀具角度

增大前角，切削层金属的塑性变形和硬化程度显著减小，相应地减小了切屑与前刀面的摩擦，因而所产生的热量减少。但前角过大时会使刀具的散热条件变差，反而不利于切削温度的降低。

在进给量不变的情况下，当主偏角增大时切削厚度增大，刀刃参加切削的长度减小，散热条件变差。因此，总的温度随主偏角的增大而升高。

4）切削液

切削液主要通过冷却和润滑作用来改善切削过程。它一方面吸收并带走大量切削热，起到冷却作用；另一方面渗入刀具与工件和切屑的接触表面而形成润滑膜，有效地减小摩擦，减少切削热的产生，所以采用切削液是降低切削温度的重要措施。

（1）常用切削液的分类：常用切削液有水基切削液和油基切削液。

水基切削液的比热容大，流动性好，主要起冷却作用，也有一定的润滑作用，如水溶液、乳化液等，为了防止机床和工件生锈，常加入一定量的防锈剂。

油基切削液又称切削油，主要成分是矿物油，少数采用动植物油或复合油，这类切削液比热容小,流动性差,主要起润滑作用,也有一定的冷却作用。

（2）常用切削液的选择：通常根据加工性质、工件材料和刀具材料等来选择合适的切削液。

粗加工时,一般应选用冷却作用较好的切削液,如低浓度的乳化液等。精加工时,希望提高表面质量和减少刀具磨损,应选用润滑作用较好的切削液,如高浓度的乳化液或切削油等。加工一般钢材时,通常选用乳化液或硫化切削油。加工铜合金和有色金属时,不宜采用含硫化油的切削液,以免腐蚀工件。加工脆性材料时,为了避免崩碎的切屑进入机床运动部件,一般不用切削液。但在低速精加工（如宽刀精刨、精铰等）中,为了提高表面质量,可用煤油作为切削液。

高速钢刀具的耐热性较低,为了提高刀具耐用度,应根据加工的性质和工件材料选用合适的切削液。硬质合金刀具由于耐热性和耐磨性较好,一般不用切削液。如果要用,则必须连续、充分地供给,且不可断断续续,以免硬质合金刀片因骤冷骤热而开裂。

7.3.5　刀具的磨损

在切削过程中,刀刃由锋利逐渐变钝以致不能正常使用,这种现象称为刀具磨损。当刀具磨损到一定程度后继续使用,容易产生振动,使刀具的磨损迅速加剧,工件的加工精度下降,表面粗糙度增大。因此,刀具磨损会直接影响生产率、加工质量和加工成本。

1. 刀具的磨损形式

刀具磨损可分为正常磨损和非正常磨损两类。正常磨损是指在刀具设计、制造和刃磨质量符合要求的情况下,在切削过程中逐渐产生的磨损。非正常磨损是指刀具在切削过程中突然发生损坏或过早损坏的现象,例如刀具切削刃突然崩刃、碎裂、卷刃等,大多与使用不当有关。在研究刀具磨损时,一般研究刀具的正常磨损。

刀具正常磨损时,按其磨损部位不同可分为以下三种磨损形式。

（1）后刀面磨损：刀具后刀面与已加工表面之间存在强烈的摩擦,在后刀面上毗邻切削刃的地方磨出了沟痕,这种磨损形式称为后刀面磨损,其磨损量以 VB 表示（图 7-20(a)）。在以较低速度、较小切削厚度（$h_D < 0.1\text{mm}$）切削脆性及塑性材料时,常发生后刀面磨损。

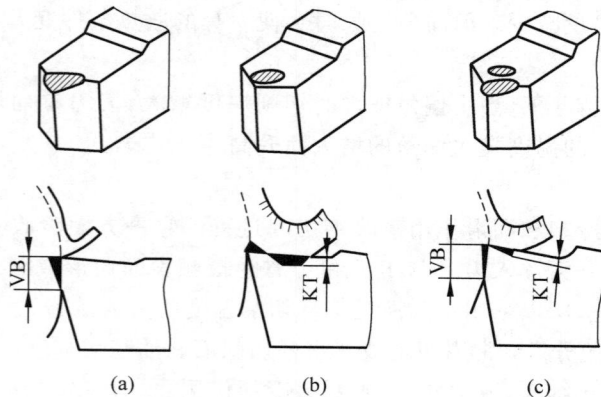

图 7-20　刀具的磨损形式
（a）后刀面磨损；（b）前刀面磨损；（c）前、后刀面同时磨损

（2）前刀面磨损：常发生于加工塑性金属时，切削速度较快和切削厚度较大（$h_D >$ 0.5mm）的情况下，切屑在前刀面上磨出一个月牙形凹坑，习惯上称为月牙洼。其磨损量以 KT 表示（图 7-20(b)）。前刀面磨损影响切屑变形和切屑流出方向。

（3）前、后刀面同时磨损：上述两种磨损形式同时出现，如图 7-20(c) 所示，一般发生在以中等切削厚度（$h_D = 0.1 \sim 0.5$mm）切削塑性材料的情况下。

2. 刀具的磨损过程

在一定的切削条件下，无论何种磨损形态，其磨损量都将随时间的延长而增大。由于大多数情况下后刀面的磨损对加工质量的影响较大，而且测量方便，所以用后刀面的磨损量 VB 来表示刀具的磨损程度。刀具磨损过程通常分为三个阶段，如图 7-21 所示。

（1）初期磨损阶段：由于刀具刃磨后刀面有许多微观凹凸，接触面积小，压强大，故磨损较快。

（2）正常磨损阶段：由于刀具的微观凹凸已磨平，表面光滑接触面积大而压强小，所以磨损很慢。

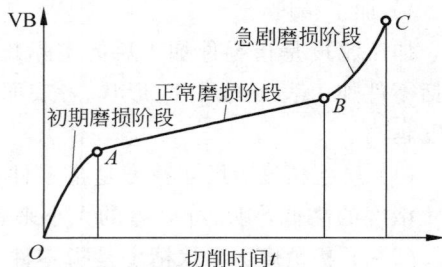

图 7-21　刀具的磨损过程

（3）急剧磨损阶段：正常磨损后期，刀具磨损钝化，切削力增大，切削温度急剧上升，磨损量急剧加大。

经验表明，在刀具正常磨损阶段的后期、急剧磨损阶段之前，刃磨刀具最为适宜。这样既能保证加工质量，又能提高刀具的使用寿命。

3. 刀具耐用度与刀具寿命

刀具磨损的程度可以根据切削时的声音、切屑的颜色以及工件的表面粗糙度变化情况来粗略判断。当发现上述现象有明显变化时，刀具的磨损已相当严重了。因此，通常以限定后刀面的磨损量 VB 作为刀具磨钝的衡量标准。在实际生产中，由于不便于经常停车测量 VB，所以用规定刀具的使用时间作为限定刀具磨损的衡量标准，由此提出了刀具耐用度和刀具寿命的概念。

刀具耐用度和刀具寿命有不同的含义。刀具耐用度表示两次刃磨之间实际进行的切削时间，不包括对刀、测量、快进、回程等耗费的非切削时间。刀具寿命是指一把新刀从使用到报废之前总的切削时间，其中包括多次刃磨。

影响刀具耐用度的因素很多，主要有工件材料、刀具材料及几何角度、切削用量，以及是否使用切削液等因素。对于热硬性和耐磨性好的刀具材料，刀具不易磨损。增加切削用量会使切削温度升高，加速刀具的磨损。适当增加刀具前角，由于减小了切削力，从而可减少刀具的磨损。在切削用量中，切削速度对刀具磨损的影响最大。

7.4　切削加工技术经济分析

技术与经济是社会进行物质生产不可缺少的两个方面。它们在实际生产中是密切联系、互相制约和互相促进的。因此，在研究某个技术方案时，应尽量做到既在技术上先进，又在经济上合理。

评价不同方案的技术经济效果时,首先应确定评价依据和标准,也就是要建立一系列的技术经济指标。

7.4.1　切削加工主要技术经济指标

1. 加工质量

加工质量包括加工精度和表面质量,直接影响产品的使用性能和寿命。

1) 加工精度

加工精度是指零件加工后的实际几何参数与理想几何参数的符合程度。这些几何参数包括零件加工表面的尺寸、形状、各表面的相互位置及表面粗糙度。符合程度越高,则加工精度越高。

(1) 尺寸精度:尺寸精度是指零件实际加工的尺寸与设计给定的尺寸相符合的程度,尺寸精度的高低,用尺寸公差的大小来表示。

(2) 形状精度:形状精度是指零件表面与理想表面之间在形状上接近的程度,如圆柱面的圆柱度、圆度,平面的平面度等。

(3) 位置精度:位置精度是指表面、轴线或对称平面之间的实际位置与理想位置接近的程度,如两圆柱面间的同轴度、两平面间的平行度或垂直度等。

影响加工精度的因素很多,即使是同一种加工方法,在不同的条件下所能达到的精度也不同。如果多费一些工时、选择合适的切削用量,也能提高加工精度,但这样降低了生产率,增加了生产成本,因而是不经济的。所以,通常所说的某加工方法所达到的精度,是指在正常操作情况下所达到的精度,称为经济精度。

设计零件精度的原则是在保证能达到技术要求的前提下,选用较低的精度等级。

2) 表面质量

表面质量包括表面粗糙度,表层加工硬化的程度和深度,表层残余应力的性质和大小。

(1) 表面粗糙度:无论用何种加工方法加工,零件表面总会遗留下微细的凸凹不平的加工痕迹,出现交错起伏的峰谷现象。已加工表面上的较小间距和微小峰谷的不平度,称为表面粗糙度。

表面粗糙度与零件的配合性质、耐磨性和抗腐蚀性等有着密切的关系,影响机器或仪器的使用性能和寿命。在一般情况下,零件表面的尺寸精度要求越高,其形状和位置精度要求越高,表面粗糙度越小。但有些零件的表面,出于外观或清洁的考虑,要求光亮,而其精度不一定要求高,例如机床手柄、面板等。

(2) 已加工表面的加工硬化和残余应力:在切削过程中,由于前刀面的推挤以及后刀面的挤压和摩擦,已加工表面的晶粒发生很大的变形,致使其硬度比原来工件材料的硬度有显著提高,这种现象称为加工硬化。切削加工所造成的加工硬化,常伴随着表面裂纹,因而降低了零件的疲劳强度和耐磨性。另外,硬化层的存在加速了后续加工中刀具的磨损。

经切削加工后的表面,由于切削力和热的作用,在一定深度的表层金属里,常存在着残余应力和裂纹,影响零件表面质量和使用性能。若各部分的残余应力分布不均匀,则还会影响尺寸、形状和位置精度,对刚度比较差的细长或扁薄零件影响更大。

因此,对于重要的零件,除限制表面粗糙度,还要控制其表层加工硬化的程度和深度,以及表层残余应力的性质(拉应力、压应力)和大小。而对于一般的零件,主要规定其表面粗糙度的数值范围。

2. 生产率

切削加工中,常以单位时间内生产的零件数量来表示生产率,即

$$R_0 = \frac{1}{t_w} \tag{7-11}$$

其中,R_0 为生产率;t_w 为生产一个零件所需的总时间。

在机床上加工一个零件,所用的总时间包括三部分,即

$$t_w = t_m + t_c + t_0 \tag{7-12}$$

其中,t_m 为基本工艺时间,即加工一个零件所需的总切削时间;t_c 为辅助时间,即与加工直接有关的时间,例如调整机床、装卸或刃磨刀具、安装和找正工件、检验等所需的时间;t_0 为其他时间,即与加工没有直接关系的时间,包括清扫切屑所需的时间等。

所以,生产率又可表示为

$$R_0 = \frac{1}{t_m + t_c + t_0} \tag{7-13}$$

由式(7-13)可知,提高切削加工的生产率,就是设法减少 t_m、t_c、t_0。

如图 7-22 所示,车削外圆时基本工艺时间可用式(7-14)计算:

$$t_m = \frac{lh}{nfa_p} = \frac{\pi d_w lh}{1000 v_c f a_p} \tag{7-14}$$

其中,l 为车刀行程长度(mm);d_w 为工件待加工表面直径(mm);h 为加工余量(mm);v_c 为切削速度(m/s);f 为进给量(mm/r);a_p 为切削深度(mm);n 为工件转速(r/s)。

由式(7-14)可以看出,要减少基本工艺时间,提高生产率,可采取减小加工余量、提高切削用量 v_c、f、a_p 等措施。例如采用先进的毛坯制造工艺减小加工余量,粗加工时采用强力切削(f 和 a_p 较大),精加工时采用高速切削等。

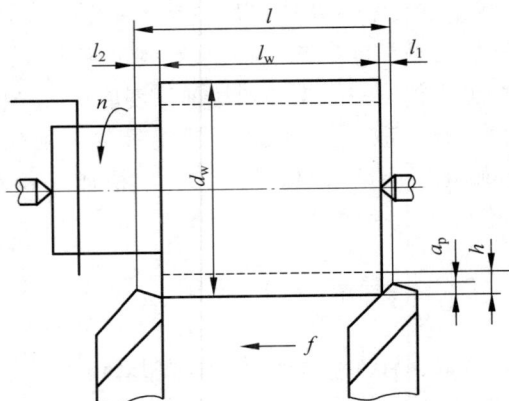

图 7-22 车削外圆时基本工艺时间的计算

3. 经济性

在制定切削加工方案时,应使产品在保证使用要求的前提下制造成本最低。产品的制造成本是指费用消耗的总和,包括毛坯或原材料费用,生产工人工资,机床设备的折旧和调整费用,工具、夹具、量具的折旧和修理费用,车间经费和企业管理费用等。若将毛坯成本除外,则每个零件切削加工的费用可用式(7-15)计算:

$$C_{W} = t_{w}M + \frac{t_{m}}{T}C_{t} = (t_{m} + t_{c} + t_{0})M + \frac{t_{m}}{T}C_{t} \qquad (7\text{-}15)$$

其中,C_W 为每个零件切削加工的费用;M 为单位时间分担的全厂开支,包括工人工资、设备和工具的折旧,以及管理费用等;T 为刀具耐用度;C_t 为刀具刃磨一次的费用。

由式(7-15)可知,零件切削加工的成本包括工时成本和刀具成本两部分,并且受基本工艺时间、辅助时间、其他时间及刀具耐用度的影响。若要降低零件切削加工的成本,则除节约全厂开支、降低刀具成本,还要设法减少 t_m、t_c 和 t_0,并保证一定的刀具耐用度 T。

7.4.2 切削用量的合理选择

切削用量的大小对工件加工质量、刀具寿命、生产率和加工成本等均有显著的影响。实际生产中,切削用量受到加工质量、刀具寿命、机床动力和刚度等因素影响,不可能任意选取。合理选择切削用量,就是选择切削速度、进给量和切削深度的最佳组合,使之在保证工件加工质量和刀具寿命的前提下,充分发挥机床、刀具的切削性能,使生产率最高,生产成本最低。

切削用量选择的基本原则:粗加工时,为了获得较高的金属切除率和必要的刀具寿命,在机床功率允许的情况下,优先选择尽可能大的切削深度,其次选择尽可能大的进给量,最后根据刀具寿命,确定合适的切削速度;精加工时,应保证工件的加工质量,一般尽可能选用较高的切削速度,其次是较小的进给量,最后是较小的切削深度。

1. 切削深度的选择

粗加工时的切削深度应根据工件的加工余量和工艺系统刚度确定。通常在留出半精加工、精加工余量的前提下,尽量一次走刀就把粗加工余量全部切除。若加工余量过大,一次走刀切完会使机床功率不足,刀具强度不够,工艺系统刚度不足或产生冲击振动,则可分几次走刀切完。多次走刀时,也应将第一次走刀的切削深度取得大一些,一般为总加工余量的2/3～3/4。切削表层有硬皮的铸、锻件,或切削不锈钢等加工硬化较严重的材料时,应尽量使切削深度大于硬皮或硬化层厚度,以保护刀尖。半精加工和精加工的加工余量一般较小,可一次切除。在中等切削功率的机床上,粗加工($Ra = 50 \sim 12.5 \mu m$)的切削深度可达 $8 \sim 10 mm$。

2. 进给量的选择

粗加工时,对工件表面质量没有太高要求,进给量的选择主要受较大的切削力限制。在工艺系统刚度和强度足够的情况下,可选用较大的进给量。进给量对工件的已加工表面粗糙度影响很大,所以半精加工和精加工时,进给量通常按照工件表面粗糙度的要求,选取较小的数值。

3. 切削速度的选择

在选定了切削深度和进给量以后,可根据合理的刀具寿命确定合适的切削速度。粗加工时,切削深度和进给量都较大,切削速度受刀具寿命和机床功率的限制,一般较低。精加工时,切削深度和进给量都取得较小,切削速度主要受工件加工质量和刀具寿命的限制,一般取得较高。只有在受到刀具等工艺条件限制而不宜采用高速切削时,才选用较低的切削速度。例如,用高速钢铰刀铰孔,切削速度受刀具材料耐热性的限制,并为了避免积屑瘤的影响,应采用较低的切削速度。

7.4.3　材料的切削加工性

1. 切削加工性的衡量指标

切削加工性是指在一定的切削条件下,工件材料被切削加工的难易程度。切削加工性的概念是相对的,具体的加工条件和要求不同,加工的难易程度也有很大的差异。因此,在不同的情况下要用不同的指标去衡量切削加工性。

常用的指标主要有以下几种。

(1) 一定刀具耐用度下的切削速度 v_T:一定刀具耐用度下的切削速度即当刀具耐用度为 T 时,切削某种材料所允许的切削速度。v_T 越高,材料的切削加工性越好。若取 $T=60\text{min}$,则 v_T 可写作 v_{60}。

(2) 相对加工性 K_r:为了对比各种材料的切削加工性,以正火处理后的 45 钢的 v_{60} 为基准,记作 $(v_{60})_j$,将其他材料的 v_{60} 与其比较,所得比值即该材料的 K_r。即

$$K_r = v_{60}/(v_{60})_j \tag{7-16}$$

K_r 实际上反映了材料对刀具磨损和刀具寿命的影响。K_r 越大,表示在相同切削条件下允许的切削速度越高,其相对加工性越好,也表明切削该种材料时刀具不易磨损,即刀具耐用度高。

(3) 已加工表面质量:凡容易获得好的表面质量的材料,其切削加工性较好;反之则较差。精加工时,常以此作为衡量指标。

(4) 切削力或切削温度:在相同的切削条件下,凡切削力大、切削温度高的材料,其切削加工性较差;反之,其切削加工性较好。在粗加工或机床动力不足时,常以此指标来评定材料的切削加工性。

(5) 切屑控制性能:凡是切屑容易被控制或容易折断的材料,其切削加工性较好;反之则较差。在自动机床或自动生产线上加工时,常以此作为衡量指标。

一种工件材料很难在各方面都能获得较好的切削加工性,只能根据需要而选择一项或几项作为衡量其切削加工性的指标,最常用的指标是 v_T 和 K_r。

2. 改善切削加工性的主要途径

一般情况下,工件材料的硬度、强度越高,塑性、韧性越大,弹性模量越小,则其加工性越差。工件材料的热导率越高,刀具与工件及切屑摩擦面上的温度越低,则刀具磨损越小,刀具寿命越长,工件切削性越好。

(1) 对材料进行热处理:通过热处理可以改变材料的金相组织和物理力学性能,达到

改善其切削加工性的目的,这是生产实践中最常用的方法。例如高碳钢和工具钢硬度高,有较多的网状渗碳体组织,通过球化退火可以降低其硬度;低碳钢塑性好,可通过正火适当降低其塑性,提高硬度,改善其切削加工性。

(2)调整材料的化学成分:在钢中适当添加硫、铅等元素,这些添加元素几乎不能与钢的基体固溶,而是以金属或金属夹杂物的状态分布,在切削过程中起到减小变形和摩擦的作用,使钢的切削性能得到改善,这样的钢称为易切削钢。它具有良好的加工性,使刀具寿命提高,切削力减小,切屑易折断等。

7.5 金属切削机床基础知识

金属切削机床是对金属毛坯进行加工的机器,是机械制造业中的主要加工设备,堪称制造机器的机器,人们称其为"工作母机",生产中简称为机床。它的技术性能直接影响机械制造业的产品质量和生产率。

7.5.1 机床的分类

生产实践中的机床种类和规格繁多,它们各自的品种、结构、性能、质量和应用范围也各不相同。

按照国家标准《金属切削机床型号编制方法》(GB/T 15375—2008)规定,机床按其工作原理划分为车床、钻床、镗床、磨床、齿轮加工机床、螺纹加工机床、铣床、刨插床、拉床、锯床和其他机床共 11 大类。在每一类机床中,又按工艺范围、布局形式和结构分为若干组,每一组又细分为若干系列。

机床按通用程度分类,可分为通用机床、专门化机床和专用机床三类;按加工精度分类,可分为普通精度机床、精密机床和高精度机床;按加工工件大小和机床质量,可分为仪表机床、中型机床(一般机床)、大型机床(质量达 10～30t)、重型机床(30～100t)和超重型机床(100t 以上);按自动化程度分类,可分为手动机床、机动机床、半自动机床和自动机床等。

随着机床的发展,其分类方法也将不断变化。现代机床正向数控化方向发展,数控机床的功能日趋多样化,工序更加集中。现在的数控机床已经集中了越来越多的传统机床的功能。例如,数控车床在卧式车床功能的基础上,集中了转塔车床、仿形车床、自动车床等多种车床的功能;车削中心在数控车床功能的基础上,又加入了钻、铣、镗等类机床的功能。又如,具有自动换刀功能的镗铣加工中心机床集中了钻、镗、铣等多种类型机床的功能,习惯上称为"加工中心",某些加工中心的主轴既能立式又能卧式,集中了立式加工中心和卧式加工中心的功能。机床数控化引起了机床传统分类方法的变化,这种变化主要表现在机床品种不是越分越细,而是趋向综合。

7.5.2 机床型号的编制方法

金属切削机床的型号是用来表示机床的类别、结构特征和主要技术参数的代号。按国家标准 GB/T 15375—2008 规定,机床型号采用汉语拼音字母和阿拉伯数字按一定规律组合而成。例如 CM6132 型精密普通车床,型号中的代号及数字的含义如下:

$$\text{C M 6 1 3 2}$$

机床类代号（车床类）
机床通用特性代号（精密机床）
机床组代号（落地及卧式车床组）
机床系代号（卧式车床系）
主参数代号（最大车削直径320mm）

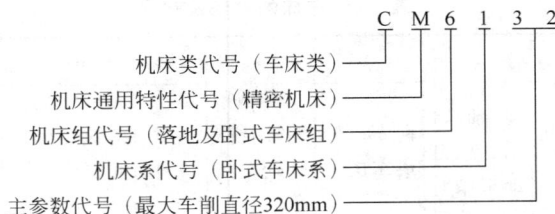

1. 机床的类代号

机床的类代号位于型号的首位,用大写汉语拼音字母表示,按其相对应的汉字字义读音。根据需要,每一类机床又可分为若干分类,如磨床类有 M、2M、3M 三个分类。机床的分类和代号见表 7-2。

表 7-2 机床的分类和代号

类型	车床	钻床	镗床	磨床			齿轮加工机床	螺纹加工机床	铣床	刨插床	拉床	锯床	其他机床
代号	C	Z	T	M	2M	3M	X	Y	S	B	L	G	Q
读音	车	钻	镗	磨	二磨	三磨	铣	牙	丝	刨	拉	割	其

2. 机床特性代号

机床特性代号表示机床所具有的特殊性能,位于类代号之后,用大写的汉语拼音字母表示。机床特性分为通用特性和结构特性。

(1)通用特性代号:通用特性代号有固定的含义,见表 7-3。例如,型号为 CK6140 的车床,"K"表示该车床具有程序控制特性。

表 7-3 机床通用特性代号

通用特性	高精度	精密	自动	半自动	数控	加工中心(自动换刀)	仿形	轻型	加重型	柔性加工单位	数显	高速
代号	G	M	Z	B	K	H	F	Q	C	R	X	S
读音	高	密	自	半	控	换	仿	轻	重	柔	显	速

(2)结构特性代号:为区分主参数相同而结构、性能不同的机床,在型号中用结构特性代号予以区别。当型号中有通用特性代号时,结构特性代号排在通用特性代号之后,否则结构代号直接排在类代号之后。例如,CA6140 型卧式车床型号中的"A"是结构特性代号,以区别于 C6140 型卧式车床主参数相同,但结构不同。

3. 机床的组、系代号

每类机床按其结构性能及用途分为若干组,每组又分为若干系,同一系机床的主参数、基本结构和布局形式相同。组、系代号用两位阿拉伯数字表示,位于类代号或特性代号之后,第一位数字表示组别,第二位数字表示系别。车床的分组及代号见表 7-4。

表 7-4　车床的分组及代号

组代号	0	1	2	3	4	5	6	7	8	9
组别	仪表小型车床	单轴自动车床	多轴自动、半自动车床	回转、转塔车床	曲轴及凸轮轴车床	立式车床	落地及卧式车床	仿形及多刀车床	轮、轴、辊、锭及铲齿车床	其他车床

4. 机床的主参数代号

机床主参数表示机床规格的大小,机床的主参数代号以其主参数的折算值表示,位于组、系代号之后。例如,卧式车床的主参数折算系数为 1/10,所以,CA6140 型卧式车床的主参数为 400mm。

5. 机床的重大改进顺序号

当机床的结构和性能有重大改进时,按改进的先后顺序,用 A、B、C 等汉语拼音字母(I、O 两个字母不得选用)表示,写在机床型号的末尾,以区别原机床型号。例如,M1432A 表示经第一次重大改进后的万能外圆磨床。

当机床的结构、性能有更高的要求,并需按新产品重新设计、试制和鉴定时,才按改进的先后顺序选用 A、B、C 等汉语拼音字母(但 I、O 两个字母不得选用),加在型号基本部分的尾部,以区别原机床型号。

重大改进设计不同于完全的新设计,它是在原有机床的基础上进行改进设计,因此重大改进后的产品与原型号的产品,是一种取代关系。

对于已经定型,并按过去的机床型号编制方法编订的机床,其型号一律不变,仍按旧型号。

7.5.3　机床的传动

1. 机床传动方式

机床传动方式是指机床动力通过一系列的减速、变速和差动运动传递到机床执行元件的方法。机床传动方式主要有三种:机械传动、电传动和液压气压传动,这里主要介绍机床的机械传动。

机床的机械传动有两种基本形式:一种是用于传递旋转运动(如带传动、齿轮传动等)以及对运动的变速和换向;另一种是用于把旋转运动变换为直线运动(如齿轮齿条传动、丝杠螺母传动等)。

2. 传动联系

1) 机床传动的基本组成

每个运动,都有以下三个基本部分。

(1) 运动源:为了驱动机床的执行件,实现机床的运动,必须有动力来源,称为运动源。通常称为电动机,它是提供动力的装置,包括交流电动机、直流电动机、伺服电动机、变频调速电动机和步进电动机等。普通机床常用三相异步交流电动机,数控机床常用直流或交流调速电动机或伺服电动机。可以几个运动共用一个运动源,也可以每个运动单独有运动源。

(2) 传动件:为了将运动源的动力和运动按要求传递给执行件,则必须有传递动力和运动的零件,称为传动件。它是传递动力和运动的装置。通过它把运动源的动力传递给执行件,或把一个执行件的运动传递给另一个执行件。传动装置通常还包括改变传动比、改变运动方向和改变运动形式(从旋转运动改变为直线运动)等机构,如齿轮、链轮、胶带轮、丝杠、螺母等属于传动件。除了机械传动件,还有液压传动和电气传动元件等。

(3) 执行件:机床上直接夹持刀具或工件并实现其运动的零部件,称为执行件。它们是执行运动的部件,如主轴、刀架以及工作台等。其任务是带工件或刀具完成旋转或直线运动,并保持准确的运动轨迹。

2) 机床的传动联系

机床上为了得到所需要的运动,需要通过一系列的传动件把运动源和执行件(例如把主轴和电动机),或者把执行件和执行件(例如把主轴和刀架)连接起来,这一系列传动件,称为传动链。运动源—传动件—执行件或执行件—传动件—执行件,构成传动联系。

3. 机床运动的调整

1) 机床运动的五个参数

每个独立运动必须具备五个参数,分别是速度、方向、轨迹、起点和路程。机床上加工不同工件时,各执行件的某些运动参数需随之改变,调整每个独立运动的五个参数,称为机床运动的调整。

2) 机床的传动系统

实现机床加工过程中全部运动的各条传动链组成了一台机床的传动系统。根据执行件所完成的运动的作用不同,传动系统中各传动链相应地称为主运动传动链、进给运动传动链、范成运动传动链和分度运动传动链等。

4. 传动系统图

为了便于了解和分析机床运动的传递、联系情况,常采用传动系统图,图 7-23 所示为 C6132 卧式车床的传动系统图。分析时应首先根据被加工表面形状、加工方法和刀具结构,知道表面成形方法和所需的成形运动,分析什么是实现运动的执行件和运动源,进而分析实现各运动的传动原理,即确定机床有哪些传动链及其传动联系情况,然后根据传动系统图,逐一分析各传动链。

分析传动链的一般步骤如下所述。

(1) 确定传动链的两端件,即找出该传动链的首端件和末端件,如电动机—主轴,主轴—刀架等。

(2) 根据传动链两个端件的运动关系,确定它们的计算位移,即在指定的同一时间间隔内两个端件的位移量。例如,主运动传动链的计算位移通常为电动机 $n_电$(r/min)—主轴 $n_主$(r/min);车床螺纹进给传动链的计算位移为主轴转 1 转—刀架移动工件螺纹一个导程 L(mm)。

(3) 写出传动链的传动路线表达式,从首端件向末端件顺次分析各传动轴之间的传动结构和运动传递关系,查明该传动链的传动路线,以及变速、换向、接通和断开的工作原理。

(4) 根据计算位移及相应传动链中各个顺序排列的传动副的传动比,列写运动平衡式。

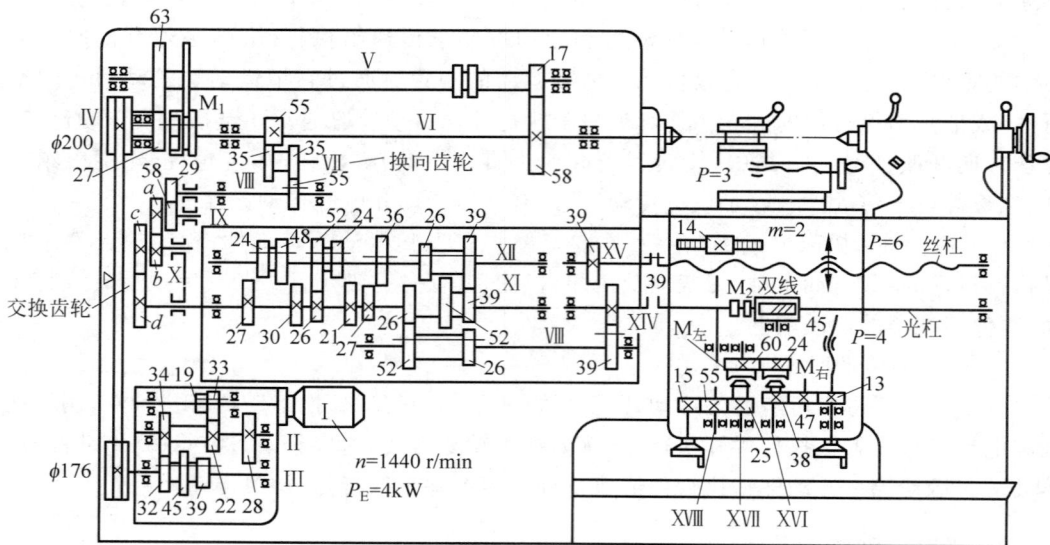

图 7-23　C6132 卧式车床传动系统图

根据运动平衡式,计算出执行件的运动速度或位移量,或者整理出换置机构的换置公式,然后按加工条件,确定挂轮变速机构所需采用的配换齿轮的齿数。

例　根据图 7-23 所示 C6132 卧式车床的传动系统图,写出主运动传动链的传动路线表达式,求主轴的变速级数及主轴的最高、最低转速。

(1) 确定传动链的两端件,电动机—主轴。

(2) 确定计算位移量:电动机 1440(r/min)—主轴 $n_{主}$(r/min)。

(3) 传动路线表达式:

$$\text{电动机}-\text{I}\begin{Bmatrix}\dfrac{33}{22}\\[2mm]\dfrac{19}{34}\end{Bmatrix}-\text{II}\begin{Bmatrix}\dfrac{34}{32}\\[2mm]\dfrac{28}{39}\\[2mm]\dfrac{22}{45}\end{Bmatrix}-\text{III}-\dfrac{\phi176}{\phi200}-\text{IV}\begin{Bmatrix}\text{M}_1\\[2mm]\dfrac{27}{63}-\text{V}-\dfrac{17}{58}\end{Bmatrix}-\text{主轴 VI}$$

主轴变速级数:$Z=2\times3\times2=12$。

(4) 列写运动平衡式,计算主轴的最高转速和最低转速:

$$n_{\max}=1440\times\frac{33}{22}\times\frac{34}{32}\times\frac{176}{200}\times1=2019.6(\text{r/min}) \tag{7-17}$$

$$n_{\min}=1440\times\frac{19}{34}\times\frac{22}{45}\times\frac{176}{200}\times\frac{27}{63}\times\frac{17}{58}=43.5(\text{r/min}) \tag{7-18}$$

延伸视界

　　工业母机包括减材制造装备、等材制造装备和增材制造装备,是"制器之器"和"自强之基",是现代化产业体系的核心枢纽,是关系国家安全和发展大局的战略性基础产业。数控机床是工业母机的核心,高端数控机床的发展水平直接决定着一国装备制造业的技术水平,因此也是衡量一个国家工业现代化的重要标志。

从产业链看,我国已经形成完整的生产链条和产业体系,一批"专精特新"产业集群已逐渐形成规模,成为推动行业发展的新兴力量;从产业生态看,打通了上下游产业链条,推进军民融合发展,初步形成了需求导向、应用牵引、整机带动、产业链各环节联动的发展模式。但高端数控机床市场竞争力不足,产业主要短板有:关键技术薄弱、技术创新体系尚未形成、高端配套水平不足等。为此,在未来部署的国家重大科技计划中,通过高效部署安排实现高质量发展,推动关键核心技术实现系统性重大突破;强化国家战略使命导向,打造以企业为主体的产学研用一体化行业新生态;强化政府支持,高质量提升产业基础支撑能力;推动新一代信息技术与高端数控机床技术深度融合,强化全产业链协同,高质量推动智能集成示范推广。

资料来源:刘志峰,滕学政,刘炳业,等. 高端数控机床的现状和发展[J]. 机床与液压,2024,52(22):1-7.

习题

7-1　选择题

1. 车削细长轴时,为了减少工件弯曲变形,车刀的主偏角应取(　　)。
   A. 30°　　　　　　B. 45°　　　　　　C. 60°　　　　　　D. 90°

2. 积屑瘤对粗加工有利的原因是(　　)。
   A. 提高工件加工精度　　　　　　B. 保护刀具,增大实际前角
   C. 提高加工表面质量　　　　　　D. 加大切削深度

3. 在正交平面中测量的主后刀面与切削平面之间的夹角是(　　)。
   A. 前角　　　　　　B. 后角　　　　　　C. 主偏角　　　　　　D. 副偏角

4. 在车刀角度中,对切削力影响最大的是(　　)。
   A. 主偏角　　　　　　B. 前角　　　　　　C. 后角　　　　　　D. 刃倾角

5. 工件材料的强度、硬度增大时,切削温度的变化情况为(　　)。
   A. 下降　　　　　　B. 升高　　　　　　C. 不变　　　　　　D. 不能确定

6. 切削用量要素对刀具寿命影响最大的是(　　)。
   A. 切削速度　　　　B. 切削深度　　　　C. 进给量

7. 下列使切削力增大的情况是(　　)。
   A. 进给量减小　　　B. 切削速度增大　　C. 切削深度减小　　D. 刀具前角减小

8. 增大刀具的前角,切屑(　　)。
   A. 变形大　　　　　B. 变形小　　　　　C. 很小

9. 钻孔时,钻头直径为10mm,切削深度应为(　　)mm。
   A. 20　　　　　　　B. 10　　　　　　　C. 5　　　　　　　D. 2.5

10. 垂直于过渡表面测量的切削层尺寸称为(　　)。
    A. 宽度　　　　　　B. 切削厚度　　　　C. 深度　　　　　　D. 长度

11. 扩孔钻扩孔时的切削深度等于(　　)。
　　A. 扩孔钻直径　　　　　　　　　B. 扩孔钻直径的 1/2
　　C. 扩孔钻直径与扩前孔径之差　　D. 扩孔钻直径与扩前孔径之差的 1/2

12. 试选择制造下列刀具的材料：大直径麻花钻(　　)，手用铰刀(　　)。
　　A. 碳素工具钢　　B. 合金工具钢　　C. 高速钢　　　　D. 硬质合金

13. 试选择制造下列刀具的材料：整体圆柱铣刀(　　)，镶齿端铣刀刀齿(　　)。
　　A. 碳素工具钢　　B. 合金工具钢　　C. 高速钢　　　　D. 硬质合金

14. 试选择制造下列刀具的材料：锉刀(　　)，拉刀(　　)。
　　A. 碳素工具钢　　　B. 合金工具钢　　C. 高速钢　　　D. 硬质合金

15. 当主运动是旋转运动时，切削速度的计算公式为 $v_c = \dfrac{\pi dn}{1000 \times 60}$，但式中 d 的含义不尽相同。在车床上车外圆时，d 是指(　　)；在车床上镗孔时，d 是指(　　)；在铣床上铣平面时，d 是指(　　)。
　　A. 刀具最大直径　　B. 已加工表面直径　C. 待加工表面直径　D. 过渡表面直径

16. 牛头刨床的切削速度是指切削行程的平均速度。(　　)
　　A. 正确　　　　　　B. 错误

17. 车槽时的切削深度等于所切槽的宽度。(　　)
　　A. 正确　　　　　　B. 错误

18. 车外圆时的主运动和进给运动都是旋转运动。(　　)
　　A. 正确　　　　　　B. 错误

19. 车外圆时，车刀刀尖必须与主轴轴线严格等高，否则会出现形状误差。(　　)
　　A. 正确　　　　　　B. 错误

20. 在车床上钻孔容易出现轴线偏斜现象，而在钻床上钻孔则容易出现孔径扩大现象。(　　)
　　A. 正确　　　　　　B. 错误

7-2　切削运动一般分为哪两大类？试分析车削、铣削、刨削、磨削和钻削的切削运动。

7-3　刀具切削部分材料应具备哪些基本性能？常用的刀具材料有哪些？

7-4　刀具有哪些主要角度？各有什么作用？选择刀具角度的原则是什么？

7-5　什么是积屑瘤？它对切削加工有哪些影响？生产中最有效的控制积屑瘤的手段是什么？

7-6　刀具的磨损形式有哪几种？在刀具磨损过程中一般分为几个磨损阶段？

7-7　在一个工件上需要钻直径 10mm 的孔，已知选用的切削速度为 31.4m/min，进给量为 $f = 0.1$mm/r，试计算 2min 后钻孔的深度是多少？

7-8　图 7-24 所示为镗孔的示意图，请在图中标出下列各项内容(只要注出序号即可)：
(1)切削平面；(2)基面；(3)正交平面；(4)主刀刃；(5)副刀刃；(6)主偏角 k_r；(7)副偏角 k_r'；(8)前角 γ_o；(9)后角 a_o；(10)已加工表面；(11)过渡表面；(12)待加工表面。

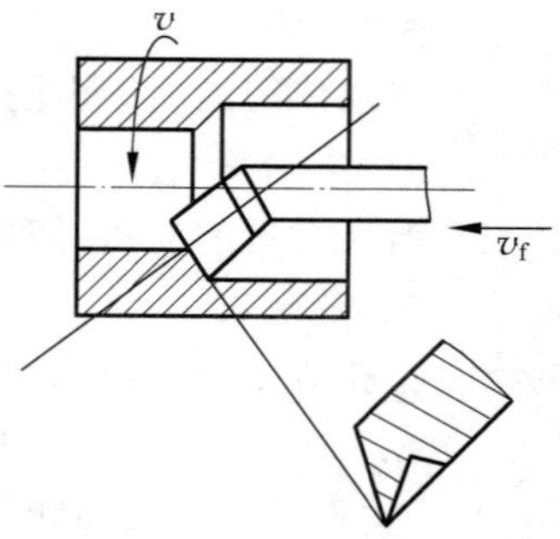

图 7-24　习题 7-8 图

第8章

零件表面的加工方法

本章知识要点

知 识 要 点	学 习 目 标	相 关 知 识
常用金属切削加工方法	了解常用切削刀具的结构特点,掌握常用切削加工方法的工艺特点和适用范围	车削、刨削、铣削、磨削、钻-扩-铰削、镗削、拉削工艺
精密加工和特种加工简介	熟悉精密加工的工艺特点及应用,了解各种特种加工方法的工艺特点及应用	精整和光整加工(研磨、珩磨、超级光磨、抛光),特种加工(电火花加工、电解加工、超声波加工、激光加工)
典型表面加工分析	根据零件的外圆面、内圆面、平面等基本表面的特征,合理分析并正确选择加工方法,了解成形面、螺纹表面和齿轮表面的常用加工方法	外圆面的加工、内圆面的加工、平面的加工,其他表面的加工

案例导入

随着航空航天、医药、汽车及电子工业的迅猛发展,精密设备及微结构制造需求逐年递增,微小孔制造($d<1mm$)作为微结构中常见且难加工,其制造技术对相关领域装备发展至关重要,是机械加工行业的研究热点与难点。

钻削加工具备成本低、效率高、材料适用范围广的特性,可根据工件材料、加工精度、表面质量和加工效率等要求灵活制定工艺。现阶段微小孔钻削技术是微小孔制造的关键工艺。在微小孔钻削时,刀具转速高但直径小,切削摩擦力使刀具产生高温,引发刀体热膨胀。加工过程中轴向力致使刀具弯曲变形,材料变形抗力造成刀具扭曲变形,刀具整体呈弯扭变形状态,导致刀体与孔壁接触形成附加摩擦力。实际加工中常出现微钻未充分磨损就突然折断失效的情况,这表明刀具性能是保证微小孔钻削的核心要素。不同材料的微钻,制造工艺各具特点。高速钢及硬质合金微钻多采用磨削技术,此技术成熟度高,不过在加工聚晶金刚石(PCD)等超硬材料时存在一定的局限性。PCD微钻制造工艺复杂,要先通过激光切割或电火花线切割下料,接着利用激光刻形或仿形电极电火花放电磨削成形,最后使用高精度砂轮或游离磨料研磨,以此保障刀具质量。

总之,微小孔钻削刀具制造技术要综合考虑刀具材料、结构、刀具角度、几何尺寸、冷却润滑条件、切削加工参数等要素,通过进一步深入研究和优化,从而满足工业制造的需求。

资料来源:袁松梅,陈博川,邵梦博. 微小孔钻削刀具制造技术研究进展综述[J].机械工程学报,2023,59(3):265-282.

切削加工属于材料去除类的加工方法。在工业生产中,大多情况下,零件的最终形状、加工精度和质量要求都是通过切削加工过程来完成的,即借助机床设备的切削运动,用刀具对工件坯料上的多余材料进行去除,从而得到符合尺寸、形状和位置要求的零件。为适应不同零件的表面加工要求,出现了多种多样的切削加工方法,其中最常用的有车削、刨削、铣削、磨削、钻削、镗削和拉削等。不同的切削加工方法,所用的机床、刀具和切削运动形式不同,其工艺特点及适用范围也不相同,只有在理解掌握各种加工方法的特点和适用范围的基础上,才可能合理地选择和应用加工方法。

8.1　常用金属切削加工方法

8.1.1　车削加工

车削加工是指在车床上利用工件的旋转和刀具的移动,从工件表面切除多余材料,使之符合一定形状、尺寸和表面质量要求的零件的一种切削加工方法。在金属切削加工中,车削是最基本的切削方法之一,以工件回转为主运动,刀具相对工件移动作进给运动。

1. 车刀的种类及用途

常用车刀的种类及用途如图 8-1 所示。

车削加工
概述

车削运动

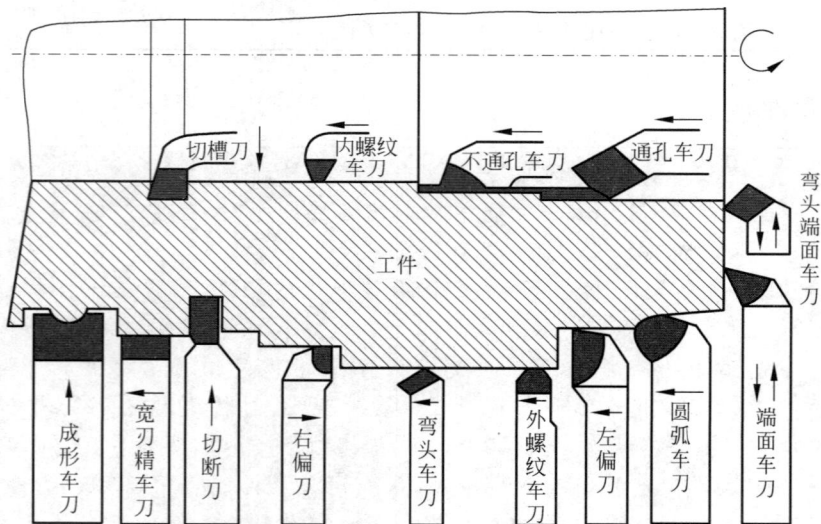

图 8-1　常用车刀的种类和用途

其中,偏刀用来车削外圆、台阶、端面,弯头刀可车削外圆、端面、倒角,切断刀用来切断工件或在工件上加工沟槽,内孔刀用来加工内孔,螺纹刀可以加工各种螺纹。

2. 车削的工艺特点

1) 切削过程连续、平稳,生产效率较高

一般情况下,车削加工的切削过程是连续进行的,当车刀的几何形状、切削深度和进给量一定时,切削力基本恒定,切削过程比较平稳,可获得好的加工表面质量。也因此允许采用较大的切削用量进行高速切削或强力切削,有利于获得高的生产率。

车削分为粗车、半精车、精车和精细车。车削的加工精度可达 IT8～IT7,表面粗糙度 Ra 为 $1.6～0.8\mu m$。精细车加工的精度可达 IT6～IT5,表面粗糙度 Ra 为 $0.4～0.2\mu m$。

2）易于保证零件各加工表面的相互位置精度

对于轴、套筒、盘类等零件,在一次装夹中围绕同一轴线回转,完成多个圆柱面和其端面的加工,易于保证加工面间相对位置精度,如各圆柱面之间的同轴度精度和端面对回转轴线的垂直度或轴向圆跳动精度等。

3）刀具结构简单,成本较低

车刀的制造、刃磨和使用都很方便,通用性好。车床附件较多,可满足大多数工件的加工要求,生产准备时间短,有利于提高效率和降低成本。

4）加工范围广,适应性强

车削是轴、盘、套等回转体零件不可缺少的加工工序。对于小支架等其他类型的零件,只要能在车床上装夹,其回转表面也可采用车削加工。

5）适合有色金属的精加工

某些有色金属材料硬度较低,塑性、韧性高,若用砂轮磨削,则软的磨屑易堵塞砂轮,难以得到光洁的表面。故有色金属零件的精加工要用车削或精细车削。

3. 车削的应用

车床配合不同的刀具和进给运动,可以加工出不同形状的零件表面,如图 8-2 所示。

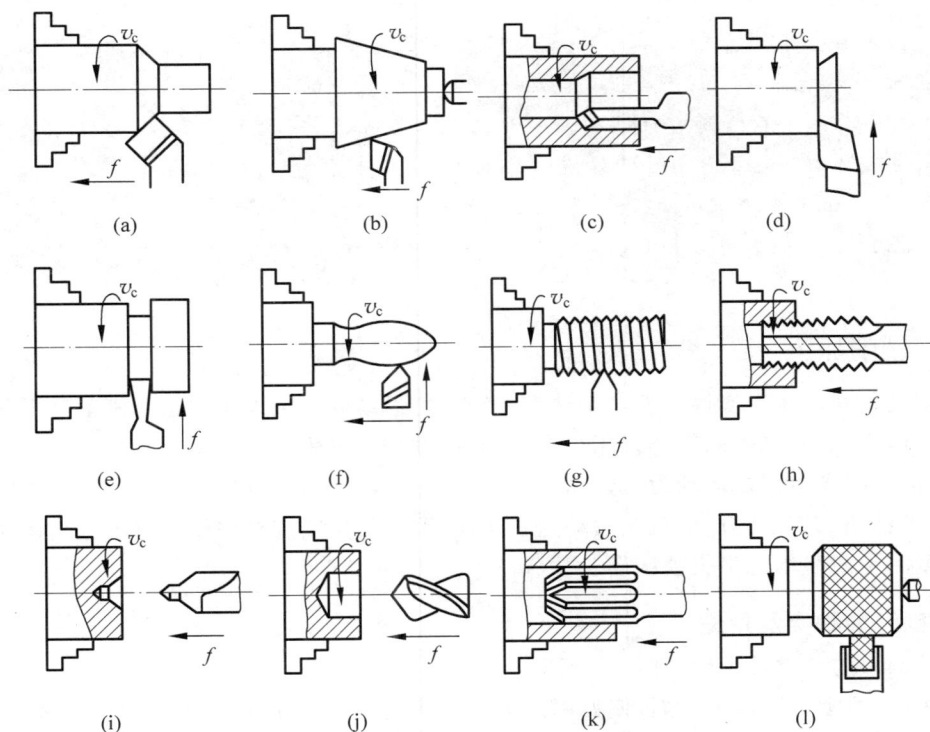

图 8-2　车削加工的应用

(a) 车外圆；(b) 车外锥面；(c) 车孔；(d) 车端面；(e) 切槽、切断；(f) 车成形面；
(g) 车外螺纹；(h) 攻螺纹；(i) 钻中心孔；(j) 钻孔；(k) 铰孔；(l) 滚花

1）加工回转面

车削加工的回转面包括内或外圆柱面、内或外圆锥面、环槽等，刀具沿工件回转轴线平行方向作直线移动时，可加工内或外圆柱面；刀具沿与回转轴线相交的斜线移动时，可加工出内或外圆锥面，如图 8-2(a)～(c)所示。加工等直径细长轴时，可使用跟刀架；加工细长阶梯轴时，可使用中心架作为辅助支承。

2）加工回转体端面

进给运动与工件回转轴线垂直时，可加工回转体工件的端面、沟槽以及切断工件，如图 8-2(d)、(e)所示。

3）加工成形面

车削的成形面是指特殊形状的回转面。利用成形车刀作横向进给运动，也可加工出与切削刃相应的回转曲面，如图 8-2(f)～(h)所示。

除了车削上述表面外，在车床上可以完成钻中心孔、钻孔、铰孔、滚花等工作，分别如图 8-2(i)～(l)所示。

车削加工可以在多种不同类型的车床上进行，卧式车床适用于各种中小型轴、盘、套类零件的单件、小批量生产；转塔车床适用于零件尺寸较小，形状较复杂的中小型轴、盘、套类零件的中小批量加工；立式车床适用于加工直径较大、长度较短的重型零件；数控车床适用于多品种、小批量生产复杂形状的零件。

📝 知识链接

有色金属超镜面车削加工——表面粗糙度是影响电真空器件性能的关键因素之一，通过合理控制表面粗糙度，可以有效提升电真空器件的稳定性和可靠性。中国电子科技集团公司第十二研究所机械加工中心创新工艺方法，实现了无氧铜、铝等有色金属材料表面粗糙度超越 $0.01\mu m$ 的超镜面车削加工，相当于材料表面峰谷间的高度差仅为纳米级别，意味着加工件表面光滑如镜、近乎完美，为电真空器件等领域高精度零部件加工提供了坚实保障。

8.1.2　刨削加工

刨削是指在刨床上使用刨刀对工件作直线往复运动的切削加工方法。刨削是平面加工的主要方法之一，常见的刨削类机床有牛头刨床、龙门刨床和插床等，在牛头刨床和插床上加工时，刨刀的纵向往复运动为主运动，工件随工作台作横向间歇进给运动。在龙门刨床上加工时，工件随工作台的往复直线运动为主运动，刀架沿横梁或立柱作间歇的进给运动。其加工精度和生产率均比牛头刨床高。

1. 刨刀的种类及用途

常用刨刀的种类及用途如图 8-3 所示。

其中，平面刨刀用来刨平面，偏刀用来刨垂直面或斜面，角度偏刀用来刨燕尾槽和角度，弯切刀用来刨工形槽及侧面槽，切刀及割槽刀用来切断工件或刨沟槽。

刨削运动

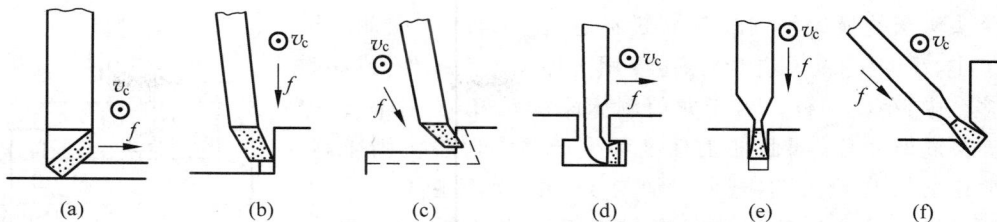

图 8-3 常用刨刀的种类和用途

(a) 平面刨刀；(b) 偏刀；(c) 角度偏刀；(d) 弯切刀；(e) 切刀；(f) 割槽刀

2. 刨削的工艺特点

1) 通用性好

根据切削运动和具体的加工要求,刨床的结构比车床、铣床简单,价格低,调整和操作也较简便。所用的单刃刨刀与车刀基本相同,形状简单,制造、刃磨和安装皆较方便。

2) 生产率较低

刨削的主运动为往复直线运动,反向时受惯性力的影响,加之刀具切入和切出时有冲击,限制了切削速度的提高。单刃刨刀实际参加切削的切削刃长度有限,一个表面往往要经过多次行程才能加工出来,基本工艺时间较长。刨刀返回行程时不进行切削,增加了辅助时间。由于以上原因,刨削的生产率低于铣削。

但是对于狭长表面(如导轨、长槽等)的加工,以及在龙门刨床上进行多件或多刀加工时,刨削的生产率较高。

3) 加工精度较低

在无抬刀装置的刨床上进行切削,回程时刨刀的后刀面与已加工表面会发生摩擦,影响表面质量,因此刨削多用于粗加工和半精加工。刨削的精度一般可达 IT8~IT7,表面粗糙度 Ra 为 $6.3\sim1.6\mu m$。在龙门刨床上进行宽刃精刨时,即用宽刃刨刀以很低的切削速度,切去工件表面上一层极薄的金属,表面粗糙度 Ra 可达 $0.8\sim0.4\mu m$。

3. 刨削的应用

刨削可以加工平面、直槽和母线为直线的成形面,如图 8-4 所示。

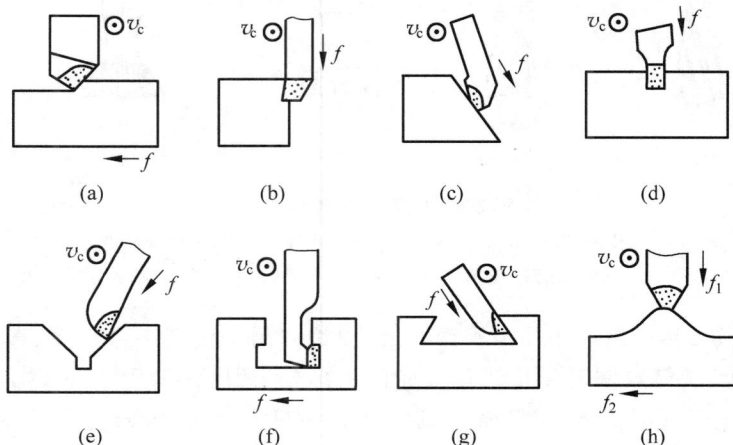

图 8-4 刨削的主要加工范围

(a) 刨水平面；(b) 刨垂直面；(c) 刨斜面；(d) 刨直槽；(e) 刨 V 形槽；(f) 刨 T 形槽；(g) 刨燕尾槽；(h) 刨成形面

牛头刨床的最大刨削长度一般不超过 1000mm，因此只适于加工中、小型工件。龙门刨床主要用来加工大型工件，或同时加工多个中、小型工件。由于龙门刨床刚度较好，而且有 2～4 个刀架可同时工作，因此加工精度和生产率均比牛头刨床高。它主要用来加工大型工件或同时加工多个中、小型工件。

插床又称立式刨床，主要用来加工工件的内表面，如键槽、花键槽等，图 8-5 所示为插床加工键槽。

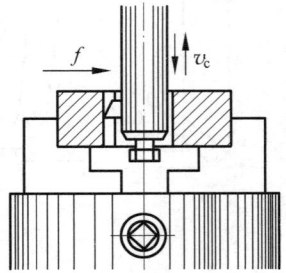

图 8-5　插床加工键槽

8.1.3　铣削加工

铣削是指以铣刀旋转作主运动，工件或铣刀作进给运动的切削加工方法。铣削是平面加工的主要方法之一，常用的铣床有卧式铣床、立式铣床、万能铣床和龙门铣床。

1. 铣刀的种类及用途

铣刀实质上是一种由几把单刃刀具组成的多刃刀具，它的刀齿分布在圆柱铣刀的外回转表面或端铣刀的端面上。铣刀的分类方法很多，根据铣刀安装方法的不同，可分为带孔铣刀和带柄铣刀，常用的铣刀如图 8-6 所示。

铣削运动

铣削加工
概述

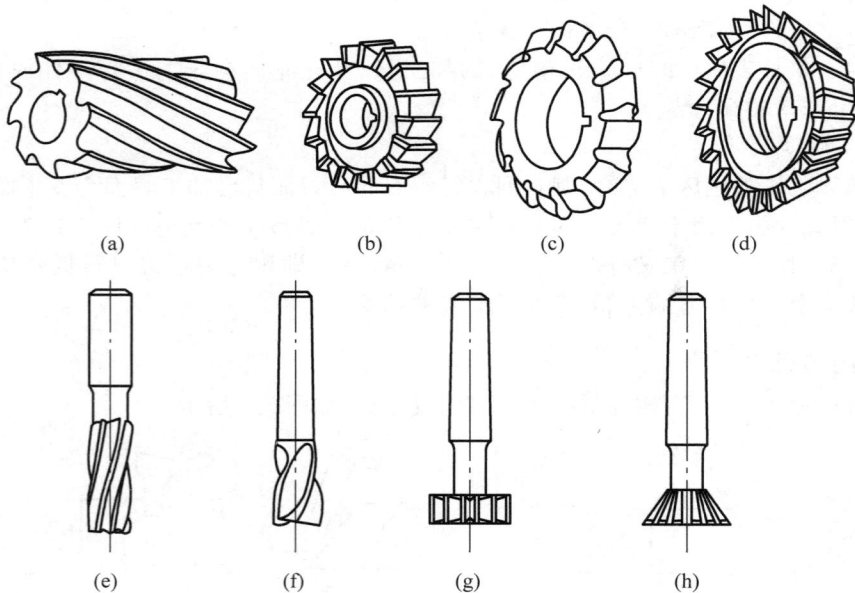

图 8-6　铣刀的种类和用途
(a) 圆柱铣刀；(b) 三面刃铣刀；(c) 盘状模数铣刀；(d) 角度铣刀；
(e) 立铣刀；(f) 键槽铣刀；(g) T 形槽铣刀；(h) 燕尾槽铣刀

其中，圆柱铣刀用于铣削中小型平面，三面刃铣刀用于铣削小台阶面、直槽和四方或六方螺钉小侧面，盘状模数铣刀用于铣削齿轮的齿形槽，角度铣刀用于加工各种角度槽和斜面，立铣刀主要用于铣削直槽、小平面、台阶平面和内凹平面等，键槽铣刀、T 形槽铣刀、燕尾槽铣刀分别加工相应的沟槽。

2. 铣削的工艺特点

1）铣削生产率较高

铣刀是典型的多齿刀,铣削时有几个刀齿同时参加工作,总的切削宽度较大,所以铣削的生产率一般比刨削高。铣削的主运动是铣刀的旋转,有利于实现高速铣削,除了加工狭长平面,铣削的生产率一般比刨削高。

2）容易产生振动

铣刀的刀齿在切入和切出时会产生冲击,每个刀齿的切削厚度随刀齿的运动而发生变化,切削面积和切削力也随之变化,使铣削过程不平稳,容易产生振动。铣削过程的不平稳性,限制了铣削加工质量和生产率的进一步提高。

3）刀齿散热条件较好

铣刀刀齿在切离工件的一段时间内,可以得到一定的冷却,散热条件较好。但是,切入和切出时热和力的冲击,将加速刀具的磨损,甚至可能引起硬质合金刀片的碎裂。

3. 铣削方式

根据铣刀切削刃的形式和方位,可以将平面铣削分为周铣和端铣,如图 8-7 所示。周铣是指用圆柱铣刀的圆周齿进行铣削加工;端铣是指用端铣刀的端面齿进行切削加工的铣削方法。

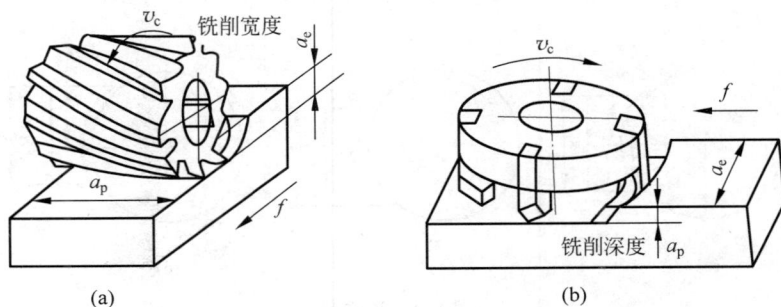

图 8-7 周铣与端铣

（a）周铣；（b）端铣

1）周铣

按照铣削时主运动方向与工件进给方向的相同或相反,周铣又可以分为顺铣和逆铣,如图 8-8 所示。铣削加工时,在铣刀与工件的接触处,若铣刀旋转方向与工件进给方向相同,则称为顺铣;若铣刀旋转方向与工件进给方向相反,则称为逆铣。

（1）逆铣：逆铣时,每个刀齿的切削层厚度是从零增大到最大。由于铣刀刃口处总有圆弧存在,而不是绝对尖锐的,所以在刀齿接触工件的初期,不能切入工件,而是在工件表面上挤压、滑行,使刀齿与工件之间的摩擦加大,加速刀具磨损,同时也使表面质量下降。铣削力方面,竖直方向的分力上抬工件,易产生振动,水平方向的分力与工件的进给方向相反。铣削过程中工作台丝杠始终压向螺母,不至于引起工件窜动。

（2）顺铣：顺铣时,每个刀齿的切削厚度是由最大减小到零,刀具不易磨损,铣削力的竖直分力将工件压向工作台,减少了工件振动的可能性,尤其铣削薄而长的工件时,更为有

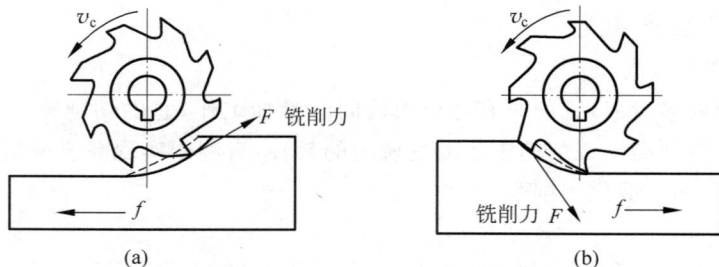

图 8-8　逆铣和顺铣
(a) 逆铣；(b) 顺铣

利。但时大时小的水平分力会使工件连同工作台和丝杠一起向前窜动,使进给量突然增大,甚至引起打刀。

由上述分析可知,从提高刀具寿命和工件表面质量、增加工件夹持稳定性等方面出发,一般采用顺铣法。从保护刀具的角度出发,当铣削带有黑皮的表面时,应采用逆铣法。

2) 端铣

用端铣刀的端面刀齿加工平面称为端铣法。端铣法可以通过改变工件对铣刀的相对位置,调节刀齿切入和切出时的切削层厚度,从而达到改善铣削过程的目的。端铣时,根据铣刀轴线与工件上加工平面的相对位置不同,分为对称铣和不对称铣,如图 8-9 所示。

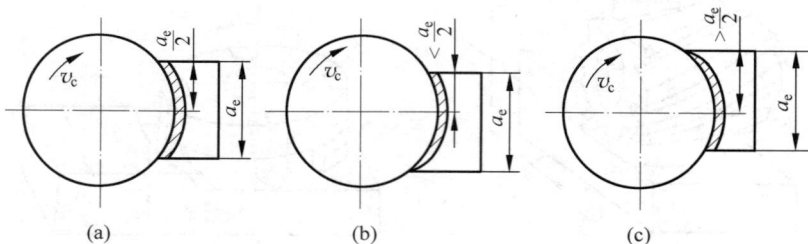

图 8-9　端铣法
(a) 对称铣；(b) 不对称顺铣；(c) 不对称逆铣

3) 端铣与周铣的比较

(1) 端铣的生产率高于周铣:端铣时同时参加切削的端铣刀齿数较多,工作过程更为平稳,端铣刀大多数镶有硬质合金刀片,可以采用大的铣削用量;而周铣用的圆柱铣刀多为高速钢制成,刀轴的刚性较差,使铣削用量受到很大限制。

(2) 端铣的加工质量比周铣好:端铣的副切削刃对已加工表面有修光作用,能使表面粗糙度降低;周铣时只有圆周刃切削,工件表面有波纹状残留面积,使表面粗糙度较大。

(3) 周铣的适应性比端铣好:周铣可用多种铣刀铣削平面、沟槽、齿形、成形面等,适应性较强,而端铣只能加工平面。

4. 铣削的应用

(1) 加工范围广:铣刀的形式多样,铣削的形式也有多种,主要用于加工平面、沟槽、成形面等,如图 8-10 所示。

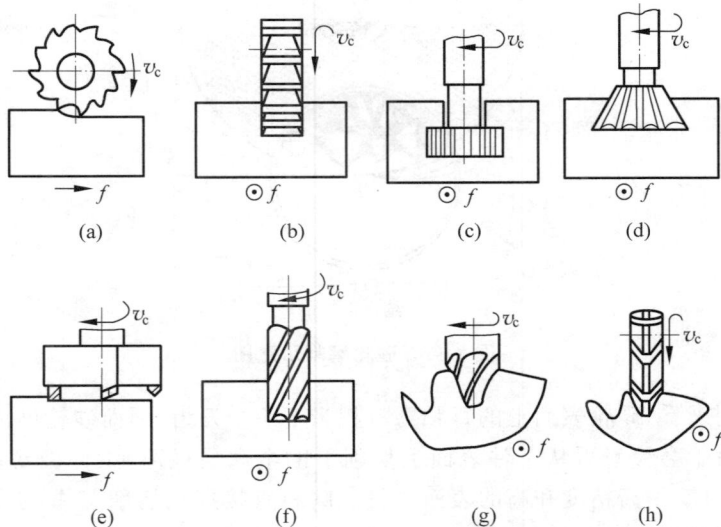

图 8-10　铣削加工的沟槽和成形面

（a）周铣平面；（b）三面刃铣刀铣直槽；（c）铣 T 形槽；（d）铣燕尾槽；（e）端铣平面；
（f）立铣刀铣直槽；（g）指形铣刀铣成形面；（h）盘状铣刀铣成形面

铣平面

铣直角
沟槽

铣 V 形槽

铣 T 形槽

一般而言，端铣主要用于大平面铣削，周铣多用于小平面、各种沟槽和成形面的铣削。

（2）一般经粗铣、精铣后，精度可达 IT8～IT7，表面粗糙度 Ra 为 3.2～1.6μm。

知识链接

　　0.01mm 极小径铣刀——工具的精细度体现出一个国家制造业基础工艺的水平。它是目前世界上用于工业生产的最小的硬质合金铣刀，由中国五矿集团所属中钨高新金洲公司研制。它的直径仅相当于头发丝的 1/8，也就是说把这样的 64 支极小径铣刀捆在一起才相当于一根头发丝的粗细。它的制造需要在直径 0.01mm 的硬质合金圆柱体上，磨削出端齿后角、侧隙角、螺旋槽、周刃后刀面、周刃前刀面、多条背，其结构设计和加工难度不言而喻。这项新突破将极大地助力我国电子信息、医疗等诸多领域的提质升级，也将促使微型加工工具更快更好地突破升级。

8.1.4　磨削加工

　　磨削加工是指用高速回转的砂轮或其他磨具对工件表面进行加工的方法。其主运动是砂轮的旋转运动，磨削大多在磨床上进行，常见的有外圆磨床、内圆磨床、平面磨床等，分别用于加工零件外圆面、内孔、平面。

1. 砂轮

　　作为切削工具的砂轮，是由磨粒加结合剂用烧结的方法而制成的多孔体，如图 8-11所示。

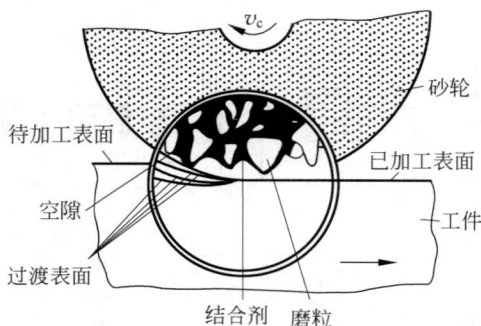

图 8-11 砂轮磨削示意图

从切削作用来看,砂轮表面上的每颗磨粒相当于一个刀齿,因而砂轮可视为有无数刀齿的多刃刀具。由于磨粒磨刃从工件表面上切削下的金属层极薄,工件极易形成光滑表面。因而,磨削加工可获得高精度和高的表面质量。磨料直接担负切削工作,必须锋利和坚韧。常用的磨料有刚玉类和碳化硅类。刚玉类适用于磨削钢料及一般刀具,白刚玉磨料的硬度更大,适于磨削硬度较高或经淬火处理的工件,如刃磨高速钢刀具。碳化硅类硬度高而韧性差,适于磨削铸铁、青铜等脆性材料及硬质合金刀具。

2. 磨削的工艺特点

1)加工精度高,表面质量好

磨削属于高速多刃切削,其切削刃圆弧半径比一般车刀、铣刀、刨刀要小得多,能在工件表面切下一层很薄的金属,切削厚度可以小到数微米。磨床有微量进给机构,可以进行微量切削,从而实现精密加工。一般磨削精度可达 IT7～IT6,表面粗糙度 Ra 为 $0.8～0.2\mu m$。

2)能加工高硬度材料

磨削不仅可以加工铸铁、碳钢、合金钢等一般材料,也可以加工一般刀具难以切削的高硬度材料,如淬火钢、硬质合金、玻璃和陶瓷材料等。但对于塑性很大、硬度很低的有色金属及其合金,因其切屑易堵塞砂轮孔隙而使砂轮丧失切削能力,一般不宜磨削。

3)磨削温度高

磨削的切削速度通常为一般切削加工的 10～20 倍,且磨粒多为负前角,挤压和摩擦严重,产生的切削热多;加上砂轮的导热性很差,大量的磨削热在磨削区形成瞬间高温,很容易引起工件的热变形和烧伤。所以在磨削过程中,需要进行充分的冷却,以降低磨削温度。

4)磨削的背向力大

砂轮的结构特点,决定了在磨削时会产生较大的背向磨削力,容易使工艺系统产生变形,影响工件的加工精度。

5)砂轮有自锐作用

磨削过程中,磨钝了的磨粒会自动脱落而露出新鲜锐利的磨粒,这就是砂轮的自锐作用。其使得磨粒能够以较锋利的刃口对工件进行切削,实际生产中有时利用这一原理进行强力磨削,以提高磨削加工的生产率。

3. 常用的磨削工艺

1) 外圆磨削

外圆磨削是外圆面精加工的主要方法,所用设备是普通外圆磨床、万能外圆磨床和无心磨床。磨削方法分为五种,如图 8-12 和图 8-13 所示。

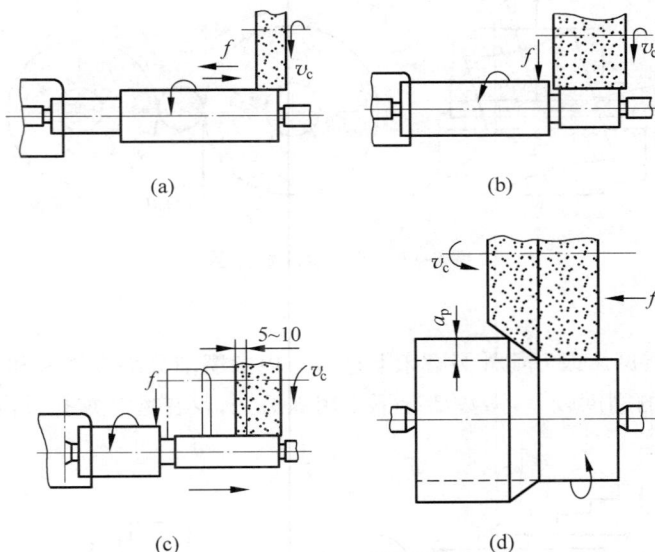

外圆磨削

图 8-12　外圆磨床上磨外圆的方法
（a）纵磨法；（b）横磨法；（c）综合磨法；（d）深磨法

（1）纵磨法:如图 8-12(a)所示,磨削时砂轮的高速旋转为主运动,工件的低速旋转为圆周进给,同时工件与工作台一起作纵向(轴向)往复运动,实现纵向进给。工件每转一圈的纵向进给量一般为砂轮宽度的 2/3,每一往复行程终了时,砂轮作周期横向进给(磨削深度)。每次磨削深度很小,经多次横向进给而磨去全部磨削余量。

纵磨法磨削力较小,磨削热较少,因此磨削精度较高,表面粗糙度较小,但生产率较低。故广泛应用于单件小批生产中,特别适于细长轴的精磨。

（2）横磨法:如图 8-12(b)所示,磨削时工件不作纵向进给,只由砂轮朝工件作慢速横向进给,直到磨去全部余量。

横磨法生产率高,但精度较纵磨法低,表面粗糙度较大。横磨法主要用于磨削长度较短的外圆面,适用于成批、大量生产中加工精度较低、刚性较好的工件。

（3）综合磨法:如图 8-12(c)所示,对于较长外圆面,先分成几段进行横磨,最后用纵磨法进行精磨,此法生产率高、磨削精度高。

（4）深磨法:如图 8-12(d)所示,磨削时砂轮不作周期性横向进给,在一次走刀中磨去全部余量,磨削深度可达 0.1~0.35mm,磨削过程中工件的圆周进给和纵向进给都很小。深磨法生产率高,但砂轮修整复杂,因此只适用于大批量生产中刚性好且允许砂轮越程较大的工件。

（5）无心磨:如图 8-13 所示,在外圆无心磨床上磨外圆时,工件放在两个砂轮之间,用托板支撑,不用顶尖支撑,所以称为无心磨。两个砂轮中,较小的一个为导轮,无切削能力,与磨削轮安装成一定角度(1°～5°),旋转较慢,带动工件旋转且作轴向转动,即形成工件的圆周进给和轴向进给。较大的一个为磨削轮,以较高的速度对工件进行磨削。

无心磨削的生产率很高,但调整机床较费时,主要适用于大批量生产。无心磨不能磨削带有长键槽、平面等圆周不连续的外圆表面,因为导轮无法带动其旋转。

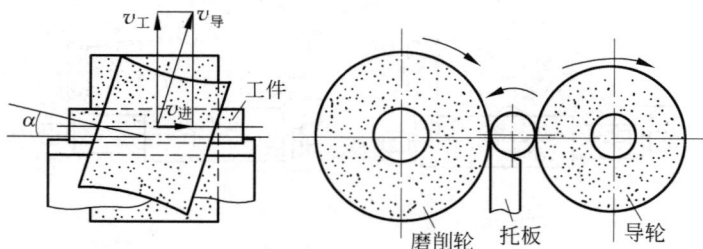

图 8-13　无心磨床磨外圆

2) 内圆磨削

内圆磨削在内圆磨床或万能外圆磨床上进行。内圆磨削分为纵磨法和横磨法,如图 8-14 所示。由于砂轮轴的刚度较差,多数情况下采用纵磨法,仅在磨削短孔及内成形面时采用横磨法。

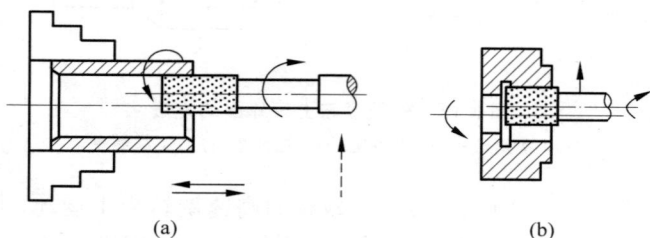

图 8-14　内圆磨削
(a) 纵磨法;(b) 横磨法

但由于磨内圆砂轮受孔径限制,切削速度难以达到磨外圆的速度;砂轮轴直径小,磨削速度低,进给量和切削深度小,导致加工效率低。砂轮与工件接触面积大,切削液不易进入磨削区,冷却和排屑困难,因而加工精度和表面质量均比磨外圆要低。磨孔的适应性较强,同一砂轮可以磨削不同直径的孔,提高孔的位置精度。

3) 平面磨削

平面磨削主要在平面磨床上进行,与平面铣削类似,可分为周磨和端磨。周磨是用砂轮的圆周面进行磨削,如图 8-15(a)所示。端磨是用砂轮的端面进行磨削,如图 8-15(b)所示。

周磨平面时,砂轮与工件的接触面积小,磨削力小,磨削热少。冷却和排屑条件较好,工件热变形小,砂轮磨损均匀。所以磨削精度高、表面质量好,但生产率低,只适用于精磨。

端磨时,砂轮与工件的接触面积大,磨削力大,发热量大,冷却条件差,排屑不畅,工件的热变形大。砂轮端面径向各点线速度不等,导致砂轮磨损不均,影响平面的加工质量。因此,端磨适用于要求不是很高的工件,或者代替铣削作为精磨前的预加工。

内圆磨削

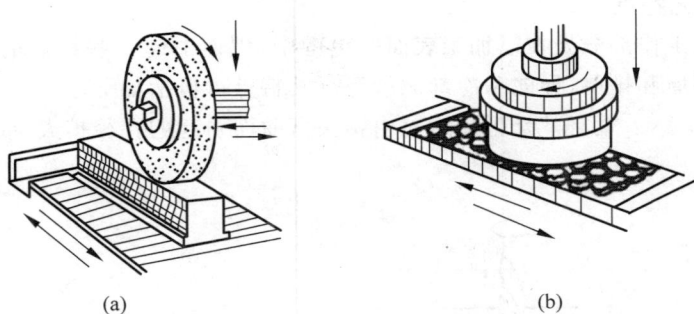

图 8-15　平面磨削

（a）周磨；（b）端磨

8.1.5　钻孔、扩孔和铰孔加工

钻孔、扩孔和铰孔是指使用定直径刀具(钻头、扩孔钻、铰刀)进行的孔加工。

1. 钻孔

用钻头在实体材料上加工孔的方法称为钻孔。在钻床上钻孔时,工件固定不动,钻头的旋转运动为主运动,其轴向直线运动为进给运动。在车床上钻孔时,工件旋转作主运动,钻头轴向进给。钻孔是最常用的孔加工方法之一。

麻花钻是钻孔最常用的刀具,麻花钻的结构如图 8-16 所示,由柄部、颈部和工作部分组成,其柄部是钻头的夹持部分,也用来传递扭矩。麻花钻的颈部作为工作部分与柄部的过渡区,在磨削加工中起到砂轮越程槽的作用。

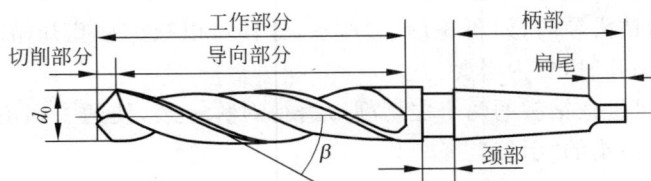

图 8-16　麻花钻

工作部分由导向部分和切削部分构成。麻花钻切削部分的结构如图 8-17 所示。它有两条对称的主切削刃、两条副切削刃和一条横刃。主切削刃承担切削工作,横刃起辅助切削和定心作用,棱带与工件孔壁接触,起导向和修光孔壁的作用。

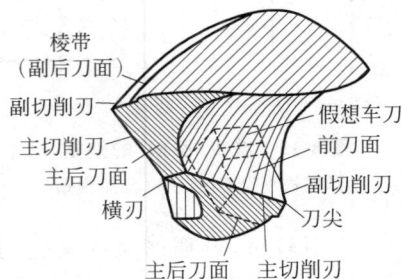

图 8-17　麻花钻切削部分的结构

1) 钻孔的工艺特点

钻削时,钻头工作部分处在已加工表面的包围中,因而引起一些特殊的问题,例如钻头的刚度和强度,容屑和排屑,导向和冷却润滑等。其特点可概括如下。

(1) 容易"引偏":"引偏"是指加工时由钻头弯曲而引起的孔径扩大,或孔的轴线歪斜,如图 8-18 所示。

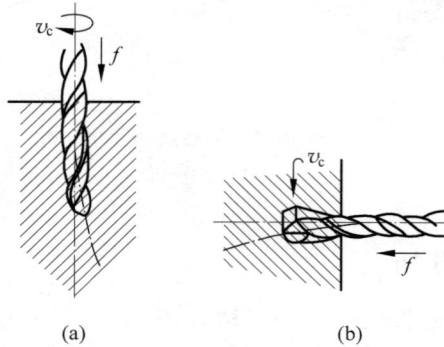

(a)   (b)

图 8-18 钻孔"引偏"

（a）钻床上钻孔；（b）车床上钻孔

钻孔时"引偏"的主要原因是细长钻头的刚性太差和两个主切削刃刃磨的对称性不好,"引偏"增大了孔的加工误差,甚至造成废品。在实际加工中,常采用如下措施。

A. 预钻锥形定心坑,如图 8-19(a)所示。首先用小顶角、大直径的短麻花钻预先钻一个锥形坑,再用所需的钻头钻孔。由于预钻时钻头刚性好,锥形坑不易偏,以后再用所需的钻头钻孔时,这个坑就可以起定心作用。

B. 用钻套作为钻头导向,如图 8-19(b)所示,这样可以减少钻孔开始时的"引偏",特别是在斜面或曲面上钻孔时,更为必要。

C. 刃磨时,应尽量把钻头的两个主切削刃磨得对称一致,使两主切削刃的径向切削力互相抵消,从而减少钻头的"引偏"。

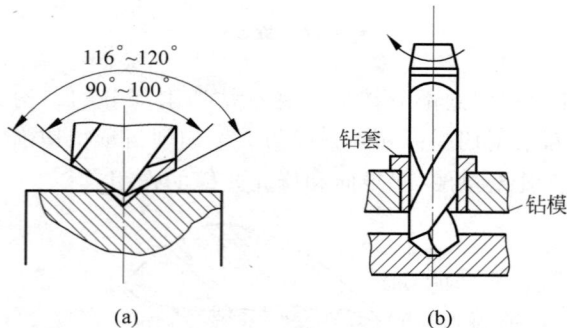

$116°\sim120°$
$90°\sim100°$

钻套

钻模

(a)   (b)

图 8-19 减少"引偏"的措施

（a）预钻锥形定心坑；（b）用钻模钻孔

(2) 排屑困难:钻孔时,由于切屑较宽,容屑槽尺寸又受到限制,因而在排屑过程中往往与孔壁发生较大的摩擦,挤压、拉毛和刮伤已加工表面,降低表面质量。有时切屑可能阻塞在钻头的容屑槽里,卡死钻头,甚至将钻头扭断。因此,排屑问题成为钻孔时要妥善解决的重要问题之一。尤其是用标准麻花钻加工较深的孔时,要反复多次把钻头退出排屑,很麻烦。为了改善排屑条件,可在钻头上修磨出分屑槽,将宽的切屑分成窄条,以利于排屑。

(3) 切削温度高,刀具磨损快:由于钻削是一种半封闭式的切削,钻削时所产生的热量多数由工件和切屑所吸收,分别占总热量的 52.5% 和 28%,而钻头和介质吸收的热量仅分别占 14.5% 和 5%。大量高温切屑不能及时排出,切削液难以注入切削区,切削热使钻头温度升高,容易磨损。

2) 钻孔的应用

钻孔是孔的一种粗加工方法,精度一般在 IT10 级以下,表面粗糙度 Ra 为 12.5μm 左右。使用钻模钻孔,其精度可达 IT10。钻孔既可用于单件、小批量生产,也适用于大批量生产。

2. 扩孔

扩孔是指用扩孔钻对工件上已有的孔进行扩大孔径和提高加工质量的加工方法,多用于成批大量生产,可在钻床、车床、镗床等机床上进行,扩孔时可用扩孔钻进行,也可用直径较大的麻花钻扩孔。

1) 扩孔钻

扩孔钻的结构如图 8-20 所示。

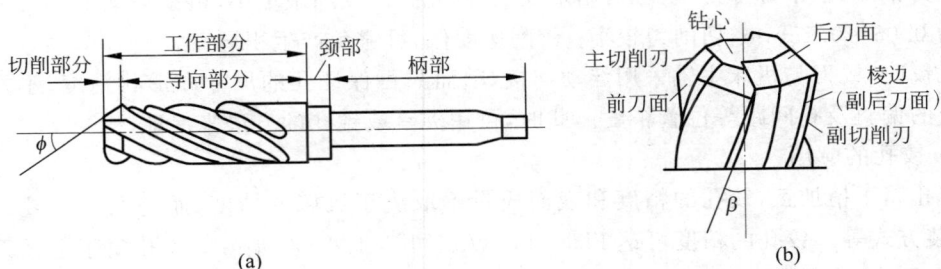

图 8-20 扩孔钻
(a) 扩孔钻的结构;(b) 扩孔钻的工作部分

工艺特点:扩孔钻无横刃,避免了横刃和由横刃引起的不良影响,改善了切削条件;切削余量小,容屑槽浅而小,钻芯粗的结构使其刚性提高,切屑易排出,不易擦伤已加工表面;扩孔钻的刀齿多(3~4 个),棱带增多,导向作用好。因此,扩孔的加工质量比钻孔高,在一定程度上可校正原有孔的轴线偏斜。

2) 扩孔的应用

扩孔属于孔的一种半精加工,尺寸公差等级可达 IT10~IT9,表面粗糙度 Ra 为 6.3~3.2μm。扩孔常作为铰孔前的预加工,也可以作为精度要求不高的孔的终加工。

3. 铰孔

铰孔是用铰刀在未淬硬工件孔壁上切除微量金属层,以提高孔的尺寸精度和表面质量的加工方法,是应用较为普遍的精加工方法。

1）铰刀

铰刀的结构如图 8-21 所示。

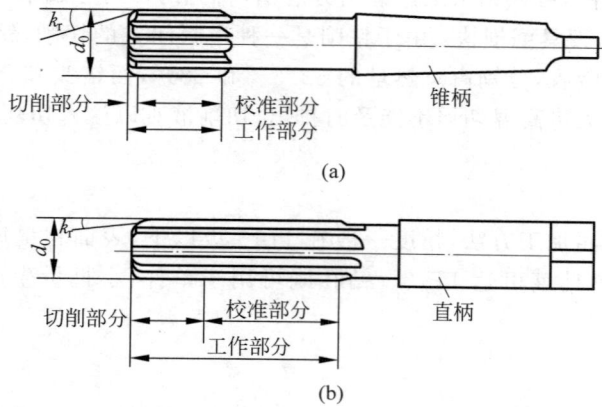

(a)

(b)

图 8-21 铰刀

（a）机铰刀；（b）手铰刀

铰刀分为机用和手用两种，铰刀的工作部分由切削部分和校准部分组成。

工艺特点：铰刀切削刃有 6～12 个，容屑槽较浅，截面大，因此刚性和导向性较好。切削部分为锥形，校准部分为圆柱形，用来找正、修光孔。铰削余量小，粗铰为 0.15～0.35mm，精铰为 0.05～0.15mm，切削力较小；铰削速度低，可避免产生积屑瘤。

机铰时，铰刀与机床主轴采用浮动连接，因而只可保证孔的尺寸和形状精度，不能保证孔轴线的偏斜及孔间距等位置精度。此时，可用夹具或镗孔的方法来保证。

2）铰孔的应用

铰孔属于精加工，铰孔的精度和表面质量不取决于机床的精度，而是取决于铰刀的精度、安装方式等。铰孔的精度可达 IT9～IT7，Ra 可达 1.6～0.4μm；铰孔属于定径刀具加工，适用于中、大批量生产中不宜拉削的孔，以及单件、小量生产中小孔（$D < 10$～15mm）、细长孔（$L/D > 5$）和定位销孔的加工。实际生产中，钻-扩-铰是加工较精密的中、小孔的典型方法，也可用于磨孔或研孔前的预加工。

8.1.6 镗削加工

镗削是指用镗刀对工件上已有（钻出、铸出或锻出）的孔进行加工的方法。回转类零件上的孔多在车床上镗削，箱体类零件上的孔或孔系的加工（要求相互平行或垂直的若干孔）常在镗床上进行。在镗床上镗孔时，镗刀回转作主运动，工件或镗刀移动作进给运动。

1. 镗刀

由于结构特点和使用方式不同，镗刀分为单刃镗刀和浮动镗刀。

1）单刃镗刀

单刃镗刀的刀头结构与车刀类似，如图 8-22 所示。

镗刀结构较简单、使用方便，既可粗加工，也可半精加工或精加工。一把镗刀可加工直径不同的孔，因此适应性和通用性较强。可校正原有孔的轴线歪斜或位置偏差，这是铰孔加

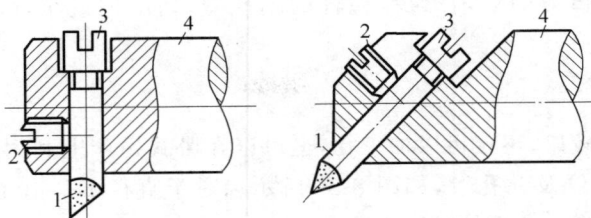

1—刀头；2—紧固螺钉；3—调节螺钉；4—镗刀杆。

图 8-22　单刃镗刀

（a）通孔镗刀；（b）盲孔镗刀

工所不具备的。单刃镗刀刚性较差只能采用较低的切削速度，单刃切削生产率较低。因此，单刃镗刀一般用于单件小批量生产。

2）浮动镗刀

浮动镗刀的结构如图 8-23（a）所示。浮动镗刀有两个对称的切削刃，镗刀片的径向尺寸可以通过两个螺钉调整。镗孔时，浮动镗刀以间隙配合插在镗杆的矩形孔中，如图 8-23（b）所示，无需夹紧，由作用于两侧切削刃上的径向切削力自动平衡其切削位置，以保证镗刀片的两个切削刃切除相同的余量。

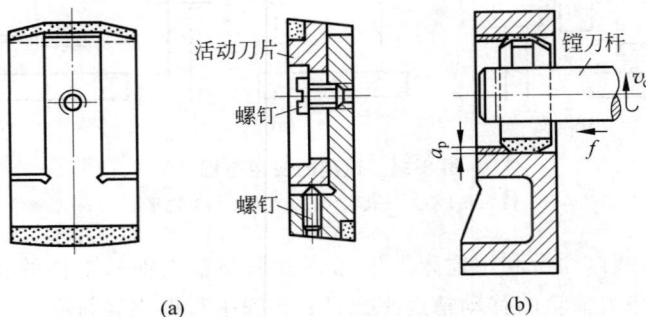

图 8-23　浮动镗刀

（a）浮动镗刀片；（b）浮动镗刀镗孔

浮动镗刀的镗孔质量及效率比单刃镗刀高。用浮动镗刀镗孔时，刀具由孔本身定位，故不能纠正原有孔的轴线歪斜或位置偏差。浮动镗刀主要用于成批生产中，精加工箱体类零件上直径较大的孔。

2. 镗削的工艺特点

（1）适应性广：除直径很小且较深的孔，各种直径及各种结构类型的孔均可镗削，且加工精度及表面粗糙度的范围较广。一般镗孔精度可达 IT8～IT7，孔间距精度可达 $\pm0.04\sim\pm0.02$mm，表面粗糙度 Ra 可达 $1.6\sim0.8\mu$m。

（2）镗床是加工机架、箱体等大型和复杂零件的主要加工设备。由于镗床的运动形式较多，工件放在工作台上，可方便准确地调整被加工孔与刀具的相对位置，因而能保证被加工孔与其他表面间的相互位置精度，适合箱体零件的孔系加工。对孔径大、精度高的孔，在其他一般机床上加工困难，而在镗床上可以很容易地加工。

（3）生产率低：镗刀的切削刃少，镗杆的刚性差，切削用量小，故生产率不如车削和铰削。

3. 镗削的应用

镗削的应用范围较广，不仅可以加工孔，也可以在卧式镗床上利用不同的刀具和附件，车端面、铣平面、车螺纹及钻孔等，如图 8-24 所示。对于直径 $D > 100\text{mm}$ 的大孔、内成形面、孔内环槽，镗削是唯一合适的加工方法。

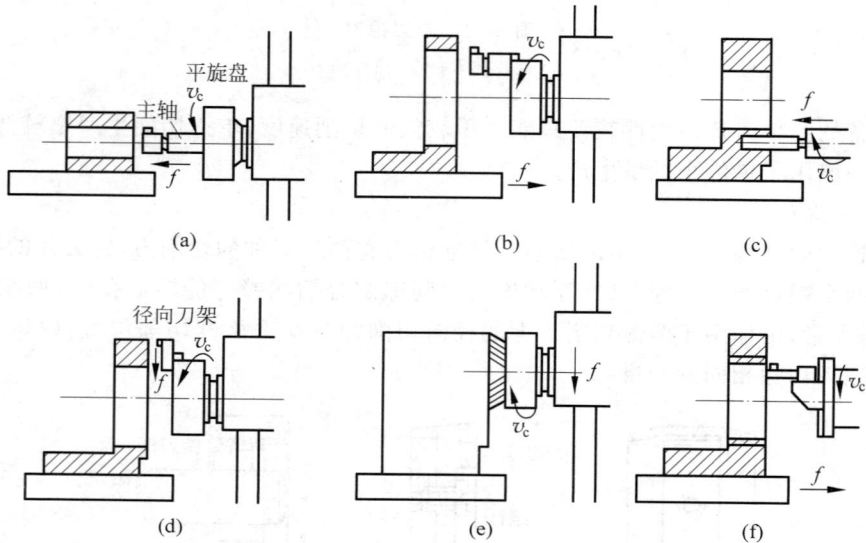

图 8-24　镗削的应用范围

（a）镗孔；（b）镗大孔；（c）钻孔；（d）车端面；（e）铣平面；（f）车螺纹

单件小批量生产时，通常利用镗床的坐标装置来调整主轴和工件的相对位置。孔的中心距尺寸由工作台和主轴箱的移动精度来保证；孔间平行度靠各排孔在工件一次装夹中进行镗削来保证；工作台回转 90° 可以镗削中心线相互垂直的孔，垂直度靠工作台回转精度来保证，如果要求较高，可利用百分表找正工作台的位置。

大批量生产时，孔系的各项位置精度均由镗模保证。工件装夹在镗模上，镗杆与镗床主轴浮动连接，支承在前后镗模的导套中，由镗模引导镗杆在工件的正确位置上镗孔。

8.1.7　拉削加工

拉削加工是指在拉床上用拉刀对工件贯通型表面进行切削加工的一类方法。拉削的主运动为拉刀的直线运动，无进给运动，其进给是靠拉刀刀齿的齿升量实现的。拉刀在一次行程中可以完成全部加工余量。拉削可以认为是刨削的扩展，可以看作按高低顺序排列的多把刨刀的刨削过程。

1. 拉刀

拉刀是一种多齿刀具，一把拉刀只能加工一种形状和尺寸规格的表面。虽然拉刀的形状、尺寸各异，但其主要组成部分基本相同。图 8-25 所示为圆孔拉刀结构及组成。

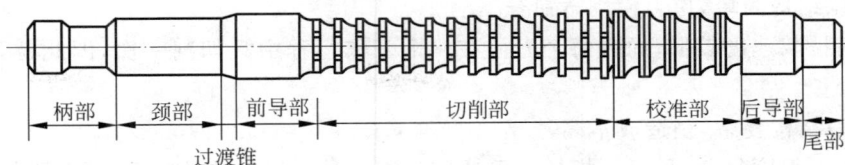

图 8-25 圆孔拉刀

拉刀由柄部、颈部、过渡锥、前导部、切削部、校准部、后导部和尾部组成。切削部担负切削工作,圆柱形刀齿的直径是逐渐增大的,包括粗切齿、过渡齿与精切齿三部分,每个刀齿只担负切下一层较薄的金属。

2. 拉削的工艺特点

拉削时,拉刀的柄部夹持在拉床主轴的套筒里,沿轴线作直线运动。如图 8-26 所示,工件一般不夹紧,以工件端面为支承面,以保持被拉孔的中心线与孔面垂直。当孔的中心线与端面不垂直时,则应将端面贴靠在一个球面垫圈上,这样在拉削力作用下,工件连同球面垫圈一起转动,使工件上孔的中心线自动调节到与拉刀轴线一致。

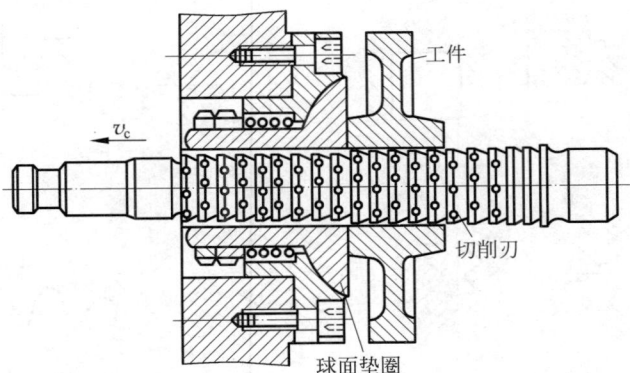

图 8-26 拉削过程

拉削加工中利用拉刀本身结构和直线运动,可在一次行程中完成粗、精加工的全部切削余量。

1)生产率高

拉刀是多齿刀具,同时参加工作的刀齿多,切削刃的总长度大,一次行程便可完成粗加工、半精加工和精加工,极大缩短了基本工艺时间和辅助时间。

2)加工精度较高

拉削的切削速度较低,切削过程平稳,避免了积屑瘤的产生,加之校准部分的作用,可以获得较高的精度和较好的表面质量。一般拉孔的精度为 IT8～IT7,表面粗糙度 Ra 为 $0.8～0.4\mu m$。

3)加工范围广

拉刀可以加工出各种截面形状的内外表面,有些其他切削加工方法难以完成的加工表面,也可以采用拉削加工完成。

4）机床结构简单，拉刀使用寿命长

拉削的拉削速度较低，而且每个刀齿在一个工作行程中只切削一次，因此拉刀磨损小，使用寿命较长。

5）拉刀结构复杂，制造成本高

由于拉刀刃磨复杂，且每一把拉刀只适宜加工一种规格尺寸的表面，因此除标准化和规格化的零件外，拉削在单件、小批量生产中很少采用，主要用于大批量生产。

3. 拉削的应用

由拉削加工的特点可知，主要适用于成批和大量生产通孔、沟槽、平面、成形面等，如图 8-27 所示，其中内孔拉削应用最广。

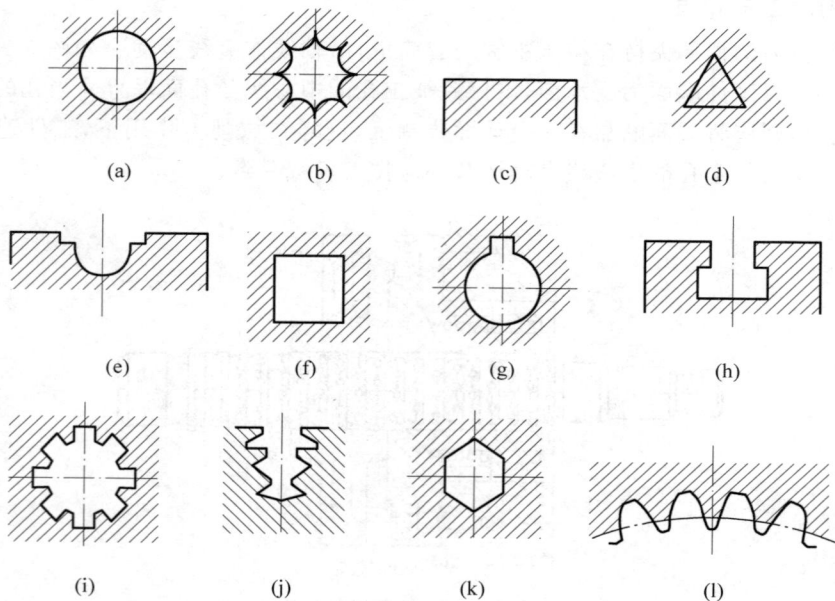

图 8-27　拉削加工表面

(a) 圆孔；(b) 异型孔；(c) 平面；(d) 三角孔；(e) 半圆槽；(f) 方孔；
(g) 键槽；(h) T 槽；(i) 花键孔；(j) 异形槽；(k) 六边形孔；(l) 齿轮孔

8.2　精密加工和特种加工简介

8.2.1　精整加工和光整加工

精整加工是生产中常用的精密加工，是指在精加工之后从工件上切除很薄的材料层来提高工件精度和减小表面粗糙度的加工方法，如研磨和珩磨等。光整加工是指不切除或从工件表面切除极薄材料层来减小工件表面粗糙度的加工方法，如超级光磨和抛光等。

1. 研磨

研磨是指利用研具和磨料对工件表面进行精整加工的方法。

精密研磨

1）研磨的原理

研磨时，在研具和工件之间置以研磨剂，研具在一定压力作用下与工件作复杂的相对运动，保证研磨剂中每一颗磨粒的运动轨迹都不会重复。通过研磨剂的机械及化学作用，从工件表面均匀地切除很薄一层材料，从而达到很高的精度和很小的表面粗糙度。

研磨剂是由磨料、研磨液及辅料配制而成的混合物；磨料多是细粒度的刚玉、碳化硅等，主要起机械切削作用；研磨液主要起冷却润滑作用，并使磨粒均匀分布在研具表面上；辅料通常用油酸、硬脂酸等化学活性物质。

研具一般用铸铁、软钢、黄铜、塑料或硬木制造，其中最常用的是铸铁研具，用于研磨淬硬和不淬硬的钢件及铸铁件。由于研具材料比工件材料软，研磨过程中部分磨粒会嵌入研具表面，从而对工件表面进行擦磨。

2）研磨的方式

研磨分为手工研磨和机械研磨两种。

（1）手工研磨：手工研磨是手持研具进行研磨，例如研磨外圆时，如图 8-28 所示，可将工件装夹在车床卡盘上或顶尖上作低速旋转运动，研具套在工件上，用手推动作轴向往复运动，完成对工件表面的研磨。手工研磨的生产率低，只适用于单件小批量生产。

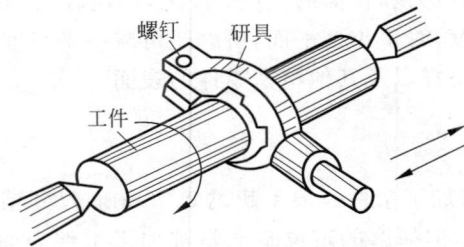

图 8-28　手工研磨外圆

（2）机械研磨：机械研磨在研磨机上进行。图 8-29 为研磨小轴类零件的外圆面时所用的研磨机工作示意图。工件置于两块盘形研具之间的分隔盘槽中，分隔盘回转中心相对盘形研具回转中心有偏心距 e，其槽对称中心线与分隔盘半径方向有一夹角 γ。研磨时，两盘形研具作相反方向转动，上研磨盘比下研磨盘转速高，带动分隔盘绕自身的轴线转动，使槽内工件一方面绕槽对称中心线转动，另一方面又沿槽对称中心线滑动，从而产生复杂的相对运动，均匀切除加工余量。机械研磨的效率高，适合于大批量生产。

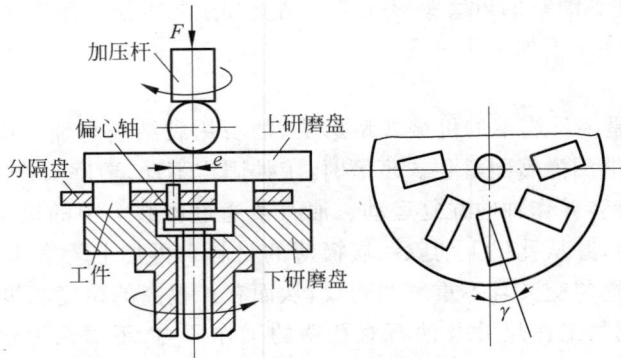

图 8-29　研磨机工作示意图

研磨孔是孔的光整加工方法，需要在精镗、精铰或精磨后进行。如图 8-30 所示，为在车床上研磨套类零件孔，可使用可调式研磨棒作研具。研磨前套上工件，将研磨棒安装在车床上，涂上研磨剂，调整研磨棒直径使其对工件有适当的压力。研磨时，研磨棒旋转，操作者手握工件往复移动。

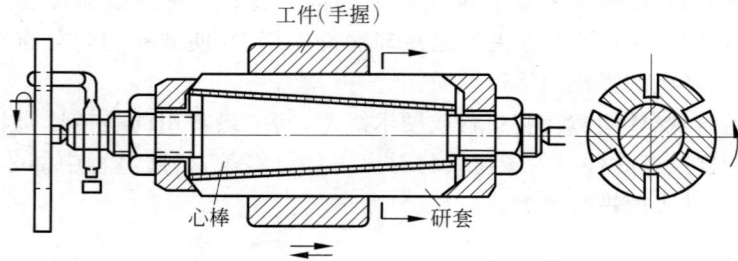

图 8-30　研磨孔

研磨平面的研具有两种，带槽的平板用于粗研，光滑的平板用于精研。研磨时，在平板上涂以适当的研磨剂，工件沿平板的表面以一定的运动轨迹进行研磨。研磨小而硬的工件或进行粗研时，使用较大的压力和较低的速度；反之，则用较大的压力和较高的速度。研磨还可以提高平面的形状精度，对于小型平面，研磨还可减小平行度误差。平面研磨主要用来加工小型精密平板、平尺、块规以及其他精密零件的表面。

3）研磨的特点及应用

研磨具有如下特点。

（1）加工质量高：研磨加工余量一般不超过 0.03mm，尺寸精度可达 IT5～IT3，表面粗糙度 Ra 为 0.1～0.008μm，但研磨的定位基准是被加工工件表面，故不能提高工件各表面之间的位置精度。

（2）设备简单，成本低：研磨除在专门的研磨机上进行，还可在简单改装的车床、钻床上进行。设备和研具简单，故成本低。

（3）加工余量很小，生产率较低：研磨应用广泛，不仅适用于单件小批生产各种高精度型面的加工，也可用于大批量生产中。被加工材料可以是钢材、铸铁、各种有色金属和非金属，也可以是硬质合金、玻璃、陶瓷等硬脆材料。

2．珩磨

珩磨是指用镶嵌有油石的珩磨头对孔进行精整加工的方法。珩磨多在磨削或精镗的基础上在珩床上进行，多用于加工圆柱孔。

1）珩磨的原理

图 8-31 所示的是一种简单的机械式珩磨头，油石用黏结剂与油石座固结在一起，并装在本体的槽中，其两端用弹簧圈箍住。珩磨时，工件固定不动，珩磨头插入要加工的孔中，由珩磨机床主轴带动旋转并作轴向往复运动。油石条通过珩磨头中的机构控制而均匀外涨，对孔壁施加一定压力，并从孔壁上切除一层极薄的材料。再加上珩磨头与工件作复杂的相对运动，使磨痕形成均匀交叉且不重复的网纹，从而获得很高的精度和很小的表面粗糙度。

为了调整珩磨头的工作尺寸及油石对孔壁的工作压力，珩磨头上设计了相应的机构。当向下旋转螺母时，调整锥下移，推动顶销沿径向向外移动，使油石的作用直径加大；向上旋转螺母时,弹簧圈的收缩力使油石的作用直径减小。

为冲去切屑和磨粒,降低表面粗糙度和切削区温度,珩磨时常需要用大量切削液。珩磨铸铁件和钢件时,通常用煤油或内加少量锭子油;珩磨青铜时可不用切削液(干珩)或用水作为切削液。

2) 珩磨的特点及应用

珩磨具有如下特点。

(1) 生产率较高:珩磨头相对于工件的往复运动速度高,又有多个油石条同时连续工作,不断变化切削方向,能较长时间保持磨粒锋利。珩磨余量比研磨大,一般珩磨铸铁时为 0.02～0.15mm,珩磨钢件时为 0.005～0.08mm,故生产率较高。

(2) 加工质量高:珩磨孔的尺寸精度可达 IT7～IT6,表面粗糙度 Ra 可达 0.2～0.025μm,但珩磨头与机床主轴一般为浮动连接,即珩磨头的回转轴线是工件孔的轴线,故不能提高孔的位置精度。

(3) 加工表面耐磨损:珩磨加工表面具有交叉网纹,便于形成润滑油膜,比较耐磨,其使用寿命比其他加工方法要高一倍以上。

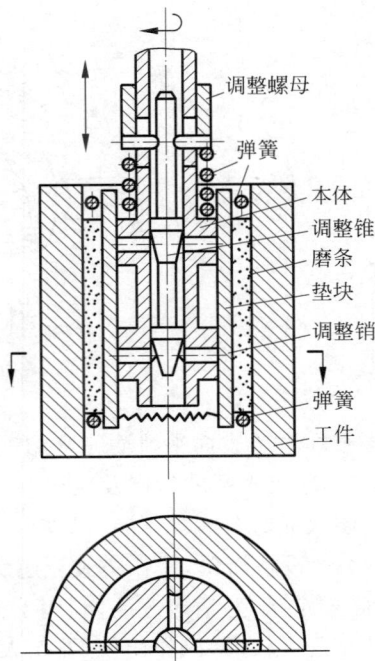

图 8-31 珩磨加工示意图

(4) 不宜珩磨有色金属:珩磨可加工铸铁件、淬硬和不淬硬钢件及青铜件等,但不宜加工韧性好的有色金属件,以免堵塞油石条的孔隙,降低其切削能力。

珩磨的孔径范围一般为 ϕ15～500mm,并能加工深径比大于 10 的深孔。珩磨生产率较高,其尺寸不仅在大批量生产中应用广泛,在单件小批生产中也常被采用。目前,珩磨已广泛用于发动机汽缸孔及各种液压装置中精密孔(如液压缸筒、阀孔等)的最终加工。但珩磨不能加工带键槽的孔、内花键等断续表面。

3. 超级光磨

超级光磨是指用装有细磨粒、低硬度油石的磨头,在一定的压力下对工件表面进行光整加工的方法。

1) 超级光磨的原理

图 8-32 为超级光磨外圆的示意图。加工时,工件旋转,磨头以很小的压力作用于工件表面,作轴向缓慢进给,同时作轴向低频振动,保证了磨头与工件相对运动的轨迹复杂且不重复,从而对工件的微观不平表面进行修磨。

光磨时,在磨条与工件间要注入切削液,一方面是为了冷却、润滑及清除切屑等;另一方面是为了形成油膜,以便自动终止切削作用。当磨条最初接触比较粗糙的工件表面时,由于实际接触面积小,压强较大,磨条与工件表面之间不能形成完整的油膜,磨条的切削作用较强,工件表面的微观凸峰很快被磨去;随着凸峰高度的降低,磨条与工件的接触面积逐渐增大,压强随之减小,直至压强小于油膜表面张力时,磨条和工件被一层润滑油膜隔开,光磨过程便自动停止。当平滑的磨条表面再一次与待加工的工件表面接触时,较粗糙的工件表

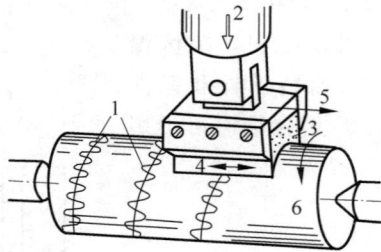

1—光磨轨迹；2—压力方向；3—磨条；4—往复振动方向；
5—磨具轴向进给方向；6—工件。

图 8-32　超级光磨外圆示意图

面将破坏磨条表面平滑而完整的油膜，使光磨过程再一次进行。

2）超级光磨的特点及应用

超级光磨具有如下特点。

（1）设备简单，操作方便：超级光磨既可以在专门的机床上进行，也可以将通用机床（如卧式车床等）适当改装，利用不太复杂的超级光磨磨头进行操作。一般超级光磨设备的自动化程度较高，操作简便，对工人的技术水平要求不高。

（2）加工余量极小：由于油石与工件之间无刚性的运动联系，油石切除金属的能力较弱，只留有 $3\sim10\mu m$ 的加工余量。

（3）生产率较高：由于加工余量极小，加工过程所需时间很短，一般仅 $30\sim60s$，故生产率高。

（4）表面质量好：超级光磨过程是由切削作用过渡到抛光，所以工件表面粗糙度很小（$Ra<0.012\mu m$），并具有复杂的交叉网纹，利于储存润滑油，耐磨性较好。

（5）一般不能提高工件的尺寸精度、形状精度和位置精度：工件表面的加工余量极小，工件表面磨平后，随着油膜的出现，光磨作用自动停止。所以，超级光磨不能提高工件的尺寸精度和几何精度，工件要求的精度必须由前道工序保证。

超级光磨广泛应用于汽车和内燃机零件、轴承、精密量具等表面粗糙度小的表面的终加工。它不仅能加工轴类零件的外圆柱面，还能加工圆锥面、孔、平面和球面等。

4．抛光

抛光是指在高速旋转的抛光轮上涂以磨膏，对工件表面进行光整加工的方法。抛光轮一般是用毛毡、橡胶、皮革、布或压制纸板做成的，磨膏则是由磨料（氧化铬、氧化铁等）和油酸、软脂等配制而成的。

1）抛光的原理

抛光时，将工件压于高速旋转的抛光轮上，在磨膏介质的作用下，金属表面被腐蚀而产生一层极薄的软膜，可以用比工件材料软的磨料切除，而不会在工件表面留下划痕。加之高速摩擦，使工件表面出现高温，表层材料被挤压而发生塑性流动，从而填平了表面原来的微观不平度，获得很光亮的表面，甚至达到镜面状。

2）抛光的特点及应用

抛光具有如下特点。

（1）可以提高表面的光亮度，不能提高加工精度：抛光轮是弹性软轮，与工件之间没有刚性的运动联系，因此不能从工件表面均匀地切除材料，虽然提高了光亮度，但对表面粗糙度的降低不明显，也不能提高其尺寸精度、形状精度和位置精度。

（2）易加工曲面：抛光轮具有弹性，能与工件的各种曲面相吻合，容易实现曲面抛光，便于对模具型腔进行光整加工。

（3）加工成本低：抛光设备和加工方法都比较简单，是一种简便且经济的光整加工方法。

（4）自动化程度低：抛光目前多为手工操作，工作繁重；抛光轮高速旋转，使磨粒、介质、微屑等产生飞溅，污染环境，劳动条件较差。

抛光主要用于零件表面的装饰加工，如对电镀产品、不锈钢、塑料、玻璃等制品进行抛光，以得到好的外观质量。抛光还用来消除前道工序的加工痕迹，提高零件的疲劳强度。抛光零件表面的类型不限，可以是外圆、孔、平面及各种成形面等。

8.2.2 特种加工

特种加工技术是指直接利用电能、光能、声能、化学能、电化学能，以及特殊机械能等多种能量或综合利用几种能量对材料进行加工的技术的总称。特种加工技术可用来加工具备高强度、高硬度、高韧度、强脆性、耐高温等性能的材料，其工作原理不同于传统的机械切削方法。

本节主要介绍较成熟的几种特种加工方法。

1. 电火花加工

1）电火花加工的原理

图 8-33 所示为电火花加工原理图。工具和工件分别与电源的两极相连，均浸入具有一定绝缘性能的液体介质（常用煤油或矿物油）中，工具电极在自动进给调节装置的驱动下，与工件电极间保持一定的放电间隙（0.01～0.05mm）。当脉冲电压加到两极上时，由于电极表面是凹凸不平的，便将极间最近点的液体介质击穿，形成火花放电。由于放电通道截面积

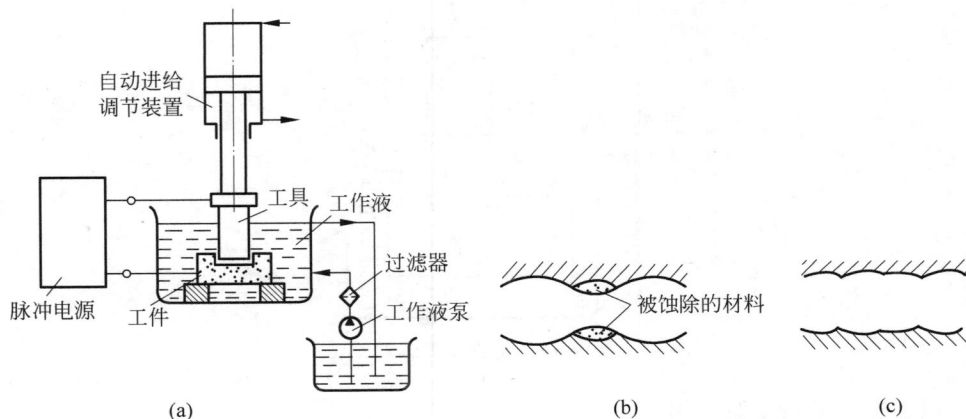

图 8-33 电火花加工原理图

（a）原理；（b）单个脉冲放电后的电蚀坑；（c）多次脉冲放电后的电极表面

很小,放电时间极短,致使能量高度集中,通道中的瞬时高温使材料局部熔化甚至汽化而被蚀除掉,形成一个微小的凹坑。第一次脉冲放电结束后,间隔时间极短,第二个脉冲又在另一个极间最近点形成火花放电。这样不断重复地高频放电,工具电极不断向工件进给,就将工具的形状复制到工件上,形成所需要的表面。当然,工具电极也会产生一定的损耗。

2)电火花加工的特点及应用

(1)主要用于加工硬度高或硬度低、脆性大、韧性高、熔点高等难切削的导电材料,如硬脆合金、淬火钢等。

(2)工具电极与工件不接触,加工时无切削力影响,有利于小孔、窄缝以及各种复杂截面的型孔、曲线孔、型腔等的加工,以及薄壁工件的加工,也适合精密微细加工。

(3)产热少,热影响小,可以提高加工质量,适于加工热敏性强的材料。

(4)操控方便,通过调节脉冲参数,能在同一台机床上连续进行粗、半精、精加工。

电火花加工的加工精度,一般情况下,型腔加工为 $0.1\sim0.01\text{mm}$,穿孔可达 $0.05\sim0.01\text{mm}$,线切割可达 $0.02\sim0.01\text{mm}$;表面粗糙度 Ra 为 $1.6\sim0.8\mu\text{m}$。

电火花加工的应用范围很广,特别是在模具制造业,可用于加工型腔及各种孔,如锻模模膛、塑料型腔、异形孔、喷丝孔等,还可以进行表面强化和打印记等,已成为现代模具制造等行业的主流应用技术及设备之一。

2. 电解加工

1)电解加工的原理

电解加工是指利用金属在电解液中发生电化学阳极溶解的原理,将工件加工成形的一种工艺方法,其加工原理如图 8-34 所示。工件接阳极,工具(铜或不锈钢)接阴极,两极间加直流电压 $6\sim24\text{V}$,极间保持 $0.1\sim1\text{mm}$ 间隙。在间隙处通以 $6\sim60\text{m/s}$ 高速流动的电解液,形成极间导电通路,这时工件表面材料开始溶解。开始时,两极之间的间隙大小不等,间隙小处电流密度大,阳极金属去除速度快;而间隙大处电流密度小,金属去除速度慢。工具电极不断进给,工件金属不断溶解,溶解物及时被电解液冲走,使工件与工具各处的间隙趋于一致,最终获得所需要的工件形状。

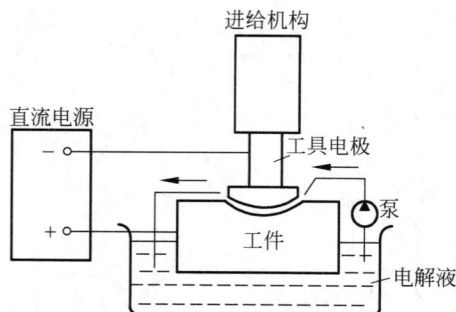

图 8-34 电解加工原理

2)电解加工的特点及应用

(1)能以简单的进给运动一次加工出形状复杂的型面或型腔,如锻模、叶片等。

(2)可加工各种难切削的金属材料,不受材料力学性能的限制,如淬火钢、高温合金和钛合金等。

（3）电解加工是非接触加工，无切削力和切削热作用，可加工薄壁或易变形类零件。

（4）加工速度快，生产率高。

（5）加工精度较高，目前可达 0.02mm。

（6）加工质量好，表面顺滑平整，无毛刺、无残余应力，质量好。加工表面粗糙度 Ra 为 0.8～0.2μm。

（7）工具阴极不损耗。

（8）电解液对机床有腐蚀作用，电解产物的处理和回收会产生一定的成本。

电解加工可用于型孔、型腔、复杂型面、小孔的加工，以及套料、去毛刺、刻印等方面，在涡轮叶片生产中应用最多。

3．超声波加工

1）超声波加工的原理

超声波加工是指利用工具端面作超声振动，带动工作液中的悬浮磨粒对工件表面撞击抛磨实现加工，其加工原理如图 8-35 所示。在工具和工件之间加入磨料悬浮液（水或煤油和磨料的混合物），工具以一定的压力作用于工件上，超声波发生器输出的超声频电振荡，通过换能器转变为 16kHz 以上的超声轴向振动，并借助变幅杆把振幅放大到 0.01～0.15mm，迫使工作液中悬浮的磨粒以很大的速度不断撞击、抛磨被加工表面，把加工区的材料粉碎成非常小的微粒，并从工件上去除。虽然每次撞击去除的材料很少，但由于每秒撞击多达 16000 次以上，所以仍然有一定的加工速度。在这一过程中，工作液受工具端面的超声频振动而产生高频、交变的液压冲击，迫使磨料悬浮液在加工间隙中循环，不但带走了从工件上去除的微粒，而且使钝化了的磨料及时更新。随着工具不断地轴向进给，工具端面的形状便复制在工件上。

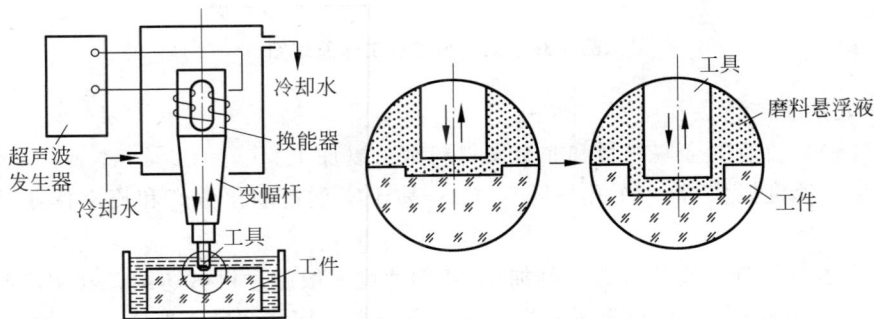

图 8-35　超声波加工原理

超声波加工是基于撞击原理，因此，越是硬脆材料，其受冲击破坏的作用也越大；韧性材料则由于本身的缓冲作用而难以加工。

2）超声波加工的特点及应用

（1）适合加工各种硬脆材料，特别是不导电的非金属材料，如玻璃、陶瓷、半导体、宝石、金刚石等。

（2）由于靠磨料瞬时局部的撞击作用去除材料，工具与工件不需要作复杂的相对运动，机床结构简单、操作维修方便。

（3）加工过程中，工具对工件被加工表面的宏观作用力小，热影响小，不会引起变形和烧伤，加工精度较高，尺寸精度可达 0.02～0.01mm，表面粗糙度可达 1～0.1μm，因此适合于薄壁、薄片等易变形零件及工件的窄槽、小孔的加工。

（4）生产率较低，采用超声复合加工（如超声车削、超声磨削、超声电解加工、超声线切割等）可提高加工效率。

在实际生产中，超声波加工广泛应用于各种硬脆材料的打孔、切割、开槽、套料、雕刻、清洗，以及成批小型零件去毛刺、模具表面抛光和砂轮修整等方面。

4. 激光加工

1）激光加工的原理

激光是一种能量密度高、方向性强、单色性好的相干光。图 8-36 所示为激光加工机工作原理图。激光器（常用的有固体激光器和气体激光器）把电能转变为光能，激发工作物质（如红宝石或钇铝石榴石），产生所需的激光束，并通过光学系统将激光束聚焦到工件的待加工部位，即可进行加工。光束的粗细可根据加工需要调整。

激光加工
工作原理

激光加工
特点

激光加工
应用

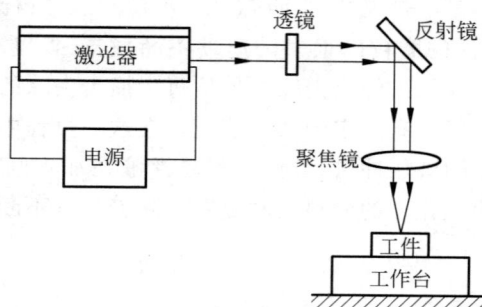

图 8-36　激光加工机工作原理图

2）激光加工的特点及应用

（1）几乎对所有的金属材料和非金属材料都可以加工。

（2）加工速度极快，打一个孔只需 0.001s，易于实现自动化生产和流水作业，同时热变形很小。

可对许多材料进行高效率的切割加工，切割速度一般超过机械切割。其切割厚度，对金属材料可达 10mm 以上，对非金属材料可达几十毫米。切缝宽度一般为 0.1～0.5mm。

（3）加工时不需用刀具，属于非接触加工，无机械加工变形。

（4）可通过空气、惰性气体或光学透明介质进行加工。

激光加工可用于金刚石拉丝模、钟表宝石轴承、陶瓷、玻璃等非金属材料和硬质合金、不锈钢等金属材料的小孔加工，以及多种金属材料和非金属材料的切割或成形切割加工等。特别适用于对坚硬材料进行微小孔的加工，孔的直径一般为 0.01～1mm，最小孔径可达 0.001mm，孔的深径比可达 50～100，也可加工异形孔。

8.3 典型表面加工分析

组成零件的各种典型表面(如外圆面、内圆面、平面、成形面、螺纹表面和齿轮齿面等),不仅具有一定的形状和尺寸,同时还要求达到一定的技术要求(如尺寸精度、形位精度和表面质量等)。工件表面的加工过程,就是获得符合要求的零件表面的过程。

由于零件的结构特点、材料性能和表面加工要求的不同,所采用的加工方法也不一样。即使是同一精度要求,所采用的加工方也是多种多样的。在选择某一表面的加工方法时,应遵循如下基本原则:

(1) 所选加工方法的经济精度及表面粗糙度要与加工表面的要求相适应。

(2) 所选加工方法要与零件材料的切削加工性及产品的生产类型相适应。

(3) 所选加工方法要与零件的结构形状和尺寸要求相适应。

为了保证零件的加工质量,提高生产效率和经济效益,整个加工过程应分阶段进行。一般分为粗加工、半精加工和精加工三个阶段。其中,粗加工的目的是切除各加工表面上大部分加工余量,并完成精基准的加工,粗加工还可以及时地发现毛坯的缺陷,避免对不合格的毛坯继续加工而造成的浪费;半精加工的目的是为各主要表面的精加工做好准备,并完成一些次要表面的加工;精加工的目的是获得符合精度和表面质量要求的表面。加工分阶段进行,可以合理地使用机床,有利于精密机床保持其精度。

本节的任务就是通过对零件表面加工方案的综合分析,为合理选择加工方法和加工顺序打下基础。

8.3.1 外圆面的加工

外圆面是轴类、套类、盘类等零件的主要表面,这类零件在机器中占有相当大的比例。不同的外圆面往往具有不同的技术要求,需要结合具体的生产条件,拟定较合理的加工方案。

1. 外圆面的技术要求

外圆面的技术要求主要有以下几个方面:

(1) 尺寸精度:包括外圆面直径和长度的尺寸精度;

(2) 形状精度:包括圆度、圆柱度和轴线的直线度等;

(3) 位置精度:包括与其他外圆面或孔的同轴度、端面的垂直度等;

(4) 表面质量:主要指表面粗糙度、表层加工硬度和金相组织变化等。

2. 外圆面加工方案的分析

一般情况下,外圆面加工的主要方法是车削和磨削。对于要求高的表面,往往还要进行研磨、超级光磨等加工。对于某些精度要求不高,仅要求光亮的表面,可以通过抛光得到,但在抛光前要达到较小的表面粗糙度。对于硬度较低的有色金属零件,由于其精加工不宜使用磨削,常采用精细车削。

图 8-37 给出了外圆面加工方案的框图,可作为拟定外圆面加工方案的依据和参考。

(1) 粗车—半精车—精车:这是应用最广泛的一种加工方案。对于精度要求不高于 IT7,表面粗糙度 $Ra \geqslant 0.8\mu m$ 的未淬硬零件的外圆面,均可采用该方案。如果精度要求较低,则可只取到半精车,甚至只取到粗车。

(2) 粗车—半精车—粗磨—精磨:该方案主要用于黑色金属材料,特别是结构钢零件和半精车后有淬火要求的零件。对于精度要求不高于 IT5,表面粗糙度 $Ra \geqslant 0.2\mu m$ 的外圆面,均可采用该方案。

(3) 粗车—半精车—粗磨—精磨—光整加工(研磨或超级光磨等):若第二种方案仍不能满足精度要求,尤其是表面粗糙度的要求,则可采用该方案,即在精磨以后增加一道精整加工工序,但该方案不宜用于塑性大的有色金属零件的加工。

(4) 粗车—半精车—精车—精细车:该方案主要适用于精度要求高的有色金属零件的加工。

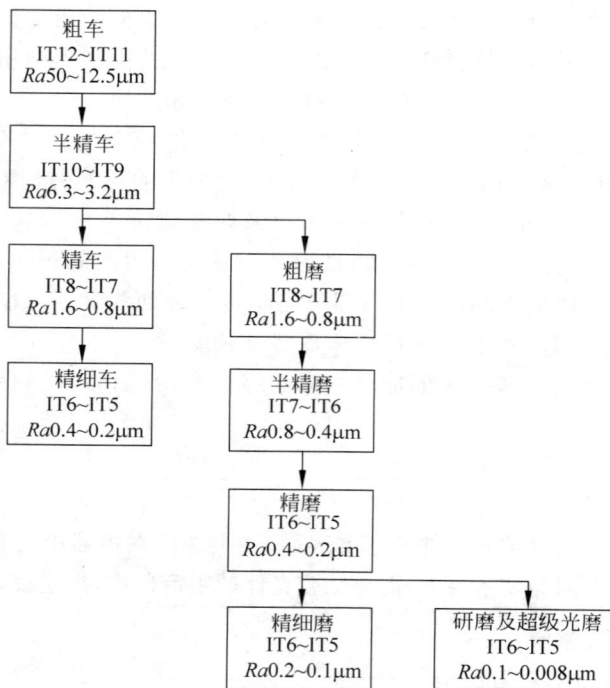

形状精度

尺寸精度

位置精度

表面粗
糙度

图 8-37　外圆面的加工方案框图

8.3.2　内圆面的加工

内圆面中最典型、最主要的是孔。孔是盘套类、支架类、箱体类零件的主要组成表面之一。

根据孔的结构和用途,一般可分为下面几类。

(1) 紧固孔和辅助孔:如螺钉孔、油孔和气孔等,一般情况下尺寸较小,技术要求不高。

(2) 回转体零件上的轴心孔:如套筒、法兰盘、轴承盖、齿轮等类零件上的轴心孔,通常是与轴类零件相配合的孔,一般有较高的技术要求。

(3) 箱体支架类零件上轴承孔:这类孔一般分布在一条或几条轴线上形成孔系,技术要求较高,特别是孔系中孔与孔之间的相对位置的精度要求较高。

按孔的结构和尺寸,孔又可分为通孔与盲孔、光孔与台阶孔、深孔与浅孔等。

1．孔的技术要求

与外圆面相似,孔的技术要求主要有以下几个方面。

（1）尺寸精度：包括孔的直径和深度的尺寸精度。

（2）形状精度：包括孔的圆度、圆柱度和轴线的直线度。

（3）位置精度：包括孔与孔或孔与外圆表面的同轴度,孔与孔或其他表面间的平行度和垂直度等。

（4）表面质量：包括表面粗糙度、表层加工硬度和金相组织变化等。

2．孔加工方案的分析

孔加工的基本方法有钻孔、扩孔、铰孔、镗孔和磨孔等,图 8-38 所示为孔的加工路线框图以及各工序所能达到的精度和表面粗糙度。

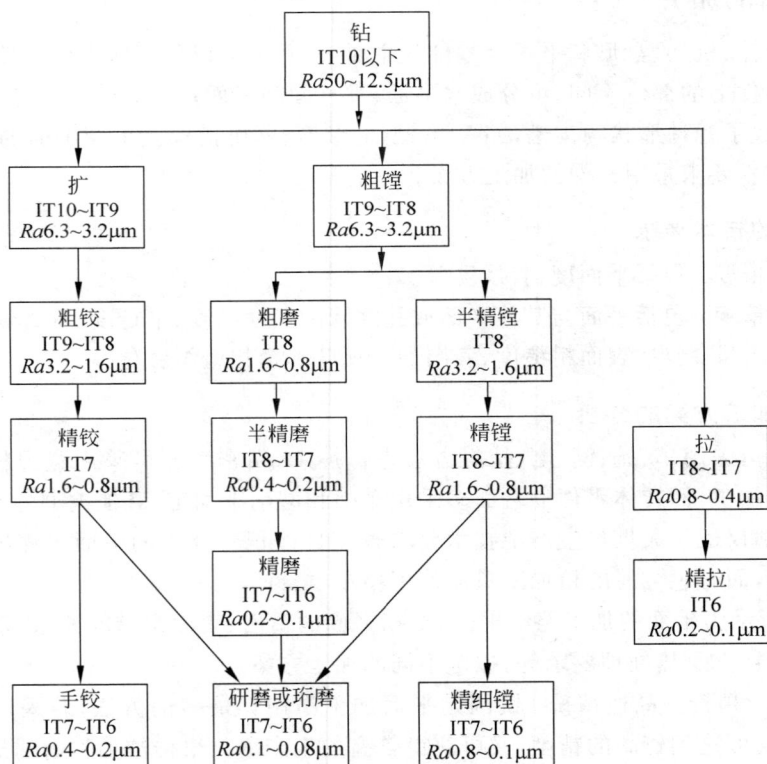

图 8-38　孔的加工方案框图

若在实体材料上加工孔,则必须先采用钻孔;若是对已经铸出或锻出的孔进行加工,则可直接采用扩孔或镗孔。对于孔的精加工,铰孔和拉孔适用于加工未淬硬的中、小直径的孔;中等直径以上的孔可以采用精镗或精磨;淬硬的孔只能采用磨削。

在实体材料上加工孔,其加工方案大致可分为如下几类。

（1）钻—扩—铰：该路线主要用于直径小于 50mm 未淬硬的中小孔的加工,是应用最广泛的一种加工方案。加工后孔的精度可达 IT7,表面粗糙度 Ra 可达 $0.8\mu m$,如果精度要求还要高,则可在铰后安排一次手铰。

（2）钻—粗镗—半精镗—精镗—精细镗：这也是一条应用非常广泛的加工路线，可用于除淬火钢以外的高精度孔和孔系的加工。

与钻—扩—铰路线不同的是，该路线能加工的孔径范围大，一般孔径不小于 18mm，即可镗削，加工出的孔位置精度高。

（3）钻—粗镗—粗磨—半精磨—精磨—研磨或珩磨：该路线用于黑色金属特别是淬硬零件高精度的孔加工，但不宜用于有色金属。

（4）钻—拉—精拉：该路线多用于大批量生产中盘套类零件的圆孔、单键孔和内花键的加工，加工质量稳定，生产率高。

若是对已经铸出或锻出的孔进行加工，则可直接采用扩孔或镗孔。对于直径大于 100mm 的孔，以镗孔为宜。其加工方案视具体情况参照上述方案拟定。

8.3.3　平面的加工

平面是箱体、机架、盘形和平板等零件的主要表面，也可以是回转零件的端面和台阶面。由于平面在零件上的部位不同，可分成水平面、垂直面和斜面；由于平面之间连接的结构形式不同，又形成了各种形状的沟槽，如 V 形槽、T 形槽、燕尾槽等。不同平面的作用不同，加工时应根据技术要求采用不同的加工方案。

1．平面的技术要求
（1）形状精度：包括平面度、直线度等。
（2）位置精度：包括平面与其他平面或孔之间的尺寸精度、平行度、垂直度等。
（3）表面质量：包括表面粗糙度、表层加工硬度和金相组织变化等。

2．平面加工方案的分析
一般平面可采用车、铣、刨、磨、拉等方法进行加工，精密平面可采用宽刃精刨、刮研、研磨等方法进行加工，回转体零件的端面多采用车削和磨削来加工，其他类型的平面以铣削和刨削为主，拉削仅适于大批量生产中技术要求较高且面积不太大的平面。淬硬平面的精加工必须用磨削，而有色金属的精加工只能使用精车、精铣等方法。

图 8-39 所示为平面的加工路线框图，根据平面的精度、表面粗糙度要求，以及零件的结构和尺寸、材料性能、热处理要求等，拟定不同的加工方案。

（1）粗铣—精铣—高速精铣：铣削是平面加工中用得最多的方法，若采用高速精铣作为终加工，则既可达到较高的精度，又可获得较高的生产率。根据被加工面的精度和表面粗糙度要求，可以只安排粗铣，或粗铣—半精铣、粗铣—半精铣—精铣等。该方案适于未淬火钢件、铸铁件，特别是高精度有色金属件的宽平面的加工。

（2）粗刨—精刨—宽刃精刨（或刮研）：该方案适于精度要求较高的未淬火钢件、铸铁件、有色金属件的狭长平面的加工。

（3）粗铣（或粗刨）—精铣（或精刨）—粗磨—精磨—研磨或超级光磨：该方案多用于精度要求较高且淬硬的平面的加工。未淬火钢件或铸铁件上较大平面的精加工往往也采用该方案，但不宜用于塑性大的有色金属件的精加工。

（4）拉削：该方案适于除淬火钢以外的各种金属零件的大批量生产。

（5）粗车—半精车—精车（或磨削）：该方案主要用于轴、套、盘等回转体零件的端面的加工。

```
┌─────────────┐        ┌─────────────┐        ┌─────────────┐
│    粗刨      │        │    粗铣      │        │    粗车      │
│  IT14~IT11  │        │  IT14~IT11  │        │  IT14~IT11  │
│ Ra50~12.5μm │        │ Ra50~12.5μm │        │ Ra50~12.5μm │
└─────────────┘        └─────────────┘        └─────────────┘
                                                      │
                                               ┌─────────────┐
                                               │   半精车     │
                                               │  IT10~IT9   │
                                               │ Ra6.3~3.2μm │
                                               └─────────────┘
       │                  │            │              │
┌─────────────┐    ┌──────────┐ ┌─────────────┐ ┌─────────────┐
│    精刨      │    │    拉    │ │    精铣      │ │    精车      │
│  IT11~IT8   │    │ IT8~IT6  │ │  IT11~IT8   │ │  IT8~IT6    │
│ Ra3.2~1.6μm │    │Ra1.6~0.8μm│ │ Ra3.2~1.6μm │ │ Ra1.6~0.8μm │
└─────────────┘    └──────────┘ └─────────────┘ └─────────────┘
    │        │                          │              │
┌────────┐ ┌──────────┐        ┌─────────────┐ ┌─────────────┐
│  刮研   │ │  宽刃精刨 │        │  高速精铣    │ │    磨       │
│IT8~IT6 │ │ IT8~IT6  │        │  IT8~IT7    │ │  IT7~IT6    │
│Ra0.8~0.2μm│ │ Ra0.8μm  │      │ Ra0.8~0.2μm │ │ Ra0.8~0.2μm │
└────────┘ └──────────┘        └─────────────┘ └─────────────┘
                                                      │
                                               ┌──────────────┐
                                               │ 研磨或超级光磨 │
                                               │    IT5       │
                                               │Ra0.1~0.008μm │
                                               └──────────────┘
```

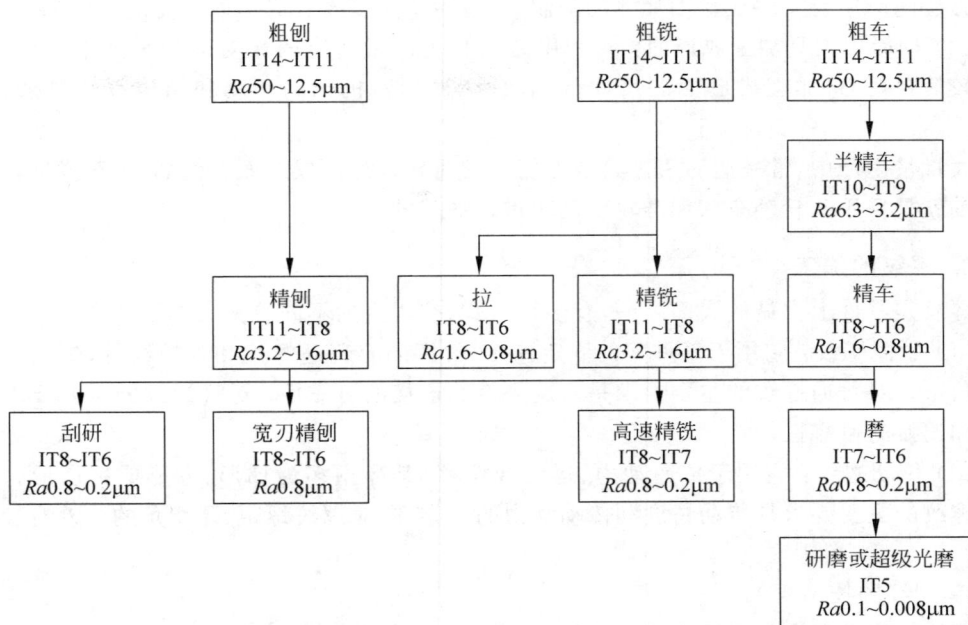

图 8-39 平面的加工方案框图

8.3.4 其他表面的加工

在实际生产中,零件的表面不只是由平面、外圆面或内圆面等表面组成,还包含一些复杂形面,将这类复杂表面统称为成形面。本节介绍一般成形面、螺纹和齿轮齿形的加工。

1. 成形面的加工

许多机械零件上都具有成形表面,如内燃机凸轮轴上的凸轮、汽轮机的叶片、机床的手柄等。成形表面的形式很多,归纳起来有回转式成形面、直线式成形面、立体式成形面及曲线凸轮表面等。成形表面大都是为实现某种特定功能而专门设计的,因此其表面形状的技术要求是十分重要的。

1) 成形面的技术要求

与其他表面类似,成形面的技术要求也包括尺寸精度、形位精度及表面质量等。加工时,刀具的切削刃形状和切削运动应首先满足表面形状的要求。

2) 成形面加工方法的分析

一般的成形面可以分别用车削、铣削、刨削、拉削或磨削等方法加工,以上加工方法可以归纳为如下两种基本方式。

(1) 用成形刀具加工成形面:即用切削刃形状与工件廓形相符合的刀具,直接加工出成形面。例如,用成形铣刀铣成形面,如图 8-40 所示。

用成形刀具加工成形面,其加工精度主要取决于刀具精度,易于保证同一批零件形状及尺寸的一致性,操作简便,生产率高。但是刀具的制造和刃磨比较复杂,成本较高。而且

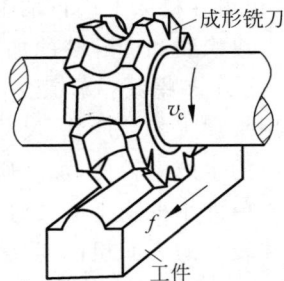

图 8-40 用成形铣刀铣成形面

这种方法的应用受工件成形面尺寸的限制,不宜用于刚度差且成形面较宽的工件的加工。

(2)用简单刀具加工成形面:即利用刀具和工件做特定的相对运动来加工成形面,刀具比较简单,并且加工成形面的尺寸范围较大。但是,机床的运动和结构都较复杂,成本也高。

大批量生产中,常采用专用刀具或专门化的机床来加工成形面。例如,汽车发动机中的凸轮轴就是采用凸轮轴车床和凸轮轴磨床进行加工的。

2. 螺纹的加工

螺纹是零件上常见的表面之一,有多种形式,按用途的不同可分为如下两类。

(1)紧固螺纹:它用于零件间的固定连接,常用的有普通螺纹和管螺纹等,螺纹牙型多为三角形。对普通螺纹的主要要求是可旋入性和连接的可靠性;对管螺纹的主要要求是密封性和连接的可靠性。

(2)传动螺纹:它用于传递动力、运动或位移,其牙型多为梯形、方形或锯齿形。对于传动螺纹的主要要求是传动精度和传动动力的可靠性,对螺纹螺距、牙型角的公差有较高的要求。

1)螺纹的技术要求

螺纹的技术要求包括尺寸精度、形位精度和表面质量。由于它们的用途和使用要求不同,技术要求也有所不同。

对于紧固螺纹和无传动精度要求的传动螺纹,一般只要求中径和顶径(外螺纹的大径、内螺纹的小径)的精度。

对于有传动精度要求或用于读数的螺纹,除要求中径和顶径的精度,还要求螺距和牙型角的精度。为了保证传动或读数精度及耐磨性,对螺纹表面的粗糙度和硬度等也有较高的要求。

2)常用螺纹加工方法

螺纹的加工方法很多,可以在车床、钻床、螺纹铣床、螺纹磨床等机床上利用不同的工具进行加工。根据螺纹的种类和精度要求,常用的螺纹加工方法有攻螺纹、套螺纹、车螺纹、铣螺纹和磨螺纹等。

(1)攻螺纹和套螺纹:攻螺纹是指用丝锥加工尺寸较小的内螺纹。单件、小批量生产中,可以用手用丝锥手工攻螺纹;当批量较大时,则在车床、钻床或攻丝机上用机用丝锥攻螺纹。

套螺纹是指用板牙加工尺寸较小的外螺纹,螺纹直径一般不超过16mm,既可以手工操作,也可在机床上进行加工。

攻螺纹和套螺纹的加工精度较低,主要用于加工精度要求不高的普通螺纹。

(2)车螺纹:车螺纹是螺纹加工的基本方法,可以使用通用设备,刀具简单,适应性广,可用来加工各种形状、尺寸及精度的内、外螺纹,特别适于尺寸较大的螺纹的加工。但是,车螺纹的生产率较低,加工质量取决于工人的技术水平,以及机床、刀具本身的精度,所以主要用于单件小批量生产。对于不淬硬精密丝杠的加工,利用精密车床车削,可以获得较高的精度和较小的表面粗糙度,因此占有重要的地位。

螺纹车削是成形面车削的一种,所用刀具为具有螺纹牙型廓形的成形车刀。当生产批量较大时,为了提高生产率,常采用如图8-41所示的螺纹梳刀进行车削。螺纹梳刀实质上是一种多齿的螺纹车刀,只要一次走刀就能切出全部螺纹,所以生产率较高。但是,一般的螺纹梳刀加工精度不高,不能加工精密螺纹。此外,螺纹附近有轴肩的工件也不能用螺纹梳刀加工。

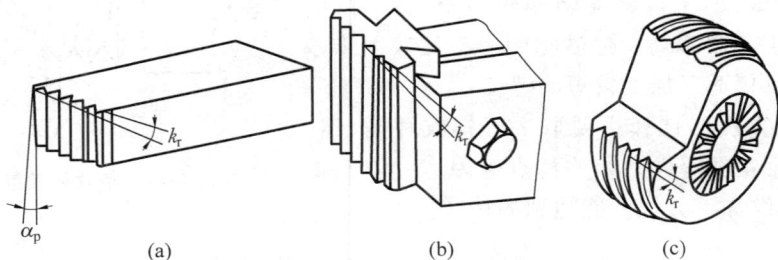

图 8-41　螺纹梳刀

(a) 平体螺纹梳刀；(b) 棱体螺纹梳刀；(c) 圆体螺纹梳刀

(3) 铣螺纹:铣螺纹是指用螺纹铣刀切出工件上的螺纹,多用于加工尺寸较大的传动螺纹,一般在专门的螺纹铣床上进行,生产率较高,常在大批量生产中作为螺纹的粗加工或半精加工。根据所用铣刀的结构不同,铣螺纹可以分为如下两种方法。

A. 盘形螺纹铣刀铣螺纹:如图8-42所示,铣削时铣刀轴线与工件轴线倾斜成 λ 角(即升角)。刀具作旋转主运动,同时相对于工件作螺旋进给运动,即工件每转一转,刀具沿工件轴线移动一个螺距(多线螺纹为一个螺纹导程)。这种方法加工精度不高,一般用于大螺距梯形和矩形传动螺纹的粗加工。

B. 梳形螺纹铣刀铣螺纹:如图8-43所示,梳形螺纹铣刀实质上是若干盘形螺纹铣刀的组合,其工作部分的长度大于被加工螺纹的长度,故工件只需要转一圈多一点就可切出全部螺纹,生产率很高。这种方法适于加工长度短而螺距不大的三角形内、外螺纹,特别是加工靠近轴肩或盲孔底部的螺纹,不需要退刀槽,但其加工精度较低。

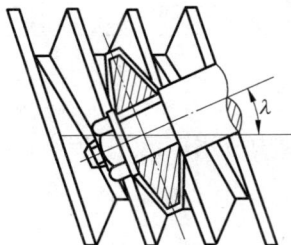

图 8-42　盘形螺纹铣刀铣螺纹　　**图 8-43　梳形螺纹铣刀铣螺纹**

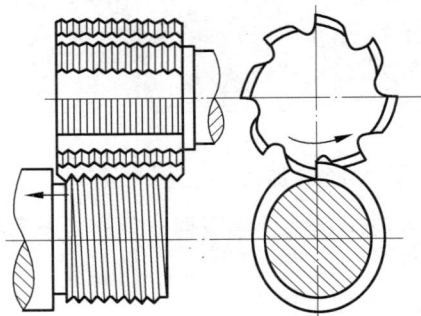

(4) 磨螺纹:磨螺纹通常在专用的螺纹磨床上进行,是螺纹的一种精加工方法,常用于淬硬螺纹的精加工,例如丝锥、螺纹量规、滚丝轮及精密螺杆上的螺纹。为了修正由热处理引起的变形,提高加工精度,必须进行磨削。螺纹在磨削之前,可以用车、铣等方法进行预加工,而对于小尺寸的精密螺纹,也可以不经预加工而直接磨出。

根据所用砂轮的形状不同,外螺纹的磨削可以分为单片砂轮磨削和多片组合砂轮磨削两种方式。

图 8-44 所示为单片砂轮磨螺纹,砂轮的修整较方便,加工精度较高,可以加工较长的螺纹。而用多片组合砂轮磨螺纹,工件只需转一转多一点就可以完成磨削,故生产效率高。但砂轮的修整比较困难,加工精度低,且仅适于加工较短的螺纹。

螺纹加工方法的选择主要取决于螺纹种类、精度等级、生产批量及零件的结构特点等因素。表 8-1 列出了常用螺纹加工方法所能达到的精度。

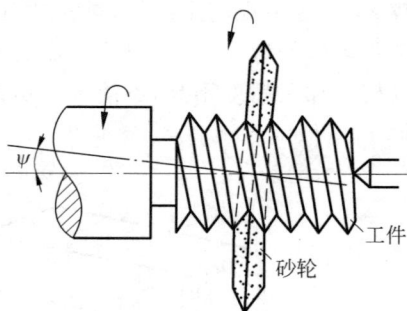

图 8-44 单片砂轮磨螺纹

表 8-1 常用螺纹加工方法所能达到的精度

加工方法	公差等级(GB/T 197—2018)	表面粗糙度 $Ra/\mu m$
攻螺纹(攻丝)	7～6	6.3～1.6
套螺纹(套扣)	8～7	3.2～1.6
车削	8～4	1.6～0.4
铣刀铣削	8～6	6.3～3.2
磨削	6～4	0.4～0.1

📝 知识链接

螺纹公差等级和齿轮公差等级不带"IT"——螺纹的公差等级遵循的是国际标准化组织(ISO)标准,在 ISO 标准中,螺纹的公差等级通常直接用数字表示,如 4、5、6、7、8 等,而不是使用 IT 加数字的形式。内螺纹的基本偏差有 G、H 两级,外螺纹的基本偏差有 e、f、g、h 四级。齿轮的公差等级遵循的是美国齿轮制造商协会(AGMA)标准。齿轮的公差等级直接用数字表示,如 1、2、3 等,而不是使用 IT 加数字的形式。齿轮的精度等级分为 12 个等级,第 1 级精度最高,第 12 级精度最低。齿轮副中两个齿轮的精度等级一般相同,但也可以不同。

3. 齿轮齿形的加工

齿轮齿形也是一种成形面。齿轮在各种机械、仪器仪表中应用广泛,是传递运动和动力的重要零件。

1) 齿轮的技术要求

齿轮的技术要求除了尺寸精度、几何精度和表面质量,还有传动精度的要求,归纳如下:

(1) 传递运动的准确性,即齿轮每转一转时,转角误差的最大值不得超过规定的范围;

(2) 工作平稳性,即齿轮啮合时,瞬时传动比不能波动过大,否则在高速传动中将会引起振动、冲击和噪声；

（3）载荷分布的均匀性，即齿轮啮合时，齿面接触良好，以免引起应力集中，造成齿面局部磨损；

（4）传动侧隙，即齿轮啮合时，非工作齿面应具有一定的间隙，不仅能存留润滑油，还能防止齿轮的制造误差和热变形而使轮齿卡住。

上述四项要求，相互联系又有主次之分，应根据齿轮具体的用途和工作条件合理确定齿轮的技术要求。

2）常用齿形加工方法

齿轮齿形加工是齿轮加工的核心和关键，其加工方法有无屑加工和切削成形两大类。无屑加工（如热轧、冷挤、精密锻造、精密铸造及粉末冶金等），具有生产率高、材料消耗少、成本低等优点，由于受材料塑性和加工精度的限制，目前应用还不广泛。切削成形具有良好的加工精度，目前是齿形的主要加工方法。按其加工原理可以分为成形法和展成法两种，这里仅就应用最广的圆柱齿轮齿形的加工方法加以介绍。

（1）成形法：是指用与被加工齿轮齿槽法向截面形状相符的成形刀具切出齿形的加工方法。例如用盘形齿轮铣刀或指形齿轮铣刀对齿轮的齿槽进行铣削，如图 8-45 所示。铣齿时，加工完一个齿槽后进行分度，再铣下一个齿槽，直至加工出整个齿轮。

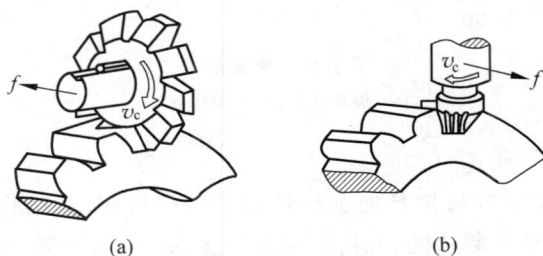

图 8-45　铣齿
（a）盘形齿轮铣刀铣削；（b）指形齿轮铣刀铣削

对于模数 $m < 8$ 的齿轮，一般在卧式铣床上用盘形齿轮铣刀铣削；对于模数 $m \geqslant 8$ 的齿轮，用指形齿轮铣刀在立式铣床上铣削。

选用的齿轮铣刀，除了模数 m 和压力角 α 应分别与被切齿轮的模数和压力角一致，还需要根据齿轮的齿数选择相应的刀号。

由渐开线的形成原理可知，渐开线齿形是由齿轮的模数和齿数决定的。因此，要铣出准确的齿形，对于每种模数、齿数的齿轮，都必须有一把相应的铣刀，这将导致刀具数量非常多，既不经济也不便于管理。所以在实际生产中，将同一模数的齿轮，按其齿数划分为 8 组或 15 组，每组采用同一把铣刀加工，该铣刀齿形按所加工齿数组内的最小齿数齿轮的齿槽轮廓制作，以保证加工出的齿轮在啮合时不会产生干涉。

铣齿的工艺特点如下所述。

A. 成本低：铣齿可以在普通铣床上进行，对于缺乏专用齿轮加工设备的工厂较为方便。铣刀比其他齿轮刀具简单，故成本低。

B. 生产率低：铣齿时，由于每铣一个齿槽都要重复进行切入、切出、退刀和分度的工作，辅助时间和基本工艺时间增加，导致生产率低。

C. 加工精度低：由于铣刀分成若干组，每组铣刀加工范围内的齿轮除最小齿数的齿轮，其他齿数的齿轮只能获得近似齿形，产生齿形误差。铣床所用的分度头是通用附件，分度精度不高，会产生分齿误差，故铣齿的加工精度较低，一般只能加工出 10～9 级精度的齿轮。因此，铣齿仅适用于单件小批生产或维修工作中加工精度不高的低速齿轮。

（2）展成法：是指利用齿轮刀具与被切齿轮保持啮合运动关系而切出齿形的方法。

A. 滚齿：它是利用齿轮滚刀在滚齿机上加工齿轮齿形。其滚切原理是齿轮刀具和工件按齿轮副的啮合关系作对滚运动进行切削，如图 8-46 所示。

滚齿

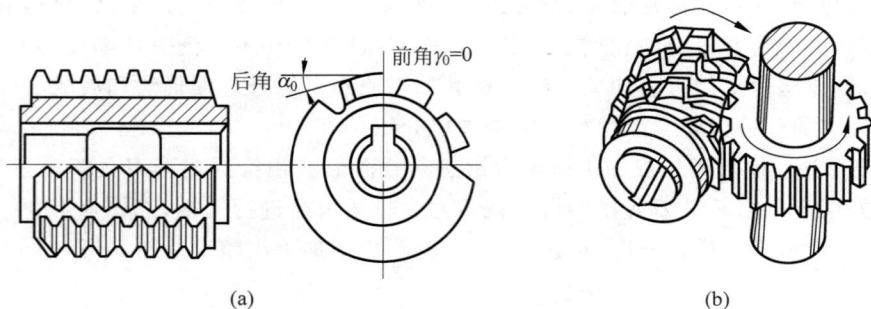

图 8-46　滚齿加工
（a）齿轮滚刀；（b）滚齿加工

滚齿的工艺特点如下所述。

（a）加工精度高：由于滚齿机是加工齿轮的专门化机床，其结构和传动机构都是按加工齿轮的特殊要求而设计和制造的，分齿运动的精度高于万能分度头的分齿精度，齿轮滚刀的精度也比齿轮铣刀的精度高，不存在像齿轮铣刀那样的齿形误差。因此，滚齿的精度比铣齿高。在一般条件下，滚齿能保证 8～7 级精度，表面粗糙度 Ra 为 $3.2～1.6\mu m$，若采用精密滚齿，则可以达到 6 级精度，而铣齿仅能达到 9 级精度。

（b）生产率高：滚齿加工属于连续切削，无辅助时间损失，生产率一般比铣齿、插齿高。

（c）加工齿轮齿数的范围较大：滚齿是按展成原理进行加工的，同一模数的齿轮滚刀，可以加工模数相同而齿数不同的齿轮。不像铣齿那样，每个刀号的铣刀适于加工的齿轮齿数范围较小。

在齿轮齿形的加工中，滚齿应用最广泛，不但能加工直齿圆柱齿轮，还可以方便地加工斜齿圆柱齿轮及涡轮等，但一般不能加工内齿轮和相距很近的多联齿轮。

B. 插齿：利用插齿刀按展成法在插齿机上加工内、外齿轮或齿条等的齿面加工方法。

插齿的加工过程相当于一对直齿圆柱齿轮的啮合。如图 8-47 所示，插齿刀相当于一个磨出前角和后角并具有切削刃的齿轮，而齿轮坯则作为另一个齿轮。插齿时，刀具沿工件轴线方向作高速的往复直线运动，同时还与相啮合的齿轮坯作无间隙的啮合运动，以便在齿坯上切出渐开线齿形。刀具每往复一次仅切出工件齿槽的很小一部分，刀具切削刃运动轨迹的包络线形成被切齿轮的渐开线齿形。

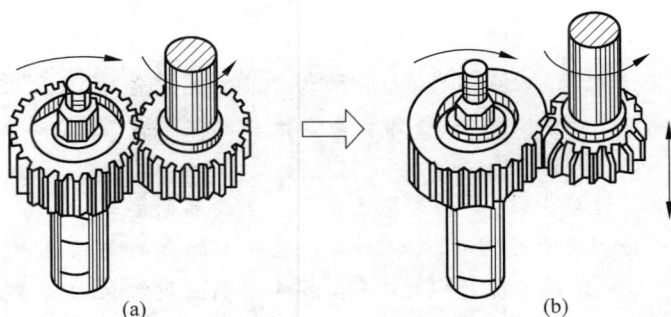

图 8-47 插齿的加工原理

(a) 圆柱齿轮啮合；(b) 插齿

插齿的工艺特点如下所述。

（a）插齿精度与滚齿相当：由于插齿刀的制造、刃磨和检验均比滚刀简便，可制造得较精确，故可保证插齿的齿形精度高；但插齿机的分齿传动链比滚齿机复杂，传动误差较大。综合来看，插齿和滚齿的精度相当。

（b）插齿的齿面粗糙度值较小：插齿时，插齿刀沿齿宽连续地切下切屑，而在滚齿和铣齿时，轮齿齿宽是由刀具多次断续切削而成。此外，在插齿过程中，包络齿形的切线数量比较多，所以插齿的齿面粗糙度较小。

（c）同一模数的插齿刀可以加工同模数各种齿数的齿轮。

（d）生产率较低：插齿的主运动为往复直线运动，由于插齿刀切入切出时会产生冲击，其切削速度受到限制，并且插齿刀有空回行程，故插齿的生产率低于滚齿。

插齿的应用比较广泛，可以加工直齿和斜齿圆柱齿轮，尤其适于加工用滚刀难以加工的内齿轮、多联齿轮或带有台肩的齿轮等。

综上所述，与铣齿比较，尽管滚齿和插齿所使用的刀具及机床较复杂，成本较高，但由于加工质量好，生产率高，在成批和大量生产中仍可收到很好的经济效果。即使在单件小批量生产中，为了保证加工质量，也常采用滚齿或插齿加工。

滚齿和插齿一般加工中等精度 8～7 级的齿轮。对于 7 级精度以上或经淬火的齿轮，在滚齿、插齿加工之后尚需进行精加工，以进一步提高齿形的精度。常用的齿形精加工方法有剃齿、珩齿、磨齿和研齿。

齿形加工方案的选择，主要取决于齿轮的精度等级、齿轮结构、热处理及生产批量，表 8-2 为所列出的 4～9 级精度圆柱齿轮常用的最终加工方案。

表 8-2 4～9 级精度圆柱齿轮常用的最终加工方案

精度等级	齿面粗糙度 $Ra/\mu m$	齿面最终加工方案
4（特别精密）	≤0.2	精密磨齿，或精密滚齿后研齿或剃齿
5（高精密）	≤0.2	精密磨齿，或精密滚齿后研齿或剃齿
6（高精密）	≤0.4	磨齿，或精密剃齿，或精密滚齿，或精密插齿
7（精密）	1.6～0.8	滚＋剃或插齿；对淬硬齿面：磨齿或珩齿或研齿
8（中等精密）	3.2～1.6	滚齿、插齿
9（低精度）	6.3～3.2	铣齿、粗滚齿

延伸视界

延伸视界——航空结构件铣削变形及其控制研究进展

航空结构件因其轻质、比强度高、空间结构紧凑等优良特性,在新一代航空航天飞行器中得到广泛应用,如整体框架、整体壁板与大型框梁等薄壁零件,其去除材料加工方式多以铣削为主。

在薄壁结构加工过程中,切削力是导致变形的主要因素之一,切削力使工件产生弹性和挤压变形的同时刀具也会产生变形。切削过程中切屑的塑性变形、切屑与已加工表面及前、后刀面之间摩擦效应,使得工件表层和基层呈现较大的温度差,而基层材料阻碍了表层材料体积膨胀趋势。在切削力和切削热作用下导致工件应力分布失稳,加剧加工变形效应。影响变形的因素还有材料特性、结构特性、残余应力、装夹条件和切削路径等。由于航空结构件加工过程中材料去除率高,成形后结构件的相对刚度降低,在加工时易出现切削振动和弹性变形,无法保证工件尺寸精度和表面质量,从而影响结构件的加工效率和制造成本。

铣削力是铣削加工过程的重要物理量之一,直接影响航空结构件的加工变形量。为提高铣削加工的质量,需对铣削力进行预测建模,精准的铣削力模型不仅有利于优化切削参数,而且能为预测及控制加工变形提供重要参考,目前应用最广泛的铣削力建模方法是基于单位切削系数的力模型。利用优化加工工艺、数控补偿技术和高速切削技术等实现航空结构件加工变形控制的策略,在实际应用中还存在一定的局限性。未来控制航空结构件加工变形应从动力学建模、工况感知、实时变形控制等方面继续开展研究。

资料来源:赵明伟,岳彩旭,陈志涛,等. 航空结构件铣削变形及其控制研究进展[J]. 航空制造技术,2022,65(3):108-117.

习题

8-1 选择题

1. 可以加工外圆表面的机床有(　　)。
   A. 车床　　　　B. 钻床　　　　C. 刨床　　　　D. 镗床
   E. 磨床

2. 拉削只有主运动,没有进给运动。(　　)
   A. 正确　　　　B. 错误

3. 刨削加工时,刀具容易损坏的原因是(　　)。
   A. 排屑困难
   B. 容易产生积屑瘤
   C. 每次工作行程开始,刨刀都受到冲击

4. 在外圆磨床上粗磨光轴,宜采用下列(　　)法加工。
   A. 纵向磨削　　　B. 横向磨削　　　C. 综合磨削

5. 用钻头钻孔时,产生很大轴向力的主要原因是(　　)的作用。

　　A. 横刃　　　　　　B. 主切削刃　　　　　C. 切屑的摩擦和挤压

6. 扩孔钻的刀齿有(　　)个。

　　A. 2～3　　　　　　B. 3～4　　　　　　C. 6～8　　　　　　D. 8～12

7. 铣削加工生产率高的原因是(　　)。

　　A. 多齿同时切削　　B. 多齿连续切削　　C. 每个齿连续切削

8. 对于内成形面、孔内环槽及大型零件上的直径较大的孔,(　　)方法更合适。

　　A. 钻孔　　　　　　B. 扩孔　　　　　　C. 拉孔　　　　　　D. 镗孔

9. 适宜铰削的孔有(　　)。

　　A. 通孔　　　　　　B. 不通孔　　　　　C. 带内回转槽的孔　D. 阶梯孔

　　E. 锥孔

10. 机床床身导轨面的常用精加工方法有(　　)。

　　A. 刨削　　　　　　B. 铣削　　　　　　C. 研磨　　　　　　D. 宽刃精刨

　　E. 刮削

8-2　简述外圆车削的工艺特点及应用范围。

8-3　一般情况下,车削的切削过程为什么比刨削、铣削等平稳? 对加工有何影响?

8-4　在车床上钻孔和在钻床上钻孔产生的"引偏"对所加工的孔有何不同的影响? 在随后的精加工中,哪一种比较容易纠正? 为什么?

8-5　钻孔有哪些工艺特点? 钻孔后进行扩孔和铰孔为什么能提高孔的加工质量?

8-6　为什么拉削的质量和生产率都很高? 拉削适于单件小批量生产吗? 请解释原因。

8-7　用周铣法铣平面,从理论上分析,顺铣相比于逆铣有哪些优点? 实际生产中,目前多采用哪种铣削方式? 为什么?

8-8　平面铣削有周铣法和端铣法两种方式。成批生产中宜采用哪种方式? 为什么?

8-9　精加工铜或铝材料的回转体零件时,应采用何种加工方法? 为什么?

8-10　简述研磨、超级光磨、抛光和珩磨的工作原理。

第9章

机械加工工艺过程

本章知识要点

知 识 要 点	学 习 目 标	相 关 知 识
基本概念	理解生产类型、生产过程等基本概念	生产过程与工艺过程,机械加工工艺过程,生产纲领和生产类型
安装与基准	了解工件安装与夹具的分类与组成,掌握工件的六点定位原理,掌握定位基准的选择原则	六点定位原理,工件的安装与夹具,定位基准的选择原则
机械加工工艺规程的制定	掌握制定工艺规程的原则,了解机械加工工艺文件的编写方法,掌握轴类、盘类等典型零件的工艺过程	制定机械加工工艺规程的步骤,切削加工工序的安排原则,轴类和盘类零件的加工工艺过程
零件的结构工艺性	重点掌握零件结构工艺性的分析方法,培养解决复杂结构工艺分析的能力	结构设计的基本原则

案例导入

　　航空发动机燃气涡轮叶片产品附加值高,其零件加工质量要求高、加工难度大,复杂的结构与表面特征让工件定位变得困难。传统的叶片基准确定方法主要有机械夹紧法、线切割法,但易造成对叶片毛坯难以逆转的改动。因此确定加工基准时,需要根据叶片型面的非规则几何形状设计专用工装,来满足叶片新基准的要求。

　　采用低熔点合金浇注的方法再造叶片的加工基准,将熔炼完成后的锌铝合金液浇入预先制成的金属型腔中,采用金属型铸造生产叶片的加工基准,依据六点定位原理,把叶片六点定位基准转化为易于五轴机床连续加工定位的基准块上,保证三个定位基准面的相互垂直,满足叶片加工精度要求。实验研究结果表明,低熔点合金浇注燃气涡轮叶片加工基准块的实物,铸件表面质量良好,未见明显铸造缺陷,满足工件装夹的硬度要求。且浇注基准块与叶片边界清晰,低熔点合金液对叶片未造成侵蚀,通过机械破碎的方式可实现工件与基准块之间的快速分离。该工艺缩短了产品制造周期,简化了工艺,重熔后合金硬度降低不明显,材料利用率得到提升,大幅降低了涡轮叶片加工基准的生产成本,提高了生产效率。

　　资料来源:周恬武,刘澳,张红丽,等.低熔点合金浇注燃气涡轮叶片加工基准的金属型铸造工艺研究[J].铸造技术,2023(11):1062-1067.

在实际生产中,对有一定技术要求的机械零件的加工,通常不是单独在某一台机床上用一种加工方法所能完成的,而是要经过一定的加工工艺过程才能制成。因此,应根据零件的结构形状、尺寸精度、形位精度、技术条件、生产批量和工厂的现有生产条件,对零件各加工表面选择适当的加工方法,合理地安排加工顺序,制定出合理的机械加工工艺过程,以保证零件的加工质量、提高生产率和降低成本。

9.1 机械加工工艺过程的基本概念

1. 生产过程与工艺过程

1）生产过程

是指将原材料转变为成品的一系列相互关联的劳动过程的总和。这一过程包括原材料的运输、保管、生产准备、毛坯制造、机械加工、热处理、装配、检测、调试、油漆和包装等环节。

2）工艺过程

是指在生产过程中,直接改变生产对象的形状(如铸造、锻造等)、尺寸(如机械加工)、表面相对位置(如装配)和性质(如热处理)等,使其成为成品或半成品的过程。工艺过程是生产过程的主要组成部分,可以进一步分为热加工工艺过程、机械加工工艺过程和装配工艺过程等。

2. 机械加工工艺过程

用机械加工的方法,按一定顺序逐步改变毛坯的形状、尺寸和材料性能,使之成为合格零件的过程称为机械加工工艺过程。

机械加工工艺过程由一系列工序组成。工序是工艺过程的基本单元,是指一个人(或一组人)对同一个(或几个)工件在同一个工作地点(设备)进行连续加工的那部分工艺过程。划分工序的重要依据是加工地点(设备)。

图 9-1 所示为一阶梯轴的简图。在表 9-1 与表 9-2 中列出了该工件不同生产数量时所采用的不同工艺过程。从中可以看出,同一工件,生产数量较少时,工序数目较少,而生产数量较大时,工序数目较多,每个工序所完成的加工表面较少。

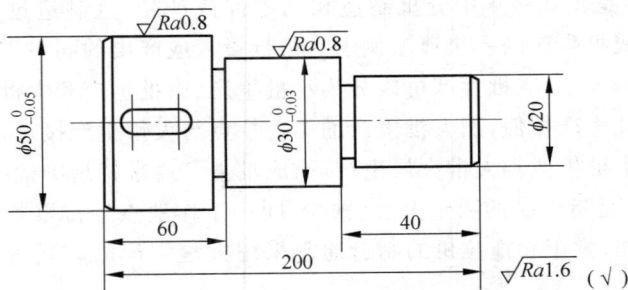

图 9-1 阶梯轴简图

表 9-1 阶梯轴工艺过程（生产数量较少）

工 序 号	工 序 内 容	地点（设备）
1	车端面，钻中心孔	车床 1
2	车外圆、切槽、倒角	车床 2
3	铣键槽、去毛刺	铣床
4	磨外圆 $\phi30$、$\phi50$	磨床

表 9-2 阶梯轴工艺过程（生产数量较大）

工 序 号	工 序 内 容	地点（设备）
1	铣端面，钻中心孔	组合车床
2	车小端外圆、切槽及倒角	车床 1
3	车大端外圆、切槽及倒角	车床 2
4	铣键槽	铣床
5	去毛刺	钳工台
6	磨外圆	磨床

3. 生产纲领和生产类型

零件机械加工工艺过程与生产类型密切相关。在制定机械加工工艺规程时，首先要确定生产类型，而生产类型主要与生产纲领有关。

1) 生产纲领

指企业在计划期内应当生产的产品产量和进度计划。工厂一年制造的合格产品的数量，称为年生产纲领，也称年产量。而某零件的生产纲领则是包括备品和废品在内的年总产量。

2) 生产类型

根据产品或零件的尺寸大小、复杂程度、生产纲领、批量，机械制造生产可分为单件生产、成批生产和大量生产三种不同的生产类型。

(1) 单件生产：是指单个生产不同结构和不同尺寸的产品，并且很少或不重复进行生产的方式。例如，新产品试制、专用设备制造均属于单件生产，通常将单件小批量生产归为同一类生产类型。

(2) 成批生产：是指在一年中分批制造相同零件或产品，且制造过程具有一定的重复性。机床的制造是成批生产的一个典型例子。每批投入或产出的同一零件或产品的数量称为批量。根据批量的大小，成批生产可以分为小批生产、中批生产和大批生产。由于小批生产的工艺特点与单件生产相似，而大批生产的工艺特点与大量生产接近，因此在生产中常将它们合并称为单件小批生产和大批大量生产，而成批生产通常特指中批生产。

(3) 大量生产：是指产品的数量大、品种少，同一工作地点经常重复进行某一零件的特定工序的加工。例如，汽车和拖拉机的制造通常采用大量生产的方式进行。各种生产类型的划分详见表 9-3。

表 9-3　生产类型的划分

生产类型	同种(重型)零件年产量/件	同种(中型)零件年产量/件	同种(轻型)零件年产量/件
单件生产	<5	<10	<100
小批生产	$5\sim100$	$10\sim200$	$10\sim500$
中批生产	$100\sim300$	$200\sim500$	$500\sim5000$
大批生产	$300\sim1000$	$500\sim5000$	$5000\sim50000$
大量生产	>1000	>5000	>50000

9.2　工件的安装与基准

9.2.1　工件的定位

工件在加工之前,相对于机床或刀具需占有准确的位置,这个过程称为定位。

1. 六点定位原理

一个不受任何约束的物体,是一个自由物体,它的空间不确定性称为自由度。如果把物体放在空间直角坐标系中描述,如图 9-2 所示,则空间任何一个自由物体均有六个自由度,即沿空间直角坐标系的 x、y、z 三个轴的移动(用 $\vec{x}$、$\vec{y}$、$\vec{z}$ 表示)和绕 x、y、z 三个轴的转动(用 $\hat{x}$、$\hat{y}$、$\hat{z}$ 表示)。因此,在加工中,要使工件在空间保持正确位置,就必须限制这六个自由度。

工件在夹具中定位时,每一个自由度的限制,通常用相当于一个支承点的定位元件与工件的定位基准相接触来实现。如图 9-3 所示,在 xOy 平面上设置三个支承点,限制 $\hat{x}$、$\hat{y}$、$\vec{z}$ 三个自由度,A 面称为主定位面,即第一定位基准;在 yOz 平面设置两个支承点,限制 $\vec{x}$、$\hat{z}$ 两个自由度,B 面称为导向定位面,即第二定位基准;在 zOx 平面设置一个支承点,限制 $\vec{y}$ 一个自由度,C 面称为止推定位面,即第三定位基准。在机械加工中,通过以一定规律分布的六个支撑点来限制工件的六个自由度,使工件在机床或夹具中的位置完全确定,称为工件的六点定位原理。

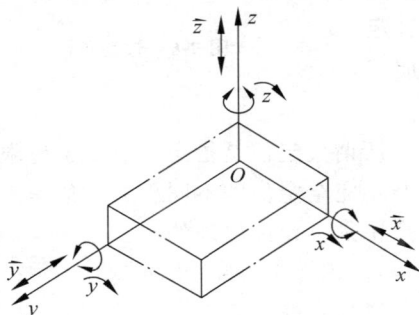

图 9-2　物体的六个自由度

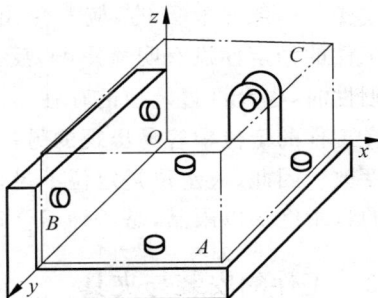

图 9-3　六点定位简图

六点定位原理及注意事项

2. 完全定位与不完全定位

在实际生产中,对工件的定位不一定要限制所有的六个自由度,而要根据具体情况来决定限制自由度的数目。如图 9-4 所示,在铣削一批工件上的不通沟槽时,为保证每次安装中工件的正确位置,保证加工尺寸 a、b、c,就必须限制六个自由度,这种定位称为完全定位。

如图 9-5(a)所示,铣削一个与底面平行的平面时,为了保证加工尺寸 c,只需限制 $\hat{x}$、$\hat{y}$、$\vec{z}$ 三个自由度。若加工一个与底面和侧面均平行的通槽,如图 9-5(b)所示,为保证尺寸 a、c,就需限制 $\vec{x}$、$\vec{y}$、$\vec{z}$、$\hat{x}$、$\hat{z}$ 五个自由度。像这种没有限制所有六个自由度的情况,称为不完全定位。

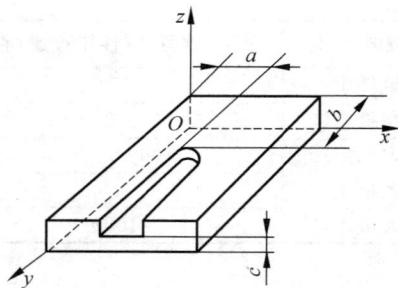

图 9-4　完全定位分析

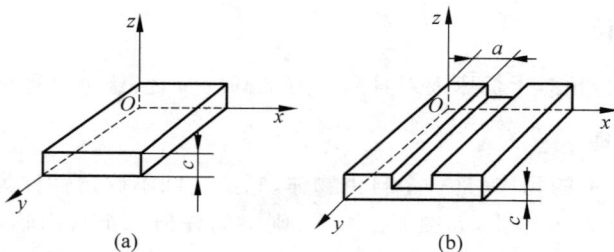

图 9-5　不完全定位分析
（a）铣平面；（b）铣通槽

3. 过定位与欠定位

在生产中,有时还会出现重复定位,即至少有两个定位元件同时限制一个自由度,或定位点多于六个的情况,这种定位称为过定位。如图 9-6 所示的轴类件的车削加工,采用三爪自定心卡盘(卡盘夹持部位较短)和前后顶尖定位。由于前后顶尖消除了 $\vec{x}$、$\vec{y}$、$\vec{z}$、$\hat{y}$、$\hat{z}$ 五个自由度,三爪自定心卡盘限制了 $\vec{y}$、$\vec{z}$ 两个自由度,在 $\vec{y}$、$\vec{z}$ 两个方向上定位重复,因此是过定位。过定位一般是有害的,应避免出现。但是,当过定位对工件的稳定性没有明显影响,反而会增加工件加工时的刚性时,也允许过定位的存在。

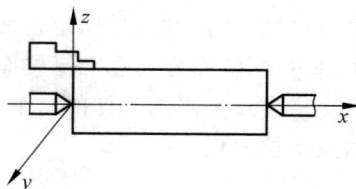

图 9-6　过定位

在工件的定位中容易出现的另一问题是欠定位。所谓欠定位是指定位点少于应限制的自由度数。因此,欠定位是定位不足,要注意欠定位与不完全定位的不同。欠定位是未将应限制的自由度加以限制,是一种不合理的现象,在生产中是不允许出现的。

9.2.2　工件的安装与夹具

1. 工件的安装

在工件定位完成后,为了保持加工过程中工件的准确定位,防止切削力和工件或夹具的离心力破坏工件的定位,必须将工件压牢,这个过程称为夹紧。工件从定位到夹紧的过程称为安装,定位和夹紧通常是同时进行的。

工件安装完成后,工件加工表面相对于机床或刀具的位置就已确定,工件的安装精度是影响加工精度的重要因素。安装是否方便快捷,直接影响到辅助时间的长短。因此,工件的安装会影响经济性和生产率。一般来说,工件的安装方式可以概括为以下三种形式:直接找正安装、划线找正安装、夹具安装。

1) 直接找正安装

直接找正安装是指用划针、直尺、千分表等对工件被加工表面进行找正,以保证这些表面与机床工作台支撑面间有正确的相对位置关系,然后予以夹紧的装夹方法。例如,在磨床上磨削一个与外圆表面有同轴度要求的内孔时,加工前将工件装在卡盘上,用百分表直接找正外圆表面,即可获得工件的正确位置。

2) 划线找正安装

划线找正安装是指在工件安装时,依据事先在工件上划定的找正线进行找正定位,然后予以夹紧的装夹方法。该方法需要事先在工件上划线,这增加了划线工序。此外,由于划线精度受工人技术熟练程度的影响,安装精度相对较低,通常在 0.3～1mm。因此,划线找正安装适用于单件或小批量生产。在成批生产中,对于形状复杂或尺寸较大的工件,也常采用划线法进行找正。

3) 夹具安装

是指通过夹具上的定位元件与工件上的定位面相配合或相接触,使工件能方便迅速地定位,然后进行夹紧的方法。这种方法装夹快捷、定位精度稳定,广泛用于大批量生产。

2. 机床夹具

在机械加工、零件质量检验、装配机器时,往往都需要在夹持工件、确定工件位置的条件下进行。夹持并确定工件位置的装备称为夹具。在机械加工中与机床有关的夹具称为机床夹具。

1) 机床夹具的分类

机床夹具按照通用程度分为以下几类。

(1) 通用夹具:是指已经标准化的,在一定范围内加工不同工件不需要特殊调整的夹具,如三爪自定心卡盘、四爪单动卡盘、万能分度头、圆形工作台、平口钳及电磁吸盘等。这些夹具已成为机床附件,以充分发挥机床的技术性能,并扩大机床的使用范围。

通用夹具主要用于单件小批量生产,有时也用于批量生产,但生产率低。

(2) 专用夹具:专用夹具是根据某一工件的某一工序加工要求而设计制造的夹具。这类夹具由于是根据需要专门设计制造的,因此需要一定的投资,若零件的批量大,则分摊到每个零件上的费用并不多,同时还保证了加工精度、提高了生产率。所以,专用夹具主要用于成批及大量生产中。

(3) 通用可调夹具和成组夹具:这两组夹具的结构相似,它们的共同特点是:在加工完一种工件后,经过调整或更换个别元件,即可加工形状相似、尺寸相近或加工工艺相似的多种工件。

通用可调夹具的加工对象不十分确定,其通用性较大,如滑柱钻模、带各种钳口的机器虎钳等,都是通用可调夹具。成组夹具是专门为某一组零件而设计的,针对性强,加工对象和适用范围明确,结构更为紧凑。

以上两组夹具在小批量生产条件下较适用。

（4）组合夹具：组合夹具是指按某一工件的某道工序的加工要求，由一套事先准备好的通用的标准元件和部件组合而成的夹具。这种夹具用完之后可以拆卸存放，或重新组装夹具时供再次使用。由于组合夹具是由各种标准元件、部件组装而成，故具有组装迅速、周期短、能反复使用等特点，所以在多品种、小批量生产或新产品试制中尤为适用。

上述通用可调夹具和成组夹具、组合夹具，在调整、组装好之后，加工时都能起到专用夹具的作用。

2）机床夹具的结构

生产中应用的夹具形式是多种多样的，就其组成元件的功能来看，都有几个共同的部分，下面以图 9-7 所示的钻孔夹具为例说明夹具的结构。

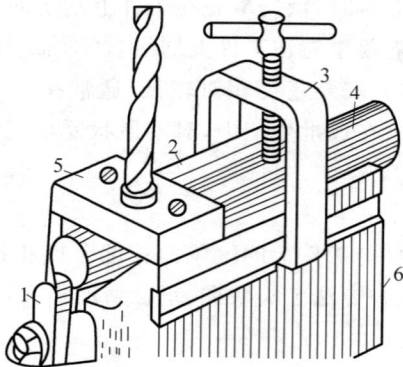

1—挡铁；2—V形架；3—夹紧机构；4—工件(轴)；
5—钻套；6—夹具体。

图 9-7　钻孔夹具

（1）定位元件：在夹具上与工件定位基准接触，并用来确定工件正确位置的元件，称为定位元件。钻孔时，轴以外圆面定位在夹具的 V 形架上，以保证所钻孔的轴线与工件轴线垂直相交；轴的端面与夹具上的挡铁接触，以保证所钻孔的轴线与工件端面的距离。该夹具上的挡铁和 V 形架都是定位元件。

（2）夹紧机构：工件定位后，将其夹紧以承受切削力的作用，保证已确定的工件位置在加工过程中不发生变化，这种机构称为夹紧机构。钻孔夹具上的丝杠和框架等，就是夹紧机构的一种。轴在夹具上定位后，拧紧夹紧机构上的丝杠，将工件夹牢即可开始钻孔。

（3）导向元件：用来确定和引导刀具，使之与工件有准确相对位置的元件，称为导向元件。钻孔夹具上的钻套就是常用的导向元件。

（4）夹具体：夹具体是夹具的基准零件，用它来联系并固定定位元件、夹紧机构、导向元件等，使之成为一个夹具整体，并通过它将夹具安装在机床上。

（5）辅助装置：钻孔夹具中的分度装置、车削夹具中的法兰盘及平衡块、操作件等，都是夹具上的辅助装置。

一般来说，要组成一个夹具，定位元件、夹紧机构、夹具体是必须具备的，导向元件、辅助装置等，则视夹具的作用来决定。工件的加工精度在很大程度上取决于夹具的精度和结构，因此整个夹具及其零件都要具有足够的精度和刚度，并且结构要紧凑、形状要简单，装卸工作和清除切屑要方便等。

9.2.3 工件的基准

在零件的设计制造过程中,要确定一些点、线、面的位置,必须以另一些点、线、面为依据,这些作为依据的点、线、面称为基准。基准根据其功能可分为两大类:设计基准和工艺基准。

1. 设计基准

在零件图上用于标注尺寸和确定表面相互位置关系的基准,称为设计基准。如图 9-8 所示的机体零件中,表面 2、3 和孔 4 的设计基准为表面 1,而孔 5 的设计基准是孔 4 的中心线。

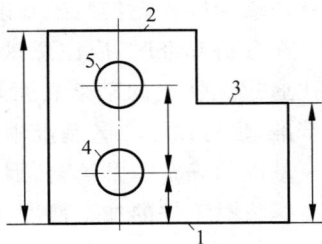

图 9-8 机体零件示意图

2. 工艺基准

在零件加工、测量和装配过程中使用的基准,称为工艺基准。根据其用途的不同,工艺基准可以分为定位基准、测量基准和装配基准三种。

1)定位基准

是指在加工过程中用作定位的基准。如图 9-9 所示的齿轮毛坯,在车削齿轮坯的外圆和端面时,利用已加工的 $\phi40$mm 内圆表面,将工件装夹在心轴上,此时孔的轴线便是加工外圆和端面的定位基准。需要注意的是,工件上用作定位基准的点和线通常通过具体表面体现(例如孔的轴线由孔的表面体现),这些表面称为定位基面。

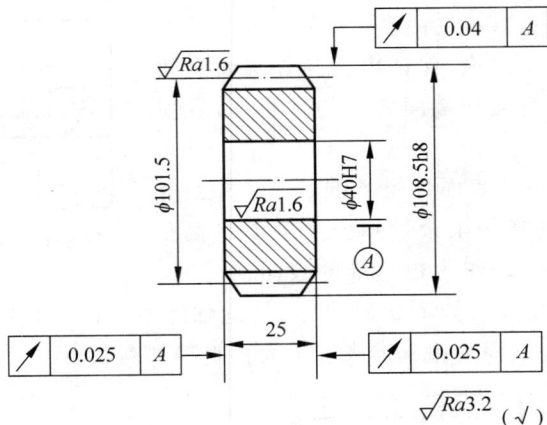

图 9-9 齿轮毛坯

定位基准又分为粗基准和精基准。对毛坯开始进行机械加工时,第一道工序只能使用毛坯表面定位,这种基准就称为粗基准。例如加工轴类零件时,第一道工序使用毛坯的外圆面定位,外圆面即加工轴的粗基准。在第一道工序后的加工中,应采用已经过切削加工的表面作为定位基准,这种基准称为精基准。例如轴两端的中心孔,即是加工轴类零件的精基准。

2）测量基准

是指在测量过程中所使用的基准。例如,在图 9-9 中,内孔是检验两个端面圆跳动和外圆径向跳动的测量基准。

3）装配基准

是指在装配过程中用以确定零件或部件在机器中位置的基准。在图 9-9 中,内孔以一定的配合精度安装在轴上,并与一个端面紧靠轴肩,以确定齿轮的轴向位置,因此齿轮的内孔和该端面即齿轮的装配基准。

在分析基准时,应注意以下几个问题:作为基准的点、线、面在工件上不一定实际存在,往往通过工件上的某个表面来体现定位基准;同一表面可能具有多种功能,它既可以是设计基准,也可以是工艺基准中的定位基准或测量基准或装配基准。

基准的确定非常重要,因此在设计或制定工件的机械加工工艺时,必须重视基准的选择。这将对工件的加工精度和劳动生产率产生重要影响。

3. 定位基准的选择

合理选择定位基准,对保证加工精度、确定加工顺序和提高劳动生产率都有着决定性的影响。因此,它是制定工艺过程要解决的重要问题之一。

1）粗基准的选择原则

选择粗基准时,主要应保证各加工表面的余量均匀,以及保证加工面与不加工面之间的相互位置精度。为此,应考虑以下基本原则。

（1）选取不加工表面作粗基准:这样可使加工表面与不加工表面具有较正确的相对位置。如图 9-10 所示,以不加工的外圆表面作粗基准,并能在一次安装中把绝大部分要加工的表面加工出来,保证内孔与外圆面之间的同轴度,以及内孔、外圆面与端面之间的垂直度,且使工件的壁厚均匀。

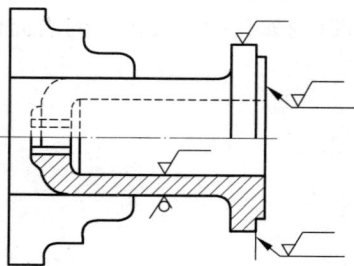

图 9-10　不加工表面作粗基准

（2）选取加工余量小的表面作粗基准:若零件上所有表面均需加工,则应选择加工余量和公差量小的表面作为粗基准。这样可以保证作为粗基准的表面加工时,不会因余量不足而造成废品。如图 9-11 所示,铸造轴件大头直径上的余量比小头直径上的余量大,故常用小头外圆表面为粗基准来加工大头直径外圆。

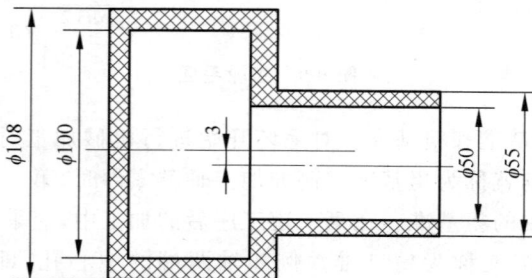

图 9-11　加工余量小的表面作粗基准

（3）选取重要加工表面作粗基准：对于工件的重要表面，为保证其本身的加工余量均匀，应优先选择该重要表面为粗基准。例如加工机床床身时，常以导轨面为粗基准，如图 9-12 所示。

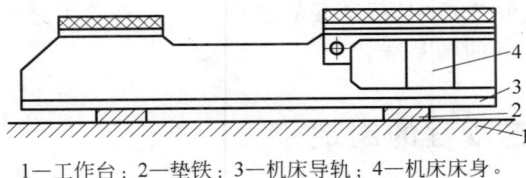

1—工作台；2—垫铁；3—机床导轨；4—机床床身。

图 9-12 机床床身加工的粗基准

（4）选取平整光洁的表面作粗基准：粗基准不应有浇口、冒口、飞边和其他缺陷，若选择光洁、平整、装夹稳定的表面作为粗基准，则容易保证定位准确和装夹牢固。

（5）粗基准一般不重复使用：因其表面粗糙定位不准，重复使用会带来较大的误差。

2）精基准的选择原则

选择精基准时，主要从如何保证加工精度和安装方便出发，选择原则如下所述。

（1）基准重合原则：即选择被加工面的设计基准作为定位基准。这样可以避免由定位基准与设计基准不重合而引起的定位误差，便于保证加工面与其设计基准的相对位置精度。图 9-13(a)所示为一个轴承座，1、2 表面已完成加工，现要加工孔 3，它的轴线与设计基准面 1 之间的位置尺寸及公差为 $A_0^{+\delta A}$。如果按图 9-13(b)所示用平面 1 作为精基准，定位基准与设计基准重合，则 $\varepsilon_{定位}=0$。如果按图 9-13(c)所示用平面 2 作为定位精基准，因 2 面与 1 面之间的尺寸公差为 δB，则当加工一批零件时，孔 3 轴线与 1 面之间尺寸 A 的误差中，除了由其他原因而产生的加工误差，还包括由定位基准与设计基准不重合而引起的定位误差，这项误差的可能最大值为 $\varepsilon_{定位}=\delta B$。

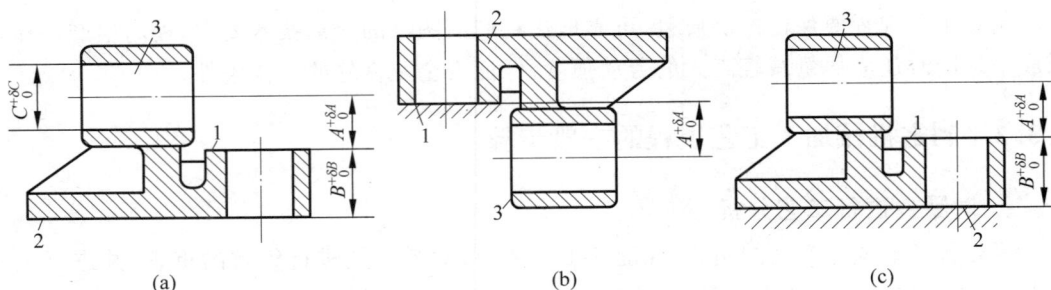

图 9-13 定位基准选择与定位误差的关系
(a)轴承座零件图；(b)用平面 1 作定位基准；(c)用平面 2 作定位基准

（2）基准同一原则：即多个表面进行加工时尽可能采用同一个（组）定位基准。例如盘类零件加工时，一般以孔作为精基准，用心轴装夹加工其他表面，这样有利于保证孔和各个表面之间的位置精度，简化夹具的设计和制造。

（3）互为基准原则：对于两个表面的位置精度要求很高，同时其自身尺寸与形状精度均要求很高时，常采用互为基准、反复加工的原则。例如，当车床主轴轴颈外圆与主轴锥孔的同轴度要求很高时，常以锥孔为基准来加工外圆轴颈，再以外圆轴颈为基准来加工内锥孔,以保证两者间的位置精度。

(4)自为基准原则:对于加工余量小而均匀、加工精度要求很高的表面,以加工面本身作为定位精准。例如在磨削车床床身导轨面时,就用百分表找正定位床身的导轨面。

需要指出的是,在实际生产中,精基准的选择不一定符合上述所有的原则,要根据具体情况进行分析,选择最有利的精基准。

9.3　机械加工工艺规程的制定

将工艺过程的各项内容用文字或表格形式写成的工艺文件称为工艺规程。它是生产准备、生产计划、生产组织、实际加工及技术检验等的重要技术文件。根据生产过程中工艺性质的不同,可分为毛坯制造、机械加工、热处理及装配等不同的工艺规程。本节只介绍机械加工工艺规程的制定。

9.3.1　机械加工工艺规程的要求

1. 制定机械加工工艺规程的依据

(1)产品的装配图和零件图;

(2)产品的生产纲领:生产纲领不同,生产类型就不同,工艺规程的复杂程度也不同;

(3)现有的生产条件:包括毛坯的制造能力、工艺装备及专用设备的制造能力、机械加工设备和工艺装备的条件、技术工人的等级水平等;

(4)国内外同类产品的有关工艺资料;

(5)产品验收的质量标准。

2. 机械加工工艺规程的基本要求

制定工艺规程要保证产品质量,可靠地达到产品图纸的全部技术要求,提高生产率和降低成本。同时还应尽量减轻工人的劳动强度,保证安全及良好的工作条件。

9.3.2　制定机械加工工艺规程的一般步骤

1. 对零件进行工艺分析

首先要了解整个产品的用途、性能和工作条件,对零件图进行细致的审查,并进行工艺性分析,主要包括以下几个内容。

(1)零件的年生产纲领计算:计算零件的年产量,以便确定生产类型,选用合适的加工方法和设备。

(2)零件结构分析:了解零件的结构和公差要求,检查图样是否正确,明确该零件在部件或机器中的位置、功用和结构特点。

(3)零件的技术要求分析:零件的技术要求包括加工表面的尺寸精度、几何形状精度、相互位置精度、加工表面粗糙度、表面质量要求以及热处理要求等。

(4)零件结构工艺性分析:分析零件在能满足使用要求的前提下,制造的可行性和经济性。零件的结构工艺性涉及面很广,必须全面分析。零件结构对其工艺过程的影响很大,使用性能完全相同而结构不同的两个零件,它们的加工方法与制造成本可能有很大的差别。

2. 确定毛坯的成形方法

常用的毛坯成形方法有铸造、锻造、冲压、焊接等。毛坯质量越高,切削加工量就越少,从而可提高材料的利用率,降低加工成本。但是提高毛坯制造精度的同时,本身制造成本也会提高。因此需要综合考虑毛坯制造和机械加工的成本来确定毛坯类型,以求最好的经济效益。

3. 选择定位基准

这是工艺规程制定中的重要环节,根据粗基准和精基准的选择原则,合理选择定位基准,对保证零件的加工精度、提高生产率有着重要影响。

4. 计算加工余量

由毛坯制成成品的过程中,从被加工表面切除金属层的总厚度,称为该表面的加工总余量。每一道工序所切除的金属层厚度,称为工序间的加工余量。总余量和工序余量可由下式表示:

$$总余量 = 毛坯的实际尺寸 - 零件成品的实际尺寸$$
$$工序余量 = 前道工序的实际尺寸 - 本道工序的实际尺寸$$

加工总余量的数值一般与毛坯的制造精度有关。同样的毛坯制造方法,总余量的大小又与生产类型有关,批量大时总余量就可以小一些。

目前,决定加工余量的方法有估计法(适用于单件小批量生产)、计算法(适用于重要零件或分析研究加工余量时)和查表法三种。其中查表法简便,应用较广。查表法是按各种工艺手册中的余量表格,根据加工方法、加工性质(粗加工或精加工)和加工表面的尺寸、形状等来查得加工余量。铸件、锻件、型材的加工余量均可查表获得。因为手册表格中的数据是大量生产实践和试验研究的总结及积累,对一般的加工都适用。加工余量过大时,会使精加工工时过长,甚至不能达到精加工的目的;加工余量过小,会使工件的某些部位达不到质量要求。此外,精加工的工序余量不均匀,也会影响加工精度,所以对于精加工的工序余量大小和均匀性必须予以保证。在确定工序余量时,总是首先确定精加工的工序余量大小。

5. 拟定工艺路线

拟定工艺路线是制定工艺规程的总体布局,主要内容包括选择加工方法和方案、确定加工顺序等。

1) 选择加工方法

选择加工方法,是在研究分析零件图的基础上,根据工件的技术要求、结构形状、尺寸精度、表面粗糙度、生产类型、零件材料及性能、现场生产条件等,并参考各种加工方法所能达到的精度和表面粗糙度来综合考虑。

选择加工方法时,首先应选定被加工表面的最终加工方法,然后确定为达到最终加工精度而进行的其他加工,并确定加工顺序。在各加工工序中,还要根据前面所述的内容选择定位基准。零件上各表面的加工,会因加工顺序不同,得到截然不同的加工质量与经济效果。

2) 加工阶段的划分

对于加工要求较高或结构复杂的零件,工艺路线常划分为粗加工—半精加工—精加工—光整加工四个阶段,这有利于保证加工质量、合理使用设备,并可及时发现毛坯缺陷,避免浪费工时,同时还可避免精加工后的表面被碰伤,可参考本书第 8 章的相关内容。

3)切削加工工序的安排原则

(1)先粗后精:各表面的加工工序按照由粗到精的加工阶段进行。

(2)先主后次:先安排主要表面的加工,后安排次要表面的加工。主要表面一般指零件上的工作表面、装配基准面等,它们的技术要求较高,加工工作量较大,应先安排加工。非工作面、键槽、螺钉孔、紧固用光孔等次要表面的加工,一般放在主要表面加工结束之后,精加工或光整加工之前进行。

(3)先基准后其他:精基准面应在一开始就加工,因为后续工序加工其他表面时要用它作为定位基准。例如,阶梯轴常采用中心孔作为同一个定位基准,因此加工开始时总是先打中心孔(或修研中心孔),然后加工其他表面。

4)热处理工序的安排

热处理的方法、次数和在工艺路线中的位置,应根据工件材料和热处理的目的决定。热处理相关内容可参考本书第 2 章。

其他工序包括检验、零件的表面处理、去毛刺、洗涤、防锈等,在加工过程中是不可忽视的,可根据加工过程适当地安排在相应位置。

9.3.3 轴类零件的加工工艺过程

轴类零件按其结构特点可分为简单轴、阶梯轴、空心轴(如车床主轴)和异形轴(如曲轴)等,通常具有较大的长径比,刚性较差。其主要表面为外圆面、轴肩和端面,某些轴类零件还有内圆面和键槽、退刀槽、螺纹等其他表面。外圆面主要用于安装轴承和轮系,轴肩的作用是轴向定位。轴类零件通过轴上安装的零件起支承、传递运动和转矩的作用。其加工方法主要有车削、磨削、钻削、铣削等。轴类零件的定位基准主要是外圆面和中心孔两种,外圆面定位时一般用卡盘安装,中心孔定位时使用双顶尖安装工件。

图 9-14 所示为一传动轴,现以它为例,说明在单件、小批生产中轴类零件的机械加工工艺过程。

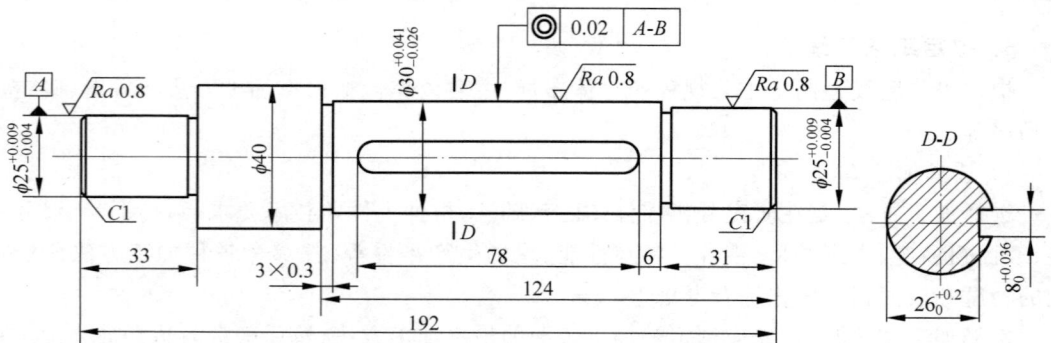

图 9-14 传动轴

1)零件主要部分的作用及技术要求分析

在 $\phi30\text{mm}$ 的轴段上装滑动齿轮,为传递运动和动力,$\phi25\text{mm}$ 的两段为轴颈,支承于箱体的轴承孔中。表面粗糙度 Ra 皆为 $0.8\mu\text{m}$。$\phi30\text{mm}$ 轴颈对两端轴颈 $\phi25\text{mm}$ 的同轴度公差为 0.02mm。工件材料为 45 钢,淬火硬度为 40～45HRC。

2）选择毛坯

该阶梯轴各外圆尺寸相差不大,可选用 $\phi45\text{mm}\times195\text{mm}$ 的热轧圆钢。

3）工艺分析

该零件的各配合表面除本身有一定的精度(相当于 IT7)和表面粗糙度要求外,轴线的同轴度还有一定的要求。

根据各表面的具体要求,可采用加工方案为粗车—半精车—热处理—粗磨—精磨,轴上的键槽可以用键槽铣刀在立式铣床上铣出。

4）选择定位基准

为了保证各配合表面的位置精度,用轴两端的中心孔作为粗、精加工的定位基准。这既符合基准同一和基准重合的原则,也利于生产率的提高。为了保证定位基准的精度和表面粗糙度,热处理后应修研中心孔。

5）工艺过程

根据该轴各表面的具体要求,可采用的加工方案为粗车—半精车—热处理—粗磨—精磨,该传动轴的工艺过程见表 9-4。

表 9-4 轴的机械加工工艺过程(单件、小批生产)

序号	工种	工 序 内 容	加 工 简 图	设备
Ⅰ	车	车一端面,钻中心孔;掉头,车另一端面至长 192mm,钻中心孔	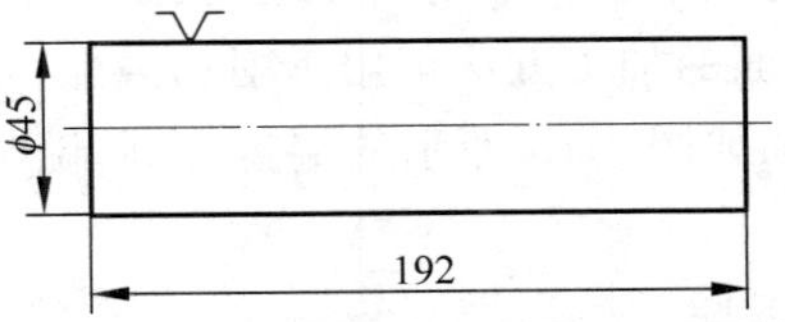	卧式车床
Ⅱ	车	粗车、半精车 $\phi40\text{mm}$ 和 $\phi25\text{mm}$ 的外圆面,加工槽、倒角,留磨削余量 1mm;掉头,粗车、半精车 $\phi30\text{mm}$ 和 $\phi25\text{mm}$ 的外圆面,加工槽、倒角,留磨削余量 1mm	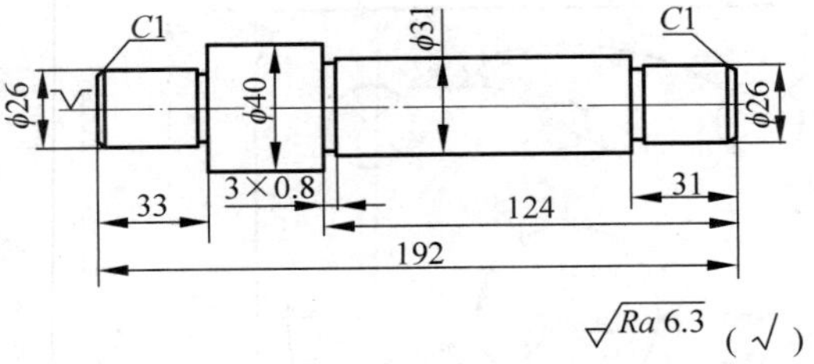	卧式车床
Ⅲ	铣	粗、精铣键槽	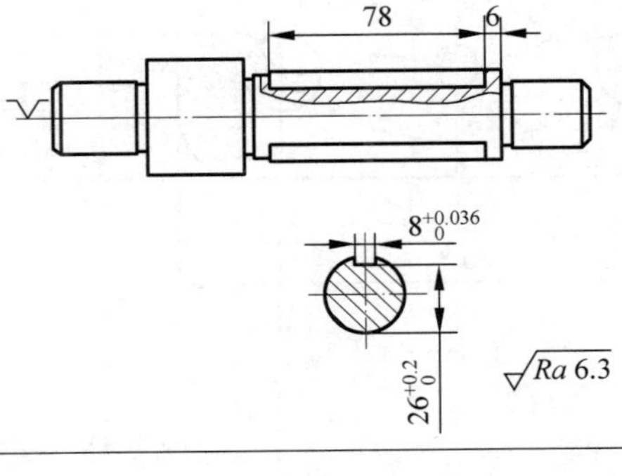	立式铣床
Ⅳ	热处理	调质处理 40～45HRC		

续表

序号	工种	工 序 内 容	加 工 简 图	设备
V	钳	修研中心孔		
VI	磨	粗磨、精磨 $\phi40$mm 和 $\phi25$mm 的外圆面至尺寸要求； 粗磨、精磨 $\phi30$mm 和 $\phi25$mm 的外圆面至尺寸要求		外圆磨床
VII	检验	按图样要求检验		

注：加工简图中的"ⵒ"符号所指为定位基准。

9.3.4 盘套类零件的加工工艺过程

盘套类零件的结构一般由外圆面、内圆面、端面和沟槽等组成。径向尺寸大于轴向尺寸称为盘，径向尺寸小于轴向尺寸称为套，如法兰盘、套筒等。盘套类零件的主要功能是传递运动和动力、支撑、定位及导向的作用，在工作中承受扭矩、轴向力或径向力。定位基准为外圆面或孔，外圆面的加工方法可用车削和磨削，孔的加工方法可选钻、铰、镗、拉、磨等。

现以常见的如图 9-15 所示的端盖为例，说明盘类零件的机械加工工艺过程。

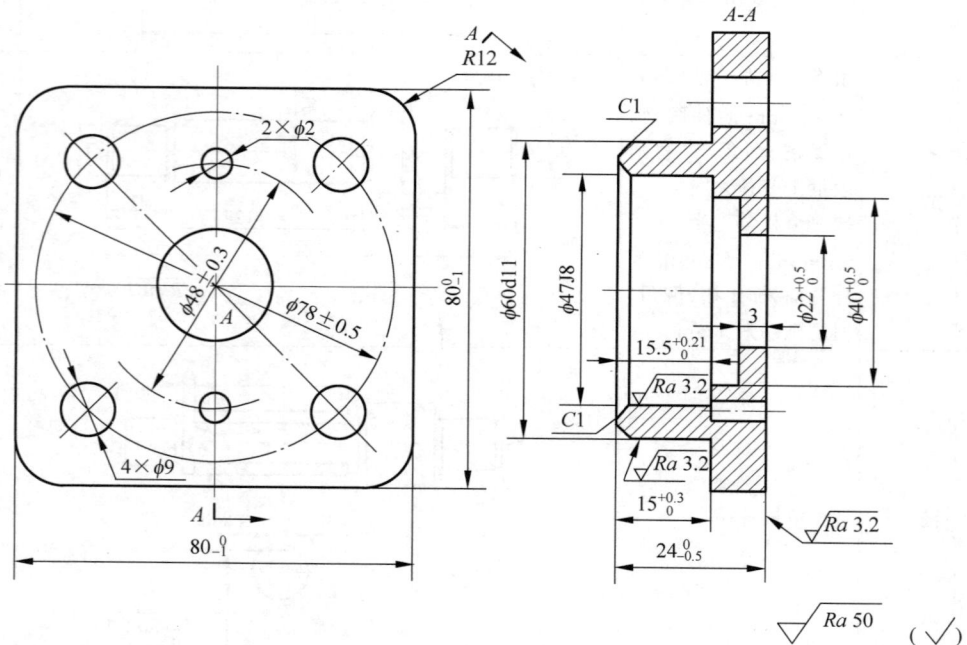

图 9-15 端盖

1）零件主要部分的作用及技术要求分析

本零件的底板为 80mm×80mm 的正方形,它的周边不需要加工,其精度直接由铸造保证。底板上有四个均匀分布的通孔 ϕ9mm,其作用是将法兰盘与其他零件相连接,外圆面 ϕ60d11 是与其他零件相配合的轴,内圆面中 ϕ47J8 是与其他零件相配合的孔。它们的表面粗糙度 Ra 均为 3.2μm。本零件的精度要求较低,可采用一般加工工艺完成,材料为 HT100。

2）选择毛坯

铸造成形,外圆面与正方形底板的相对位置可由铸造时采用整模造型保证。

3）工艺分析

由于本零件精度要求较低,采用粗车—半精车即可完成车削加工。因此,可以采用铸造—车削—划线钻孔—检验的工艺路线。

4）选择定位基准

以 ϕ60d11 的外圆面为粗基准,加工底板的底平面。

以底板加工好的底平面和不需加工的侧面为精基准,即以底平面定位、四爪单动卡盘夹紧的方式,在一次安装中,把所有需要车削加工的表面加工出来,这样符合基准同一原则。

以 ϕ60d11 的轴线为基准划线,找出孔 4×ϕ9mm 和 2×ϕ2mm 的中心位置即可钻出上述各小孔。

5）工艺过程

单件、小批量生产端盖的机械加工工艺过程见表 9-5。

表 9-5　端盖的机械加工工艺过程(单件、小批量生产)

序号	工种	工 序 内 容	加 工 简 图	设 备
Ⅰ	铸	铸造毛坯,清理铸件	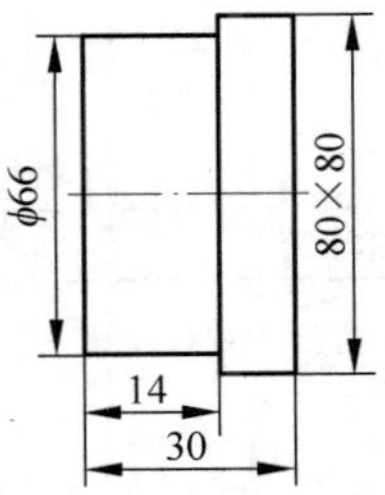	
Ⅱ	车	车 80mm×80mm 底平面,保证总长尺寸 26mm 至尺寸要求	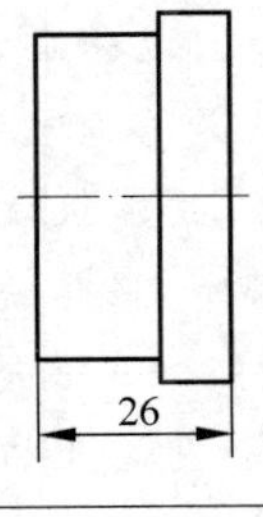	卧式车床

续表

序号	工种	工序内容	加工简图	设　备
Ⅲ	车钻	车 $\phi60$mm 端面,保证尺寸 24mm 至尺寸要求; 车 $\phi60$mm 及 80mm×80mm 底板的上端面,保证尺寸 15mm 至尺寸要求; 钻 $\phi20$mm 的通孔	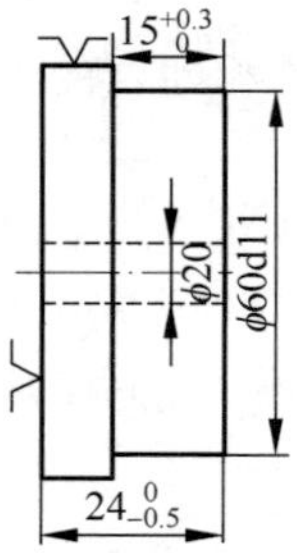	卧式车床
Ⅳ	镗	镗 $\phi20$mm 孔至 $\phi22$mm,保证尺寸要求	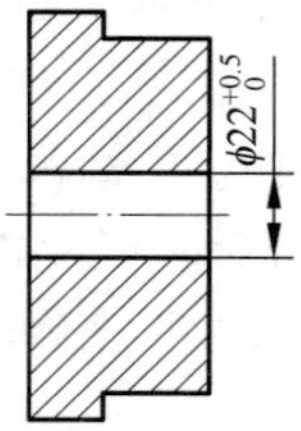	卧式车床
Ⅴ	钳	划 4×$\phi9$mm 和 2×$\phi2$mm 的中心线		
Ⅵ	钻	找正,安装,钻孔,4×$\phi9$mm 和 2×$\phi2$mm 的孔	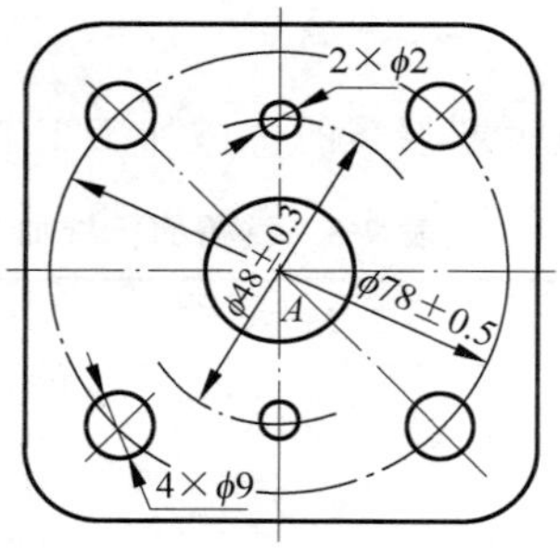	立式钻床
Ⅶ	检验	按图样要求检验		

注:加工简图中的"∨"所指为定位基准。

📝 知识链接

　　现代制造业正在加速迈向高效、精益与智能融合的发展轨道,机械加工工艺评价已经成为智能制造模式下提高工艺可执行度和缩短产品研发周期所必须要解决的关键问题。利用数字孪生技术,构建机械加工过程的数字化虚拟模型,搭建集成动态感知数据及监测数据的孪生数据库,将传统机械加工工艺评价模式转型为契合智能制造需求的智能化评价模式,对机械加工工艺展开精准评估,可以为切削加工零件的高效生产,构筑坚实的技术基石,推动制造业的智能化升级与高质量发展。

9.4 切削加工件的结构工艺性

零件结构工艺性是指零件在加工过程中的难易程度,实质上反映了所设计的零件在满足使用性能要求的前提下,其制造的可行性和经济性。它是评估零件结构设计优劣的重要技术经济指标之一。

结构工艺性是一个相对的概念,在结构设计时要综合考虑。影响结构工艺性的主要因素有生产批量、工艺装备、加工方法、工艺过程和技术水平等。由于新技术、新设备的不断出现,结构工艺性的评判标准也随之发生变化。

9.4.1 零件结构设计的基本原则

零件的制造通常包括毛坯生产、切削加工、热处理和装配等多个阶段。在进行零件结构设计时,应尽量确保其在各个生产阶段均具备良好的结构工艺性。在整个制造过程中,切削加工所消耗的工时和费用通常占据较大比例,因此改善零件结构的切削加工工艺性显得尤为重要。为了使零件具有良好的切削加工工艺性,在结构设计时应考虑以下几个原则。

1) 合理的技术要求

合理地规定零件的加工精度和表面粗糙度,尽可能减少加工表面和精加工面积,以减少机械加工工作量,降低加工成本。

2) 尽量采用标准化参数

对于孔、齿轮模数、螺纹、键槽宽度等采用标准化参数,有利于刀具和量具的标准化,以减少专用刀具和量具的设计与制造。

3) 结构要便于加工

零件的结构应保证便于安装,要有足够的刚度,装夹稳定可靠便于装配和拆卸,减少刀具和量具的种类与换刀的次数,各要素合理排列,以减少装夹和走刀次数。

零件结构要便于加工,易于保证加工质量和提高切削生产率。例如被加工表面应保证足够的加工空间,保证刀具的进入和退出等。

4) 零件的结构要与先进的加工方法相适应

9.4.2 切削加工对零件结构工艺性的要求

在生产实践中,对于零件结构的切削加工工艺性已经积累了丰富的知识,表 9-6 所示为零件结构的切削加工工艺性举例,通过对零件结构工艺性优劣进行对比,为合理设计零件结构奠定基础。

表 9-6　零件结构的切削加工工艺性举例

设计原则	不合理的结构	合理的结构	说　　明
			螺纹的公称直径和螺距应取标准值,便于选择标准丝锥和板牙加工,以及选择标准螺纹量规进行检验
尽量采用标准化参数,减少刀具、量具种类			圆角半径、退刀槽和键槽宽度应尽可能一致,以减少刀具种类
			箱体上的螺纹孔种类应尽量减少,以减少钻头和丝锥的种类

设计原则	不合理的结构	合理的结构	说　明
便于使用标准刀具加工			盲孔或阶梯孔加工时，其孔底和孔径的过渡处应设计成与钻头顶角相同的圆锥面，可简化加工
			铣削不通凹槽时，表面过渡处内角无法铣出，设计时凹槽的圆角半径必须与标准立铣刀圆角半径相同
便于进刀和退刀	$Ra\,6.3$　$Ra\,12.5$	$Ra\,6.3$　$Ra\,12.5$	应使箱体底板的小孔与箱壁留有适当的距离，以免钻孔时钻头主轴碰到箱壁，影响加工质量
	M12	M12	螺纹无法加工到轴肩根部，必须留有螺纹退刀槽
	$Ra\,0.4$	$Ra\,0.4$	阶梯轴的小端外圆要求磨削，应留砂轮越程槽
			插齿刀加工双联齿轮时，应设计足够宽的退刀槽，以便刀具切出

续表

设计原则	不合理的结构	合理的结构	说　明
尽量减少加工面积	Ra 1.6	Ra 1.6　Ra 1.6	支架底面中凹,可以减少加工量,并使工件安装更加稳固
	Ra 0.8　$\phi40H7$　130	Ra 0.8　Ra 12.5　Ra 0.8　$\phi40H7$　130	长径比大有配合要求的孔,将中间段设计成不加工面,减少精加工的孔面积。改进后的结构更有利于保证配合精度
减少装夹的次数	a		零件同一方向的加工面,高度尺寸如果相差不大,应尽可能等高,以减少机床调整次数
			原设计的两个键槽需要装夹两次,改进后只需装夹一次
			改进前的凸台需要装夹两次,改进后只需装夹一次
			原设计两端孔需两次安装加工,改进后可一次装夹加工,且两孔同轴度高

续表

设计原则	不合理的结构	合理的结构	说　明
便于装夹	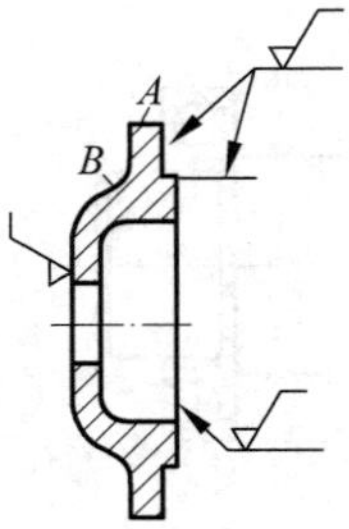	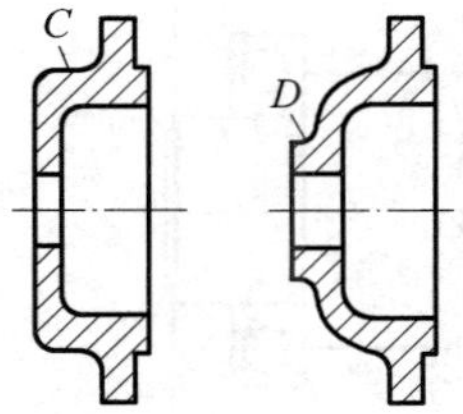	左图不便装夹，改为圆柱面或增设工艺凸台，便于装夹
	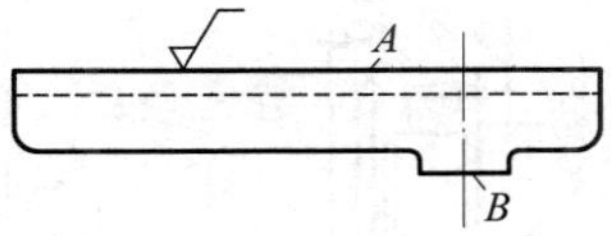	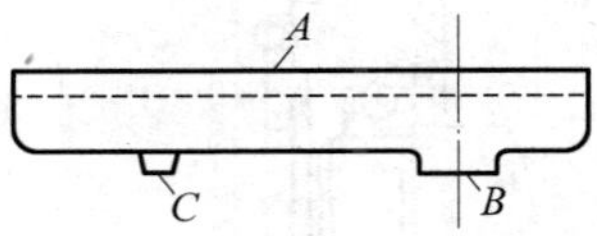	为加工立柱导轨面，在斜面上设置工艺凸台 C
便于加工	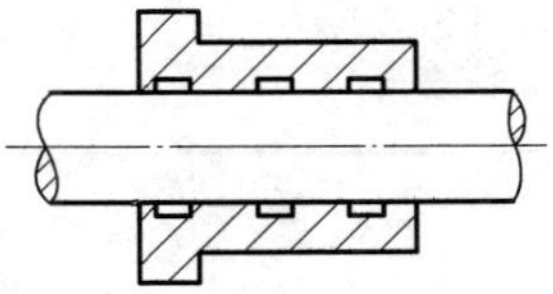	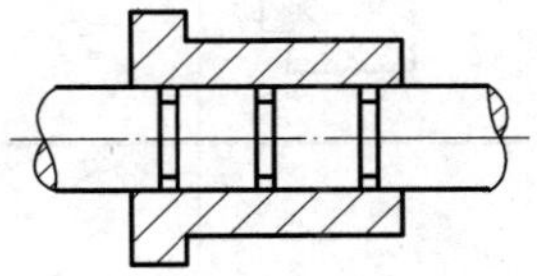	在孔内车或镗环形槽改为轴上车槽，使加工方便，且刀具刚性好
	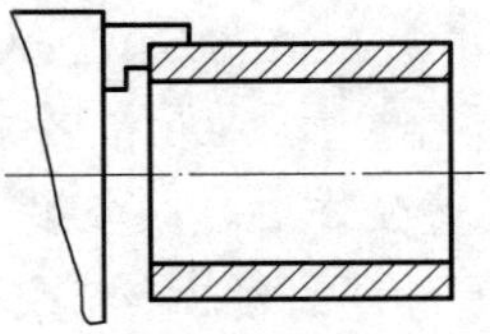	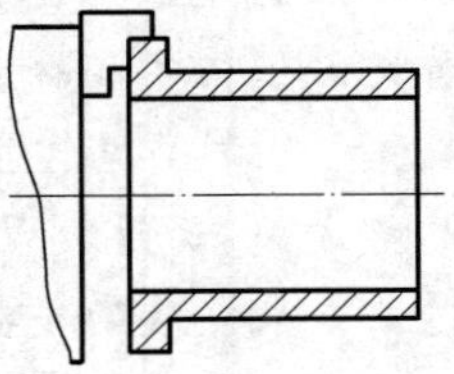	薄壁、套筒类零件夹紧时易变形，若一端加凸缘，则可提高工件刚度
	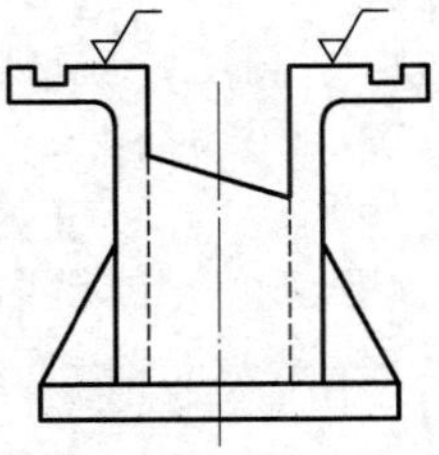	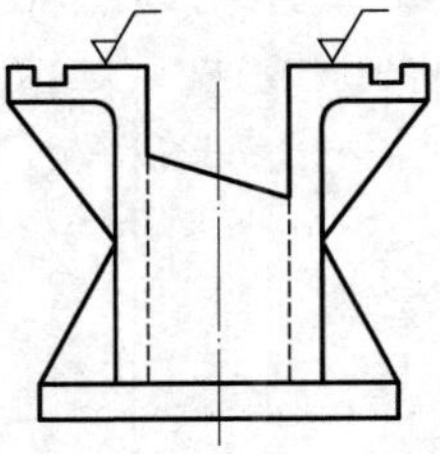	设置加强肋，可提高零件刚度，减少刨削或铣削时工件的振动或变形

续表

设计原则	不合理的结构	合理的结构	说　明
便于拆卸	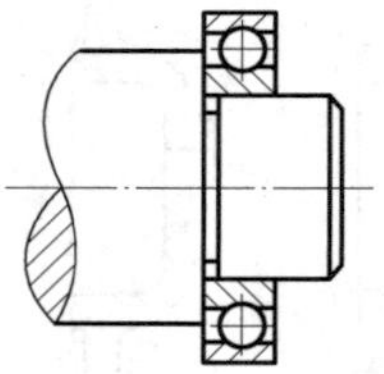	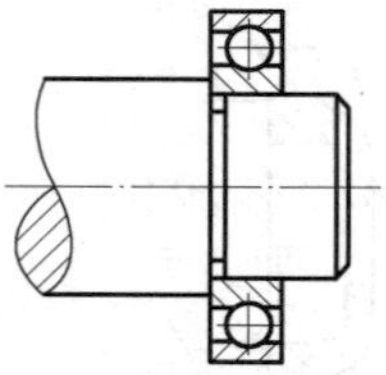	滚动轴承安装在轴上及箱体支承孔内时，如果轴肩直径大于轴承内圈外径，则轴承将无法拆卸；小于轴承内圈外径时，轴承可拆卸
	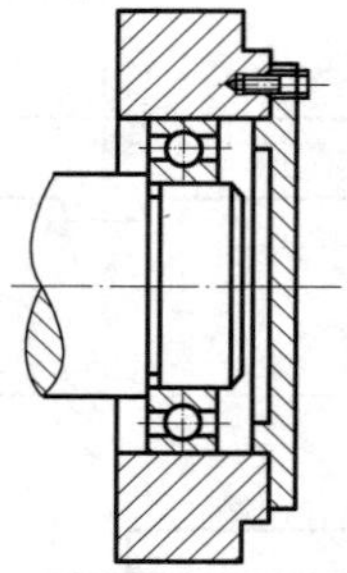	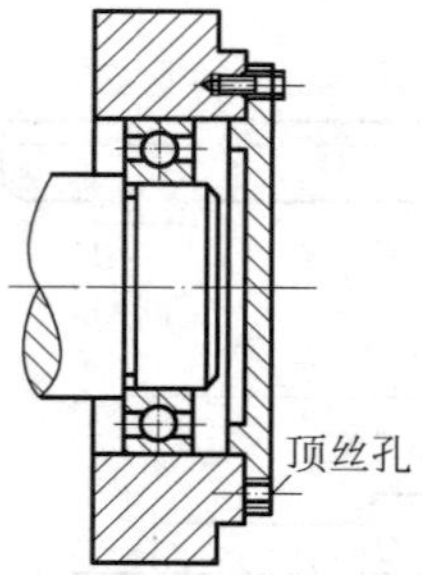 顶丝孔	由于轴承端盖与箱体支承孔有配合要求，拆卸时拧入螺钉，螺钉顶在箱体端面上，把端盖从箱体支承孔内顶出

延伸视界

　　制造业是国民经济的主要支柱产业，制造业水平高低是衡量一个国家的国际竞争力的重要体现。目前中国制造业仍处于工业化进程中，与先进国家相比还有较大差距，如区域协同发展态势良好但仍不均衡；技术创新有进展但面临挑战；人才培养存在结构性问题；产品类型多元且向高端智能绿色定制服务型转变，但仍依赖于进口等。

　　制造业的发展趋势方面，通过拓展制造业空间、增强产业链供应链韧性，促进区域协调发展是中国制造业未来发展的重要方向；通过加强自主创新和研发，推动核心技术的突破，进一步优化教育体系，加大对智能制造领域的人才培养力度，并进一步完善优化产学研结合的培养机制，以确保培养出适应智能制造发展需求的高素质人才；通过柔性制造、智能制造等技术手段，满足消费者的个性化需求。

　　中国制造业在现代化进程中虽面临诸多问题，但展现出强大韧性与适应力。通过技术创新、区域协同、人才培养和产品升级等方面的努力，有望提升全球竞争力，在全球产业链中占据重要地位，为中国乃至全球经济繁荣贡献力量。未来应继续发挥优势，应对挑战，推动制造业高质量发展。

　　资料来源：苏庆华，弁建宏，徐升，等.中国式现代化进程中中国制造业的现状与发展趋势［J］.世界经济探索，2024，13（2）：165-170.

习题

9-1　选择题

1. 在机械加工中直接改变工件的形状、尺寸和表面质量，使之成为所需零件的过程称为（　　　）。

  A. 生产过程   B. 工艺过程

  C. 工艺规程   D. 机械加工工艺过程

2. 退火一般安排在（　　　）。

  A. 毛坯制造之后   B. 粗加工之后   C. 半精加工之后   D. 精加工之后

3. 调质一般安排在（　　　）。

  A. 毛坯制造之后   B. 粗加工之后   C. 半精加工之后   D. 精加工之后

4. 根据加工要求，只需要限制少于六个自由度的定位方案称为（　　　）。

  A. 不完全定位   B. 欠定位   C. 完全定位   D. 过定位

5. 在确定工件的定位方案时，在生产中绝对不允许使用的定位方案为（　　　）。

  A. 完全定位   B. 不完全定位   C. 欠定位   D. 过定位

6. 粗基准一般不重复使用。（　　　）

  A. 正确   B. 错误

7. 基准重合原则是指尽可能选择（　　　）基准作为定位基准。

  A. 工序   B. 设计   C. 装配   D. 测量

8. 零件在加工过程中用作定位的基准称为（　　　）。

  A. 设计基准   B. 装配基准   C. 定位基准   D. 测量基准

9. 零件加工时，精基准一般为（　　　）。

  A. 工件的毛坯表面

  B. 工件的已加工表面

  C. 工件的待加工表面

10. 零件加工时，粗基准面一般为（　　　）。

  A. 工件的毛坯表面

  B. 工件的已加工表面

  C. 工件的待加工表面

9-2　什么是生产过程、工艺过程、工序？

9-3　生产类型有哪几种？

9-4　基准指的是什么？可分为哪几种基准，选择的一般原则是什么？

9-5　什么是定位？什么是欠定位？什么是过定位？

9-6　加工余量指的是什么？安排余量的原则是什么？

9-7　安排切削加工工序应遵循哪些原则？

9-8　针对图 9-16 所示工件的定位情况，试分析限制了哪几个自由度？属于哪种定位？

9-9　请判断图 9-17 所示零件的结构工艺性是否合理，若不合理，则在原图上修改。

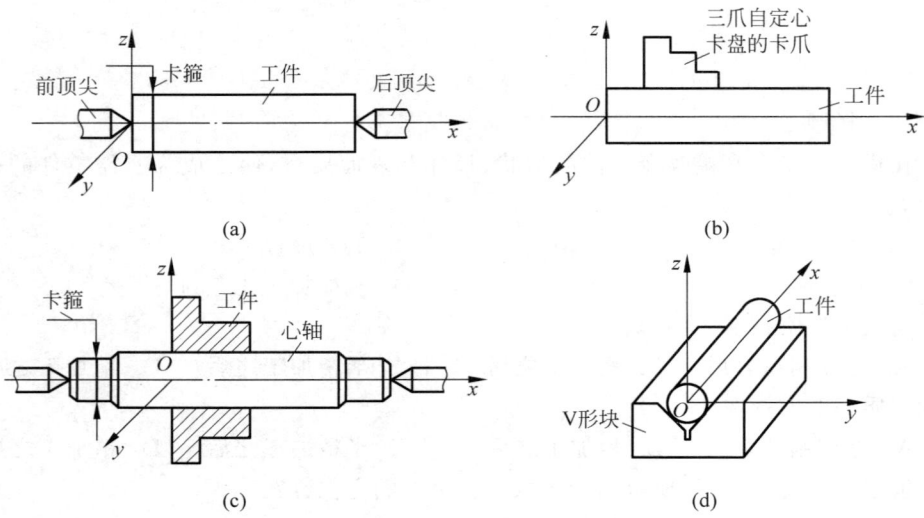

图 9-16　习题 9-8 图

（a）双顶尖定位；（b）三爪自定心卡盘定位；（c）心轴定位；（d）V 形块定位

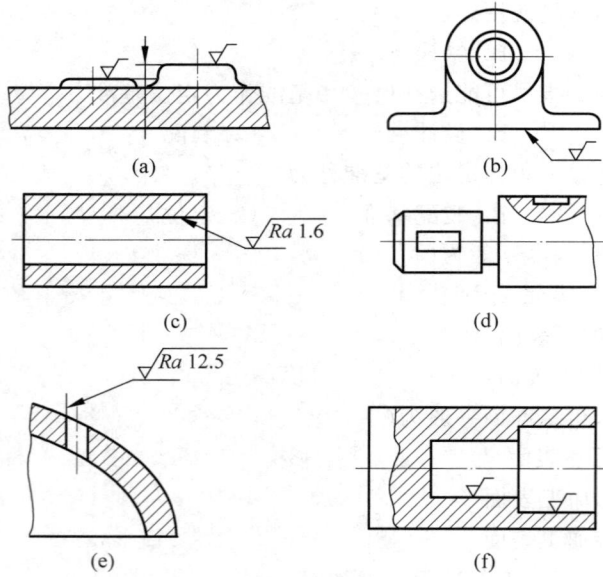

图 9-17　习题 9-9 图

（a）铣凸台；（b）铣底面；（c）内孔加工；（d）键槽加工；（e），（f）钻孔

参 考 文 献

[1] 李清.工程材料及机械制造基础[M].武汉:华中科技大学出版社,2016.
[2] 崔忠圻,覃耀春.金属学与热处理[M].2版.北京:机械工业出版社,2010.
[3] 王爱珍.工程材料及成形工艺[M].北京:机械工业出版社,2010.
[4] 鞠鲁粤.工程材料与成形技术基础[M].3版.北京:高等教育出版社,2015.
[5] 王广春.增材制造技术及应用实例[M].北京:机械工业出版社,2014.
[6] 张冲.3D打印技术基础[M].北京:高等教育出版社,2018.
[7] 吴国庆.3D打印成型工艺及材料[M].北京:高等教育出版社,2018.
[8] 罗继相,王志海.金属工艺学[M].3版.武汉:武汉理工大学出版社,2016.
[9] 温秉权.机械制造基础[M].北京:北京理工大学出版社,2017.
[10] 京玉海,董永武.机械制造基础[M].重庆:重庆大学出版社,2018.
[11] 傅水根.机械制造工艺基础[M].3版.北京:清华大学出版社,2010.
[12] 陈云,彭兆.金属工艺学[M].北京:机械工业出版社,2022.
[13] 徐晓峰.工程材料与成形工艺基础[M].北京:机械工业出版社,2010.
[14] 梁延德.机械制造基础[M].北京:机械工业出版社,2021.
[15] 齐乐华,韩秀琴,韩建海,等.机械制造工艺基础[M].北京:清华大学出版社,2023.
[16] 李长河,杨建军.金属工艺学[M].2版.北京:科学出版社,2018.
[17] 张忠诚,张双杰,李志永.工程材料及成形工艺基础[M].北京:航空工业出版社,2019.
[18] 杨方,罗俊.机械加工工艺基础[M].2版.西安:西北工业大学出版社,2020.
[19] 邓文英,郭晓鹏,邢忠文.金属工艺学:上册[M].6版.北京:高等教育出版社,2017.
[20] 郭永环,高丽.工程材料及机械制造基础[M].北京:北京大学出版社,2021.
[21] 孙康宁,张景德.工程材料与机械制造基础:上册[M].3版.北京:高等教育出版社,2019.
[22] 成红梅,何芹,王全景.机械制造基础[M].3D版.北京:北京大学出版社,2021.
[23] 朱华炳,田杰.制造技术工程训练[M].2版.北京:机械工业出版社,2020.
[24] 陆剑中,孙家宁.金属切削原理与刀具[M].5版.北京:机械工业出版社,2017.
[25] 中国机械工程学会焊接分会.焊接手册:第1卷.焊接方法及设备[M].3版.北京:机械工业出版社,2008.
[26] 侯志敏,汤振宁.焊接技术与设备[M].2版.西安:西安交通大学出版社,2016.
[27] 蒋志强.先进制造系统导论[M].北京:科学出版社,2006.
[28] 张兆隆,李彩风.金属工艺学[M].3版.北京:北京理工大学出版社,2019.
[29] 郭谆钦.特种加工技术[M].南京:南京大学出版社,2013.
[30] 张世凭,唐先春,丁义超.特种加工技术[M].重庆:重庆大学出版社,2014.
[31] 李爱菊.现代工程材料与机械制造基础:下册[M].3版.北京:高等教育出版社,2019.
[32] 吕广庶,张远明.工程材料及成形技术基础[M].3版.北京:高等教育出版社,2021.
[33] 李凯岭.机械制造技术基础[M].3D版.北京:机械工业出版社,2018.
[34] 于骏一,邹青.机械制造技术基础[M].2版.北京:机械工业出版社,2019.
[35] 林江,楼建勇,祝邦文.工程材料及机械制造基础[M].北京:机械工业出版社,2013.
[36] 王先逵.机械制造工艺学[M].4版.北京:机械工业出版社,2019.
[37] 干勇,刘中秋,肖丽俊.海洋交通用钢铁材料及其冶金制备技术的发展现状与趋势[J].现代交通与冶金材料,2023,3(5):1-7.
[38] 王国栋,张龙强,付静,等."双碳"背景下我国废钢资源高质循环利用战略研究[J].中国工程科学,2024,26(3):63-73.
[39] 周金泉.论中国古代金属材料的应用及热处理技术[J].成才之路,2007(12):48-49.

[40] 周大地,曾卫东,刘江林,等.去应力退火对薄壁钛管表面残余应力的影响[J].中国有色金属学报,2019(7):1384-1390.

[41] 谢敬佩.我国铸钢技术发展现状及趋势[J].铸造,2022(4):395-402.

[42] 叶茂林,闫登坤.关于 AI 在铸造业中应用的最新研究和探索[J].铸造设备与工艺,2024(3):48-52.

[43] 林忠钦,黄庆学,苑世剑,等.中国塑性成形技术和装备 30 年的重大突破与进展[J].塑性工程学报,2024,31(4):2-45.

[44] 苑世剑.新世纪中国塑性加工行业的发展与展望[J].锻压技术,2018,43(7):12-14.

[45] 宋天虎.走向焊接制造的数字化[J].焊接技术,2016(5):15-17.

[46] 马景平,曹睿,周鑫.高强钢焊接接头疲劳寿命的提高方法进展[J].焊接学报,2024,45(10):115-128.

[47] 司瑞,陈勇.民用飞机增材制造技术应用发展趋势[J].航空学报,2024,45(5):529677.

[48] 刘倩,卢秉恒.金属增材制造质量控制及复合制造技术研究现状[J].材料导报,2024,38(9):22100064.

[49] 王兵,刘战强,梁晓亮,等.钛合金高质高效切削加工刀具技术[J].金属加工冷加工,2022(3):1-5,13.

[50] 刘志峰,滕学政,刘炳业,等.高端数控机床的现状和发展[J].机床与液压,2024,52(22):1-7.

[51] 袁松梅,陈博川,邵梦博.微小孔钻削刀具制造技术研究进展综述[J].机械工程学报,2023,59(3):265-282.

[52] 赵明伟,岳彩旭,陈志涛,等.航空结构件铣削变形及其控制研究进展[J].航空制造技术,2022,65(3):108-117.

[53] 周恬武,刘澳,张红丽,等.低熔点合金浇注燃气涡轮叶片加工基准的金属型铸造工艺研究[J].铸造技术,2023(11):1062-1067.

[54] 苏庆华,弁建宏,徐升,等.中国式现代化进程中中国制造业的现状与发展趋势[J].世界经济探索,2024,13(2):165-170.